U0563898

特高压

变电站设备

TEGAOYA
BIANDIANZHAN SHEBEI

韩先才　王晓宁　张鹏飞 等　著

中国电力出版社
CHINA ELECTRIC POWER PRESS

内 容 提 要

我国特高压输电技术的成功，带动我国电力科技和输变电设备制造业的跨越式发展，在国际特高压输电领域实现了"中国创造"和"中国引领"。

本书全面介绍了我国特高压交流工程变电站设备的研发设计、生产制造、安装试验、工程应用，以及技术改进和国产化提升等方面的总体情况。本书共十一章，包括 1000kV 变压器、1000kV 升压变压器、1000kV 并联电抗器、1000kV 可控式并联电抗器、开关设备、1000kV 避雷器、1000kV 电容式电压互感器、1000kV 支柱绝缘子、串联补偿装置、1000kV 继电保护装置、110kV 无功补偿装置。

本书可供特高压工程领域的管理、技术人员和广大希望了解特高压工程的读者阅读参考。

图书在版编目（CIP）数据

特高压变电站设备 / 韩先才等著. -- 北京：中国
电力出版社，2025. 6. -- ISBN 978-7-5198-9746-8

Ⅰ. TM63

中国国家版本馆 CIP 数据核字第 2025BS9462 号

出版发行：中国电力出版社
地　　址：北京市东城区北京站西街 19 号（邮政编码 100005）
网　　址：http://www.cepp.sgcc.com.cn
责任编辑：刘　薇（010-63412357）
责任校对：黄　蓓　郝军燕　李　楠
装帧设计：张俊霞
责任印制：石　雷

印　　刷：北京博海升彩色印刷有限公司
版　　次：2025 年 6 月第一版
印　　次：2025 年 6 月北京第一次印刷
开　　本：787 毫米 × 1092 毫米　16 开本
印　　张：30.75
字　　数：637 千字
印　　数：0001—1500 册
定　　价：158.00 元

版 权 专 有　侵 权 必 究

本书如有印装质量问题，我社营销中心负责退换

特高压变电站设备

本书著作者 韩先才　王晓宁　张鹏飞

（以下按姓氏笔画为序）

王　洪	王　晰	王宇红	吕雪斌	任宏飞	刘　洋
刘　焱	刘北阳	许梦伊	孙建涛	苏　毅	杜　砚
李兰芳	李志兵	李岩军	吴　标	吴昱怡	何　妍
张书琦	张春合	张晓宇	陈　允	陈江波	陈恺杰
陈晓明	国　江	周春霞	周海鹰	赵　晖	赵义焜
赵晓宇	胡志武	贺子鸣	崔博源	董勤晓	程涣超

本书审稿人

（按姓氏笔画为序）

王宝山	王承玉	王晓琪	伍志荣	刘东升	刘洪涛
安　振	孙　岗	孙树波	杜丁香	李心一	李光范
吴士普	吴文海	吴光亚	何计谋	张喜乐	宓传龙
赵　波	赵鸿飞	钟俊涛	姚斯立	倪学锋	徐家忠
谈　钿	詹　浩	谭盛武			

主要著作者简介

韩先才，男，1963 年出生，教授级高级工程师，全国特高压交流输电标准化技术委员会副主任委员，中国电力企业联合会专家委员会特聘研究员，长期在电网建设领域从事技术和建设管理工作，职业生涯参与了多项电网重点工程建设，其中包括中国首个特高压工程以及后续多项特高压交流输电工程。

王晓宁，男，1971 年出生，全国变压器标准化技术委员会委员，电力行业电力变压器标准化技术委员会委员，国家电网有限公司特高压事业部正高级工程师，长期从事特高压交流输电工程设备研制和建设管理工作，参与了中国首个特高压工程以及后续多项特高压交流输电工程。

张鹏飞，男，1983 年出生，中国电力科学研究院开关技术室高级工程师，长期从事超（特）高压 GIS/GIL 基础理论和关键技术研究、设备研制工作，参与了苏通 GIL 综合管廊工程等多项特高压交流输电工程。

前　言

　　能源是人类生存发展的重要物质基础，电力工业是现代经济社会发展水平的重要标志。根据我国经济社会发展对电力需求不断增长以及能源资源与消费逆向分布的基本国情，国家电网公司于 2004 年底提出了发展特高压输电的战略。特高压输电代表了国际高压输电技术研究、设备制造和工程应用的最高水平，技术研发、设备研制和工程建设运行面临严峻挑战。国家电网公司组织协调各方力量，产学研用联合攻关，经过 4 年攻坚克难，于 2009 年 1 月建成 1000kV 晋东南—南阳—荆门特高压交流试验示范工程，全面掌握了特高压交流输电技术，带动我国电力科技和输变电设备制造产业实现了跨越式发展，在国际高压输电领域实现了"中国创造"和"中国引领"。截至 2023 年底，我国已累计建成投运 39 项特高压交流输电工程（按核准文件统计），线路总长度（折单）超过 1.7 万 km，变电站（含开关站）34 座、串补站 1 座。

　　发展特高压，设备是关键。2004 年我国启动特高压输电关键技术研究之初，世界上没有商业运行的特高压工程，没有成熟的特高压技术和设备，也没有可以借鉴的特高压标准和规程规范。长期以来我国电力技术和电工装备制造处于跟随西方发达国家的被动局面，国内 500kV 工程主设备及关键组部件仍然依赖进口。基于我国相对薄弱的基础工业水平，自主研发建设世界上最高电压等级输电工程所需的全套技术和设备极具挑战和风险。在政府大力支持下，国家电网公司打破常规模式，提出"业主主导、依托工程、自主创新、产学研用联合"的总体创新思路，坚持"设备为关键"，实施"依托工程、业主主导、专家咨询、质量和技术全过程管控的产学研用联合"设备研制模式和"设备研制与监造三结合"工作机制，成功研制了代表世界最高水平的全套特高压交流设备，创造了一大批世界纪录，首个特高压工程设备综合国产化率达到 90%，全面掌握了特高压设备制造的核心技术，具备了批量制造供货能力，促进我国输变电设备制造企业实现了产业升级，研发和设计、装备和制造、试验和检测能力等达到国际领先水平，成为国内特高压设备骨干企业开拓国际市场的金色名片。

　　十几年来，随着特高压交流工程规模化建设，越来越多的特高压设备投入运行，积累了大量经验，总结、改进、提升与时俱进，设备技术日趋成熟，新设备研制、新技术研发不断取得新成果，关键组部件国产化程度大幅提升，有力支撑了特高压电网的蓬勃发展。本书全面介绍了我国特高压交流工程变电站设备的研发设计、生产制造、安装试验、工程应用以及技术改进和国产化提升等方面的总体情况，希望为特高压工程领域的管理、技术人员和广大希望了解特高压工程的读者提供有益的参考。

书中不足之处，欢迎大家批评指正。

韩先才

2024 年 12 月

特高压变电站设备

目 录

前言

第一章　1000kV 变压器 ·· 1
　　第一节　概述 ·· 1
　　第二节　产品设计 ·· 13
　　第三节　核心材料部件 ·· 27
　　第四节　制造与试验 ·· 42
　　第五节　运输与安装 ·· 58
　　第六节　技术提升 ·· 71
第二章　1000kV 升压变压器 ·· 88
　　第一节　概述 ·· 88
　　第二节　技术条件 ·· 91
　　第三节　产品设计 ·· 95
　　第四节　制造与试验 ·· 103
　　第五节　运输与安装 ·· 113
　　第六节　工程应用 ·· 118
第三章　1000kV 并联电抗器 ·· 119
　　第一节　概述 ·· 119
　　第二节　产品设计 ·· 125
　　第三节　制造与试验 ·· 132
　　第四节　运输与安装 ·· 145
　　第五节　技术提升 ·· 154

第四章　1000kV 可控式并联电抗器 ···159

第一节　概述 ···159

第二节　产品设计 ···167

第三节　核心材料部件 ···172

第四节　工厂试验 ···175

第五节　现场试验 ···179

第六节　工程应用 ···181

第五章　开关设备 ··182

第一节　1100kV 气体绝缘金属封闭开关设备 ···182

第二节　1100kV 气体绝缘金属封闭输电线路 ···227

第三节　110kV 专用开关 ··254

第四节　1100kV 敞开式接地开关 ··266

第五节　技术提升 ···268

第六章　1000kV 避雷器 ···281

第一节　概述 ···281

第二节　关键技术 ···290

第三节　关键组部件 ···300

第七章　1000kV 电容式电压互感器 ···306

第一节　概述 ···306

第二节　关键技术 ···316

第三节　产品设计 ···322

第四节　制造与试验 ···327

第八章　1000kV 支柱绝缘子 ··335

第一节　概述 ···335

第二节　关键技术 ···341

第三节　产品试验 ···345

第九章　串联补偿装置 ··348

第一节　概述 ···348

第二节　成套设计 ···358

第三节　核心组部件 ···367

第四节　试验与安装 ···398

第五节　工程应用 ···404

第十章 1000kV 继电保护装置 ·· 410

第一节 概述 ·· 410

第二节 母线保护 ·· 413

第三节 变压器保护 ·· 415

第四节 线路保护 ·· 425

第五节 并联电抗器保护 ·· 437

第六节 110kV 系统保护 ·· 444

第七节 工程应用 ·· 447

第十一章 110kV 无功补偿装置 ·· 456

第一节 110kV 电抗器 ·· 456

第二节 110kV 并联电容器 ·· 467

附录 主要设备制造厂 ·· 480

第一章　1000kV 变压器

变压器是指利用电磁感应原理，实现交流电压变换、电流变换、阻抗变换、相位变换、隔离、稳压等功能的装置。按用途可以分为电力变压器、仪用变压器、试验变压器、电炉变压器、换流变压器、整流变压器、移相变压器等。1000kV 特高压变压器通过电压、电流变换实现 500kV 电网与 1000kV 电网之间的电能转换和传输，是特高压交流电网最核心的主设备之一。

2004 年我国开展特高压输电技术研究之前，国际上只有少数几个国家曾经研制出特高压变压器样机，其中只有苏联产品短暂商业化运行（1985 年 8 月～1991 年 12 月）。我国自主研发的特高压变压器是当今世界上唯一商业化、规模化运行的电压等级最高、容量最大的变压器类设备，自 2009 年 1 月在 1000kV 晋东南—南阳—荆门特高压交流试验示范工程（简称特高压交流试验示范工程）首次投运以来，在后续的一系列特高压交流输电工程中得到广泛应用，成功经受住了长期运行的考验。

特高压变压器具有电压高、容量大、结构复杂、工艺要求高等特点。本章从基本情况、产品设计、核心材料部件、制造与试验、运输与安装、技术提升等方面，对特高压变压器进行介绍。

第一节　概　　述

一、研制背景

20 世纪 60 年代后期至 70 年代，苏联、日本、美国、意大利、加拿大、巴西等国在世界范围内推动了 1000～1600kV 特高压输电技术的研究热潮。苏联 1985 年 8 月建成投运三站二线 905km 的 1150kV 特高压交流输变电工程，研制了变压器等全套敞开式特高压设备，采用的变压器单台容量 667MVA，由于苏联解体后电力需求下降，工程于 1992 年 1 月 1 日降压至 500kV 运行。日本 1972 年开始研究特高压输电技术，1992～1999 年建成 425km 同塔双回特高压输电线路一直降压至 500kV 运行；1995 年建成新榛名试验站对特高压变压器、开关设备样机进行带电考核；日本特高压变压器采用分体式结构，即由两台 1000kV、500MVA 三主柱的变压器并联而成（单柱容量 167MVA）。由于需求趋缓等原因，20 世纪 90 年代后，国际上特高压输电的研究热潮不再，技术发展并不成熟，特高压输变电设备也未形成商业化的供货能力。

我国的民族电工制造业始于 1905 年清政府开办天津教学品制造所，1917 年上海华生电器厂研制成功第一台变压器，长期落后于世界先进水平。新中国成立后，在国家的大力推动下，电力变压器设计制造技术逐步发展，20 世纪 50 年代具备了批量化生产 35kV 和 110kV 交流变压器的能力，60 年代提升到 220kV 等级，1972 年研发 330kV 交流变压器应用于刘家峡—天水—关中超高压输变电工程，1985 年研发 500kV 变压器应用于元宝山—锦州—辽阳—海城 500kV 输变电工程，2005 年研发 750kV 自耦变压器应用于西北电网官亭—兰州东 750kV 输变电示范工程。

2004 年 12 月，国家电网公司提出建设特高压电网的战略。在国家电网公司牵头组织下，产学研用联合，数十家科研机构和高校、二百多家设备制造企业、五百多家建设单位、数十万人全力协同攻关特高压输电技术，特高压变压器研发工作也由此启动。在国内外广泛调研交流的基础上，开展了大量基础研究、技术研发、设备研制、系统设计、试验验证、工程建设及运行维护等工作，全面攻克了特高压交流输电关键技术。2007 年武汉特高压交流试验基地建成投运，为特高压变压器原型机提供带电考核条件，分别来自特变电工沈阳变压器集团有限公司（简称特变沈变）、西安西电变压器有限责任公司（简称西电西变）、保定天威保变电气股份有限公司（简称保变电气）的三台 40MVA/1000kV 特高压变压器样机在此进行了带电考核，初步验证了设计、生产、试验、建设、运行全套技术，为特高压交流试验示范工程用特高压变压器的研制打下了基础。

我国依托特高压工程建设，坚持自主创新与技术咨询交流相结合，严密技术论证，实施联合攻关，成功研发世界上电压最高、容量最大的特高压变压器并实现规模化工程应用，处于世界领先水平。

二、研发难点

与 500、750kV 超高压变压器相比，特高压变压器绝缘水平和容量均有大幅提升，需要承受高强度、极不均匀的电、磁、热、力联合作用，而受运输、安装条件的严格约束，尺寸、质量又不能简单放大，多物理场协调控制难度极大，面临以下关键技术难题：

（1）主、纵绝缘结构的确定与设计优化亟需突破。特高压变压器内部空间紧凑、材料多样，相关基础研究薄弱，且缺乏有效的校核手段，基于绝缘材料特性及工艺配合的主、纵绝缘结构设计难度大。

（2）制造工艺极具挑战。特高压变压器包含数万个零部件，制造过程涉及过千道关键工序，涉及大吨位部件安装、大尺寸线圈绕制和均匀干燥以及多柱器身同步精准施压等核心工艺，装配精度要求毫米级，制造工艺难度大。

（3）相比常规电压等级变压器，特高压变压器电压和容量均大规模提升，内部结构复杂，损耗精确计算和温升控制困难。

（4）由于电压高和容量大，设备尺寸和质量增大，但是增大的幅度极大地受到运输条件的限制。

（5）试验技术和能力要求高，尤其是工频试验能力处于极限状态。

三、技术路线

2005 年 6 月 3～4 日，国家电网公司建设运行部在北京组织召开交流特高压设备技术条件评审会议，来自国内科研、设计、制造、试验单位和高校的 150 多位专家参加了讨论，初步确定了特高压交流试验示范工程的变压器、电抗器、断路器等特高压核心设备研发技术路线。

试验示范工程的设备技术规范书中，明确了特高压变压器结构、性能等关键参数。1000kV 变压器为油浸单相自耦三绕组结构，额定电压（1050/$\sqrt{3}$）/（525/$\sqrt{3}$）±4×1.25%/110kV。低压为 110kV 线圈，中压为 500kV 公共线圈，与高压线圈串联组成自耦结构，采用中性点变磁通无励磁调压方式，为保证低压输出电压恒定，增加了低压补偿线圈。主体变压器和调压补偿变压器分开独立放置。此外，型式试验中的局部放电试验激发电压持续时间增加为 5min，局部放电量控制更为严格（高压侧不高于 100pC、中压侧不高于 200pC、低压侧不高于 300pC），试验中要记录局部放电起始及熄灭电压。

2006 年 8 月 9 日，国家发展和改革委员会核准建设特高压交流试验示范工程，这是中国发展特高压输电技术的起步工程和设备自主化研制的依托工程。国家电网公司作为特高压交流试验示范工程建设的指挥者和实施主体，组织协调各方力量，坚持开放式自主创新，坚持安全可靠第一，坚持从设计源头抓质量，坚持全过程管控，坚持严格试验验证，2008 年 7 月 16 日和 19 日，特变沈变、保变电气研制的首台特高压变压器相继通过型式试验，其后顺利通过出厂试验、现场交接试验、系统调试和试运行考核，2009 年 1 月 6 日正式投入运行，特高压核心设备研制取得了重大突破，为后续工程打下了坚实基础。

四、技术条件

特高压变压器主体变压器与调压补偿变压器分开布置，调压补偿变压器独立于本体并设置补偿绕组。通过方案选型和设计优化，主体变压器及套管等组部件的电、磁、热、力均控制在常规 500、750kV 设备的水平，并留有较大裕度。在绝缘水平、温升限值、阻抗互差、空负载损耗、局部放电水平等方面制定了严格的要求。使用条件和主要技术参数如表 1-1、表 1-2 所示。

表 1-1 特高压变压器使用条件一览表

序号	项 目 名 称		单位	数 值
1	正常使用条件			
	环境温度			
1.1		最高气温	℃	+40
		最高月平均温度	℃	+30
		最高年平均温度	℃	+20
		最低气温	℃	−25
1.2	最大日照强度		W/cm²	≤0.1（风速 0.5m/s）
1.3	最大风速		m/s	34
1.4	月平均相对湿度（在 25℃以下）		%	≤95
1.5	覆冰厚度		mm	20
1.6	耐地震强度			
		地面水平加速度	m/s²	3
		地面垂直加速度	m/s²	1.5
1.7	污秽等级			不超过 c 级或 d 级

表 1-2 特高压变压器技术参数一览表

序号	名称	项 目		标准参数值	
1	额定值	变压器型式		单相、自耦、油浸式	
		a. 额定电压（kV）	高压绕组	$1050/\sqrt{3}$	
			中压绕组	$525/\sqrt{3}$	
			低压绕组	110	
		b. 额定频率（Hz）		50	
		c. 额定容量（MVA）	高压绕组	1000	
			中压绕组	1000	
			低压绕组	334	
		d. 相数		单相	
		e. 调压方式		无励磁	有载
		f. 调压位置		中性点	中性点
		g. 调压范围		±4×1.25%	±10×0.5%
		h. 主分接的短路阻抗和允许偏差（全容量下）		短路阻抗（%）	允许偏差（%）
		高压—中压		18	±5

续表

序号	名称	项　目		标准参数值	
1	额定值	高压—低压		62	±5
		中压—低压		40	±5
		i. 冷却方式	主体变压器	OFAF	
			调压补偿变压器	ONAN	
		j. 联结组标号		Ia0i0	
2	绝缘水平	a. 雷电全波冲击电压（kV，峰值）	高压端子	2250	
			中压端子	1550	
			低压端子	650	
			中性点端子	325	
		b. 雷电截波冲击电压（kV，峰值）	高压端子	2400	
			中压端子	1675	
			低压端子	750	
		c. 操作冲击电压（kV，峰值）	高压端子（对地）	1800	
			中压端子（对地）	1175	
		d. 短时工频耐受电压（kV，方均根值）	高压端子	1100（5min）	
			中压端子	630（1min）	
			低压端子	275（1min）	
			中性点端子	140（1min）	
3	温升限值（K）（三侧同时满负荷时）	顶层油		55	
		绕组（平均）		65	
		绕组（热点）		78	
		油箱、铁芯及金属结构件表面		80	
4	主分接同组相间阻抗互差	高压—中压		≤2%	
		中压—低压		≤2%	
		高压—低压		≤2%	
5	空载损耗（kW）	额定频率及额定电压时空载损耗		≤200（三主柱）≤180（两主柱）	
6	负载损耗（额定容量、75℃、不含辅机损耗）（kW）	高压—中压	主分接	≤1600（三主柱）≤1500（两主柱）	
7	效率	在额定电压、额定频率下主分接的效率，换算到75℃，功率因数等于1时（当空载损耗或负载损耗未提出要求时，需列出该要求值）		≥99.8%（高、中压满载）	

序号	名称	项　　目		标准参数值		
8	噪声水平（dB（A））	冷却装置停运（0.3m）		≤75（声压级）		
		冷却装置开启（2m）		≤75（声压级）		
9	在 $1.5 \times U_m/\sqrt{3}$ kV 下局部放电水平（pC）	高压绕组		≤100		
		中压绕组		≤200		
		低压绕组		≤300		
10	绕组连同套管的 $\tan\delta$（%）	高压绕组		≤0.4		
		中压绕组		≤0.4		
		低压绕组		≤0.4		
11	无线电干扰水平	在 $1.1 \times U_m/\sqrt{3}$ kV 下无线电干扰水平（μV）		≤500（晴天夜晚无可见电晕）		
12	套管	额定电流（A）	a. 高压套管	2500		
			b. 中压套管	5000		
			c. 低压套管	4000		
			d. 中性点套管	2500		
		绝缘水平（LI/SI/AC）（kV）	a. 高压套管	2400/1950/1200（5min）		
			b. 中压套管	1675/1300/740		
			c. 低压套管	750/—/325		
			d. 中性点套管	550/—/230		
		套管在 $1.5 \times U_m/\sqrt{3}$ kV 下局部放电水平（pC）	a. 高压套管	≤10		
			b. 中压套管	≤10		
			c. 低压套管	≤10		
			d. 中性点套管	≤10		
		套管 $\tan\delta$（%）（20℃）				
		a. 高压套管		≤0.4		
		b. 中压套管		≤0.4		
		c. 低压套管		≤0.4		
		d. 中性点套管		≤0.4		
		端子板长期耐受荷载（kN）		水平	横向	垂直
		a. 高压套管		4	2.5	2.5
		b. 中压套管		3	2	2
		c. 低压套管		2	1.5	1.5
		d. 中性点套管		1.5	1	1
		安全系数		静态 2.75，动态 1.67		

续表

序号	名称	项	目	标准参数值				
12	套管	套管的爬距（等于有效爬距乘以直径系数 K_d）（mm）	a. 高压套管	$\geq 27500K_d$（直径 $D<300mm$ 时，$K_d=1$；$D\geq 300mm$ 时，$K_d=0.0005D+0.85$）				
			b. 中压套管	$\geq 13750K_d$（直径 $D<300mm$ 时，$K_d=1$；$D\geq 300mm$ 时，$K_d=0.0005D+0.85$）				
			c. 低压套管	$\geq 3906K_d$（直径 $D<300mm$ 时，$K_d=1$；$D\geq 300mm$ 时，$K_d=0.0005D+0.85$）				
			d. 中性点套管	$\geq 3150K_d$（直径 $D<300mm$ 时，$K=1$；$D\geq 300mm$ 时，$K_d=0.0005D+0.85$）				
		实际爬距/干弧距离	a. 高压套管	≤ 4				
			b. 中压套管	≤ 4				
			c. 低压套管	≤ 4				
			d. 中性点套管	≤ 4				
13	套管式电流互感器	装设在高压侧	绕组数	5				
			准确级	TPY	TPY	0.2	0.2	0.5
			电流比	2500/1A				
			二次容量（VA）	12	套管12	10	10	10
			K_{ssc}（额定对称短路电流倍数）或 F_s（准确限值系数）或 ALF（仪表保安系数）	25	25	≤ 5	≤ 5	≤ 5
		装设在中压侧	绕组数	3				
			准确级	TPY	5P30	0.2		
			电流比（A/A）	5000/1				
			二次容量（VA）	10	15	10		
			K_{ssc} 或 F_s 或 ALF	20	30	≤ 5		
		装设在中性点侧	绕组数	6				
			准确级	TPY	TPY	TPY	TPY	TPY	0.2
			电流比（A/A）	2500/1				
			二次容量（VA）	12	12	12	12	12	10
			K_{ssc} 或 ALF	25	25	25	25	25	≤ 5
		装设在低压a侧	绕组数	3				
			准确级	TPY	TPY	TPY		
			电流比（A/A）	4000/1				
			二次容量（VA）	12	12	12		
			K_{ssc} 或 F_s 或 ALF	20	20	20		

序号	名称	项目		标准参数值		
13	套管式电流互感器	装设在低压x侧	绕组数	3		
			准确级	TPY	TPY	0.2
			电流比（A/A）	4000/1		
			二次容量（VA）	12	12	10
			K_{ssc} 或 F_s 或 ALF	20	20	≤5
		调压补偿变压器与主体变压器低压绕组相连侧	绕组数	3		
			准确级	TPY	TPY	TPY
			电流比（A/A）	1000/1		
			二次容量（VA）	12	12	12
			K_{ssc} 或 F_s 或 ALF	25	25	25
		调压补偿变压器与公共绕组相连侧	绕组数	3		
			准确级	TPY	TPY	TPY
			电流比（A/A）	1000/1		
			二次容量（VA）	12	12	12
			K_{ssc} 或 F_s 或 ALF	25	25	25
		补偿绕组侧	绕组数	3		
			准确级	TPY	TPY	TPY
			电流比（A/A）	4000/1		
			二次容量（VA）	12	12	12
			K_{ssc} 或 F_s 或 ALF	20	20	20
		TPY 级电流互感器在给定条件下的暂态误差		≤10%		
				1）一次电路时间常数 T_p：高压侧为120ms，中压侧为 100ms，低压侧为100ms，中性点侧为100ms； 2）直流分量偏移 100%； 3）操作循环 C-O		
14	分接开关	额定电流连续工作电流（A）		2400		
		机械寿命（次）		10000		
15	压力释放装置	台数		2（主体变压器）		
		释放压力（MPa）		0.07		
16	工频电压升高倍数和持续时间	工频电压升高倍数		空载持续时间	满载持续时间	
		1.05		连续	连续	
		1.1		连续	80%额定容量下持续	
		1.25			20s	
		1.4			5s	
17	变压器油	交付现场的新油	大于 5μm 的油中颗粒度（个/100mL）	≤4000		

续表

序号	名称	项　目		标准参数值
17	变压器油	过滤后，注入变压器前	击穿电压（kV）	≥70
			tanδ（90℃）（%）	≤0.5
			含水量（mg/L）	≤10
			含气量（%）	≤0.5
			油中溶解气体量（μL/L）	乙炔	0.0
				总烃	≤10
				氢	≤30
			大于 5μm 的油中颗粒度（个/100mL）	≤1000
18	负载能力（包括调压补偿变压器）	负载倍数	允许运行时间
		1.05	连续（24h）
		1.1	600min
		1.2	300min
		1.3	120min
		1.4	40min
		1.5	30min
19	变压器在满负荷运行时，当全部冷却器退出运行后，允许继续运行时间		≥30min
20	三相中性点直流偏磁承受能力（A）		18

五、研制历程

2008 年 7 月 16 日，特变沈变研制的首台特高压变压器（用于荆门变电站，见图 1-1）通过型式试验；7 月 19 日，保变电气研制的首台特高压变压器（用于晋东南变电站，见图 1-2）通过型式试验。特高压变压器额定电压 1000kV，额定容量 1000MVA，铁芯均为三主柱结构，该型式变压器为世界上首次研制，单柱绕组电压为 1000kV、单柱容量达到 334MVA，均为世界之最。

2009 年 1 月 6 日，特高压交流试验示范工程成功投运，掀起了国内特高压变压器设备研制热潮。西电西变自主研制出两柱式特高压变压器，在 2011 年投运的特高压交流试验示范工程扩建工程南阳变电站应用（见图 1-3），单柱容量达到 500MVA，再创世界之最。之后，特变电工衡阳变压器有限公司（简称特变衡变）和山东电力设备有限公司（简称山东电力设备）分别自主研制出三柱式和两柱式特高压变压器，在 2013 年投运的皖电东送工程浙北变电站和沪西变电站应用（见图 1-4、图 1-5）；西电西变研发了有载调压式特高压变压器并在皖电东送工程皖南变电站应用（见图 1-6）；2019 年重庆 ABB 变压器有限公司（简称重庆 ABB）研制出特高压变压器（两柱式），在山东—河北环网工程菏泽变电站应用（见图 1-7）。

图 1-1　特变沈变首台特高压变压器（用于荆门变电站）

图 1-2　保变电气首台特高压变压器（用于晋东南变电站）

图 1-3　西电西变首台特高压变压器（用于南阳变电站）

图 1-4 特变衡变首台特高压变压器（用于浙北变电站）

图 1-5 山东电工首台特高压变压器（用于沪西变电站）

图 1-6 西电西变有载调压式特高压变压器（用于皖南变电站）

图 1-7　重庆 ABB 首台特高压变压器（用于菏泽变电站）

随着特高压交流工程的规模化建设，为解决特高压变压器运输难题，国家电网公司组织开展了解体运输、现场组装式特高压变压器关键技术研究，2017 年保变电气成功研制出 4 台解体运输特高压变压器（单体运输最大质量 75t）在榆横—潍坊工程晋中变电站应用（见图 1-8）。

图 1-8　保变电气解体运输特高压变压器（用于晋中变电站）

为进一步优化变电设备与输电线路的配合，国家电网公司组织开展了 1500MVA 大容量特高压变压器研制。2014 年 11 月保变电气完成了 1500MVA/1000kV 特高压大容量全解体运输式变压器样机研制并通过型式试验（见图 1-9）；2017 年 9 月特变衡变完成了 1500MVA/1000kV 特高压大容量全解体运输式变压器样机研制并通过型式试验，为未来特高压交流工程设备选型提供了更多选择。

图 1-9　保变电气特高压大容量全解体运输式变压器样机

2020 年初开始，国家电网公司组织科研、监造、制造厂等相关单位，全面总结特高压变压器运行经验教训，以问题为导向开展升级版特高压变压器关键技术研究。以设备防爆燃为重点，从高压升高座区域优化改进、油箱机械结构加强、压力释放阀优化布置、在线监测装置性能提升、高压套管技术提升等多方面研究制定升级版改进提升措施，进一步提高特高压变压器产品质量水平和长期运行安全可靠性。

截至 2023 年底，中国特高压交流工程已累计投运特高压变压器 253 台（相）。

第二节　产　品　设　计

一、结构设计

特高压变压器为油浸式单相自耦变压器，采用中性点变磁通调压方式，由于容量大、电压等级高，为控制变压器的运输质量和运输尺寸，采用主体变压器和调压补偿变压器分体布置的结构，且调压补偿变压器内含调压变压器和补偿变压器，二者共用一个油箱。低压侧和中性点利用主体变压器和调压补偿变压器两部分各自的套管通过外部导线连在一起，主体变压器和调压补偿变压器连接组合后可以作为一台完整的变压器使用，也可以将主体变压器单独使用。

主体变压器内部包括线圈、铁芯、出线装置等部分，外部包含高压套管、中压套管、储油柜、压力释放阀、气体继电器等组部件，调压开关安装于调压补偿变压器内，见图 1-10，特高压变压器电气原理见图 1-11。

图中，A 为主体变压器（自耦变压器）高压绕组首端，Am 为主体变压器中压绕组首端，X 为主体变压器中性点端；a 为主体变压器低压绕组首端，x 为主体变压器低压绕组末端；CV 为主体变压器铁芯柱上的公共线圈，SV 为主体变压器铁芯柱上的串

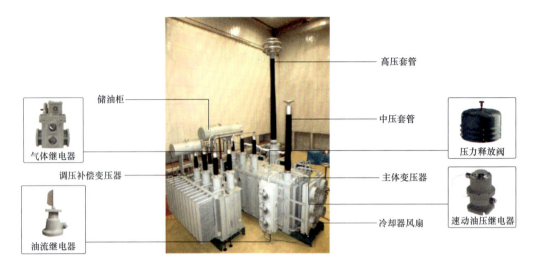

图 1-10　特高压变压器基本结构

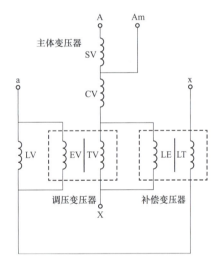

图 1-11　特高压变压器电气原理图

联线圈，LV 为主体变压器铁芯柱上的低压线圈；LT 为补偿变压器铁芯柱上的补偿线圈，LE 为补偿变压器铁芯柱上的励磁线圈；TV 为调压变压器铁芯柱上的中性点调压线圈，EV 为调压变压器铁芯柱上的励磁线圈。主体变压器采用中性点变磁通调压方式，调压变压器采用主体变压器低压绕组励磁，并利用补偿变压器来控制主体变压器低压绕组电压波动，从而使主体变压器低压绕组端子电压基本保持恒定。

1. 器身结构

特高压变压器的主体变压器身可选择三柱式或两柱式结构，2009 年特高压交流试验示范工程中选用单柱容量较小的三柱式结构，2011 年特高压交流试验示范工程扩建工程中使用了两柱式结构特高压变压器。两种结构的差异主要为使用并联线圈数量不同、铁芯结构框数不同、单柱线圈容量不同，以及由此带来的漏磁控制措施、尺寸质量不同。

（1）三柱式结构。

三柱式特高压变压器主体变压器采用单相五柱铁芯，其中三芯柱套线圈，每柱 1/3 容量（334MVA），高、中、低压线圈全部并联，见图 1-12、图 1-13。

（2）两柱式结构。

两柱式结构是在三柱式结构的基础上设计的，除了漏磁控制措施，其他均沿用三

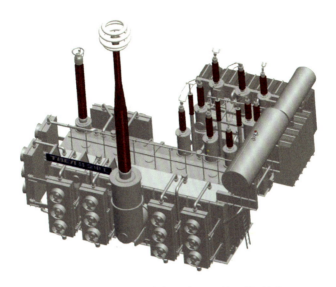

图 1-12　三柱式特高压变压器外形效果图

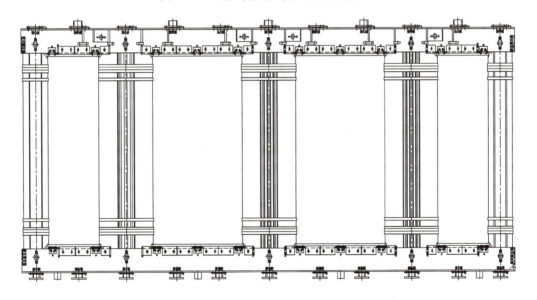

图 1-13　三柱式特高压变压器铁芯结构

柱式结构的方案，主体变压器采用单相四柱铁芯，其中两芯柱套线圈，每柱 1/2 容量
（500MVA），串联线圈、公共线圈、低压线圈全部并联，调压补偿变压器则与三柱式
结构完全相同，见图 1-14、图 1-15。两柱式结构在 1000kV 柱间连线、中压引线连接、
油箱与器身间的隔板结构、油箱及夹件磁屏蔽等方面进行了改进：

1）将 1000kV 柱间连线的位置向器身中心线靠近，加大对油箱的距离，提高了绝
缘安全裕度。

2）将中压引线的屏蔽结构由铝箔包扎改进为屏蔽管结构，提高了操作效率和工艺
质量。

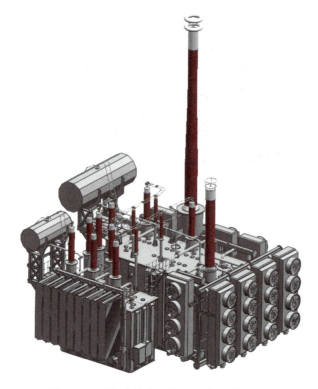

图 1-14 两柱式特高压变压器外形效果图

图 1-15 两柱式特高压变压器铁芯

3）将油箱的漏磁屏蔽措施优化为电磁屏蔽复合结构，有效控制了金属结构件局部过热，提高了运行安全性。

（3）结构对比。

特高压变压器的两种结构各有优缺点，三柱式结构最大的难度和风险是三柱引线，特别是 500kV 端部引线的连接和引出；而两柱式结构的风险主要在于单柱容量较大，漏磁问题较为严重，而在高压线圈的绝缘上，两种结构差别并不大。两种结构各个方面的比较如下：

1）主纵绝缘方面。对于 1000MVA/1000kV 主变压器来说，无论是采用两柱式结构，还是采用三柱式结构，都要采取高、中、低压绕组并联的接线方式。每个柱的线圈排列和接线完全相同，其在试验、运行等各种工况下的电位分布特性完全一样。因此，两种结构采取的绝缘结构和主绝缘距离基本相同，并且都可以通过细节的调节来满足冲击过电压、工频过电压和工作电压的要求。三柱式结构的每柱容量较两柱式结构小了 1/3，因此三柱式结构的铁芯直径和高压线圈内直径都相对较小。由于铁轭高度可以矮一些，在采用相同的运输高度时，三柱式结构的线圈高度可以高一些。从绝缘的角度来分析，线圈的高度大，对降低段间工作电压、提高线圈轴向冲击爬电击穿强度有一定好处；但线圈直径小，则对主绝缘的电场分布有一定的影响，同时中压线圈 500kV 端部及出头对铁芯的距离也较小，对绝缘安全不利。因此，对于绕组绝缘的可靠性，两种结构各有利弊。

2）引线绝缘方面。特高压变压器的高压线圈末端和中压线圈首端均为 500kV 水平，每柱有三个 500kV 出头需要引出、连接，中压线圈首端出头更需从内部引出。这些 500kV 出头的处理及其对地电极及其他引线的绝缘是一大难点。相比于两柱式结构，三柱式结构的 500kV 出头及低压、中性点等其他出头的数量均增加一半，同时三柱式结构的铁芯较小，端部空间也较小，连线布置和制造的难度大幅度增加。因此，三柱式结构 500kV 连线比两柱式结构复杂得多，同时 500kV 连线对铁芯、夹件、低压线圈出头的绝缘距离十分紧张，这些对变压器的制造和安全运行增加了一定的风险。

3）漏磁控制方面。特高压变压器容量大，漏磁控制和降低绕组温升均是关键难题。三柱式结构与两柱式结构相比，最大漏磁密度和单位散热密度均有所降低。因而，从漏磁和温升控制的角度来看，三柱式方案结构有一定的优势。但三柱式结构漏磁通路不对称，因而漏磁屏蔽结构设计较难处理。采用两柱式结构，漏磁通路对称，屏蔽结构简单，由于是自耦结构，实际上每柱通过容量仅为 250MVA，且绕组高度较大，漏磁密度并不过高，基本上与三相 720MVA/500kV、单相自耦 334MVA/500kV 变压器相当，比 840MVA/500kV 发电机变压器、单相自耦 400MVA/500kV 变压器、500kV 电抗器和可控电抗器小，当前的经验足以控制两柱式结构的漏磁并避免因漏磁带来的局部过热问题。

4）温升方面。采用两柱式结构时，每柱容量是三柱式结构的 1.5 倍，线圈的温升控制是两柱式结构的核心难点之一。1000kV 线圈的高度大、饼数多，饼间油道也大，散热条件足够，单位散热密度较常规的单相自耦 334MVA/500kV 变压器大，但小于单相自耦 400MVA/500kV 变压器，采用目前成熟设计方案可以有效控制线圈温升。

5）生产方面。由于三柱式结构比两柱式结构多了一个柱的器身，图纸设计、线圈绕制、器身组装、引线连接及包扎等工作量都较两柱式结构增加了近一半，制造的工作量、周期等大为增加，出现问题的风险也相应有所提高，因此从生产的角度看，两柱式结构有一定的优势。

6）经济、性能方面。三柱式结构与两柱式结构相比，空载损耗大致相当、负载损耗则显著加大，这是由于采用三柱式结构后，铁芯直径缩小，线圈匝数大大增加，而特高压变压器线圈的绝缘材料用量较多，线圈填充率较小，因而线圈的尺寸并没有明显减少，同时铁芯长度尺寸显著增加，所以虽然截面缩小，但铁芯质量并没有显著变化。

三柱式结构由于线圈的尺寸减少的不多，而铁芯长度增加较大，运输长度将有较大增加，总体外限长度也有较大增加，而运输高度基本接近，运输质量也有较大的增加，运输宽度略有减小，总体外限高度和宽度变化不大。

总体上说，与三柱式结构相比，两柱式结构技术方案在电压组合、绝缘水平、绝缘距离、阻抗参数、接线方式等方面均未发生变化，在变压器的整体损耗、材料使用量、产品占地面积、制造及运行成本方面有所不同。两柱式结构与三柱式结构方案对比见表1-3。

表1-3　　　　　　　　　两柱式结构与三柱式结构方案对比

指标名称	单位	三柱式结构	两柱式结构
主体变压器器身重	t	320	290
主体变压器油重	t	132	122
主体变压器总重	t	570	517
调压变压器器身重	t	38	38
补偿变压器器身重	t	19	19
调压补偿变压器油重	t	44	44
调压补偿变压器总重	t	152	152
总重	t	722	669
主体变压器运输质量	t	397（充氮或干燥空气）	349（充氮或干燥空气）
主体变压器运输尺寸	m×m×m	11.4×4.2×4.97	8.81×4.59×4.99
调压补偿变压器运输质量	t	79（充氮或干燥空气）	79（充氮或干燥空气）
调压补偿变压器运输尺寸	m×m×m	5.27×3.81×4.16	5.27×3.81×4.16
总体外形尺寸	m×m×m	15.34×13.1×18.8	13.46×13.07×18.87
空载损耗	kW	190	170
负载损耗	kW	1440	1340

2. 线圈结构

特高压变压器的线圈包括高压线圈、中压线圈和低压线圈，由外至内排列于各个铁芯柱之上，三柱式结构的变压器各有三组共 9 个线圈，两柱式结构的变压器各有两组共 6 个线圈，各柱高、中、低压线圈分别并联。

（1）高压线圈。

高压线圈又称串联线圈，额定电压为 $1050/\sqrt{3}$ kV，线圈中部为 1000kV 首端，线圈上、下端部与中压线圈首端串联，绝缘水平为 500kV 等级。

线圈型式为纠结、内屏、连续式组合结构。纠结式线段是通过改变线匝的连接方式提高相邻匝间的电压差来提高线圈的电容，而内屏式线圈则是在不同线段的线匝中分别绕进屏线的首末端，通过屏线的耦合提高线圈的电容，从而降低线圈的冲击电压梯度。通过调整线圈的结构和配置来调整线圈的电容分布，改善冲击电压分布，以达到控制冲击电位分布的目的。图 1-16 为高压线圈。

（2）中压线圈（公共线圈）。

中压线圈又称公共线圈，额定电压为 $525/\sqrt{3}$ kV，中压线圈的首端与高压线圈末端连接，为 500kV 绝缘水平，末端与调压线圈及中性点套管连接，绝缘水平为 72.5kV。中压线圈为纠结式或内屏连续式结构，采用自粘换位导线绕制。图 1-17 为中压线圈。

图 1-16　高压线圈

图 1-17　中压线圈

（3）低压线圈。

低压线圈的额定电压为 110kV，首、末端的绝缘水平相同，均相当于 145kV 水平。低压线圈采用内屏连续式结构，采用自粘性换位导线绕制。图 1-18 为低压线圈。

3. 铁芯结构

特高压变压器铁芯采用单相四柱或五柱结构，即两主柱或三主柱加两旁柱，如图 1-19 所示。铁芯夹紧装置由夹件、垫脚、拉带、拉板等构成，上下夹件和油箱定位。夹件为板式结构，拉板采用低磁钢材料，铁芯内部设置油道进行散热，防止铁芯过热，夹件腹板上加装磁屏蔽，控制漏磁及损耗，防止局部过热。

铁芯叠片采用优质、高导磁、低损耗晶粒取向冷轧硅钢片叠成，采用多级步进搭接，有效降低空载损耗与噪声。

图 1-18　低压线圈　　　　　　　　图 1-19　特高压变压器铁芯

4. 引线结构

特高压变压器高压线圈出线采用中部间接式出线方式，从油箱中部通过专用绝缘出线装置引出至套管，特高压变压器高压出线方式见图 1-20。中压 500kV 引线采用大直径铜管和铜棒作为电流载流导体控制引线的温升，保证引线的电极形状和圆整度，并控制 500kV 引线对铁芯、夹件、油箱等各处的绝缘距离，控制引线局部放电和电气强度。低压 110kV 引线采用大截面铜管作为电流载流导体，中性点引线采用大截面铜棒作为电流载流导体，用以保证引线的温升和电气强度满足要求。所有引线连接处都用铝箔、金属化皱纹纸、屏蔽管充分屏蔽，保证电极直径和圆整度，减少变压器的局部放电，保证足够的电气强度。

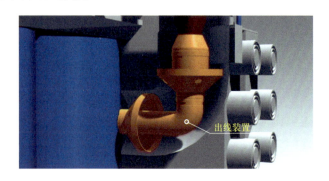

图 1-20　特高压变压器高压出线方式示意图

5. 油箱结构

特高压变压器油箱一般采用桶式结构，箱盖采用压弯结构，在内部进行加强，箱壁采用槽式加强铁，确保在真空（13.3Pa）、正压（0.12MPa）和运输条件下油箱的整体机械强度满足要求。油箱侧壁与夹件安装磁屏蔽，并在油箱侧盖、侧壁安装铜屏蔽，防止局部过热，降低损耗。关键部位（如箱盖、箱壁、箱底、箱沿、运输支架等）采用高强度的低合金钢。特高压变压器油箱示意图如图 1-21 所示。

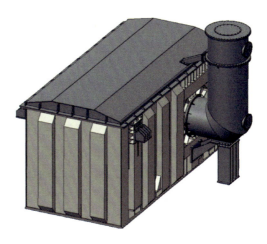

6. 调压补偿变压器结构

特高压变压器采用主体变压器与调压补偿变压器分体布置,可大大减少内部引线数量,提高绝缘设计裕度及可靠性。采用中性点变磁通调压,低压侧电压将随分接位置变化发生波动。对此采取的措施是加设一个补偿变压器来控制低压侧电压波动,补偿后低压侧电压波动范围将不超过 ±0.5%。

图 1-21　特高压变压器油箱示意图

调压补偿变压器内有调压变压器和补偿变压器双器身,设置正反调分接开关。调压变压器、补偿变压器器身均为两柱式铁芯，见图 1-22。

（左为补偿变压器器身，右为调压变压器器身）

图 1-22　调压补偿变压器器身

调压变压器器身为两柱并联，由铁芯向外依次为励磁线圈、调压线圈。调压线圈通过主体变压器低压线圈励磁，调压线圈连接调压开关调压。

补偿变压器器身为单柱套线圈，由铁芯向外依次为补偿励磁线圈、补偿线圈。补偿励磁线圈首末端分别与分接开关连接，其电压和极性随开关调压位置的变化而变化，并通过电磁耦合带动与主体变压器低压线圈串联的低压补偿线圈的变化，从而实现低压电压的补偿。

二、绝缘设计

1. 主绝缘设计

特高压变压器绝缘设计是设备研制的关键技术之一,由于自耦变压器的结构特点,其绝缘结构十分复杂,对设计和制造的技术要求非常高。为保证特高压变压器绝缘的可靠性,设计人员在设计阶段对绝缘结构进行反复仿真分析验证和结构优化,利用电场计算分析程序详细计算各种试验工况下主绝缘结构各油隙及电极表面场强,按无起始局部放电场强进行严格控制,保证了特高压变压器绝缘的可靠性。图 1-23 为绝缘结构及电场计算结果示例。图 1-24 为绝缘三维电场计算结果示例。

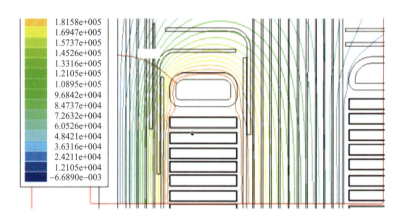

1.8158e+005
1.6947e+005
1.5737e+005
1.4526e+005
1.3316e+005
1.2105e+005
1.0895e+005
9.6842e+004
8.4737e+004
7.2632e+004
6.0526e+004
4.8421e+004
3.6316e+004
2.4211e+004
1.2105e+004
−6.6890e−003

图 1-23　绝缘结构及电场计算结果示例

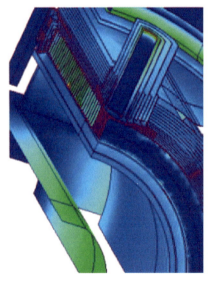

图 1-24　绝缘三维电场计算结果示例

2. 纵绝缘设计

纵绝缘设计是研制特高压变压器的另一个重点。特高压变压器的高压绕组额定运行电压为 $1050/\sqrt{3}\,\text{kV}$,全波冲击电压为 2250kV,截波冲击电压为 2400kV,冲击绝缘水平比 500kV 及 750kV 变压器高很多。纵绝缘研究的重点在于计算分析高压线圈在各种试验电压下的饼间绝缘强度,各线圈纵绝缘结构优化设计、线圈冲击电压特性分析等。特高压变压器线圈采用具有耐受雷电冲击电压能力强、结构简单、操作方便、工艺性好的绝缘结构,满足了特高压变压器各线圈雷电冲击电压绝缘强度要求。

三、引线设计

500、1000kV 引线绝缘结构非常复杂，确保其绝缘可靠性是特高压变压器研究的核心技术之一。为保证引线的绝缘可靠性，在引线绝缘结构设计时，应用电场分析软件，重点计算分析高压升高座箱壁开孔、套管均压球、出线装置、线圈出头连线处等部位油隙电场强度，控制各部位电场强度小于起始局部放电场强，以保证 500kV 引线和 1000kV 引线的绝缘可靠性。500、1000kV 引线电场计算结果示例见图 1-25。

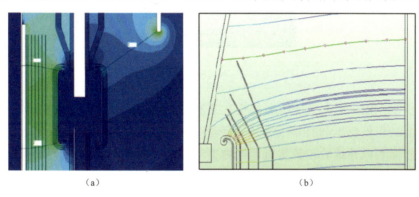

（a） （b）

图 1-25 引线电场计算结果示例

（a）中压 500kV 引线；（b）高压 1000kV 引线

四、漏磁控制

控制变压器漏磁分布及防止绕组、金属构件局部过热是特高压变压器的关键技术难题之一。特高压变压器单台容量达 1000MVA，是目前世界电力变压器容量之最，解决特大容量带来的漏磁控制及局部过热问题，成为特高压变压器研制过程中的关键技术。

特高压变压器设计过程中，应用三维涡流场计算技术，在计算变压器整体磁场分布的基础上，重点分析铁芯结构件及其屏蔽、油箱结构件及其屏蔽中的漏磁分布和涡流损耗分布。铁芯夹件及拉板损耗密度分布如图 1-26 所示。铁芯腹板中损耗分布如图 1-27 所示。

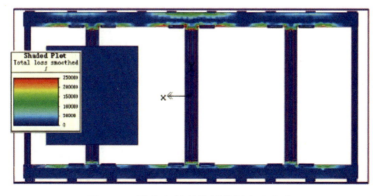

图 1-26 铁芯夹件及拉板损耗密度分布

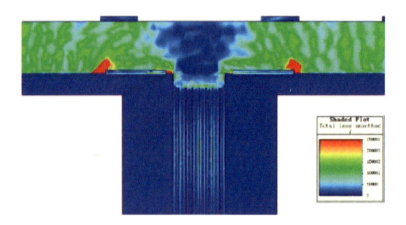

图 1-27　铁芯腹板中损耗分布

特高压变压器采用复合磁屏蔽结构并在漏磁集中区域设置特殊的屏蔽结构，优化的漏磁屏蔽结构使变压器的漏磁通分布合理，损耗密度低，可以防止局部过热的发生。特高压变压器的温升试验和满负荷运行结果验证了防止局部过热措施的有效性。

五、温升控制

温度过高会严重影响变压器内绝缘件的绝缘效果和寿命，为保证变压器运行安全，需选择合适的冷却方式来控制变压器内部温升。对于大型油浸式电力变压器，常用的冷却方式有强迫油循环风冷（OFAF）和强油导向油循环风冷（ODAF）两种。

从 OFAF 和 ODAF 冷却方式油路示意图（见图 1-28、图 1-29）可以直观的看出，采用 ODAF 冷却方式时，由于流过绕组的油流量较大，冷却效果要优于 OFAF 冷却方式。因此从设计的角度来说，ODAF 冷却方式的冷却效果更好，可以采用更小的油道和更高的电流密度，变压器结构可以更紧凑，而且从经济性上看，采用 OFAF 冷却方式的绕组需要更多的附加油道以保证绕组散热，因而 ODAF 冷却方式更具优势。但对于 1000kV 特高压变压器，其端部绝缘水平达到了 500kV，端部绝缘结构复杂、油流沿面长度有所增加，采用 ODAF 冷却方式的油流带电问题不能忽略，会对绝缘安全带来较大风险。

油流带电是指当变压器油流过绝缘表面时，由于摩擦引起固体与液体界面上的电荷聚集和分离使得绝缘油带电的现象，当电荷聚集到一定数量，就会产生放电，油流带电的程度与油的流速直接相关，经验表明，降低流经绝缘表面的油流速度（小于0.5m/s）可有效抑制油流带电。

考虑到特高压变压器线圈的油道本身相对较大，ODAF 冷却方式优势并不明显，同时为避免器身内部油流速度过快可能导致的静电放电问题，特高压变压器主体变压器采用了 OFAF 冷却方式。其与 ODAF 冷却方式的主要区别是，流经器身绕组中的油是基于温差形成的自然对流，而不是将油直接注入绕组，从而显著降低器身高场强区

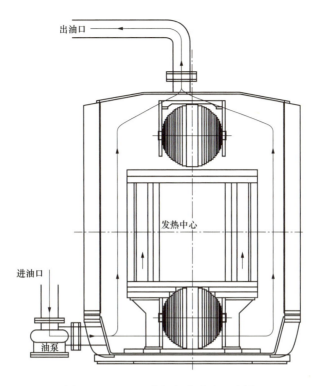

图 1-28　OFAF 冷却方式油路示意图

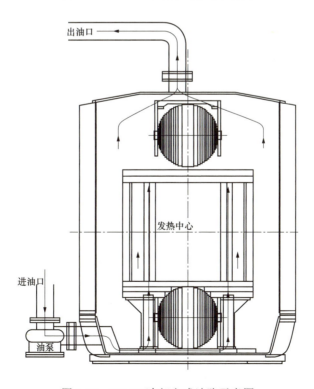

图 1-29　ODAF 冷却方式油路示意图

的油流速度，有效抑制了油流带电现象。在产品设计中，同时采用了加大绕组端部等电极表面的导油面积、配置低转速油泵等措施，进一步改进了油流状态。

在特高压变压器成功研制之前，国内已有多台单相 240MVA/500kV 发电机变压器、单相自耦 250MVA/500kV 变压器、三相自耦 240MVA/330kV 变压器等产品采用了 OFAF 冷却方式并成功运行的经验，也有单相 380MVA/500kV 主变压器和单相自耦 400MVA/500kV 变压器采用自然油循环冷却方式的运行经验。1000kV 特高压变压器的线圈高度大、饼数多，饼间油道也大，散热条件较好，其散热密度并不比上述两种产品大多少（见表 1-4）。因此，国内的技术方案可以有效控制 1000kV 特高压变压器的绕组油流和温升。

表 1-4　　　　　　　　两柱式、三柱式结构与单相自耦变压器散热对比

参数	1000kV 两柱式结构变压器	1000kV 三柱式结构变压器	720MVA/500kV 变压器	单相自耦 400MVA/500kV 变压器
高压线圈高度（mm）	2650	2800	2150	2450
高压线圈辐向尺寸（mm）	235	230	185	240
最大外径（mm）	2940	2740	2320	2800
高压线圈油道数	128	132	116	124
最大单柱损耗（kW）	约 520	约 430	约 330	约 580
平均单位热负荷（W/m²）	1050	880	1150	1210

OFAF 冷却方式的设计关键是控制热点温升，以保证变压器的安全运行和运行寿命。为了确保 OFAF 冷却方式下变压器能满足长期运行的要求，在进行漏磁分析的基础上，控制温升的方法还包括：

（1）合理布置结构，保证油路设计合理、畅通。

（2）当绕组辐向尺寸过大时，增加绕组轴向散热油道。

（3）控制恒压干燥后的绕组垫块厚度不小于规定值。

（4）合理控制油流方向，避免出现死油区，有效改善绕组冷却效果。

（5）合理调整安匝比，使安匝比尽可能趋于平衡，降低特殊部位处线饼中的涡流损耗，进一步降低绕组的热点温升。

（6）选择足够冷却容量的冷却装置。

六、油箱结构及强度设计

特高压变压器体积大，油箱结构复杂，如何满足耐受全真空和 120kPa 正压试验及长距离公路运输对变压器油箱强度的要求，对变压器油箱的设计制造技术是重大考验。

特高压变压器采用侧承式运输方式，变压器通过四个运输支板担在侧承梁上，采用这种特殊运输方式，可最大限度地降低变压器主体运输高度，但对油箱结构和机械

强度提出特殊要求。

油箱结构优化设计时，考虑变压器主体运输过程中的冲击加速度，利用三维有限元计算技术及试验验证方式重点分析油箱在运输情况下的机械强度（见图 1-30、图 1-31），保证了特大件运输过程中的油箱机械强度，可确保 1000kV 主变压器安全可靠地运到目的地。

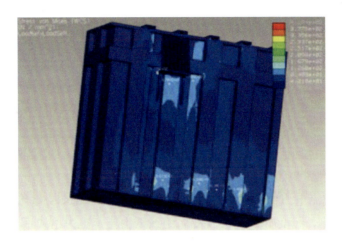

图 1-30　油箱内部应力分布

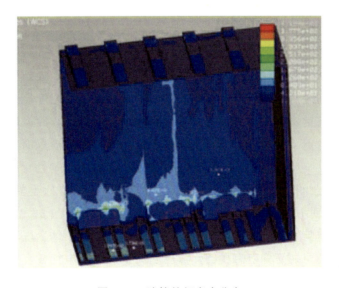

图 1-31　油箱外部应力分布

第三节　核心材料部件

特高压变压器生产制造中使用到的关键原材料及组部件主要包括电磁线、硅钢片、绝缘材料、出线装置、套管、分接开关、油色谱在线监测装置等。

图 1-32　绕制中的电磁线

一、电磁线

1. 作用及种类介绍

电磁线又称为绕组线，是变压器绕组的主要组成部分，主要作用就是构成变压器的电路，由导体和绝缘体两部分组成（见图 1-32）。电磁线有多种分类方法，按导体不同分为铜、铝及其他合金电磁线；按导体形状不同分为圆型、扁型与异型电磁线；按使用的绝缘材料不同分为纸包线、漆包线、丝包线、膜包线等；按组合形式不同分为单根线、组合线、换位导线等。

特高压变压器使用的电磁线一般为电导率较高的铜导线，主要有换位导线、组合导线、纸包铜扁线等。特高压变压器用电磁线需要满足国家电网公司企业标准 Q/GDW 11482《1000kV 交流电力变压器用绕组线技术要求　第 1 部分：纸绝缘换位导线》，铜材质为 A 级电解铜，纯度不低于 99.99%，绝缘纸主要有电力电缆纸、高压电缆纸、耐热绝缘纸、高强度皱纹纸、芳香聚酰胺纸等。一台两柱式结构特高压变压器的电磁线重约 90t，三柱式结构的重约 110t。

2. 质量管控措施

为保证电磁线的质量，变压器制造厂一般采用延伸监造、入厂初检、质量专检等手段对电磁线的质量进行管控。其中，延伸监造主要为委派专人到电磁线供应商见证铜导线的关键生产过程和漆膜击穿电压试验、自粘导线粘结强度检测等关键出厂检测项目；入厂初检包括检查来料的包装外观是否有损伤或变形、线盘清洁度是否良好，以及规格型号、数量、文件资料是否完整等；质量专检包括检查铜导线的外观有无损伤或变形校核，以及尺寸、电阻率、换位节距、漆膜厚度/均匀性、机械性能（如屈服强度和延伸率）、股间绝缘等性能检测，必要时取样送第三方检测单位进行检验。

3. 主要供应商

特高压交流试验示范工程及其扩建工程特高压变压器主体变压器电磁线均使用上海杨行铜材有限公司（简称上海杨行，后更名为上海杨铜电气成套有限公司）产品；另外，特变沈变在调压补偿变压器中使用了沈阳宏远电磁线股份有限公司（简称沈阳宏远）产品，西电西变在调压补偿变压器中使用了江苏句容联合铜材有限公司（简称江苏句容）产品。2013 年皖电东送工程中特变沈变在 1 台主体变压器上使用了沈阳宏远公司的电磁线，保变电气在 1 台主体变压器上使用了保定天威电力线材有限公司（简称天威线材）的电磁线。2014 年西电西变在浙北—福州工程 3 台主体变压器上使用了江苏句容的电磁线。2020 年山东电力设备厂在驻马店—南阳工程 7 台主体变压器上使用了无锡统力电工股份有限公司（简称无锡统力）电磁线。经过多个特高压工程的良好应用和大量抽样检测工作后，国产电磁线的市场优势逐渐显现，逐渐实现了特高压变压器电磁线供货的全覆盖。据统计，在主要特高压变压器生产厂家中，特变沈变和西电西变主要使用沈阳宏远的电磁线，保变电气主要使用天威线材的电磁线，山东电力设备和特变衡变主要使用无锡统力的电磁线。

二、硅钢片

1. 作用及种类介绍

硅钢是一种含硅合金钢，其含硅量为 0.8%～4.8%。常用的变压器铁芯一般都是用硅钢片制作的，铁芯是整个变压器的机械骨架，同时也起到提供磁回路的作用。

用硅钢片制作变压器的铁芯，是因为硅钢本身是一种导磁能力很强的磁性物质，在通电线圈中可以产生较大的磁感应强度，从而可以使变压器的体积缩小。硅钢片主要用在变压器的铁芯部位，构成变压器的磁路，一台特高压变压器的硅钢片重约 210t。硅钢片卷料如图 1-33 所示。

图 1-33　硅钢片卷料

硅钢片可分为无取向硅钢片和取向硅钢片两大类型。取向硅钢片在磁化方向上的导磁能力和单位损耗上远优于无取向硅钢片，主要应用于电力变压器。随着工艺水平的逐步提高，取向硅钢片的厚度、导磁能力、单位损耗等性能指标都有了明显提升。其中，厚度由 20 世纪末的 0.3～0.35mm 厚度为主到当前的以 0.23～0.27mm 厚度为主，大幅度降低了涡流损耗，饱和磁密由 1.88T 左右上升到 1.92T，单位损耗由原来的 1.1～1.3W/kg 降低到 0.75～1.0W/kg，大幅提高了电力变压器的性能。

2. 质量管控措施

为保证硅钢片的质量，变压器制造厂一般采用入厂初检、质量专检等手段对硅钢片的质量进行管控。其中，初检项目包括检测来料的包装是否良好，无损伤、变形，以及规格型号、数量、文件资料是否完整；质量专检包括外观检查、尺寸（宽度、厚度）检查、边丝检查、附着力测试，以及比总损耗、磁极化强度和绝缘涂层电阻测量等，必要时取样送第三方检测单位检验。

3. 主要供应商

2008 年以前，我国取向硅钢制造仍停留在普通低牌号上，国家重点工程用高端取向硅钢完全依赖进口。2009 年前，特高压变压器用高等级取向硅钢都采用了日本新日铁及韩国浦项的产品。之后，国家电网公司联合宝钢、武钢、首钢等国内硅钢企业进行联合攻关，先后研制出国产高等级取向硅钢产品，性能指标与进口产品等同。按照先试用再推广模式进行国产化应用，皖电东送工程淮南变电站一台变压器（保变电气）试用了宝钢硅钢片；浙北—福州工程浙中变电站一台变压器（特变沈变）、淮南—南京—上海工程泰州变电站一台变压器（山东电工）各试用了武钢硅钢片；苏州变电站一期扩建工程（特变沈变）一台变压器试用了首钢硅钢片。之后开始大量应用国产硅钢片（宝钢、武钢、首钢），从浙北—福州工程、淮南—南京—上海工程、锡盟—山东工程国产硅钢片开始批量使用，从蒙西—天津南工程之后由供货商自主选择，已有超过二十个工程、二百台特高压变压器使用国产硅钢片。

三、绝缘材料

1. 作用及种类介绍

绝缘对变压器的安全可靠运行至关重要，变压器内部的绝缘失效是变压器最严重和损失最大的问题，因此特高压变压器对内部使用的绝缘材料性能要求非常高。

大型电力变压器中使用的绝缘材料主要包括绝缘纸和绝缘纸板两大类。绝缘纸主要用于线圈导线和器身引线的包扎，根据使用部位和操作工艺的差异分为皱纹纸、匝绝缘纸、电缆纸、微皱纸等多种类型。绝缘纸板主要用于制作纸筒、撑条、垫块、相间隔板、铁轭绝缘、垫脚绝缘、支撑绝缘和角环等绝缘件。

电工绝缘纸板以100%的未漂硫酸盐木浆为原料，通过真空干燥彻底干燥、去气和浸油，具有良好的电气性能和机械性能，是油浸式变压器中最常用的绝缘材料。绝缘纸板的耐热等级是 Y 级，浸油后变为 A 级。按密度可分为低密度纸板、中密度纸板、高密度纸板。其中低密度纸板的密度为 $0.75\sim0.9g/cm^3$，强度较低，机械性能较差，但成型性好，主要用于制作成型件；中密度纸板也叫标准板，密度为 $0.95\sim1.15g/cm^3$，硬度较好，电气强度较高，主要用于绝缘纸筒、撑条、垫块等一般绝缘件及层压制品；高密度纸板密度为 $1.15\sim1.3g/cm^3$，电气性能和机械性能均很高，主要用于压板、垫板、油隙垫块等不折弯的零件。

对于特高压变压器，绝缘纸板的耐电强度、浸油性能、机械性能等是需要综合考虑选择的因素，一台特高压变压器的绝缘件用量约45t。图 1-34 为优质绝缘材料。

2. 质量管控措施

为保证绝缘材料的质量，变压器制造厂一般采用入厂初检、质量专检、X 光检验等手段对绝缘材料的质量进行管控。其中，初检项目包括检查来料的包装是否良好，无损伤或变形，以及规格型号、数量、文件资料是否完整；质量专检包括核对产品标签、外观及尺寸检查，必要时取样送第三方检测单位检验。同时，针对成型绝缘件进行 X 光检验，确保绝缘件中无金属异物、气泡、缝隙等缺陷。

3. 主要供应商

目前，国外绝缘材料在总体质量上具有一定的优势，国内产品的质量也有了明显的提升。全球绝缘纸板及成型件大型企业主要集中在瑞典、瑞士、德国、日本等国家，

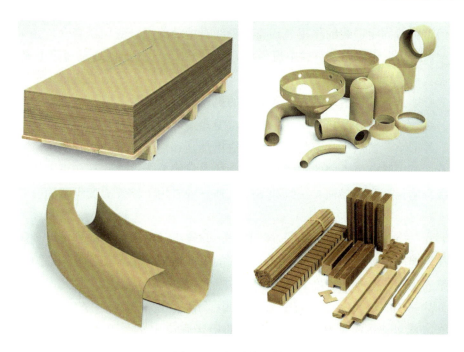

图 1-34 优质绝缘材料

国外绝缘纸板及成型件行业发展时间较长，技术积累丰厚，生产设备先进，研发能力强，在技术工艺、装备水平等方面均处于领先地位，占据了国际市场绝大部分份额，特别是在高端领域。

我国早在 20 世纪 70 年代初由泰州绝缘材料总厂开始使用未漂硫酸盐木浆生产绝缘纸板，80 年代中期研制成功交流 500kV 全套成型绝缘件。但由于纸板尺寸的限制，国内交流 500kV 输变电设备使用的优质、大尺寸绝缘纸板主要依赖进口。用于大型变压器/电抗器的优质、大尺寸高压绝缘纸板曾一度处于供不应求局面，500kV 及以上超、特高压变压器绝缘材料供求矛盾突出。随着我国超高压/特高压电网的发展，带动了绝缘纸板及成型件产品快速发展，我国绝缘纸板企业通过引进国外先进设备和生产工艺，围绕提高在线检测水平，加强对生产用水、厂房净化等质量管控措施，绝缘纸板总体水平与国外同行差距逐步缩小，部分性能指标优于国外同类产品，能够满足不同电压等级变压器的需求。

特高压交流试验示范工程中绝缘纸板、成型件使用瑞士魏德曼产品。随着国产绝缘材料质量水平的提升，目前在全部低压区域、部分 500kV 区域使用了国产化绝缘材料，1000kV 区域、大部分 500kV 区域依然使用瑞士魏德曼绝缘材料。

四、套管

1. 作用及种类介绍

套管的作用是将变压器内部高、中、低压绕组引线引到油箱外部，连接到线路中去，不但担负着固定引线的作用，还作为引线对地的绝缘。变压器套管是变压器载流元件之一，运行中长期通过负载电流，当变压器外部发生短路时通过短路电流。因此，对变压器套管有以下要求：

（1）必须具有规定的电气强度和足够的机械强度。

（2）必须具有良好的热稳定性，并能承受短路时的瞬间过热。

（3）外形小、质量小、密封性能好、通用性强和便于维修。

套管按照用途分为不同的种类，按照主绝缘结构分为电容式和非电容式套管。套管的绝缘介质包括变压器油、空气和 SF_6 气体三种，用于油浸式变压器的套管有以下三种：

（1）油—空气套管：在油浸式变压器中，套管下部在变压器油箱内，变压器油绝缘强度高，因而长度较短，没有伞裙；套管的上部在空气中，长度很长，为了保证下雨天的绝缘强度，有一定长度的伞裙。

（2）油—SF_6 套管：在油浸式变压器中，套管下部与油—空气套管的下部相同；套管上部处于 SF_6 气体中，SF_6 气体的绝缘强度很高，因而长度也很短，且没有伞裙。

（3）油—油套管：在油浸式变压器中，用于变压器出线端子也处于变压器油中的情况，如电缆引出。

特高压变压器套管一般采用油纸绝缘的形式（油—空气套管），包括高压套管、中压套管、低压套管、中性点套管。套管由主绝缘电容芯子、外绝缘上下瓷件、连接套筒、储油柜、弹簧装配、底座、均压球、测量端子、接线端子、橡皮垫圈、绝缘油等部分组成。特高压变压器套管的种类及供应商如表 1-5 所示。

表 1-5　　　　　　　　　　　特高压变压器套管的种类及供应商

部位	电压等级	型号
高压侧	1000kV	PNO.1100.2400.2500（意大利 P&V 公司） GOE2600-1950-2500（瑞典 ABB 组件公司） BRDLW-1100/2500（西电西套公司） BRDLW-1100/3150（沈阳和新公司）
中压侧	500kV	PNO.550.1675.5000（意大利 P&V 公司） GOE 1675-1300-6300（瑞典 ABB 组件公司） BRDLW-550/5000（西电西套公司）
中性点侧	126kV	BRDLW-126/2500（西电西套或沈阳和新公司）
低压侧	145kV	BRDLW-145/4000（西电西套或沈阳和新公司）

注　表中西电西套全称为西安西电高压套管有限公司，沈阳和新全称为沈阳和新套管有限公司。

1000kV 套管是 1000kV 交流变压器的核心组件之一，因电压高、长度大、绝缘厚，研发难度大。特高压交流试验示范工程到淮南—南京—上海工程中特高压变压器均采用进口1000kV套管，蒙西—天津南及之后的工程逐步推进国产化应用。图1-35为进口油纸电容式高压套管。

2. 质量管控措施

为保证套管的质量，变压器制造厂一般采用入厂初检、质量专检等手段对套管的质量进行管控。其中，初检项目包括检查包装是否良好、有无损伤或变形，以及规格型号、数量、文件资料是否完整；质量专检包括铭牌核对、供应商报告检查、外观及尺寸检查、附件检查，以及介损、电容量测量及油色谱检测。

3. 主要供应商

在武汉特高压交流试验基地和特高压交流试验示范工程建设之前，全世界仅有意大利P&V公司、瑞典ABB组件公司、莫斯科绝缘子公司、日本NGK公司等少数国外套管生产厂家具有特高压变压器套管的供货业绩。2007年，西安西电高压套管有限公司（简称西电西套公司）和南京电气高压套管有限公司（简称南京电气公司）研制了3支1100kV交流油纸电容式套管在武汉特高压交流试验基地带电运行。

图1-35 进口油纸电容式高压套管
（左为工厂安装，右为现场吊装）

特高压交流试验示范工程变压器套管全部采用瑞典ABB组件公司和意大利P&V公司的产品。2009年2月，西电西套公司产品通过型式试验，为晋东南变电站供货1支备品套管，2013年在皖南变电站西变高抗备用相应用1支，2014年在浙南变电站西变高抗运行相应用3支，2016年在蒙西变电站西变的变压器应用1支。2013年12月，沈阳和新套管有限公司（简称沈阳和新）产品通过型式试验，2016年在北京西变电站衡变高抗应用1支，2017年在石家庄变电站沈变变压器试用1支。按照试用—少量应用—应用的原则，逐步推进国产套管应用。截至2022年底特高压变压器共使用14支国产化1000kV油纸绝缘套管。2023年12月投运的福建—厦门工程中，在保变电气三相特高压变压器上试点，全部应用了我国最新研制的1000kV干式油—空气套管（1100kV和500kV为干式胶浸纸绝缘套管，内充SF_6气体；170kV和126kV为干式胶浸纸绝缘套管，内充绝缘胶）。图1-36为国产油纸电容式高压套管。表1-6为国产化特高压变压器套管应用明细。

表1-6　　　　　　　　　国产化特高压变压器套管应用明细

序号	工程	变电站	变压器厂家	套管厂家	数量
1	蒙西—天津南	蒙西变电站	西安西变	西电西套	1

序号	工程	变电站	变压器厂家	套管厂家	数量
2	榆横—潍坊	石家庄变电站	特变沈变	沈阳和新	1
3	临沂换—临沂变	临沂变电站	特变衡变	西电西套	2
4	山东—河北环网	济南变电站	特变衡变	沈阳和新	1
5	东吴扩	苏州变电站	特变沈变	沈阳和新	1
6	芜湖扩	芜湖变电站	西安西变	西电西套	3
7	晋北扩	晋北变电站	特变沈变	沈阳和新	1
8	荆门—武汉	武汉变电站	山东电工	沈阳和新	1
9	南昌—长沙	南昌变电站	特变沈变	沈阳和新	3
10	福州—厦门	长泰变电站	保变电气	沈阳和新	3

图 1-36　国产油纸电容式高压套管（上为工厂成品，下为产品工厂转运）

五、出线装置

1．作用及种类介绍

特高压变压器高压出线采取单独的间接出线结构，由于高压绕组额定电压高，绕组出头到套管尾部的连接还有一段距离，此处电场情况复杂。为了降低电场强度，改善电场分布，采用专门的出线装置用于保护高压引出线的路径，确保引线在油箱内部的电场处于一个合理安全的范围。

出线装置连接绕组与套管，在有限空间内承受高电压、大电流、长期振动等严苛工况，需确保在电、磁、热和机械等多应力共同作用下的长期可靠运行，对结构设计、材料选用和工艺质量稳定性有很高要求。出线装置以电工用高密度纸板及高纯度湿纸板坯为原料，利用适当的模具，采用相应的制造方法或专用机械加工制作而成，具有更适合于电场分布情况的形状、稳定的几何尺寸及良好的力学性能和电气性能。

特高压出线装置采用油—纸屏障结构，由绝缘件、均压管及均压球组成，主要结构为在载流引线外部套装金属管来作为均压管以优化电极形状、改善电场分布，而为保证高压引线对出线装置外壳有足够的绝缘裕度，在均压管外部包裹多层绝缘成型件进行油隙分割，从线圈出头至套管有 5 层纸板分割。特高压变压器高压出线装置如图 1-37 所示。出线装置在特高压变压器中的位置示意如图 1-38 所示。

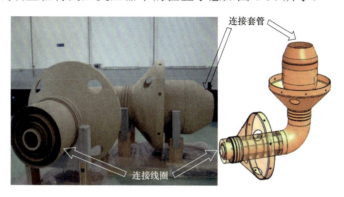

图 1-37　特高压变压器高压出线装置

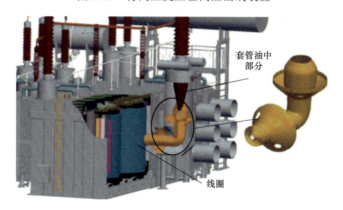

图 1-38　出线装置在特高压变压器中的位置示意

2. 质量管控措施

为保证出线装置的质量，变压器制造厂一般采用入厂初检、质量专检等手段对出线装置的质量进行管控。其中，初检项目包括检查包装是否良好、有无损伤或变形，以及规格型号、数量、文件资料是否完整；质量专检包括产品标签核对、外观及尺寸检查等。

3. 主要供应商

我国建设特高压工程初期，变压器出线装置主要依赖进口。为推动出线装置国产化研制供货，2009 年国家电网公司牵头启动了特高压出线装置的国产化科研攻关工作，中国电力科学研究院联合国内变压器厂及绝缘件制造厂开展了自主化研制，攻克了大张高密度绝缘纸板、成型件机械性能与电气性能协同提升、高压出线装置结构优

图 1-39　自主研发的特高压出线装置

化设计、生产装备升级改造、生产工艺创新完善等一系列技术难题，成功研制出 C1000 标准化国产特高压出线装置。2009 年 12 月，常州市英中电气有限公司（简称：常州英中）产品通过试验。2010 年 6 月，泰州新源电工器材有限公司（简称：泰州新源）产品通过试验。2015 年 7 月，辽宁西电兴启电工材料有限公司（简称：辽宁兴启）产品通过试验。图 1-39 为我国自主研发的特高压出线装置。

特高压交流出线装置的成功研制是特高压交流成套设备国产化之后，在原材料、组部件领域进一步推进国产化的重大突破。其核心技术反哺常规 500、750kV 设备制造并得到更大范围的应用，对打破国外在关键绝缘材料供货领域的垄断地位、满足电力发展对持久可靠装备供应的需求具有重要意义。

2013 年 9 月，国产特高压出线装置首次在工程中应用（在皖电东送工程中常州英中产品 1 套用于沪西变电站保变高抗，泰州新源产品 1 套用于淮南变电站西变高抗）。截至 2023 年底，已有 43 套国产特高压出线装置应用于浙北—福州、锡盟—山东等 18 回特高压交流工程特高压变压器中。表 1-7 为国产特高压出线装置应用情况。

表 1-7　　　　　　　　　国产特高压出线装置应用情况

序号	工程名称	变电站	变压器数量	变压器制造厂	常州英中	泰州新源	辽宁兴启
1	浙北—福州	浙南变电站	7	保变电气	1		
2		浙中变电站	4	特变沈变		1	
3		福州变电站	7	西安西变		1	
4	锡盟—山东	北京东变电站	7	保变电气	4		
5	淮南—南京—上海	南京变电站	4	西安西变		1	
6		泰州变电站	4	山东电工	1		
7		苏州变电站	7	特变沈变		1	
8	蒙西—天津南	蒙西变电站	7	西安西变		2	
9		北京西变电站	7	保变电气		2	
10		天津南变电站	7	山东电工	1		
11	榆横—潍坊	晋中变电站	4	保变电气	1		
12		潍坊变电站	7	山东电工	1		
13	锡盟—胜利	胜利变电站	7	特变沈变		2	
14	青州换—潍坊变	潍坊变电站	3	山东电工	1		

续表

序号	工程名称	变电站	变压器数量	变压器制造厂	常州英中	泰州新源	辽宁兴启
15	临沂换—临沂变	临沂变电站	7	特变衡变		1	
16	山东—河北环网	济南变电站	6	特变衡变		1	
17		枣庄变电站	7	特变沈变		1	
18	泰州扩	泰州变电站	3	山东电工	1		
19	驻马店—南阳	驻马店变电站	7	山东电工	1		
20	张北—雄安	张北变电站	7	保变电气	3		
21	东吴扩	苏州变电站	4	特变沈变		1	
22	芜湖扩	皖南变电站	3	西安西变			1
23	晋中扩	晋中变电站	3	保变电气	1		
24	晋北扩	晋北变电站	3	特变沈变		1	
25	南昌—长沙	南昌变电站	7	特变沈变		3	
26		长沙变电站	7	特变衡变		1	
27	荆门—武汉	武汉变电站	7	山东电工	1		
28	北京东扩	北京东变电站	6	保变电气		3	
29	福州—厦门	长泰变电站	7	保变电气	3		

目前，国产出线装置已可批量替代进口产品，但是批量产品质量稳定性与进口产品相比存在一定差距。出线装置使用的位置处于瓷、油、纸多种介质的结合部位，电场异常复杂，部分变压器制造厂基于整体产品质量高可靠性的考虑仍大量选用进口产品，国产化应用仍有提升空间。

六、分接开关

1. 作用及种类介绍

分接开关的作用是变压器的输出端通过分接开关与不同的变压器绕组抽头连接来改变变压器高、低压绕组的匝数比，从而达到调节变压器输出电压的目的。

电力变压器中分接开关包括有载调压分接开关和无励磁调压分接开关两种。当前特高压变压器除在皖电东送工程皖南（芜湖）变电站中使用有载调压分接开关外，其余均采用无励磁调压分接开关，分接开关安装在独立于特高压变压器主体变压器之外的调压补偿变压器中。

特高压变压器使用的无励磁调压分接开关的调压范围为 $525/\sqrt{3} \pm 4 \times 1.25\%$kV，级电压为 3.79kV，绕组额定电流为 1650A；有载调压分接开关调压范围为 $520/\sqrt{3} \pm 10 \times 0.5\%$kV，级电压为 1.50kV，绕组额定电流为 1688A。图 1-40 为无励磁调压分接开关本体和操动机构。图 1-41 为无励磁分接开关在调压补偿变压器中的安装位置。

图 1-40　无励磁调压分接开关本体和操动机构

2. 质量管控措施

为保证分接开关的质量,变压器制造厂一般采用入厂初检、质量专检等手段对分接开关的质量进行管控。其中,初检项目包括检查包装是否良好、有无损伤或变形,以及规格型号、数量、文件资料是否完整;质量专检包括铭牌核对、供应商报告检查、外观检查,以及动作时序、直流电阻的测量等。

3. 主要供应商

我国特高压变压器用分接开关主要依赖国外进口,特高压交流工程主要采用德国MR 公司生产的分接开关。2021 年投运的特高压晋北变电站(扩建)工程中,由上海华明电力设备制造有限公司生产的 3 台无励磁调压分接开关在特变沈变制造的特高压变压器上实现了示范应用,如图 1-41 所示。图 1-42 为国产化特高压变压器用无励磁调压分接开关。

图 1-41　无励磁分接开关在调压
补偿变压器中的安装位置

图 1-42　国产化特高压变压器用
无励磁调压分接开关

七、油色谱在线监测装置

1．作用及种类介绍

特高压变压器采用油、纸/纸板组成绝缘系统，当设备内部发生热故障、放电性故障或油、纸老化时，会产生多种故障气体，这些故障气体会溶解于油中，不同类型的故障产生的气体组份及浓度不同，可以通过检测油中溶解气体情况来判断设备是否存在故障及故障的类型。油中溶解气体分析法（dissolved gas analysis，DGA）是发现油浸式变压器内部故障的最有效的方法之一，目前已经在各电压等级油浸式电力设备中广泛应用。油色谱在线监测装置是指可以在变压器运行工况下自动实现变压器油中溶解气体分析的监测仪器，它可以通过分析油中溶解气体的组分、含量及气体的比值等变化进而判断变压器绝缘老化或出现故障的程度，从而实现对变压器的实时监测，对潜在故障发出预警。使用油色谱在线监测装置可有效增强诊断早期潜伏性故障的能力，以便提前采取措施降低变压器发生重大故障的概率，提高电力系统供电的可靠性和安全性。

按照可分析气体组分的种类，油色谱在线监测装置可以分为单组分油色谱在线监测装置和多组分油色谱在线监测装置。特高压变压器中一般使用多组分油色谱在线监测装置，可同时对氢气（H_2）、一氧化碳（CO）、二氧化碳（CO_2）、甲烷（CH_4）、乙烷（C_2H_6）、乙烯（C_2H_4）、乙炔（C_2H_2）七种气体进行检测。

2．装置组成

油色谱在线监测装置包括油循环/油取样、油气分离、组分分离、气体检测、通信及后台监控等部分，如图 1-43 所示。油循环/油取样部分主要是从变压器油箱内获取油样并回充装置，通常采用循环油泵实现。油气分离部分主要实现油中溶解气体的脱出，是在线监测的关键技术之一，有多种实现方法，各有优劣。气体检测部分实现将气体浓度信号转换为电信号，为在线监测装置的核心部件，实现方式包括色谱法、光谱法等。通信及后台监控系统部分负责接收上位机控制信号，向上位机发送检测结果等。

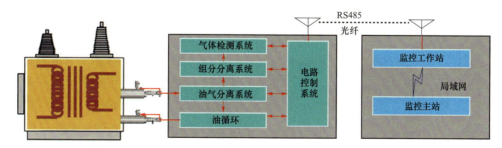

图 1-43　油色谱在线监测装置基本组成

3．检测原理

目前变压器油色谱在线监测装置的气体检测原理主要有气相色谱、光声光谱、红外吸收光谱和拉曼光谱四种，其中红外吸收光谱尚未在特高压设备应用，拉曼光谱技术尚无成熟产品。前三种原理的技术对比分析如表1-8所示。

表1-8　　　　　　　　　　　　　不同气体检测原理对比

原理类型	气相色谱	光声光谱	红外吸收光谱
优点	气体检测下限低（0.1μL/L），技术成熟，应用广泛	结构简单，系统可靠性相对较高；检测周期较短（1h）；不需要载气、标气，无色谱柱，维护少	检测周期较短；不需要载气、标气，无色谱柱，维护少
缺点	结构相对复杂，检测周期较长（4h）；需定期更换色谱柱、载气和标气	气体检测下限较高（0.5μL/L），检测结果可能会受到环境中有机气体干扰；环境温度、湿度变化扰动较大时，有轻微影响	不能检测氢氢，背景信号对红外吸收信号有影响，无应用，成本较高

（1）气相色谱原理。

使用气相色谱原理的油色谱在线监测装置，其气体组分分离由色谱柱完成，各组分在色谱柱中的运行速度不同，经过一定时间的流动后便彼此分离，按顺序离开色谱柱进入检测器，检测器色谱柱中物质浓度转化为电信号，在记录器上描绘出各组份的色谱峰。气相色谱原理如图1-44所示。

气相色谱法一般采用外标法进行组分含量计算，先配置包含待测气体组分的、已知浓度的标准气体，将此标准气体进样测出峰面积；再将待测样品进样，得到相应的峰面积，在一定的浓度范围内物质浓度与相应的峰面积呈线性关系，则可求出待测样品各组分浓度。

图1-44　气相色谱原理示意图

（2）光声光谱原理。

光声光谱原理的油色谱在线监测装置利用的是光声效应，光声效应是指当物质受到周期性强度调制的光照射时，会产生声信号，同等光强下浓度越高光声效应越强。光声光谱原理如图1-45所示。

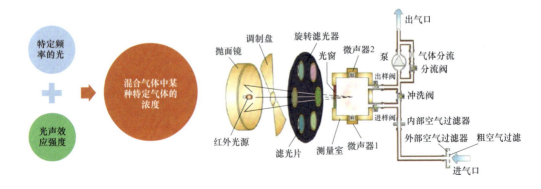

图1-45　光声光谱原理示意图

根据气体分子的红外光谱特性，选择特定波长的光照射待测混合气体，使混合气体中特定的气体分子产生温度变化，然后通过某种方法检测这种变化从而得到待测气体分子浓度。

光声光谱原理不需要对不同气体进行分离，且采用光声光谱技术的仪器的内光声室容积较小，即仅需少量样品即可进行测试，光声室的清理时间也大大短于气相色谱原理装置。因此，光声光谱原理装置的检测周期可以做到更短。

4. 性能要求

国家电网公司企业标准 Q/GDW 10536《变压器油中溶解气体在线检测装置技术规范》的主要要求包括：

（1）检测范围和测量误差。根据对装置测量误差限值要求的严格程度不同，将测量误差性能定为 A 级、B 级和 C 级。特高压变压器用油色谱在线监测装置要求见表 1-9。

表 1-9 特高压变压器用油色谱在线监测装置测量误差要求

检测参量	检测范围（μL/L）	测量误差限值
氢气 H_2	2～20	±2μL/L 或 ±30%
	20～1000	±30%
乙炔 C_2H_2	0.2～5	±0.2μL/L 或 ±30%
	5～10	±30%
	10～50	±20%
甲烷 CH_4、乙烷 C_2H_6、乙烯 C_2H_4	0.5～10	±0.5μL/L 或 ±30%
	10～150	±30%
一氧化碳 CO	25～100	±25μL/L 或 ±30%
	100～1500	±30%
二氧化碳 CO_2	25～100	±25μL/L 或 ±30%
	100～7500	±30%
总烃（ΣCH）	2～10	±2μL/L 或 ±30%
	10～150	±30%
	150～500	±20%

注 在各气体组分的低浓度范围内，测量误差限值取两者较大值。

（2）最小检测浓度。乙炔最小检测浓度不大于 0.2μL/L，油中氢气最小检测浓度不大于 2μL/L。

（3）测量重复性。测量重复性不大于 3%。

（4）最小检测周期及响应时间。最小检测周期不大于 2h。

（5）交叉敏感性。一氧化碳含量大于 1000μL/L、氢气含量小于 50μL/L 时，氢气检测误差符合 Q/GDW 10536—2021 的要求。乙烷含量大于 150μL/L、二氧化碳含量大于 5000μL/L、其他烃类含量小于 10μL/L 时，甲烷、乙烷、乙烯、乙炔检测误差符合 Q/GDW 10536 的要求。

第四节 制 造 与 试 验

一、生产制造工艺

特高压变压器电压高、容量大，设备质量超过 500t，对制造工装设备要求极高。例如，铁芯制作需要载重高达 350t 及以上的翻转台，线圈绕制需要 35t 的立式绕线机，器身干燥需要的气相干燥系统功率需要达到 400kW，器身起吊需 350t 桥式起重机等，主要的制造工装设备如表 1-10 所示。

表 1-10　　　　　　　　特高压自耦变压器制造的主要工装设备

序号	设备名称	型号规格	序号	设备名称	型号规格
1	电动双梁桥式起重机	400t	18	数控绝缘件加工中心	BX10-43
2	煤油气相干燥设备	400kW	19	电动平车	20t
3	气垫车	280t	20	线圈组装装配架	ϕ3600mm
4	电动平车	200t	21	线圈组吊具	60t，ϕ3600mm
5	电瓶车	50t	22	真空净油机（厂房内）	8000L/h
6	变压法干燥设备	200kW	23	真空净油机（油罐区）	20000L/h
7	立式绕线机	35t	24	高真空机组	2500L/s
8	可调绕线模	ϕ590/ϕ900-2900mm	25	线圈组吊具	40t
9	线圈压床	250t，3200×3200mm	26	装配架	10t/12m
10	万级净化房	15m×13.6m×7m	27	300t 吊梁（配吊带）	单车（配环形吊带 80t×18m，4 根）
11	中频焊机	Minac 25/40	28	数控横剪线	XBJ36BL-90
12	热压机	2500t，2500×2500mm	29	铁芯翻转台及配套件	200t
13	卧式裁板机	4200/100mm（宽/厚）	30	纸板卷圆机	ϕ230-3000/3500mm
14	坡口铣削机	L=3200mm	31	纸筒热粘机	ϕ700-3000/3500mm
15	圆剪机	ϕ3000mm	32	静电环包扎机	ϕ2500mm
16	分度盘	ϕ3000mm	33	单根撑条成形机	DCJ-4012
17	剪板机	6×3500mm	34	绝缘纸板热压机	BY918X8/25

特高压变压器生产包括上千道工序、上万个零部件，大部分工序需手动操作，其中关键工序包括铁芯叠装、线圈绕制、器身装配、油箱制作、总装配等，主要生产工艺流程见图 1-46。与常规高压、超高压电力变压器相比，特高压变压器制造技术难度

更大，工艺要求更高，包括生产车间的温湿度、降尘量需要严格控制，绝缘干燥时间、温度、真空度比常规变压器干燥工艺要求更严，变压器装配完成后抽真空、真空注油、注油速率、热油循环及对绝缘油质量指标要求更高等。

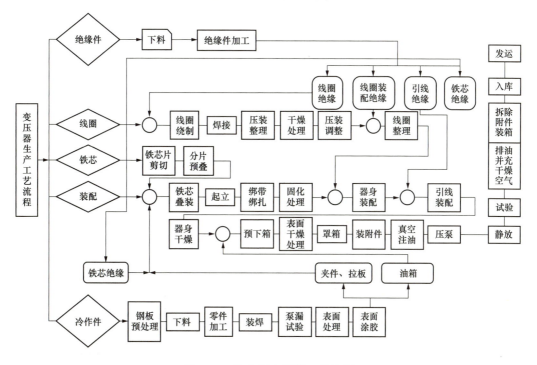

图 1-46　特高压变压器工艺流程

1. 环境控制

各种杂质特别是金属、非金属微粒，以及超标的水分是对绝缘系统的严重威胁，严格控制生产环境及原材料组部件的清洁程度对保证特高压变压器绝缘可靠性至关重要，必须对各个生产环节进行严格的环境控制，避免杂质、尘埃等进入变压器及其组部件内部。为此，特高压变压器的制造需要在封闭厂房内进行，并对与绝缘相关的关键环节，如线圈绕制、静电环绑扎、线圈整套等，要求在特殊设置的防尘棚、防尘间内进行，控制降尘量在 10mg/（m^2·d）之内。各个组件特别是绝缘组件的存放及向下一工序的生产车间转交时，须采取包裹或严密覆盖措施，确保洁净度。为防尘和控制水分，总装需要在专门隔离区域中进行，并保持微正压，以防止外界的污染物进入。

2. 关键工序质量控制

（1）线圈绕制。

线圈绕制是指将电磁线按规定工艺方法绕制成线圈的过程。特高压变压器需绕制的线圈包括高压线圈、中压线圈、低压线圈、励磁线圈、调压线圈、补偿线圈和补偿励磁线圈。绕制方式包括立绕和卧绕两种，补偿线圈使用卧绕方式，其他线圈均使用立绕方式（见图1-47）。线圈绕制使用的电磁线包括纸包半硬铜扁线、纸包复合导线及半硬铜自粘换位导线。绕制方法包括连续式、内屏连续式、纠结式、插花式、螺旋式等，各线圈根据需要选择适合的绕制方法，一般高压线圈采用纠结内屏连续式结构，中压线圈采用内屏连续式，低压线圈采用连续式。

线圈绕制需在具有微正压的净化房内进行。绕制前需检查电磁线规格尺寸、绕线模具尺寸等是否符合图纸和工艺要求，确保电磁线清洁、绝缘无损伤。绕制过程中需使用收紧装置保证绕制紧实度，焊点焊接后对焊接质量进行检查，符合工艺文件要求，绕制、焊线、压服过程中还需检测股间绝缘应无短路情况。线圈绕制完成后在气相干燥罐内进行恒压干燥（见图1-48），线圈夹紧后，按要求安放液压缸，使用液压站进行冷压，然后带液压缸进罐烘烤，在烘烤过程中，按要求调整压力，达到边烘烤边加压的目的，恒压干燥过程严格控制压力、温度等工艺参数。

图1-47　线圈绕制（立绕方式）

图1-48　线圈恒压干燥

（2）铁芯叠装。

铁芯叠装是指将硅钢片叠装为铁芯的过程。特高压变压器的铁芯由铁芯片、夹紧件、绝缘件、连接线及夹件磁屏蔽等组成，其中铁芯片由厚度为0.23～0.3mm，具有较小单位损耗、较小励磁容量和较高磁通密度的冷轧取向硅钢片裁剪加工而成，裁剪过程需控制毛刺在0.015mm以下。裁剪包括纵剪和横剪。纵剪是指在纵剪机上沿冷轧硅钢片的轧制方向，把一定宽度的硅钢片材料按照所需要的宽度分切成各种条料，如图1-49（a）所示。横剪是指在横剪机上沿与冷轧硅钢片轧制方向成某一角度（通常为45°和90°），把一定宽度的条料裁剪成各种规格和尺寸的铁芯片，如图1-49（b）所示。

铁芯片裁剪完毕后在叠装台上进行叠装，叠积时单片上料一层一叠、逐片擦拭，叠装过程需进行打齐、绝缘测量、厚度测量，铁芯各柱夹紧后采用聚酯带绑扎，铁轭夹紧后用力矩扳手紧固，叠装完毕后使用翻转台起立。铁芯叠装区采用中央空调系统实现恒温恒湿，避免铁芯生锈，铁芯结构件各棱边均以机加工的方式倒圆角，确保无尖角毛刺。图1-50所示为铁芯叠装过程。图1-51为铁芯起立。

（a）

（b）

图 1-49　硅钢片裁剪

图 1-50　铁芯叠装过程

（3）器身装配。

线圈、铁芯制作完毕后，将线圈、铁芯及绝缘件进行组装成变压器器身的过程称为器身装配，在净化房内进行。其工艺流程如图 1-52 所示。

器身装配前首先对地面放置铁芯的位置用激光水平仪找平，并做好标识。将铁芯移动至指定位置，并检查铁芯硅钢片无缺角、破片、卷边、锈迹问题，夹件和肢板的平整度满足要求。拆除上夹件及上铁轭，将拆下的硅钢片整齐地摆放在装配架上。安装器身下部的绝缘件，安装时用水平尺调节其水平，多层纸板之间以及纸板与垫块之间涂胶固定。将准备完毕的线圈套装在铁芯柱上，高压线圈起吊时采用防变形托板，避免吊装过程中变形，在线圈安装在铁芯柱的过程中，注意线圈内径不能与铁芯柱上端硅钢片相碰，以免损伤匝绝缘。之后安装围屏，器身软纸筒在组装现场进行预卷，

图 1-51　铁芯起立

保证围制紧实，纸筒的搭接部分放在铁芯柱的主级或拉板中心位置，围屏间按要求安装油道撑条，放置应等分均匀、上下垂直，并呈放射状对齐。安装器身绝缘件后将拆卸下的硅钢片重新插回上铁轭，确保可靠夹紧，在插铁过程中要做好异物防护，每道流程结束后进行吸尘清理，确保无异物进入器身。图 1-53 为器身装配图。

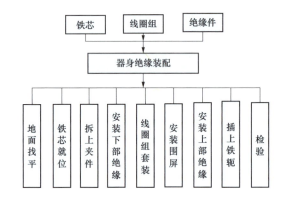

图 1-52　器身装配流程图

图 1-53　器身装配

（4）油箱制作。

特高压变压器油箱一般采用桶式结构，其制作流程如图 1-54 所示。

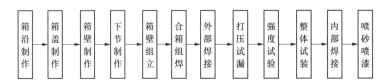

图 1-54　油箱制作工艺流程

特高压变压器油箱由优质钢板焊接制作而成，所有钢板进行喷砂预处理，焊接完毕后检查焊缝是否饱满、平整、无缝无孔、无焊瘤、无夹渣，承重部位的焊缝高度是否符合图纸要求，并采用 X 射线探伤、超声探伤和着色探伤等手段检测焊缝质量。油箱制作完工后检查清洁度，确保油箱内壁清洁、无异物，漆膜无漆瘤、表面光滑，漆皮无脱落现象，然后进行油箱机械强度试验，确保密封性。特高压变压器油箱如图 1-55 所示。

（5）总装配。

总装配工作包括器身压服、油箱及附件准备、绝缘安装、下箱扣罩、升高座安装、套管及引线安装、真空注油、热油循环、冷却系统安装、其他组部件安装等。

图 1-55　特高压变压器油箱

器身采用煤油气相干燥处理工艺，器身进罐后先进行预烘，避免压垫板开裂和铁芯生锈，器身压服时各柱同步加压，保证器身受力均匀，避免柱间连线受力，器身压服后重新回罐进行表面干燥处理，器身出罐后立即下箱进行高真空浸油，保证一次完全浸透。图 1-56 为器身压服现场。图 1-57 为器身下箱过程。

图 1-56　器身压服

图 1-57　器身下箱

器身下箱后安装升高座和套管，高压引线穿入高压出线装置的均压管内，起吊高压升高座，用倒链调整角度，高压升高座法兰盘距箱壁 500mm 时将引线与器身高压中部接线端子连接好，并包好绝缘，从人孔进人观察引线连接是否良好，然后紧固高压升高座法兰盘与箱壁螺栓。高压套管安装时使用专用吊具，利用两部起重机将套管由水平翻转至竖直状态，将引线与套管接线端子连接，套管下落后，进入人孔检查套管尾部和均压球的位置是否符合要求。图 1-58 为高压升压座安装。图 1-59 为高压套管安装。

图 1-58　高压升高座安装

图 1-59　高压套管安装

（6）油处理。

完成总装配后，需要对油箱抽真空处理，去除油箱内部的气体及水分，当真空度达到 100Pa 时测量泄漏率，应小于 800（Pa·L）/s。抽至高真空后进入真空保持阶段。与常规电压等级变压器相比，特高压变压器绝缘件多、油箱空间大，抽真空及真空保持总时间长，可达 10 天左右。

抽真空满足工艺要求后进行真空注油，即在维持真空的情况下注入满足要求的合格变压器油，以减少油中存在气泡的可能性。注油速度不大于 6000L/h，油温（50±5）℃。当真空度高于 30Pa 时需停止注油，待真空度恢复正常后再继续注油。真空注油结束后开始热油循环，特高压变压器的热油循环一般需 2～3 天，结束的条件是所取油样满足如下标准：

1）热油循环量超过总油量 3 倍；

2）击穿电压不小于 70kV/2.5mm；

3）含水量不大于 8mg/L；

4）含气量不大于 0.5%；

5）介损不大于 0.5%；

6）颗粒度（5μm 以上）不大于 1000 个/100mL；

7）温度为（50±5）℃。

（7）静放。

特高压变压器器身绝缘材料多,尽管使用了真空注油和充分进行热油循环,但为了保证变压器油有充分的时间浸透绝缘材料,排出可能存在的小气泡,特高压变压器总装和油处理后需进行静放。热油循环完成后,特高压变压器需静放 10 天。静放期间可进行变比测量、直流电阻测量等低压试验项目的工作。

二、工厂试验

特高压变压器主要为无励磁调压自耦变压器(仅皖南变电站为有载调压),采用主变压器中性点外接调压补偿变压器结构,主变压器和调压补偿变压器具有独立的磁路、油箱和冷却系统,采用导线和支撑绝缘子在外部连接。根据特高压变压器的结构特点,特高压变压器的试验要按三种工况进行:①调压补偿变压器单独进行试验;②主体变压器单独进行试验;③主体变压器与调压补偿变压器连接后进行整体试验。工厂内的试验类型包括型式试验、例行试验和特殊试验。

特高压变压器试验项目多、难度大,尤其是绝缘试验中的雷电冲击试验和局部放电试验技术要求高。特高压变压器入口电容增大,使得雷电冲击试验电压的波前时间拉长,需解决波前时间过长、减小电压过冲的难题。特高压变压器带局部放电测量的长时感应耐压试验加压程序比国家标准的规定更严格,且局部放电限值要求更低。特高压变压器体积大,试验回路复杂,局部放电试验电压高,对电源及屏蔽措施要求严格,局部放电试验干扰排除和内部局部放电定位更加困难。

1. 型式试验

特高压变压器的型式试验包括主体变压器的油箱机械强度试验、温升试验、低压侧雷电截波冲击试验、带有局部放电测量的长时感应电压试验(ACLD,对 1100kV 试验电压、5min 试验时间不进行频率换算)、无线电干扰水平测量,调压补偿变压器的温升试验、油箱机械强度试验,和整体变压器的高/中压绕组线端雷电截波冲击试验、中性点端子雷电全波冲击试验、声级测定,共计 10 项试验项目。

其中关键型式试验技术如下:

(1)带有局部放电测量的长时感应电压试验(ACLD)。

特高压变压器出厂试验依据 GB/T 24843《1000kV 单相油浸式自耦电力变压器技术规范》开展。进行带有局部放电测量的长时感应电压试验期间,由于试验电压高,且要求局部放电测量背景噪声水平低,需采取相应的抗干扰措施,以保证试验的顺利进行,包括:

1)均压环设计。在特高压变压器试验期间,多项试验中需对变压器进行局部放电测量,在套管的空气端需采取屏蔽措施,确保在 1100kV 试验电压下套管空气端不出现电晕。

2)油箱地电位的处理。在局部放电试验期间,整个油箱及其附件均处于电场之中,地电位放电也会对局部放电试验产生干扰,在特高压变压器上这种干扰体现较为明显,另外特高压局部放电试验与高压线端耐受试验同时进行，不是可重复进行的试验，更需谨慎。试验前采取等电位及屏蔽措施可以有效解决。

3）环境控制。合理布置试品，清理试验区域非使用试验设备，并良好接地，保证试品与墙壁距离符合试验要求。

4）防电晕处理。对高压端的所有均压环进行清洁，各端头均压罩与端头导体由导线可靠连接。从补偿电抗器到试验变压器再到试品的高压连接导线长度适宜，直径不小于 60mm，防止电晕产生。变压器油箱顶部高电压区域的联管良好接地，尖角部分进行防晕处理。

进行带有局部放电测量的长时感应电压试验的试验设备主要有中频发电机组、中间变压器、补偿电抗器、电容式分压器、组合式互感器组，使用的中频发电机组由一台电动机和一台中频发电机组成，电动机采用自耦变压器降压启动，通过调节发电机励磁机组的励磁电流，可以实现发电机端口电压的线性输出。由于特高压主体变压器低压侧电压过高，因此试验通过两台中间变压器进行二次升压，使发电机输出电压达到励磁电压要求，该电压可以使用组合式互感器组进行测量，电容式分压器用于低压侧电压的测量校正，以确定试品的容升系数，由于采用倍频回路加压，试品在试验回路中以容性负载呈现，因此需要在试验回路中增加大量的感性负载来补偿无功。局部放电试验接线如图 1-60 所示。

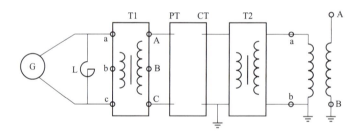

图 1-60　局部放电试验接线示意图

中频发电机组单相输出，接中间变压器 T1 的低压侧，同时补偿电抗器并联于中间变压器 T1 低压侧，组合式互感器组选择合适的档位，电压互感器并联于中间变压器 T1 高压侧，电流互感器串联之，然后接中间变压器 T2 低压侧，中间变压器 T2 高压侧接主体变压器低压侧励磁，高压、中压中性点接地，为尽量模拟运行状态，多采用单边加压方式，即低压侧一端接地。

局部放电测量从高压侧套管、中压侧套管及低压侧套管末屏取信号，分别测量高压、中压及低压侧的局部放电量。目前的局部放电测量方法主要是脉冲电流法，它是通过检测阻抗接入到测量回路中来进行检测的，其测量系统包括测量阻抗、局部放电测试仪和方波电压发生器。特高压变压器 ACLD 试验程序如图 1-61 所示。

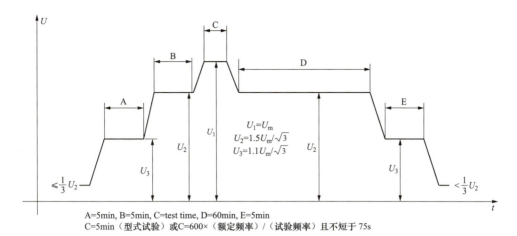

A=5min, B=5min, C=test time, D=60min, E=5min
C=5min（型式试验）或C=600×（额定频率）/（试验频率）且不短于75s

图 1-61 特高压变压器 ACLD 试验程序

在每台变压器出厂时进行 ACLD 试验，施加对地试验电压的时间顺序为：在不大于 $U_2/3$ 的电压下接通电源；上升到 U_3，保持 5min；上升到 U_2，保持 5min；上升到 U_1，持续试验时间 5min；试验后立刻不间断地降低到 U_2，保持 60min，并测量局部放电；降低到 U_3，保持 5min；当降低到 $U_2/3$ 以下时，方可切断电源。其中，高压绕组（线端对地）$U_1=U_m=1100kV$，$U_2=1.5\times U_m/\sqrt{3}=953kV$，$U_3=1.1\times U_m/\sqrt{3}=699kV$。

在施加试验电压的整个期间，应监测局部放电量。在 U_2 电压下，高压、中压和低压绕组的局部放电水平应满足：高压不大于 100pC，中压不大于 200pC，低压不大于 300pC。在 U_3 电压下，所有端子的视在放电量应不大于 100pC。

（2）温升试验。

温升试验的主要目的是验证变压器冷却系统能否将最大总损耗产生的热量散发出去，确定规定状态下变压器油、绕组的温升参数及油箱、结构件等有无局部过热。特高压变压器温升试验受其结构决定，分为特高压变压器主体变压器温升试验和调压补偿变压器温升试验两部分。考虑到特高压变压器的特殊性，在具体试验方法上与普通变压器相比，仍有许多不同之处，其中主体变压器温升试验与 500、750kV 等较低等级电力变压器一样，不同的是调压补偿变压器。

主体变压器温升试验包括顶层油的温升测量、串联绕组和公共绕组的温升测量、低压绕组的温升测量。其中顶层油的温升测量采用温度计测量；串联绕组、公共绕组和低压绕组的温升测量采用电阻法测量。

特高压变压器中的调压变压器与补偿变压器共用一个油箱，考核调压补偿变压器温升时必须考虑调压变压器调压绕组和补偿变压器补偿绕组之间的电磁耦合关系，进行温升试验时，需要单独对调压变压器和补偿变压器分别进行。

方法一是采用两套发电机组，两台中间变压器对调压变压器和补偿变压器分别进行供电试验，此外需要两台电容补偿装置对调压变压器和补偿变压器分别进行电容补偿，但是这种方法在升压的过程可能不同步，需要分别调整，实施起来工作量比较大且操作复杂，容易出现不必要的错误。

方法二是使用一套系统，将调压变压器和补偿变压器进行串联加热，这时，试验线路中只能使用一套 PT、CT 对串联线路进行电压和电流的监测，试验中无法单独对调压变压器和补偿变压器进行损耗的测量，这样只能分别对调压变压器和补偿变压器进行分开的损耗测量，才能得到各自的实测损耗，然后再改为串联接线，对其进行温升加热试验，试验过程比较复杂，同时此方法只能施加一种电压电流，由于调压变压器和补偿变压器的额定容量及电流不等，实际施加的电流只能达到调压变压器励磁绕组额定电流的 1.1 倍，而补偿变压器的励磁绕组则无法达到，这样对施加的总损耗有一定影响。解决方法是使用一台创新设计的中间变压器，并联在调压变压器的试验回路，用中间变压器的降压升流连接到补偿变压器的试验回路。

调压补偿变压器温升试验接线示意图如图 1-62 所示。试验系统主要包括同步发电机组、中间变压器 T1、补偿电容器、特殊中间变压器 T2。发电机组输出的电压电流，经过中间变压器 T1 的升压降流，施加到调压变压器励磁绕组 a_2-x_2，调压绕组 A_0-A_{02} 短路；补偿变压器支路中，在中间变压器 T1 的高压侧，并联中间变压器 T2，经过 T2 的降压升流，施加到补偿变压器的励磁绕组 A_0-A_{03}，补偿绕组 x-x_2 短路。这样就可以同时满足调压变压器和补偿变压器温升试验的要求，经过中间变压器 T2 的补偿变压器支路与调压变压器支路的并联，两台变压器都能够达到计算的试验总损耗，同时也能够达到绕组温升阶段需要施加的绕组额定电流。这种方法可以同时监测两个变压器的阻抗数值，也缩短了对调压补偿变压器负载试验和温升试验的试验周期，更加符合调压补偿变压器实际运行的状况。

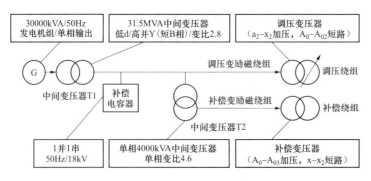

图 1-62　温升试验接线示意图

调压补偿变压器温升试验分为两部分进行：

1）测量顶层油温升（温度计法）。试验时，将调压变压器与补偿变压器串联加电，即将调压变励磁绕组 a_2-x_2 与补偿变励磁绕组 A_0-A_{03} 串联加电，调压绕组 A_0-A_{02} 及补偿绕组 x-x_2 短路，施加不小于 80% 补偿变压器的总损耗（调压补偿变压器总损耗为调压变压器最大负载损耗与补偿变压器最大负载损耗再加上调压变压器最大空载损耗之和）。试验过程中每半小时测量调压补偿变压器的油面温度，当油面温度变化低于 1K/h

并持续 3h 后，则认为油面温升达到稳定，并取最后一个读数的平均值作为油面温升测量结果。同时在顶层油温升试验期间应用红外探测仪测量调压补偿变压器油箱壁的温度，以获取油箱表面温升。

2）测量补偿变压器补偿绕组及励磁绕组的温升（电阻法）。在油面温升测定之后，对调压变励磁绕组 a_2-x_2 施加 1.05 倍额定电流，持续 1 小时后，断电测量 x-x_2、A_0-A_{03}、A_0-A_{02}、a_2-x_2 的电阻，从而计算出补偿变压器的补偿绕组（x-x_2）及励磁绕组（A_0-A_{03}）、调压变压器的调压绕组（A_0-A_{02}）及励磁绕组（a_2-x_2）的平均温升。

2. 例行试验

特高压变压器的例行试验共计 47 项试验项目，如表 1-11～表 1-13 所示。

表 1-11　　　　　　　　　　　　　主体变压器例行试验项目

编号	试验项目名称
1	绕组直流电阻测量
2	电压比测量和联结组标号检定
3	短路阻抗和负载损耗测量
4	空载电流和空载损耗测量
5	绕组绝缘系统的介质损耗因数（tanδ）和电容量测量
6	套管的介质损耗因数（tanδ）和电容量测量
7	绕组对地及绕组间绝缘电阻、吸收比及极化指数测量
8	铁芯及夹件的绝缘电阻测量
9	带有局部放电测量的长时感应电压试验（ACLD，对 1100kV 试验电压、5min 时间进行频率换算）
10	中压短时感应耐压试验（ACSD）
11	低压绕组雷电全波冲击试验
12	带有局部放电测量的低压绕组外施耐压试验
13	中性点外施耐压试验
14	绕组频响特性试验
15	空载电流谐波测量
16	长时间空载试验
17	1.1 倍过电流试验
18	风扇和油泵电机的吸取功率测量
19	变压器密封试验
20	绝缘油试验
21	油中溶解气体检测
22	套管型电流互感器试验

表 1-12 调压补偿变压器例行试验项目

编号	试验项目名称
1	绕组直流电阻测量
2	电压比测量和联结组标号检定
3	短路阻抗和负载损耗测量
4	空载电流和空载损耗测量
5	绕组绝缘系统的介质损耗因数（tanδ）和电容量测量
6	套管的介质损耗因数（tanδ）和电容量测量
7	绕组绝缘电阻、吸收比及极化指数测量
8	铁芯和夹件的绝缘电阻测量
9	带有局部放电测量的长时感应电压试验（ACLD）
10	外施耐压试验
11	分接开关试验
12	绕组频响特性试验
13	油箱密封试验
14	绝缘油试验
15	油中溶解气体检测

表 1-13 整体变压器例行试验项目

编号	试验项目名称
1	电压比测量及极性测量
2	短路阻抗和负载损耗测量
3	空载电流和空载损耗测量
4	高压绕组线端操作冲击试验
5	高、中压绕组线端雷电全波冲击试验
6	外施耐压试验
7	空载电流谐波测量
8	无线电干扰水平测量
9	绝缘油试验
10	油中溶解气体检测

（1）带有局部放电测量的长时感应电压试验（ACLD）。

带有局部放电测量的长时感应电压试验的例行试验与型式试验只在加压至 U_1（1100kV）下的持续试验不同，型式试验时不做频率换算，持续 5min，例行试验时进行频率时间换算，一般使用 200Hz 电源，持续时间换算后为 2min30s，其他试验方法、结果判断、注意事项等方面完全相同，不再介绍。

（2）雷电冲击试验。

按照 GB 1094《电力变压器》系列标准要求，雷电冲击试验电压的标准波形是（1.2±30%）/（50±20%）μs，然而随着变压器产品电压等级及容量的增大，冲击入口电容大幅度提高。即使对于500kV 单相自耦变压器的雷电冲击电压波形，要在电压峰值过冲不大于10%的情况下得到满足标准要求的波前时间也是非常困难的，而特高压变压器主体变压器为三柱并联结构，高、中压端的入口电容大，其波前时间会不可避免地延长，极大地增加了雷电冲击电压波形波前时间的调整难度。

图 1-63、图 1-64 分别为 500kV 电力变压器和 1000kV 试验变压器的雷电冲击试验电压波形。从图中可以看出，500kV 电力变压器波前时间满足标准，而 1000kV 试验变压器波前时间 T_1 达 1.86μs，超标严重。一些国家的特高压变压器实际试验波前时间甚至达 5μs 左右。

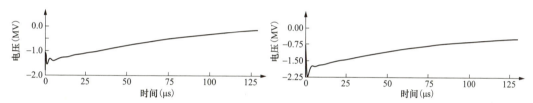

图 1-63 500kV 变压器雷电冲击电压波 | 图 1-64 1000kV 试验变压器雷电冲击电压波形

$U_p=-1.546MV$；$T_1=1.47μs$；$T_2=47.9μs$ | $U_p=-2.248MV$；$T_1=1.86μs$；$T_2=47.9μs$

（U_p—峰值电压；T_1—波前时间；T_2—波尾时间） | （U_p—峰值电压；T_1—波前时间；T_2—波尾时间）

变压器的油隙、匝间、饼间、引线及对地绝缘等的雷电冲击伏秒特性有所不同，而设计计算一般都是按照标准波形进行。由于雷电冲击电压的波头陡度主要影响绕组纵绝缘，波头越陡对绕组匝间、段间绝缘影响越严重，因而波前时间延长可能会对某些纵绝缘的考核偏松，而对设备主绝缘的考核偏严。

为尽量满足标准波形要求，针对特高压变压器的特点，采取了以下措施：

1）缩短冲击电压发生器与被试品之间的试验连线，减小冲击试验回路电感。

2）冲击电压发生器采用并联方式，增加冲击电压发生器主电容。

3）研制雷电冲击调波装置。

雷电冲击试验需保证试品与冲击发生器本体之间保持一定的距离，前两项措施对于缩短波前时间有一定效果，但也有局限性。在前两项措施的基础上，研制了雷电冲击调波装置，试验时加装在冲击电压发生器与试品之间，有效地缩短了雷电冲击波前时间。

（3）操作冲击试验。

在较低电压等级变压器试验中，通常采用 1min 工频耐受试验（或感应试验）来替代操作冲击试验。随着 500kV 及以上电压等级的出现，高性能避雷器等保护设备的普遍使用使得电力系统的绝缘水平得以降低，从而使变压器耐受操作冲击的能力更加突出，此时必须对变压器进行操作冲击耐受试验。

操作冲击试验的原理图见图 1-65。试验时要求波形的波头时间为 100～250μs，超过峰值 90% 的持续时间至少为 200μs，视在原点到第一过零点至少 1000μs。试验过程中，需记录完整、逐次进行波形比较，并打出波形记录资料。注意中压、低压电压不能超过计算电压的 10%，超过后需要采取支撑电阻限制电压。

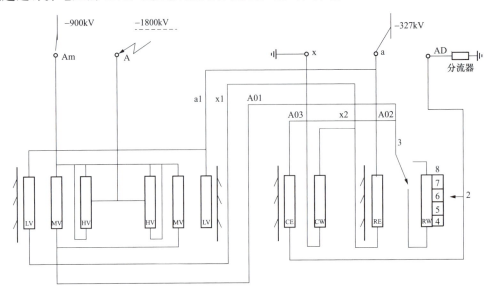

图 1-65　操作冲击试验原理图

（4）中压短时感应耐压试验（ACSD）。

一般来说，操作冲击耐受试验电压在 3 个绕组中按变比传递，与工频耐压试验类似，主要考核变压器的主绝缘。由于特高压变压器 3 个绕组的绝缘配合原则不同，高、中压端操作冲击绝缘水平分别为 1800、1175kV，如果满足 1000kV 高压端的操作冲击耐受试验电压即 1800kV，则 500kV 中压端试验电压仅 900kV，不足以考核 500kV 端的绝缘水平；而如果满足 500kV 端的操作冲击耐受试验电压 1175kV，则高压端试验电压高达 2350kV，大大超出高压端操作冲击绝缘水平 1800kV。因此 500kV 端的操作冲击绝缘设计水平无法通过试验来考核。在常规加压方式下（与高压线端同时考核）进行感应耐压试验时，500kV 端也不能达到规定试验电压。为此，采用中性点支撑方法进行中压线端 1min 短时工频耐压试验（630kV），试验期间同时对局部放电量进行监测。

ACSD 施加电压程序如图 1-66 所示。

在 500kV 侧进行 ACSD 试验时，通过使用变压器 110kV 低压端的电位对中性点进行支撑的办法提高 500kV 线端的电位，达到对中压线端对地绝缘考核的目的。当 500kV 侧在支撑后达到其绝缘水平 630kV 时，110kV 端需达到 167.8kV。为此，需将中性点绝缘水平提高至满足要求的水平。但这种方法虽然通过抬高中性点电位来满足 500kV 侧端部试验电压达到 630kV，但仍不能提高 500kV 侧纵绝缘（匝间绝缘）试验电压。其中，中压绕组（线端对地）$U_1=630kV$，$U_2=1.5 \times U_m/\sqrt{3}=1.5 \times 550/\sqrt{3}=476$（kV），

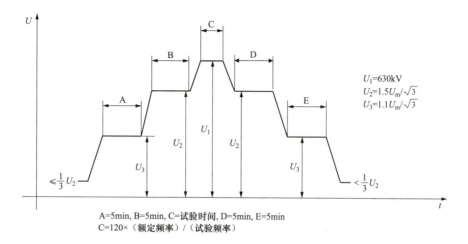

A=5min, B=5min, C=试验时间, D=5min, E=5min
C=120×（额定频率）/（试验频率）

图 1-66　特高压变压器 ACSD 试验程序

$U_3 = 1.1 \times U_m / \sqrt{3} = 1.1 \times 550 / \sqrt{3} = 349$（kV）。

当试验过程中以下条件均满足时，认为变压器通过该项试验：①被试变压器内部无放电声；②被试变压器内部无击穿现象；③在 U_2 的第二个 5min，高压线端视在放电量不超过 100pC，中压线端不超过 200pC，低压线端不超过 300pC；④在 U_3 的第二个 5min，各线端视在放电量均不超过 100pC。

（5）带有局部放电测量的低压绕组外施耐压试验。

由于主变压器低压绕组在实际运行中为三角形接法，即低压线端 a、x 端的绝缘要求一样，但在高、中压绕组感应电压试验（ACLD、ACSD）中存在对低压绕组线端尤其是 x 端匝绝缘考核不足的情况。为此，在试验项目中增加了带有局部放电测量的低压绕组短时感应耐压试验（ACSD），这样就弥补了感应电压试验时低压绕组接地端（实际是 x 端）对地绝缘没有受到局部放电考核的缺憾。

该试验可结合低压绕组外施耐压试验（AC275kV/1min）一并进行，试验程序如图 1-67 所示。

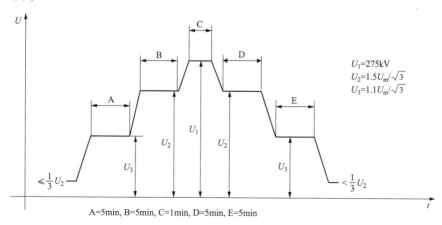

A=5min, B=5min, C=1min, D=5min, E=5min

图 1-67　低压绕组 ACSD 试验程序

其中，低压绕组（线端对地）U_1=275kV，U_2=1.5×U_m/$\sqrt{3}$=1.5×126/$\sqrt{3}$=109kV，U_3=1.1×U_m/$\sqrt{3}$=1.1×126/$\sqrt{3}$=80（kV）。

如果试验电压不出现突然下降，且在第二个 U_2 电压下低压绕组局部放电量不大于300pC，则试验合格。

第五节 运 输 与 安 装

一、大件运输

特高压变压器在厂内完成生产试验后，需排油拆除升高座、套管、冷却器等组部件后装车，运输至变电站。由于特高压变压器运输尺寸大、质量大，如何在确保安全可靠的前提下实现其可运输性是主要难题。目前工程用特高压交流变压器大件运输一般采用公路运输和水路运输方式，如图1-68、图1-69所示。

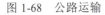

图1-68 公路运输

图1-69 水路运输

特高压变压器运输质量大约380t、高度接近5m，均接近公路桥梁涵洞的运输限界，同时为保证变压器运输速度相对稳定，防止内部结构遭受运输冲击带来的移位甚至变形，需加装冲撞记录仪实时测量，以确保运输过程加速度始终控制在3g以下。

变压器主体的运输应按运输尺寸图的要求采用充干燥空气（或氮气）运输。变压器发运前需将变压器油箱中的油排放干净，并在油箱内注入干燥空气或氮气（露点小于−40℃）。在整个运输过程中，要对油箱内的干燥空气压力进行监视，并随时准备补注符合要求的干燥空气，保证油箱内压力在10～30kPa范围内。

二、现场安装

特高压变压器采用分体结构，由主体变压器和调压补偿变压器组成，设备附件数量众多，其安装工艺水平直接影响整个工程的施工质量。由于结构的改变和电压等级的提高，安装工作量、难度、工艺要求远远高于超高压变压器。为保证特高压变压器的安装质量，现场施工技术需要具有高度的合理性和安全性。

1. 安装流程

特高压变压器运输至变电站现场后需重新复装升高座、套管、冷却器、压力释放阀等各外部组部件，现场安装主要流程如图 1-70 所示。

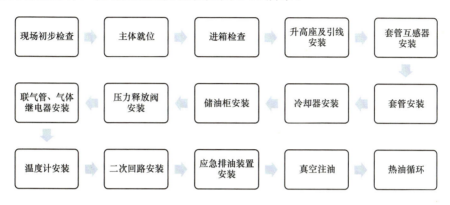

图 1-70　变压器安装流程

2. 安装质量管控

（1）现场初步检查。

变压器外观应无机械损伤、无渗油，同时干燥空气压力应保持正压，初步判断变压器运输后是否受潮，依据参见表 1-14。如果表中有一条不符，需注油后做进一步试验判断。如变压器器身受潮，则不能投入运行，应重新干燥处理。

表 1-14　　　　　　　　　　变压器未受潮初步判断依据

序号	项目		指标
1	气体压力（常温）（kPa）		≥10
2	油样分析	残油耐压（kV）	≥40
		残油含水量（mg/L）	≤25

注　充气运输的变压器的油样分析是指残油化验。

套管的外包装应完好、无破损，运输记录的冲击加速度不超过 $3g$。套管开箱验收时，套管包装的内部定位应完好，套管表面无磕碰及划伤。套管各连接密封处无渗油问题。

1000kV 出线装置包装应完好，包装打开后，表面无磕碰及划伤，运输记录的冲击加速度不超过 $3g$，各处密封完好。出线装置为易损件，起吊时应轻起、轻放，避免出线装置绝缘受到冲击作用。

储油柜表面无碰伤及划伤。储油柜内清洁，各处密封良好。储油柜胶囊无破损，安装后悬挂应正确、牢固、接口良好。油位指示计应指示灵活、正确，与储油柜的真实油位相符，各接点动作正确。各呼吸口应呼吸通畅。各控制阀门应开关自如、密封良好。

冷却器散热片无碰伤变形。冷却器及散热器内部清洁，无杂质和异物（安装前须用热油冲洗）。冷却器风扇电机、扇叶转动正常，转向正确。冷却器油泵内部清洁，电机转动正常，转向正确，无异常噪声、振动或过热。油流继电器动作和显示正常。

变压器油依据 GB 2536《电工流体 变压器和开关用的未使用过的矿物绝缘油》进行抽样验收。经处理后投运前的变压器油应满足表 1-15 的要求（详见 GB/T 50832《1000kV 系统电气装置安装工程电气设备交接试验标准》和 GB 50835《1000kV 电力变压器、油浸电抗器、互感器施工及验收规范》），同时参考 DL/T 722《变压器油中溶解气体分析和判断导则》中关于故障特征气体含量的要求。

表 1-15   投运前的变压器油指标

序号	内 容		指 标
1	击穿电压（kV）		≥70
2	介质损耗因数 $\tan\delta$（90℃）（%）		≤0.5
3	油中含水量（mg/L）		≤8
4	油中含气量（体积分数）（%）		≤0.8
5	油中颗粒度限值		油中 5～100μm 的颗粒不多于 1000 个/100mL，不允许有大于 100μm 的颗粒
6	油中溶解气体含量色谱分析（μL/L）	氢气	≤10
		乙炔	油中无溶解乙炔气体
		总烃	≤20

注　其他性能应符合 GB/T 7595《运行中变压器油质量标准》的规定。

（2）本体就位。

变压器安装基础应保持水平，应用经纬仪测量基础平整度（±1.5mm），并根据中心线位置就位，偏差不大于 1mm。主体搬运到安装位置时，牵引速度不超过 0.1km/h。在斜坡上装卸变压器主体时，斜坡角度不大于 10°，斜坡长度不大于 10m，并有防滑措施。

（3）进箱检查。

变压器就位后，检查冲击记录仪在运输和装卸中的受冲击情况（水平和垂直加速度不超过 3g），并通过人孔进入油箱对器身进行检查。检查器身时，应在天气良好的情况下进行，雨、雪、雾、风（4 级以上）天气和相对湿度 75% 以上的天气应避免进行内检和安装。在内检过程中必须向箱体内持续补充干燥空气（露点低于–45℃），补充干燥空气速率须满足油箱内保持微正压，直至检完封盖为止。吹入流量维持在 0.2m³/min 左右，保持内部含氧量不低于 18%，油箱内空气的相对湿度不大于 20%。器身暴露在空气中的时间要尽量缩短，干燥天气（空气相对湿度 60% 以下）允许暴露的最长时间为 16h，潮湿天气（空气相对湿度为 60%～70%）为 12h。器身检查的内容包括铁芯有无位移变形，绕组的压紧情况，引线支撑和夹持情况，绝缘包扎情况，器身各处螺栓和螺母的紧固情况，分接开关触头的接触及开关的分合情况，器身、油箱内是否有异物存在等。在进箱检查完毕后，还需对变压器进行相关判断性检查，以做出设备是否受潮的最终判断。受潮判断检查表见表 1-16。

表 1-16　　　　　　　　　　　　　　　受潮判断检查表

判断内容		指标
绝缘电阻 R_{60}（用 2500V 绝缘电阻表测量）		不小于出厂值的 85%
吸收比 R_{60}/R_{15}（当 R_{60} 大于 3000MΩ 时，吸收比可不作考核要求）		不小于 85%
介质损耗因数 $\tan\delta$（20℃ 时 $\tan\delta$ 不大于 0.5%，可不与出厂值作比较）	同温度时	不大于出厂值 120%

（4）组部件复装。

变压器的附件，如套管、冷却器、散热器、升高座、联管、储油柜等，在变压器出厂前已经从主体上拆下，在现场需要重新装配。冷却装置、储油柜等不需在露空状态安装的附件应先行安装完成。如果一天内组件的安装和内部引线的连接工作不能完成时，需要封好各盖板后对主体变压器（或调压补偿变压器）抽真空至 133Pa 以下并保持该真空度，直到第二天工作时解除真空，解除真空时向油箱内充入干燥空气进行解除。

1）高压出线装置安装。

高压出线装置为充干燥空气或氮气运输，安装时应先释放其内部的正压力干燥气体，再拆除其与器身连接侧的运输罩。由于其主要由绝缘纸板及成型件制成，工作电场集中，因此安装时需做好异物防护，并按指定方式吊装，见图 1-71。在出线装置及升高座与油箱安装前，先用吸尘器把出线装置及油箱法兰表面吸干净，再用白布及酒精把两个法兰面清洗干净，当出线装置的绝缘筒与线圈的绝缘筒距离约 450mm 时，开始高压引线与高压出头连接，保证接线端子连接螺栓紧固、连接可靠，见图 1-72、图 1-73。

2）高压套管安装。

套管安装前应对运输情况、套管包装、套管外观、套管配件进行检查，保证套管油位或压力正常，套管上下瓷套无裂缝、伤痕，端子、紧固件无松动，各密封面无渗漏。主变压器的高压套管重达 7t 以上，长度约为 14m，若操作不当极易造成损坏。高压套管安装需使用专用工装。安装过程中应保证均压球与套管之间的等位线均置于均压球内部。

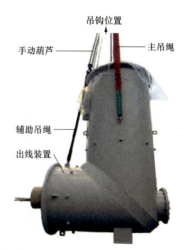

图 1-71　出线装置吊装示意图

图 1-72　高压引线与出头连接　　　　　　图 1-73　螺栓紧固

在安装前支撑固定好出线装置，清洁周边部位后，打开高压升高座上部的盖板及侧面的手孔盖板，安装好套管法兰处的密封垫，将套管吊至高压出线装置及升高座的正上方，调整套管方向使油位表朝向变压器外侧。下落时注意观察套管及其引线与出线装置的配合情况，避免损坏，检查套管尾端金属部分进入均压球的长度是否符合图纸要求，检查高压引线与套管下部接线端子，套管接线端子引线端子紧固时，必须紧固到位。高压等位线、高压引线的连接线必须与高压出线装置上的均压球用螺杆可靠连接紧固。高压套管吊装示意图如图 1-74 所示。高压套管与出线连接如图 1-75 所示。

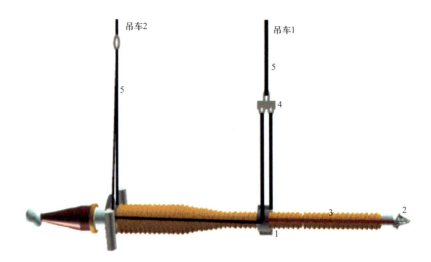

图 1-74　高压套管吊装示意图

1—夹箍；2—夹具；3—金属拉绳；4—吊具；5—高强度吊绳卸扣

（5）工艺处理。

组部件复装完毕后需对变压器开展真空注油、热油循环、静置等工艺处理。抽真空及注油应在无雨、无雪、无雾，相对湿度不大于 75%的天气进行。真空注油前应对绝缘油进行脱气和过滤处理，达到投运前的变压器油指标要求后方可注入变压器中。

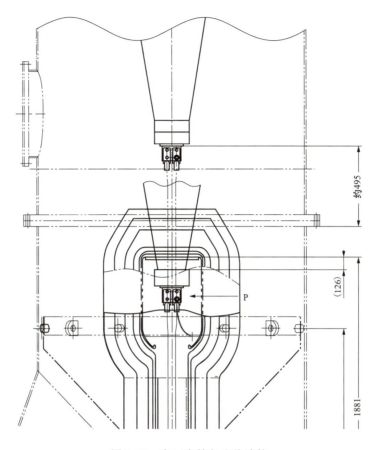

图 1-75　高压套管与出线连接

真空注油前，设备各接地点及连接管道必须可靠接地。对变压器抽真空达到 100Pa 时进行泄漏率测试。泄漏率测试合格后，继续抽真空至 30Pa 以下，计时维持 72h。确认变压器真空度达到要求后进行注油，速度为 3～5t/h，温度控制在 55～75℃。

注油完毕后，对变压器进行热油循环，循环方式为由下而上连续进行热油循环处理，最后使油质达到标准的规定。热油循环应同时满足以下规定：滤油机出口温度设定为（65±5）℃，变压器出油口的油温达到 55℃开始计时，热油循环时间不应少于 96h，总循环油量不低于油量的 3 倍，油速为 6～8t/h。

热油循环结束后，必须在变压器高压试验前对其进行静置 168h。静放期间，每隔 24h 在位于变压器导油管等高点位置的放气塞放一次气。

三、现场交接试验

现场交接试验是新安装电气设备投运前用以检查和判断其能否投入运行的重要技术措施，是保证设备成功投运和安全运行的关键环节。特高压变压器现场交接试验及测试技术要求高，试验设备电压高、容量大，现场交接试验的难度远远高于常规超高压变压器。1000kV 特高压电气设备现场交接试验分为常规试验和特殊试验。常规试验项目是指试验技术和试验测试设备成熟易行的一般性交接试验，特殊试验项目是指试验及测试技术要求较高、试验设备参数要求较高、试验难度较大的交接试验项目。

1. 交接试验项目

特高压交流变压器的单相容量为 1000MVA、额定电压为 1000kV，相比其他电压等级的变压器，特高压交流变压器电压等级更高，结构更复杂，试验技术指标要求严，对试验装备和试验技术人员要求高，现场交接试验难度大。

根据 GB/T 50832《1000kV 系统电气装置安装工程电气设备交接试验标准》的规定，特高压变压器的交接试验对主体变压器、调压补偿变压器以及变压器主体变压器和调压补偿变压器连接后的整体变压器分别进行。变压器主体变压器交接试验有 16 项，调压补偿变压器交接试验有 16 项，整体变压器交接试验有 8 项，见表 1-17～表 1-19。

表 1-17　　　　　　　　　　　　主体变压器交接试验项目

编号	项目名称
1	整体密封性能检查
2	测量绕组连同套管的直流电阻
3	测量绕组电压比
4	检查引出线的极性
5	测量绕组连同套管的绝缘电阻、吸收比和极化指数
6	测量绕组连同套管的介质损耗角正切值 tanδ 和电容量
7	测量铁芯及夹件的绝缘电阻
8	套管试验
9	套管电流互感器的试验
10	绝缘油性能试验
11	油中溶解气体色谱分析
12	低电压空载试验
13	绕组连同套管的外施工频耐压试验
14	绕组连同套管的长时感应电压试验带局部放电试验
15	绕组频率响应特性试验
16	小电流下的短路阻抗测量

表 1-18　　　　　　　　　　　　调压补偿变交接试验项目

编号	项目名称
1	整体密封性能检查

编号	项目名称
2	测量绕组连同套管的直流电阻
3	测量绕组所有分接头的电压比
4	检查变压器引出线的极性
5	测量绕组连同套管的绝缘电阻、吸收比和极化指数
6	测量绕组连同套管的介质损耗角正切值 $\tan\delta$ 和电容量
7	测量铁芯及夹件的绝缘电阻
8	套管试验
9	套管电流互感器的试验
10	绝缘油性能试验
11	油中溶解气体色谱分析
12	空载试验
13	绕组连同套管的外施交流耐压试验
14	绕组连同套管的长时感应电压试验带局部放电试验
15	绕组频率响应特性试验
16	小电流下的短路阻抗测量

表 1-19　整体变交接试验项目

编号	项目名称
1	测量绕组连同套管的直流电阻
2	测量绕组所有分接头的电压比
3	检查引出线的极性
4	测量绕组连同套管的绝缘电阻、吸收比和极化指数
5	测量绕组连同套管的介质损耗角正切值 $\tan\delta$ 和电容量
6	额定电压下的冲击合闸试验
7	检查相位
8	声级测量

2. 特殊试验分析

变压器的主要特殊试验项目包括绕组连同套管的长时感应电压试验带局部放电测量、低电压下空载试验、测量小电流下的短路阻抗、绕组连同套管的外施交流耐压试验、绕组频率响应特性试验、测量噪声等。

（1）绕组连同套管的长时感应电压试验带局部放电测量。

绕组连同套管的长时感应电压试验带局部放电测量是特高压变压器试验项目中难度最大、最受关注的关键性试验。当变压器经过出厂试验检验合格后，通过现场试验能及时发现和验证变压器储存、运输和安装过程中是否出现了绝缘缺陷，是变压器能否安全投运的关键依据。

1）绕组连同套管的长时感应电压试验带局部放电测量试验特点。

特高压变压器现场绕组连同套管的长时感应电压试验带局部放电测量交接测量与750kV 及以下电压等级变压器的试验相比，具有以下特点：

a）特高压变压器为单相三绕组结构，其电压比为 $1050/\sqrt{3}/525/\sqrt{3}/110kV$。在现场试验时，低压侧施加的规定试验电压比 750kV 及以下电压等级的变压器要高很多；

b）根据特高压变压器的实际情况，经反复研究、斟酌，现场试验过程中的预加电压为 $1.5U_m/\sqrt{3}$，局部放电测量时的试验电压为 $1.3U_m/\sqrt{3}$；

c）特高压变压器现场安装后，为确保其绝缘无缺陷，对变压器主体变压器的现场绕组连同套管的长时感应电压试验带局部放电测量时的局部放电量要求更为严格，高、中、低压端局部放电量分别不大于 100、200、300pC；

d）根据特高压变压器内部绝缘结构及电位分布情况，要求现场绕组连同套管的长时感应电压试验带局部放电测量采用低压绕组侧单边励磁加压方式，而不是对称加压的方式；

e）特高压变压器主体变压器单台容量大、空载损耗大、现场试验电压高，要求现场试验设备承受的电压也高、试验设备容量更大；

f）特高压变压器为单相多柱并联结构，现场试验时，入口等效电容大，需要补偿的电感电流较以往更大，因此要求补偿电抗器的容量要大、额定电压要高、局部放电量要低；

g）特高压变压器高压绕组为中部出线，中压绕组为端部出线，绕组两柱或三柱并联，结构复杂，引线布置的范围广，试验过程中的局部放电缺陷分析困难；

h）特高压变压器高压和中压套管均有末屏端子，试验时要求末屏端子通过测量阻抗接地；

i）特高压变压器高压套管电容量大，试验时套管承受的电压很高，流经套管末屏接地端的电流大，因此要求局部放电测量阻抗有更大的通流能力，以防止测量阻抗的磁路饱和；

j）现场试验时，高压端电压很高，变压器外部邻近的金属构件的悬浮、尖端等很容易产生放电、打火及电晕现象，会严重影响对局部放电的分析和判断；

k）试验回路大、感应电压高、补偿电流大，试验过程中更容易受到变压器外部各种干扰因素的影响，需要特殊的抗干扰措施；

l）试验过程中，对变压器高、中、低压端子以及铁芯、夹件等同时进行局部放电检测，并辅以超声、紫外、红外、油色谱分析等多种检测手段对局部放电情况进行全面监控；

m）局部放电数据和波形全程记录和存储，以便试验后可反复回放、重现、分析和研究。

2）主体变压器现场绕组连同套管的长时感应电压试验带局部放电测量。

根据特高压变压器的空载损耗、入口电容量及规定的试验电压等参数，以及专门研制的试验设备的性能参数，选择适当的试验频率和补偿电抗器组合。试验时，由低压绕组励磁，高压和中压绕组感应出标准规定的试验电压，试验原理接线见图 1-76。

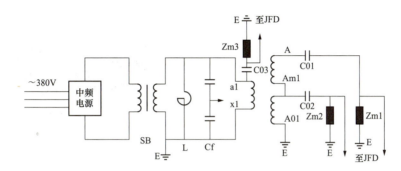

图 1-76 变压器现场试验原理接线图

按照图 1-77 标示的电压、时间要求，正确施加试验电压。

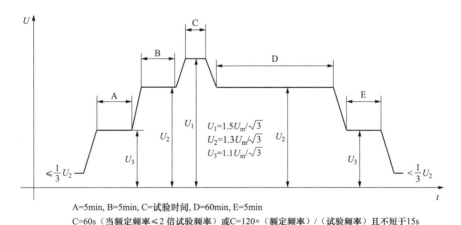

A=5min, B=5min, C=试验时间, D=60min, E=5min
C=60s（当额定频率≤2 倍试验频率）或C=120×（额定频率）/（试验频率）且不短于15s

图 1-77 变压器现场试验电压施加程序

当施加 $U_1 = 1.5 U_m / \sqrt{3}$ 电压时，U_A=952.6kV，U_{Am}=476.3kV，U_a=172.9kV；当施加 $U_2 = 1.3 U_m / \sqrt{3}$ 电压时，U_A=825.5kV，U_{Am}=412.8kV，U_a=149.9kV；当施加 $U_3 = 1.1 U_m / \sqrt{3}$ 电压时，U_A=698.6kV，U_{Am}=349.3kV，U_a=126.8kV（高压绕组 U_m=1100kV，U_A 为高压端电压，U_{Am} 为中压端电压，U_a 为低压端电压）。

图 1-78 为现场 ACLD 交接试验现场，试验要求及判据如下：

a）试验电压不发生突然下降；

b）在 U_2 的 60min 试验期间，变压器主体变压器高、中、低压端局部放电量要求分别不大于 100、200、300pC；

c）在 U_2 下，局部放电不呈现持续增加的趋势，偶然出现较高幅值的脉冲及明显的外部电晕放电脉冲可以不计入；

d）试验前后的油中溶解气体色谱分析结果无明显差异。

图 1-78　现场 ACLD 交接试验

3）调压补偿变压器现场绕组连同套管的长时感应电压试验带局部放电测量。

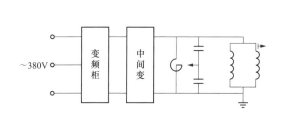

图 1-79　调压补偿变压器现场长时
感应试验接线原理图

调压补偿变压器现场绕组连同套管的长时感应电压试验带局部放电测量，使用变频电源作为试验电源，同样用补偿电抗器补偿容性电流。试验时，2X-3X 端子相连并施加电压，X 和 x 端接地，各套管端安装均压屏蔽环，调压变压器置于最大分接。试验原理接线见图 1-79。

按照图 1-80 标示的时间、电压要求，正确施加试验电压。

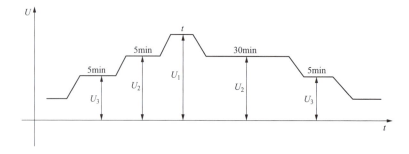

图 1-80　试验电压施加程序（t=30s 并按频率折算）

调压补偿变压器的最高运行电压 $U_m=126kV$，则：

a）当 $U_1=1.7U_m/\sqrt{3}$ 时，$U_{2a-x}=123.7.1kV$，$U_{2X-x}=32.6kV$，$U_{2x-x}=6.1kV$；

b）当 $U_2=1.5U_m/\sqrt{3}$ 时，$U_{2a-x}=109.1kV$，$U_{2X-x}=28.8kV$，$U_{2x-x}=5.4kV$；

c）当 $U_3=1.1U_m/\sqrt{3}$ 时，$U_{2a-x}=80.0kV$，$U_{2X-x}=21.1kV$，$U_{2x-x}=3.9kV$。

试验要求及判据：试验过程中，调压补偿变压器内部无击穿现象和异常放电声；在施加 U_2 电压值的 30min 内，局部放电量不超过 300pC，且试验过程中局部放电量无明显上升趋势。

（2）低电压空载试验。

特高压变压器现场的空载试验指的是 380V 低压空载试验，其目的是检查变压器绕组是否存在匝间短路故障，检查铁芯叠片间的绝缘情况以及变压器在运输及就位过程中铁芯是否有位移或松动。

分别进行变压器主体变压器和调压补偿变压器的低压空载试验。试验时将额定频率的 380V 电压施加于低压绕组 1a-1x（变压器主体变压器）两端，其余绕组开路，进行空载电流和空载损耗的测量。变压器主体变压器现场低压空载试验原理接线图如图 1-81 所示。

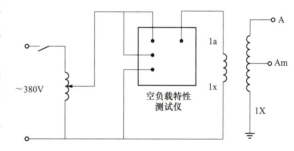

图 1-81　变压器主体变压器低压空载试验原理接线图

根据交接试验标准的规定，三相间测试数据相互吻合，并且与出厂例行试验相同试验电压下的数据无明显差异，试验可判断为合格。

特高压变压器主体变压器进行现场空载试验时，在 380V 试验电压时的空载电流仅为数毫安，若铁芯存在剩磁将对试验结果产生较大的影响。现场试验的实践经验表明，应将绕组直流电阻测量安排在低压空载试验之后进行，尽量避免绕组直流电阻测量产生的剩磁对空载试验的不利影响。

（3）低电压下的短路阻抗测量。

通过低电压短路阻抗测量可以检查变压器在运输及就位过程中绕组之间相互有无位移或变形。根据交接标准的要求，当三相的各相测试数据相互吻合，并且与出厂例行试验数据无明显差异时，试验结果合格。

变压器主体变压器、调压补偿变压器分别进行低电压短路阻抗测量。试验项目包括变压器主体变压器高压绕组加压，低压绕组短路，测量高、低压绕组间的阻抗；高压绕组加压，中压绕组短路，测量高、中压绕组间的阻抗；中压绕组加压，低压绕组短路，测量中、低压绕组间的阻抗；调压变压器励磁绕组加压，调压绕组短路，测量励磁绕组与调压绕组间的阻抗；补偿变压器励磁绕组加压、补偿绕组短路，测量励磁绕组与补偿绕组间的阻抗。试验电压为 380V，当试验电流大于 5A 时应记录 5A 时的

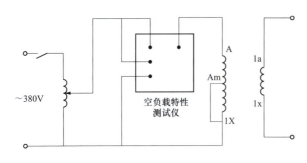

图1-82 变压器主体变压器高压、中压绕组间
短路阻抗测量接线图

试验电压，便于和出厂例行试验数据相互比较。

各绕组相互间的短路阻抗测量原理接线图类似，变压器主体变压器高压、中压绕组间的短路阻抗测量接线图如图1-82所示。

（4）绕组连同套管的外施工频耐压试验。

绕组连同套管的外施工频耐压试验可以考核变压器主绝缘的局部缺陷，如绕组主绝缘受潮、开裂或者运输过程中引起的绕组松动、引线移位及绝缘表面脏污等缺陷。GB/T 50832《1000kV系统电气装置安装工程电气设备交接试验标准》规定，在试验过程中无电压突然下降，电流表无突然剧烈摆动，无可听的异常放电声，并且试验前后变压器油中溶解气体色谱分析结果无明显变化，可判定试验通过。

变压器主体变压器和调压补偿变压器应分别进行绕组连同套管的外施工频耐压试验，试验电压值为出厂例行试验电压值的80%。即变压器主体变压器中性点外施交流耐压试验电压值为112kV，低压绕组的试验电压值为220kV；调压补偿变压器的调压绕组及补偿励磁绕组的试验电压值为112kV，励磁绕组和补偿绕组的试验电压值为220kV。试验电压的持续时间为60s。试验电压的频率为50Hz。试验时被试绕组短接外施加压，非试绕组短接接地，变压器油箱、铁芯及夹件端子接地。

现场绕组连同套管的外施工频耐压试验采用变频串联谐振装置进行，试验原理接线图如图1-83所示。

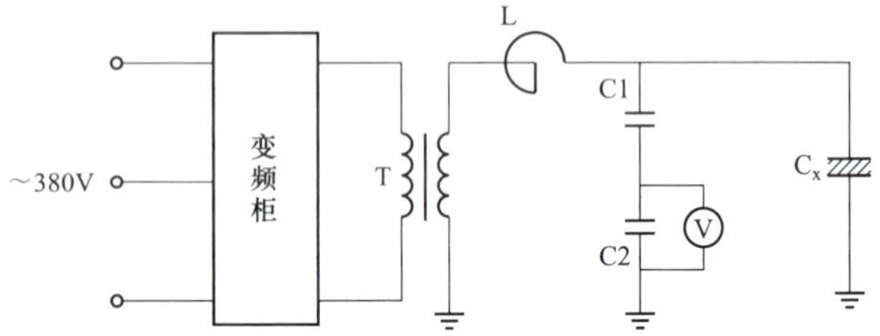

（5）变压器绕组频率响应特性试验。

变压器绕组频率响应特性试

图1-83 主变压器外施工频耐压试验原理接线图

验的目的是检查变压器在运输及就位过程中可能发生的绕组位置、尺寸或形状的不可逆变化，或器身及引线的位移等。

各绕组频率响应曲线与出厂例行试验结果比较应无明显差别，同一组变压器中各台单相变压器对应绕组的频率响应特性曲线应基本相同（曲线基本重合）。交接试验的测试结果应留档作为今后预防性试验结果比对的基底。变压器绕组频率响应特性试验原理电路图如图1-84所示。

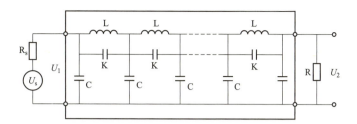

图 1-84　变压器绕组频率响应特性试验原理电路图

（6）变压器噪声测量。

按照标准要求，测量运行特高压变压器的噪声，采用声压级 A 计权声级计测量。在距主体变压器基准声发射面 2m 处、距调压补偿变压器基准声发射面 0.3m 处，在变压器 1/3 和 2/3 两个高度设测点，变压器噪声测量测点布置示意图见图 1-85。

测量时，变压器的运行工况为负荷 2500MVA 并开启所需的冷却器，避免风、雨等其他异常噪声对测量的影响。

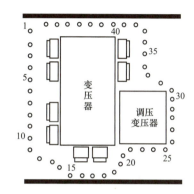

图 1-85　变压器噪声测量测点布置示意图

第六节　技　术　提　升

自 2009 年 1 月 6 日特高压交流试验示范工程投运以来，特高压变压器经受了大规模商业化运行考验。伴随着特高压交流工程建设，特高压变压器的设计、结构、制造等技术进行了持续改进提升，包括结构从以三主柱为主发展到以两主柱为主、有载调压试用、关键原材料组部件国产化提升、1500MVA 大容量变压器研制、解体运输现场组装技术、打造升级版等，本节重点对 1500MVA 大容量特高压变压器技术、解体运输现场组装技术、打造升级版提升技术三方面进行重点介绍。

一、1500MVA 大容量特高压变压器技术

特高压交流试验示范工程中，单柱容量 334MVA 的三主柱式特高压变压器的设计、制造、安装、调试、运行技术得到有效验证，之后在特高压交流试验示范工程扩建工程中西电西变的单柱容量 500MVA 两柱式特高压变压器成功实现工程应用。若将单柱容量 500MVA 结构和三柱式结构相结合，可以研制出额定电压 1000kV、总容量 1500MVA 的大容量特高压变压器，这将极大提升电力输送能力。基于后续工程的潜在需求，国家电网公司 2009 年启动单相额定容量 1500MVA 的特高压变压器研制工作，组织中国电科院、保变电气、特变沈变、西电西变及各有关方面的专家联合攻关。2011

年 12 月完成单相容量 1500MVA 单体式特高压变压器研制并通过型式试验，该变压器的整体容量、单柱容量及局部放电、损耗、温升、噪声等关键性能指标均达到世界同类设备的最好水平。与现有单相容量 1000MVA 的变压器比较，质量仅增加 15%，但容量增大 50%，三相容量达 4500MVA，与特高压交流线路的自然输送功率形成良好匹配。1500MVA 大容量特高压变压器如图 1-86 所示。

图 1-86　1500MVA 大容量特高压变压器

1. 结构比较

1000kV/1500MVA 大容量特高压变压器除单柱容量外，其整体结构与 1000kV/1000MVA 特高压变压器基本相同，采用中性点变磁通调压，分为主体变压器和调压补偿变压器两部分。主体变压器采用单相五柱铁芯，其中三芯柱套线圈绕组，每柱容量 500MVA，高、中、低压线圈全部并联。主体变压器油箱外设调压补偿变压器，内有调压和补偿双器身，设置正反调无载分接开关。变压器的低压部分和中性点利用主体变压器和调压补偿变压器两部分各自的套管通过外部导线连在一起，并通过调压补偿变压器相应套管连接到线路，总体平面布置见图 1-87。

与常规三柱 1000MVA/1000kV 特高压变压器相比，1500MVA 大容量特高压变压器单柱容量大幅增大，从 334MVA 提升至 500MVA，变压器总质量达到 666.4t，运输质量超过 465t。与常规两柱 1000MVA/1000kV 特高压变压器相比，1500MVA 大容量特高压变压器器身柱数和总容量均增大 50%。

（1）铁芯。铁芯采用单相五柱，即三主柱并联结构，如图 1-88 所示。

（2）线圈。线圈排列顺序为铁芯—低压线圈—中压线圈—高压线圈，三主柱并联。中压线圈、高压线圈线圈采用内屏蔽—连续式，四段屏方式；低压线圈采用内屏蔽—连续式，两段屏方式，如图 1-89 所示。

（3）器身结构。器身采用整体套装结构，主绝缘为薄纸筒小油隙、绝缘压板压紧结构，如图 1-90 所示。

1500MVA 大容量特高压变压器 1000kV 侧引线出线装置、油箱等方面与单相 1000MVA 特高压变压器类似，不再赘述。

2. 关键技术

容量提升至 1500MVA 后，1500MVA 大容量特高压变压器三个主柱的容量均达到 500MVA，对变压器的绕组温升控制和局部过热控制提出了更高的要求，需选用合适的冷却方式和先进的漏磁仿真技术进行严格限制，确保变压器的温升和局部过热满足工程需求。

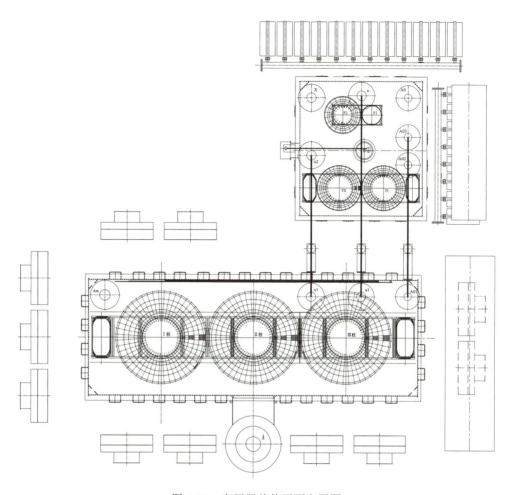

图 1-87　变压器总体平面布置图

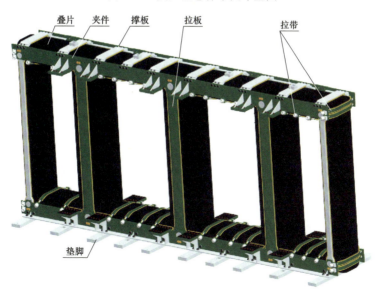

图 1-88　变压器铁芯结构

屏蔽线

图 1-89　线圈结构

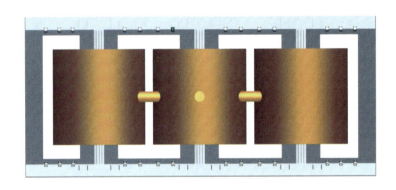

图 1-90　器身结构

（1）冷却方式选择。

与 1000kV/1000MVA 特高压变压器一样，1500MVA 大容量特高压变压器的器身端部绝缘水平高达 500kV 等级，采用 ODAF 冷却方式经验不足，为确保变压器的安全可靠性，最终确定冷却方式采用和 1000kV/1000MVA 特高压变压器相同的冷却方式 OFAF。选用 9 组 YF-500 风冷却器，其中 1 组为备用，经过严格温升计算确保温升结果满足需要，温升计算结果见表 1-20。

表 1-20　　　　　　　　　　　温　升　计　算　结　果　　　　　　　　　　　　　　K

冷却方式	油面温升	绕组平均温升						
		高压绕组	中压绕组	低压绕组	调压绕组	励磁绕组	低压补偿绕组	低压励磁绕组
主变压器 OFAF	32.8	57.5	60.1	58.6	—	—	—	—

（2）局部过热控制。

分别开展二维和三维漏磁场计算，重点分析铁芯夹件及其磁屏蔽和油箱及其磁屏蔽中的漏磁分布，根据计算结果，同以往类似变压器计算值进行对比，针对不同的结构件特点，取不同的涡流密度允许值，控制结构件中杂散损耗，防止局部过热。磁场云图如图 1-91 所示。三维漏磁场计算结果如表 1-21 所示。

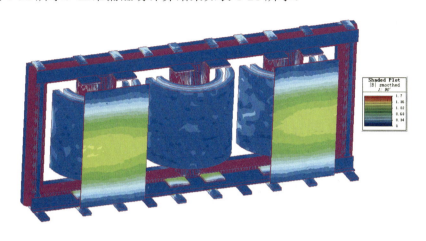

图 1-91　磁场云图

表 1-21　　　　　　　　　　　　三维漏磁场计算结果

变压器	旁柱油箱磁屏蔽磁密（T）	中柱上下夹件肢板磁屏蔽磁密（T）	旁柱上下夹件肢板磁屏蔽磁密（T）	夹件腹板磁密（T）	屏蔽下方油箱磁密（T）	拉板损耗密度（A/mm²）	涡流极限（A/mm²）	总损耗极限（W/m³）
1500MVA 变压器	1.64	<1.3	1.6	0.042，局部 0.06	1.2	<3	4.27	5.2×10^5
晋东南变电站 1000MVA 变压器	1.67	<1.2	1.5	0.038，局部 0.06	1.2	<3	4.13	5.2×10^5

计算结果表明，1500MVA 变压器结构件典型区域的漏磁密度、涡流损耗密度与 1000MVA 变压器相当，不会出现结构件局部过热情况。

二、解体运输现场组装技术

由于运输质量和尺寸大，目前特高压变压器无法通过铁路运输，而且接近现有公路运输限界，常常需要改造道路、加固桥梁等，运输协调难度极大、成本高，运输工期和安全风险的控制难度大，同时对变电站的站址选择形成一定的制约。因此，采用变压器解体运输到变电站后再重新组装的方式是解决问题的一种手段。但是，这种方式增加了工厂内试验后的解体、运输和现场组装、现场试验等环节，导致其质量的控制因素相对复杂，需要采取针对性的加强管控措施。解体运输现场组装技术包括全解体方案和局部解体方案。

1. 全解体方案

变压器在完成厂内出厂试验后，从厂内发运至变电站现场的过程中经历的主要工作流程如下：工厂厂房内完成出厂试验→变压器主体放油→拆除外部组件→主体吊罩、器身入炉→器身表面脱油处理→主体入位→主体泄除压力→拆除（高、低压及柱间连线）引线及导线夹→拆除上夹件及上铁轭→拔整体线圈→拆芯柱围屏→铁芯拆解→分体运输（油箱、铁芯、线圈绕组、引线、绝缘件等）→在现场组装厂房内进行组装→下节油箱就位→铁芯入位→铁芯拼装→线圈套装→插上铁轭→装上夹件→引线连接、对焊及绝缘包扎→整理、压装→半成品试验→装上节油箱→煤油器身干燥→抽真空、测泄漏率→充氮试漏→进行外部组件安装→抽真空、注油→热油循环→静放→试验。全解体方案厂内解体流程和现场组装流程如图 1-92、图 1-93所示。

图 1-92　完全解体变压器主体变压器解体示意图

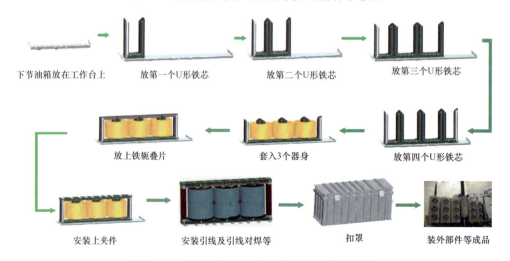

图 1-93　完全解体变压器现场组装过程示意图

为此变压器采用模块化设计，将变压器设计为 4 个 U 形铁芯框、上铁轭叠片、上油箱、下油箱、引线、导线夹及其他绝缘件、上夹件等。在厂内完成出厂试验后，将器身完全解体，铁芯拆解成几个单独的 U 形框和上铁轭，与油箱、线圈、夹件、外部附件等分别运输，到达现场后再进行组装。

铁芯。铁芯采用可解体运输的五柱（三主柱两旁柱）四框式结构。运输时将铁芯分解成上铁轭和四个 U 形铁芯框，安装时先将下部的四个 U 形铁芯框就位、固定、装配，然后再进行线圈套装和上铁轭叠片及整体上夹件的安装。省略了芯柱叠积、下铁轭装配和铁芯起立等几道工序，使得铁芯的分解及现场安装的工作量简化到最小。下夹件采用分体夹件，分别与单个 U 形铁芯框固定在一起，安装时相邻 U 形框的下夹件用连接板通过螺栓固定在一起。铁芯上夹件运输时采用分体运输夹件，组装时采用整体上夹件。叠片接缝采用六级阶梯接缝，夹件肢板装有磁屏蔽。图 1-94 为框式铁芯。图 1-95 为五柱四框式铁芯。

图 1-94　框式铁芯　　　　　　　　图 1-95　五柱四框式铁芯

油箱。为方便现场组装，油箱为平顶钟罩式结构（见图 1-96），分为上节油箱、下节油箱两部分，槽形加强铁垂直布置。在现场组装时，将铁芯、线圈直接在下节油箱上拼装，有效减少变压器现场组装的工作量。同时该油箱满足整体运输的要求。油箱机械强度满足真空度 13.3Pa、正压 120kPa 要求，箱壁内侧装设电磁复合屏蔽，降低杂散损耗。

图 1-96　平顶钟罩式上油箱

线圈及器身绝缘。线圈以每柱为一个整体进行运输，上下由压板、托板固定，加上每柱的器身绝缘作为一整体进行运输。

图 1-97　器身装配

运输当中线圈由塑料薄膜袋包裹防护，防护线圈的塑料薄膜具有完善的防尘、防潮功能，在安装时可将线圈直接套装在铁芯上，省略现场再干燥处理的工序，实现线圈分解和安装工作量的最小化。器身绝缘采用整体套装，主绝缘为薄纸筒小油隙，所有线圈共用一个整体绝缘压板，用绝缘垫块压紧线圈，整体器身固定采用箱底定位钉和箱顶定位件固定方式。图 1-97 为器身装配现场。

采用全解体方案，变压器主体部分（不含冷却器、套管、升高座等附件）主要分为 16 个单元运输，具体运输单元尺寸及质量如表 1-22 所示。

表 1-22　　　　　　　　　　各运输单元尺寸及质量

运输单元		运输尺寸（长×宽×高，mm×mm×mm）	运输质量（t）	数量	备注
油箱	上	11600×5100×4500	75	1	油箱分为上、下两部分，夹件及引线装在油箱中运输
	下	11600×4300×600	35	1	
器身		$\phi 4300 \times 4200$（直径×高）	55	3	器身+运输箱
U 形铁芯框		5100×4100×3500	75	4	U 形框+运输箱
铁轭		7000×800×2600	16	4	铁轭+运输箱
绝缘件运输箱		5500×3200×1500	12	3	铁轭屏蔽及其他绝缘件+运输箱

在运输质量方面，最重件为 U 形铁芯框，约 75t，最大运输质量仅为整体运输变压器的 1/5～1/4（整体运输变压器质量为 350～400t）。

2. 局部解体方案

局部解体方案是介于整体运输方案和全解体方案之间的中间方案，即在满足一定运输界限且经济性允许的条件下，尽量对变压器进行较小的拆解，既满足运输要求，又使厂内拆解、现场组装的工作量尽量小。变压器在厂内试验完成后，将变压器附件、器身、引线、上铁轭拆下单独运输，铁芯（不带上铁轭）复装回原油箱，加临时固定装置紧固运输。铁芯+油箱运输质量为 330t 左右，运输尺寸为 11.66m×5.15m×4.99m。厂内解体流程和现场组装流程如图 1-98、图 1-99 所示。

采用局部解体方案，变压器主体部分（不含冷却器、套管、升高座等附件）主要分为 11 个单元运输，具体运输单元尺寸及质量如表 1-23 所示。

图 1-98　局部解体变压器主体变压器解体示意图

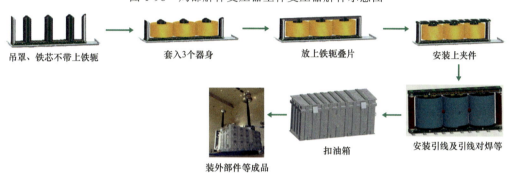

图 1-99　局部解体变压器现场组装过程示意图

表 1-23　　　　　　　　　　　各运输单元尺寸及质量

运输单元	运输尺寸（长×宽×高，mm×mm×mm）	运输质量（t）	数量	备注
主体部分	11660×5100×4990	330	1	铁芯（不含上铁轭）+油箱+引线
线圈	φ4300×4200（直径×高）	55	3	线圈+运输箱
铁轭	7000×800×2600	16	4	铁轭+运输箱
绝缘件运输箱	5500×3200×1500	8	3	铁轭屏蔽及其他绝缘件+运输箱

3. 解体方案选择

运输单元质量方面，局部解体方案最重运输件运输质量约 330t，运输件为"铁芯（不含上铁轭）+油箱+引线"，未完全解决大件运输质量过大问题；全解体方案最重运输件为"U 形框+运输箱"，约 75t。因此，在不同的站址条件下，应根据厂家到现场的运输路况，选择不同的解体方案。局部解体方案适用于运输条件较好的变电站，全解体方案适用于几乎所有规划中的变电站。运输尺寸方面，局部解体方案和全解体方案运输最大高度均不超过 5m。运输过程管控方面，局部解体时铁芯框运输容易出现变形问题，且并未从根本上解决运输质量问题。工艺处理时间方面，厂内解体环节中，全解体较局部解体主要多了拆铁芯柱屏蔽、铁芯拆解、装箱的环节，时间多 5 天；现场组装环节中，全解体较局部解体主要多出铁芯拼装的环节。

综上，从运输成本、运输过程管控及工艺处理时间等方面考虑，全解体方案较局部解体方案更适用于特高压工程。

4. 现场组装技术

（1）现场组装厂房。

变电站内现场组装厂房可选择新建厂房或利用备品备件库建设组装厂房，进行解体式变压器的现场组装。考虑到变压器现场组装过程中，对厂房清洁度有很高的要求，为确保组装过程的环境清洁，避免对器身造成污染，要求现场组装厂房为密封结构，并设置防尘室。为确保器身组装的环境清洁，整个防尘室分为内防尘室和外防尘室。内防尘室上部为电动移动折叠式，主要用于器身的装配。外防尘室主要用于拆除包装箱及物料进出。为保证组装阶段温、湿度要求，防尘室内布置空调和除湿机，保证防尘室内温度在 15~28℃之间，相对湿度不大于 50%。在器身装配期间，使用浮尘监测仪器对器身装配区域进行浮尘测量，浮尘量控制在 0.5mg/m³ 以下。图 1-100 为防尘室布置图。

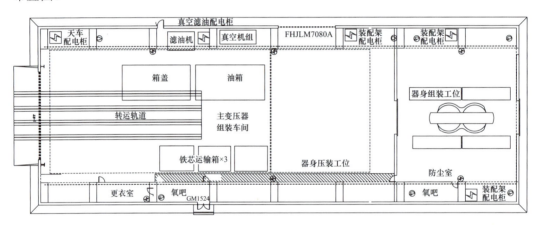

图 1-100　防尘室布置（俯视图）

单台解体式特高压变压器的现场组装时间近 50 天，组装过程与厂内组装过程基本一致，不可避免会出现器身绝缘件受潮的问题，必须对变压器进行现场干燥处理。目前比较高效和主流的大型变压器现场干燥方法，包括热油喷淋真空干燥技术、低频加热热油喷淋技术、现场气相干燥技术等。最终确定采用移动式气相干燥设备进行干燥（见图 1-101）。移动式气相干燥以变压器油箱作为真空干燥罐，直接在油箱上装设连接管道并与气相干燥设备相连。为确保干燥效果，油箱保温特别重要，除需用特制的保温被将变压器全部包裹起来，还要对油箱进行辅助加热，箱壁采用自控伴热带进行加热，箱底采用电热板进行加热。

（2）现场组装工艺流程。

现场组装工艺流程包括前期准备、下节油箱就位、铁芯拼装、套装线圈、插上铁轭、上夹件装配、引线装配、扣罩、气相干燥、真空注油、静放，各组装流程场景见

图 1-102～图 1-110。各关键工艺控制点如表 1-24 所示。

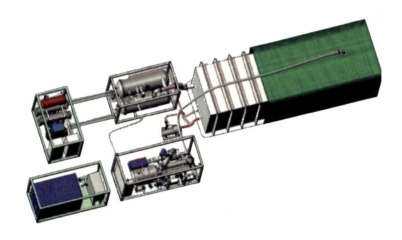

图 1-101　现场移动式气相干燥系统

图 1-102　下节油箱就位

图 1-103　铁芯拼装

图 1-104　线圈套装

图 1-105　上铁轭插片

图 1-106　上夹件装配

图 1-107　引线装配

图 1-108　扣罩

图 1-109　器身压装

图 1-110　完成器身整理

表 1-24　　　　　　　　　　现场组装过程关键工艺控制点

工序	控制内容
下节油箱就位	用薄钢板调平地面，水平度检查
	下节油箱清理
铁芯拼装	按厂内标记拼装各个铁芯框

工序	控制内容
铁芯拼装	拼装后检查铁芯主柱直径
	控制铁芯框间尺寸、铁芯垂直度
	拼装后用白布将铁芯与下节油箱间隙做好防护
线圈套装	屏蔽电容测量
	绝缘件检查，无异物、破损，按对装标记安装
	线圈外观检查，无损伤、变形
	按对装标识套入线圈；导油孔用绝缘纸或皱纹纸塞实
插上铁轭	叠片外观检查，无弯曲、生锈及污染
	控制铁轭片与柱铁片接缝
	将铁芯柱与线圈间隙用白布塞实
	铁芯层间电阻、对地电阻、对夹件电阻、各框间电阻测量
	接地片连接检查
插板试验	试验数据满足要求
引线连接	导线夹检查，无损伤、破裂
	引线检查，无污染、损伤
	连接螺栓紧固到位
	绝缘包扎厚度满足要求
	绝缘距离满足要求
半成品试验	各试验数据满足要求
煤油气相干燥	高真空结束条件（温度、真空度、干燥时间）满足要求
压装	压装吨位符合图纸、工艺要求
	线圈高度满足工艺要求
抽真空、充气	真空度、维持时间满足工艺要求
	充气压力满足要求

5. 工程应用

2012 年 12 月，保变电气完成单相容量 1500MVA 局部解体式特高压变压器研制，掌握了特高压变压器局部解体关键技术，通过了工厂模拟解体、组装和试验验证。最大单件运输质量为 330t（与常规单相容量 1000MVA 变压器相当）。

2014 年 11 月，保变电气完成单相容量 1500MVA 全解体式特高压变压器研制，掌握了特高压变压器全解体关键技术，通过了工厂模拟解体、组装和试验验证。该变压器的最大单件运输质量为 75t，可用于运输条件特别困难、整体或局部解体无法运输的地区。

解体运输现场组装技术在常规特高压变压器设备上得到了应用，首套全解体组装式特高压变压器（3×1000MVA）在 2017 年 8 月建成投运的榆横—潍坊工程晋中变电站示范应用，产品运行稳定可靠，如图 1-111 所示。

图 1-111　晋中变电站特高压变压器现场运行照片

解体组装变压器与常规特高压变压器关键参数指标对比如表 1-25 所示。

表 1-25　　　　　　　　　　关 键 参 数 指 标 对 比

项目		常规特高压变压器	解体组装式特高压变压器		对比结果
容量（MVA）		1000	1500	1000	提升 50%
最大运输质量（t）		390	75	75	降低 80%
最大运输尺寸（长×宽×高，m×m×m）		11.19×4.97×4.99	11.66×5.15×4.5	8.63×4.5×4.49	宽度降低 9.5% 高度降低 10.0%
绕组温升（K）	高压	56.8	55.9	51.9	基本相当
	中压	53.7	57.1	61.1	
	低压	58	63.1	48.1	
负载损耗（kW）		1440	1993.6	1386	降低 3.8%
空载损耗（kW）		176.8	199.9	177.7	基本相当

三、升级版提升技术

特高压交流工程十余年的运行经验表明，特高压变压器整体技术成熟、运行总体稳定，但是也出现了一些问题，有必要在总结的基础上进行针对性改进提升。2020 年初，国家电网有限公司特高压部组织启动设备质量提升专题工作，要求广泛征集建设运行等各方意见，产学研用联合攻关，面向全流程开展检视与改进提升。变压器设备以防爆燃为重点，经过 2 年攻关，在产品设计、关键组部件、全过程工艺质量等方面提出了一系列升级版提升措施。

1. 结构优化选型

特高压变压器主体变压器两主柱结构与三主柱结构对比，两主柱结构省去了一个柱间引线连接，结构更简单，端部 500kV 电压区域面积小，可有效提高绝缘可靠性、工艺操作性和生产效率，同时还具有质量轻、占地小、损耗低等优势。因此，除已建工程三主柱变压器扩建外，新建工程中主体变压器将全部采用两主柱结构。

2. 防爆燃措施

从产品设计方面入手，多方位提出防爆燃措施。

（1）升高座区域优化提升措施。特高压变压器 1000kV 升高座通气管采用 $\phi20/\phi25$ 管径的联管，通气管管径较细，油的流动性比较差，为了进一步改善 1000kV 升高座内的油循环，新建、扩建工程 1000kV 升高座通气联管直径由 $\phi20/\phi25$ 增加至 $\phi50$，通气管位置由套管安装法兰位置侧出结构改为上端引出结构，如图 1-112 所示。

（2）油箱及高压升高座连接法兰机械强度提升。高压升高座法兰材料强度等级由 Q235 改为 Q345，高压升高座与油箱连接螺栓均由 8.8 级改为 10.9/12.9 级，升高座与油箱连接螺栓规格由 M20 改为 M24/M30，箱沿连接螺栓由 8.8 级改为 10.9/12.9 级。

图 1-112　升高座通气联管示意图

（3）增加远方应急排油装置。特高压变压器电压高、油量多，一旦发生爆燃，能量大、破坏力强，易造成重大损失。早期的特高压变压器设计有排油阀门，但未配置远程控制功能，检修或事故紧急排油时需人工就地拧开排油阀门实现排油操作，发生爆燃等严重事故时人员无法靠近，不利于事故初期快速有效控制。升级版提升措施在特高压变压器主体变压器设置远方控制的应急排油装置，能够实现紧急状态下安全排油，有利于抑制事故发展、降低救险难度。图 1-113 为管路通往事故油池示意图。图 1-114 为主体变压器应急排油装置。

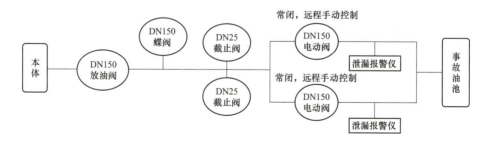

图 1-113　管路通往事故油池示意图

3. 在线监测技术提升

（1）油色谱在线监测装置提升。主要针对油色谱在线监测装置性能（如乙炔检测精度、检测周期等）要求进行提升：检测精度达到 A 级，检测周期 2 小时且具有远程控制功能。

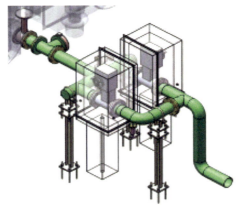

图 1-114　主体变压器应急排油装置

（2）综合在线监测系统的研究。早期特高压工程变压器的状态监测系统是油色谱监测和铁芯夹件接地电流监测系统。升级版除提高油色谱在线监测性能外，增加可以发现变压器早期绝缘缺陷的局部放电监测。升级版提出了基于局部放电超声、高频局部放电、铁芯夹件接地与全组分色谱等相结合的综合在线监测系统，提升特高压变压器状态监测手段和监测参量，从而提升设备监测和预警能力。图 1-115 为特高压变压器综合在线监测配置图。

图 1-115　特高压变压器综合在线监测配置图

4. 其他提升措施

在压力释放阀布置方式、套管质量管控等方面提出一系列提升措施：

（1）油箱本体压力释放阀布置优化，将压力释放阀移至靠近高压、中压升高座区域。

（2）套管方面，特高压套管和中压套管出厂发货前、到变压器厂后、变压器试验前、变压器试验后、现场安装调试后均要求对套管取油样分析色谱；高压套管下瓷套要求进行超声探伤检测并提供报告；将 ABB 公司套管的载流结构由拉杆式改为一体式直接载流；将 P&V 公司套管压力监测信号引到后台。

（3）针对高压升高座增加阀门或三通，单独对该区域进行热油循环。

（4）与出线装置插接的高压线圈出头角环增加间隔环防护，保证器身干燥和本体运输过程中高压线圈出头角环不变形。

第二章 1000kV 升压变压器

1000kV 升压变压器是高压侧额定电压为 1000kV 级的发电机变压器，用于在发电厂内将发电机出口电压（20、22kV 或 27kV）直接升压至 1000kV，从而实现发电厂与特高压交流电网的直接连接。发电厂一次升压直接接入特高压电网，可大大减少发电厂接入电网的中间环节，提高电源送出效率效益，对于促进大型能源基地的集约开发具有重要意义。

2009 年 1 月建成投运特高压交流试验示范工程后，为了满足特高压电网发展的需要，国家电网公司采取产学研用联合方式，会同发电公司、科研单位、制造厂等，启动了发电厂用 1000kV 升压变压器的研制工作，成功实现了产品研制和工程应用。2015 年 4 月安徽平圩电厂三期扩建工程百万千瓦机组首次通过 1000kV 升压变压器直接接入特高压淮南变电站，其后一批电厂机组相继通过特高压送出通道接入特高压电网。

本章重点介绍 1000kV 升压变压器的研发背景、研制历程、技术条件、产品设计、制造与试验、运输和安装及工程应用等内容。

第一节 概　　述

一、研发背景

2009 年 1 月特高压交流试验示范工程的成功投运，充分验证了特高压系统及设备的技术可行性。为充分发挥特高压输电优势，推动大型能源基地集约开发，有必要研制发电厂用 1000kV 升压变压器，使发电机组通过 1000kV 升压变压器直接接入特高压电网，有利于提高电源送出效率效益，有助于解决大型能源基地电能集中送出面临的输送走廊资源紧张、500kV 电网短路电流超标、输送容量受限等问题。同时，立足国内、自主创新研制 1000kV 升压变压器，对于进一步提升国内变压器制造业的研发实力和制造水平具有重要的促进作用。

因此，国家电网公司于 2009 年启动了 1000kV 升压变压器的研制工作。国家电公司统筹协调，以工程应用为导向，与发电集团、科研院所及变压器厂联合，集中相关领域国内一流专家和技术人员，坚持安全可靠第一的原则，坚持从设计源头抓质量，组织关键技术研究攻关，开展产品样机研制，取得了预期的重要成果，为工程应用打下了坚实基础。

二、国内外情况

从国外情况来看，苏联特高压变压器的研发始于 20 世纪 70 年代，是唯一拥有工程应用业绩的国家。1971 年，苏联研制出 210MVA、1150/500kV 单相自耦变压器样机（等比例模型）；1979 年研制出第一台供试验用的 667MVA、1150/500kV 单相自耦变压器样机，之后陆续生产了 20 余台 667MVA、1150/500kV 单相自耦变压器，提供给当时正在兴建的哈萨克斯坦新西伯利亚特高压输变电工程，共装备了 3 个 1150kV 变电站、2 个发电厂升压站，从 1985 年开始工程部分线路升压至 1150kV 运行。苏联建设特高压工程初期是采用升压变压器将电压提升至 500kV，再送至 1150kV 自耦变压器升压送出。1990 年，苏联曾生产了 4 台 417MVA、1150/20kV 的单相发电机升压变压器，作为工业试验用样机进行了长时间带电考核。苏联解体后，1992 年 1 月 1150kV 线路降压至 500kV 运行，特高压发电机升压变压器未能实现工业化运行。

从国内情况看，在发电机升压变压器技术方面，500kV 发电机升压变压器的设计制造技术已十分成熟。随着西北 750kV 工程的建设，各变压器制造厂在 2009 年之前已生产多组 750kV 发电机升压变压器，如天威保变 2008 年为甘肃大唐景泰电厂生产了单相容量为 260MVA 的 750kV 升压变压器。500kV 及 750kV 发电机升压变压器的设计、制造和运行维护经验有助于特高压升压变压器的研究，此外武汉特高压交流试验基地 1000kV 变压器、特高压交流试验示范工程 1000kV/1000MVA 单相自耦变压器的研制成果也为 1000kV 发电机升压变压器的研究打下了坚实基础。

三、特点

发电厂送出至特高压电网的两种方式（一次升压和二次升压）见图 2-1 和图 2-2。采用一次升压方式，发电厂机组直接接入特高压系统。采用二次升压方式，发电厂机组出口电压经升压变压器升至

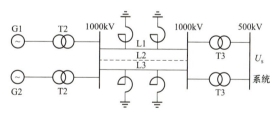

图 2-1　一次升压方式

500kV，再通过特高压交流自耦变压器升至 1000kV 接入特高压电网。

采用发电厂机组直接接入特高压系统方式，需要研发 1000kV 升压变压器。与试验示范工程的特高压交流自耦变压器相比，发电厂用 1000kV 升压变压器结构型式不同，技术上存在较大差异，主要特点包括：

（1）由低压（20、22kV 或 27kV）直接升压至特高压 1000kV，传递过电压问题突

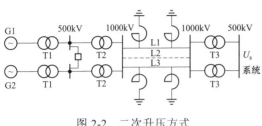

图 2-2 二次升压方式

出，漏磁和局部过热的控制难度大。

（2）低压绕组运行中的短路电流大，抗短路问题突出。

（3）需研究全新的绕组结构、主纵绝缘结构和高压出线结构。

（4）需研究满足特殊调压方式和要求的无励磁调压开关。

求的无励磁调压开关。

四、研制历程

特高压升压变压器研制由国家电网公司牵头组成研制工作组，会同有关发电公司，采取"产学研用"联合的开放式创新模式，有关科研院所和变压器厂参与联合攻关。科研院所负责开展系统研究、编制技术规范、组织关键技术研究；变压器厂负责产品设计、制造和试验。

国家电网公司会同五大发电集团（华能集团、大唐集团、华电集团、国电集团、中电投集团）重点推动两类升压变压器的研制工作，即适用于 1000MW 机组的升压变压器（单台容量 800MVA，接线方式为两机一变）和适用于 660～1000MW 机组的升压变压器（单台容量 400MVA，接线方式为单机单变）。研制工作分为两个阶段：第一阶段为研究、设计阶段，组织天威保变、特变沈变和西电西变等同步开展工作，完成设备设计和验证，具备样机制造条件；第二阶段为制造、试验阶段，完成样机制造和型式试验。

在特高压升压变压器的器身结构设计中综合考虑运输方式、绝缘可靠性、漏磁温升控制、短路承受能力等关键因素，经过比较分析最终选定了两种适合公路运输的较优方案。方案一为双器身结构，调压线圈单独设置器身，主器身铁芯为单相双主柱结构，高压线圈和低压线圈均为两柱并联结构，主器身和调压器身相邻正交放置于同一油箱。方案二铁芯采用单相四柱（双主柱）结构，两主柱上高压线圈、低压线圈和调压线圈均为并联结构，线圈排列顺序为铁芯—调压线圈—低压线圈—高压线圈，双柱并联。

2009 年 4 月，特高压升压变压器研制项目正式启动，年底确定研制单相 800MVA 的科研样机，以期全面突破关键制造技术，树立推广应用特高压升压变压器的技术信心。其后考虑到适用于 660～1000MW 机组的升压变压器需求更加迫切，因此 2010 年 2 月确定重点研制单相 1000kV/400MVA 的科研样机。2010 年 7～8 月，依托特高压升压变压器科研项目研究提出的 1000kV/400MVA 特高压升压变压器科研样机设计方案通过了收口审查。2010 年 12 月特变电工沈阳变压器集团有限公司率先完成样机研制并一次性通过型式试验，见图 2-3。2011 年 10 月、11 月和 2012 年 7 月，山东电力设备有限公司、西安西电变压器有限责任公司、保定天威保变电气股份有限公司先后完成 1000kV/400MVA 样机研制并通过型式试验（见图 2-4～图 2-6），之后陆续通过了国家能源局委托中国机械工业联合会组织的技术鉴定，具备了商业化应用条件。

图 2-3　特变电工沈变 1000kV/400MVA
特高压升压变压器样机（双器身）

图 2-4　山东电力设备 1000kV/400MVA
特高压升压变压器样机（双器身）

图 2-5　西电西变 1000kV/400MVA 特高压
升压变压器样机（双主柱）

图 2-6　天威保变 1000kV/400MVA 特高压
升压变压器样机（双主柱）

第二节　技　术　条　件

一、主要技术参数

单相 1000kV/400MVA 特高压升压变压器的主要技术参数如下：

（1）型式：户外、单相、油浸式、无励磁调压、低压绕组双分裂。

（2）额定容量：400MVA。

（3）额定电压：$1100/\sqrt{3}/27\text{kV}$。

（4）额定频率：50Hz。

（5）调压范围：−4×1.25%。

（6）极性及联结组别：单相 Ii0-i0；三相组 YNd11-d11（高压绕组按星形联结，中性点通过一个安装在变压器顶盖上的套管引出后直接接地。两个低压绕组分别通过各自的封闭母线按三角形联结）。

（7）短路阻抗：18%（短路阻抗允许偏差±7.5%；相间互差2%。最大、最小分接处短路阻抗及允许偏差由制造工艺确定）。

（8）冷却方式：ODAF（强油风冷，冷却器的布置方式为壁挂式）。

（9）内绝缘水平：见表2-1。

表 2-1　　　　　　　变 压 器 内 绝 缘 水 平

绕组端子	额定雷电冲击耐受电压（kV，峰值）		额定操作冲击耐受电压（kV，峰值）	额定短时工频耐受电压（kV，方均根值）
	全波	截波		
高压	2250	2400	1800	1100（5min）
中性点	325	—	—	170[a]
低压	200	220	—	85

[a]　样机的中性点额定短时工频耐受电压为170kV，后续升压变压器标准规定值为140kV。

（10）套管绝缘水平：见表2-2。

表 2-2　　　　　　　套 管 绝 缘 水 平

绕组端子	额定雷电冲击耐受电压（kV，峰值）		额定操作冲击耐受电压（相对地）（kV，峰值）	额定短时工频耐受电压（kV，方均根值）
	全波	截波		
高压	2400	2760	1950	1200（5min）
中性点	200	—	—	95
低压	200	—	—	95

（11）温升限值：顶层油不大于55K，绕组平均不大于65K，绕组热点不大于78K，铁芯和内部金属结构不大于80K，油箱表面不大于75K。

（12）局部放电水平：在规定的试验电压和程序条件下，高压绕组的局部放电量不大于100pC；在1.5倍最大相电压下（$1.5×1100/\sqrt{3}$ kV），高压套管的局部放电量不大于10pC；在1.05倍最大相电压下，高压套管的局部放电量不大于5pC。

（13）过励磁能力：在额定频率、额定负载下工频电压升高时的允许运行持续时间见表2-3。

表 2-3 在额定频率、工频电压升高时的允许运行持续时间

工频电压 升高倍数	相—相	1.05	1.1	1.25	1.3
	相—地	1.05	1.1	1.25	1.3
持续时间		持续	80%额定容量下持续	满载 20s	空载 1min

注 在发电机甩负载时，变压器与发电机相连的端子上应承受 1.4 倍额定电压，历时 5s 而不出现异常情况。

（14）抗短路能力：变压器承受短路能力应符合 GB/T 1094.5《电力变压器 第 5 部分：承受短路的能力》的要求。

（15）负载能力：由制造厂提供变压器负载能力曲线。变压器过负荷运行时，绕组最热点温度不超过 140℃。变压器满负荷运行时，当全部冷却器退出运行后，允许变压器继续运行时间应不小于 20min。

（16）噪声：在额定工况下，变压器声压级不大于 80dB（A）。

（17）油箱的机械强度：油箱应能承受全真空度 13.3Pa、正压 0.12MPa，油箱不能有损伤和永久变形。此外，油箱及储油柜应能承受在最高油面上施加 30kPa 静压力的油密封试验，试验时间连续 24h，不得有渗漏和损伤。

（18）寿命：变压器预期寿命应为 30 年以上。

二、结构形式

据统计，发电机用 500kV 升压变压器采用单相结构的约占 70%，采用三相一体结构的约占 30%。与 300MW 发电机组配套，多采用 360、370MVA 三相一体升压变压器。与 600MW 发电机组配套，多采用三台 270MVA 单相升压变压器或 720MVA 三相一体升压变压器。与 1000MW 发电机组配套，单相升压变压器容量有 380、390MVA 和 400MVA，三相一体升压变压器容量有 1140MVA 和 1170MVA。国内与发电机组配套的 500kV 升压变压器，通常为单相结构。发电机用 750kV 升压变压器，早期国内产品全部为单相结构，2010 年西变为华能陕西秦岭电厂生产了国内首台 750kV 三相一体 SFP-720000/750 升压变压器。在国外，西门子和东芝生产过 1250MVA/765kV 三相一体升压变压器，为 1000MW 机组配套；日本日立和苏联扎波罗热变压器厂也有类似业绩。对于特高压升压变压器，如前文所述，只有苏联研制过单相容量为 417MVA 的样机。考虑到特高压三相一体升压变压器技术难度较大，且因其主要应用于大型发电厂，应有多组升压变压器，采用单相式则备用相投资相对较小，设备出现故障后便于更换。因此，特高压发电机升压变压器样机选择了单相结构。

三、额定容量

特高压升压变压器容量的选定一要考虑发电厂应用需求，二要考虑制造难度。我国当时火电厂的最大单机容量为 1000MW、水轮发电机单机容量最大为 700MW。

最大的核动力发电机单机容量为 1500MW。考虑到特高压升压变压器为国内首次研制，样机的容量选择重点考虑火电厂和水电厂。目前火电厂 1000MW 发电机组配套升压变压器单相容量有 370、380、390MVA 和 400MVA。发电机升压变压器单相额定容量选为 370～400MVA，可与目前火电厂最大机组相匹配，一台发电机配一组变压器（一机一变）。另外，样机采用 400MVA 容量，工程产品在此基础上适当增大容量，还可以与 600MW 发电机两机一变相配套。因此，单相额定容量确定为 400MVA。

四、额定电压及调压方式

发电机升压变压器高压侧电压一般取系统最高电压，低压侧电压与发电机出口电压相匹配。目前 1000MW 发电机组输出额定电压为 27kV。特高压升压变压器重点针对 1000MW 火电机组，因此样机的低压侧额定电压选定为 27kV。高压侧额定电压的确定与调压方式有关，考虑到线性调压易于实现，因此高压侧额定电压取系统最高运行电压，即高压侧额定电压为 $1100/\sqrt{3}$ kV。

设置无励磁调压的超高压发电机升压变压器（500、750kV）运行中极少进行电压调节，苏联研制的特高压发电机升压变压器也不设分接头（靠机组励磁系统可调节机端电压 ±5%）。因此对于特高压升压变压器而言，运行中需要调节电压是极少数的情况，设置无励磁调压没有十分的必要性。在特高压升压变压器技术条件制定阶段，经过多次会议讨论，考虑到运行方面的要求，最终确定采用无励磁调压方式。

五、短路阻抗

目前发电机用 500kV 升压变压器短路阻抗为 14%～16%，750kV 升压变压器为 15%～17%。随着变压器电压等级的提高和单相容量的增大，高、低压绕组间的绝缘距离也随之增加，从制造成本和技术难度来考虑，高电压等级的变压器短路阻抗应该适当地增大。对于 1000kV 升压变压器来说，考虑到发电厂直接接入特高压系统初期系统短路电流不会存在超标的问题。因此对于样机来说，短路阻抗 18% 足以满足当前需要。因此，样机的短路阻抗确定为 18%。

六、绝缘水平

根据 GB/T 24842《1000kV 特高压交流输变电工程过电压和绝缘配合》和 GB/T 1094.3《绝缘水平绝缘试验和外绝缘空气间隙》，考虑到今后产品运行中可能需要在特高压升压变压器中性点装设小电抗以限制短路电流或装设小电阻限制直流偏磁电流，因此要求产品设计在满足技术条件的基础上，兼顾设计难度和制造成本，适当提高中性点绝缘水平。在不引起变压器结构大改动的前提下，提高变压器中性点绝缘水平为 66kV 级。

七、冷却方式

因为发电机升压变压器通常都是满容量运行，因此产品设计中温升控制是一个重要的考虑因素。强迫油循环导向冷却方式的冷却效率高，因此发电机升压变压器大多采用 ODAF（强油风冷）或 ODWF（强油水冷）冷却方式。ODWF 方式冷却效率最高，但是水冷运行维护不便，一般只在水电站应用。因此特高压升压变压器冷却方式确定为 ODAF。

八、出线方式

考虑到火电厂环境条件，特高压发电机升压变压器高压套管可采用油—SF$_6$套管与 GIS 直接相连。但国内 1000kV 油—SF$_6$套管还正处于研发阶段，因此高压出线采用油—空气套管连接，低压侧接发电机，采用离相式封闭母线连接。

第三节　产　品　设　计

一、结构设计

特高压升压变压器有双器身和双主柱两种结构，如图 2-7、图 2-8 所示。

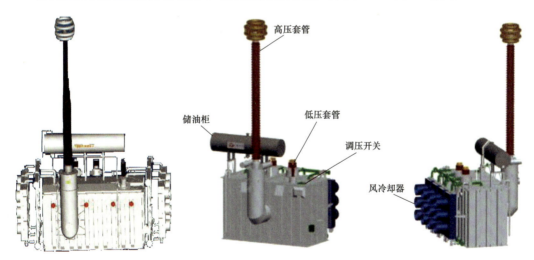

图 2-7　双器身结构外形图　　　　　图 2-8　双主柱结构外形图

1. 铁芯结构设计

双器身结构的主器身铁芯采用单相双主柱结构，调压器身铁芯采用口字型结构。主器身和调压器身相邻正交放置于同一油箱内，如图 2-9 所示。铁芯内设置多个绝缘油道，保证铁芯的有效散热，如图 2-10 所示。

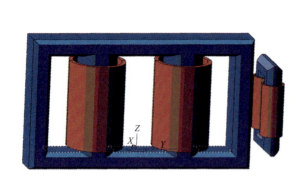

图 2-9　双器身铁芯结构图

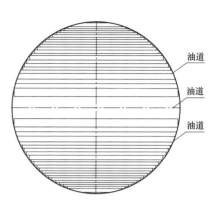

图 2-10　铁芯截面示意图

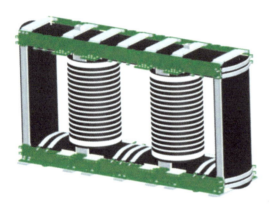

图 2-11　双主柱铁芯结构图

双主柱结构采用单相四柱,叠片采用进口优质、高导磁晶粒取向冷轧电工钢带叠成,如图 2-11 所示。

2. 线圈结构设计

双器身结构主器身铁芯采用单相两主柱两旁柱结构,两主柱上的高、低压线圈均采用并联结构,每柱线圈排列顺序为铁芯—高压线圈 1—低压线圈—高压线圈 2。调压器身铁芯采用口字形结构,两主柱上都套线圈,两柱线圈也采用并联结构。调压线圈采用低压励磁(励磁线圈与低压线圈并联),调压线圈与高压线圈串联,见图 2-12。

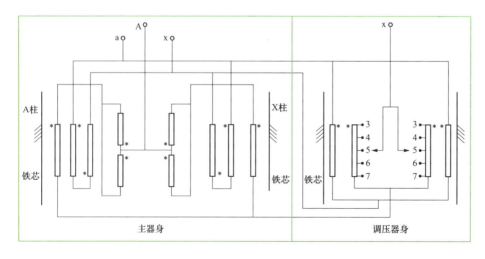

图 2-12　双器身线圈接线原理图

双主柱器身结构采用单相两主柱两旁柱结构，两主柱上高压线圈、低压线圈和调压线圈均为并联结构，每柱线圈排列顺序为铁芯—调压线圈—低压线圈—高压线圈，两柱线圈全部并联，如图2-13所示。高压线圈为内屏蔽—连续式，采用四段屏方式。导线采用半硬自粘换位铜导线。低压线圈为双层六螺旋式，导线采用半硬自粘换位铜导线。调压线圈为四螺旋式，导线采用半硬自粘换位铜导线，如图2-14所示。

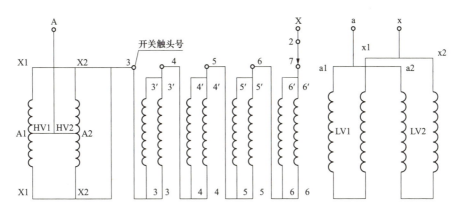

图2-13　双主柱线圈布置及内部接线原理图

图2-14　双主柱线圈结构

3．器身结构设计

器身采用整体套装结构，主绝缘为薄纸筒小油隙、绝缘压板压紧结构。如图2-15所示。

4．引线结构设计

高压1000kV引线采用成型出线装置引出，如图2-16所示。

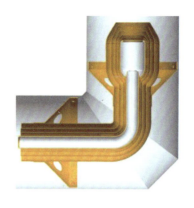

图 2-15　器身结构（高压线圈出头采用双柱共出线）　　　图 2-16　高压引线结构示意图

5. 油箱结构设计

为保证特高压升压变压器的运输尺寸和运输强度，油箱采用桶式结构，板式加强铁；上盖采用压弯结构，在内部进行加强。

特高压升压变压器本体体积大，油箱结构复杂，采用三维有限元计算软件对油箱机械强度进行仿真分析，保证油箱在正、负压和运输条件下的油箱机械强度，如图 2-17 所示。

图 2-17　油箱机械强度仿真分析

二、绝缘设计

1. 主、纵绝缘设计

特高压升压变压器雷电冲击绝缘水平全波 2250kV、截波 2400kV 及操作冲击 1800kV，应用波过程、电场仿真计算软件对变压器线圈主、纵绝缘结构包括匝间绝缘、段间绝缘、线圈端部冲击爬电强度、主绝缘及端绝缘等绝缘强度进行仿真分析计算。

根据等场强设计原则，确定各部位电极曲率、覆盖厚度、角环位置，以及特殊部位的电场屏蔽措施，使各处场强尽可能趋于均匀，并有较大的安全裕度。对于绝缘弱点区域，均采取加强措施。通过选择合理的绕组结构及布置，改善了升压变压器在工频、冲击及长期运行工况下高压线圈的表面爬电强度。软件仿真分析结果表明绝缘结构各处电场分布均匀，电场强度最大值均小于许用值，且有较大的安全裕度，产品安全运行可靠性高。图 2-18 给出了双器身高压线圈主绝缘电场计算示例，图 2-19 给出了双主柱高压线圈主绝缘电场计算示例。

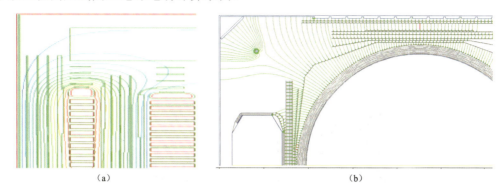

（a）　　　　　　　　　　　　　　　　　　　　　（b）

图 2-18　双器身高压线圈主绝缘电场计算示例

（a）上端部等电位分布；（b）高压线圈与油箱间电力线分布

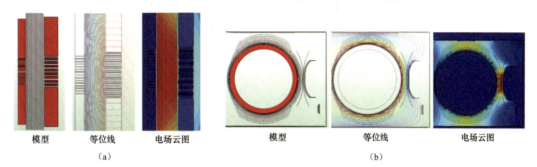

模型　　　　等位线　　　　电场云图　　　　　　模型　　　　等位线　　　　电场云图

（a）　　　　　　　　　　　　　　　　　　　　　（b）

图 2-19　双主柱高压线圈主绝缘电场计算示例

（a）高低压线圈之间电场计算；（b）高压线圈对旁轭电场计算

　　针对线圈纵绝缘结构，通过计算线圈的冲击电压分布，依此调整线圈屏蔽的段数和匝数、工作线匝绝缘厚度、屏蔽线匝绝缘厚度及油道大小，保证绝缘裕度均大于安全裕度，并确保纵绝缘设计裕度不低于以往 500kV 和 800kV 产品。在计算器身整体绝缘的同时，对高压绕组饼间及匝间电场分别进行计算，确保有足够的安全裕度，充分保证产品的安全运行。图 2-20 给出了高压绕组饼间电场计算示例。

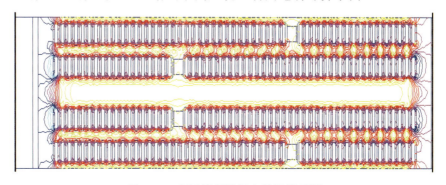

图 2-20　高压绕组饼间电场计算示例

针对端部绝缘结构设计，按无起始局部放电场强设计原则严格控制端部绝缘各油隙及电极表面场强，并为现有制造工艺水平和原材料性能预留足够的工艺裕度，同时选用高质量的绝缘材料，保证端部绝缘可靠性。

2. 引线绝缘设计

高压引线两柱并联后通过中部高压出线装置引出油箱，两柱之间连线使用多道绝缘筒进行油隙分隔，保证足够的绝缘强度，有关高压出线装置电场分析示例见图2-21。

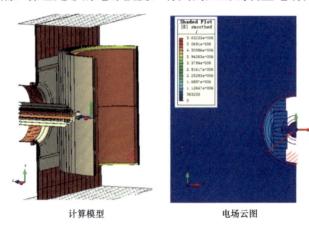

计算模型　　　　　　　　　　电场云图

图 2-21　高压出线装置引线处三维电场计算示例

同时在高压线圈围屏外表面增加适形隔板对油隙进行细化分割以削弱大体积油隙效应，并在器身围屏外侧和箱壁内侧设置纸板以分割油隙，提高变压器长期安全运行可靠性。

三、防止漏磁及局部过热设计

为了有效控制绕组温升及解决变压器内部的局部过热问题，主要采取以下几个方面的措施：

（1）绕组选取适当的导线规格和导线类型，合理控制电流密度，以减小导线涡流损耗引发的局部过热。

（2）在绕组中合理布置导油板的数量和位置，控制油流分配和油流速度，降低绕组内部温升。

（3）合理设计器身油路，保证器身内部油流畅通。

（4）利用软件程序进行绕组温升计算，严格控制绕组的各点温升，保证低于温升限值，并留有较大安全裕度。保证不发生因绕组温度过高而产生的导线绝缘老化。

（5）低压绕组采用双层式结构，绕组首、末端出头中的电流方向相反，产生的磁通可相互抵消，从而解决了大电流引线引起金属结构件过热的问题。

（6）在油箱内壁布置电磁屏蔽复合结构，降低油箱中的涡流损耗，消除油箱和金属结构件中的局部过热。

（7）冷却容量按最大损耗值计算，根据计算结果选用 400kW 大功率、低流速、低噪声的风冷却器 4 组，其中 1 组备用。在保证满足温升要求的同时不发生油流带电现象。

利用大型磁场仿真计算软件详细计算变压器的整体磁场分布，包括铁芯、夹件及其磁屏蔽、油箱及其磁屏蔽的漏磁分布，确定有效的漏磁屏蔽措施，将结构件磁感应强度、温度分布等控制在允许范围内，从而降低杂散损耗，防止局部过热。仿真结果示例见图 2-22～图 2-24。

图 2-22　铁芯温度场分布

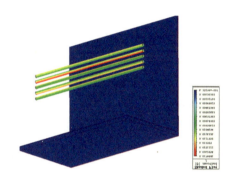

图 2-23　调压引线磁场

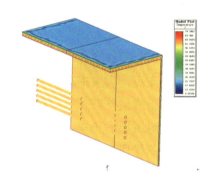

图 2-24　调压引线温度场

针对变压器的温升采用有限元分析程序进行流体仿真，调整变压器油路，控制变压器温升。计算结果见图 2-25。针对变压器漏磁采用有限元分析程序进行磁场仿真，合理采用屏蔽结构和结构件材料，防止变压器局部过热。仿真结果示例见图 2-26。计算结果表明，各绕组平均温升小于 60K，顶层油面温升小于 55K，绕组热点温升小于 78K，完全满足技术条件书的要求，证明了漏磁温升控制措施的合理可靠。

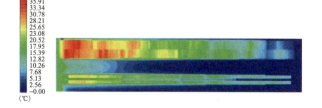

图 2-25　基于流体仿真的变压器温升计算

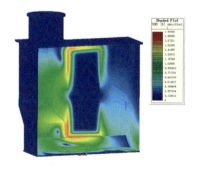

图 2-26　变压器磁场仿真

四、抗短路设计

基于大容量高电压变压器产品的理论和试验研究成果，针对短路电流、绕组应力、温度及机械强度进行仔细核算，校核结果符合 GB 1094.5《电力变压器　第 5 部分：承受短路的能力》的要求，并留有较大裕度，通过合理设计线圈的安匝分布，保证升压变压器满足抗短路能力要求。

1. 设计制造方面

为保证变压器具有足够的抗短路能力，在总结大量抗短路能力经验后，将其成果应用于 1000kV 升压变压器上，进一步保证了 1000kV 升压变压器承受短路的能力。主要采取了以下措施：

（1）导线材质采用屈服强度大的半硬铜导线。

（2）绕组及铁芯之间采用无间隙结构，绕组绕制在硬纸筒上，硬纸筒与铁芯之间用调整棒撑紧，使铁芯柱与硬纸筒之间为紧配合。使绕组在受短路力时铁芯和纸筒可以成为刚体支点，大大提高了绕组的抗短路能力。

（3）低压绕组外侧加锁口撑条，增加绕组的机械强度。

（4）绕组所用的垫块、撑条等全部倒圆角，防止绕组在压紧过程中或电磁力作用下垫块、撑条损伤绕组的匝绝缘。

（5）绕组最外一层包高强度绝缘纸，以提高绕组导线的机械强度。

（6）换位导线"S"弯处均用成型驼背垫块将"S"弯处空隙填实，保证绕组的整体性和稳定性，使绕组在突发短路情况下的轴向、幅向电动力均匀传递，不出现应力集中。

（7）所有绕组均采用多次压制，准确控制绕组的轴向高度，提高绕组的整体性和稳定性。

（8）器身绝缘采用整体组装、无间隙装配工艺，有效控制各绕组的轴向、幅向尺寸，确保各绕组压紧、撑紧，使轴向、幅向短路电动力都均匀传递给变压器的结构件。

（9）铁芯结构的优化，铁芯柱采用专用绑带绑扎，铁芯拉板采用高强度钢制成，经过计算增加铁芯支撑件，加大压强，增大铁芯与夹件之间的摩擦力，使得铁芯在起吊运输过程中保证良好的强度。在油箱上设置强有力的顶紧定位装置，结合铁芯垫脚，将变压器器身顶紧，压紧。

2. 计算方面

采用多种变压器短路强度计算软件，经过大量的变压器实体与模型的短路试验和理论研究，得出如下观点：

（1）轴向压紧力对内绕组的辐向失稳有非常大的影响。

（2）在变压器短路情况下，根据不同情况考虑支撑对内绕组辐向失稳强度的影响。

（3）铜导线应作为塑性材料并基于变压器运行时的绕组温度来考虑。

（4）线饼在轴向上的倾倒也视为一种失稳状态。

（5）对于饼式线圈，线饼的抗倾倒强度与径向受力基本无关；但对于螺旋式线圈，线饼的抗倾倒强度需要考虑径向受力的因素。

（6）绕制线饼的松紧度对导线的抗倒伏强度有很大影响，线饼绕制越紧，各匝间的摩擦力越大，其抗倾倒强度越高。

基于以上观点，在计算辐向电磁力作用下的绕组电动稳定性时，确定导线径向截面中的平均应力及辐向方向上导线的变形。根据这些应力和变形，通过与屈服点极限值和允许辐向位移相应的比较，来检验辐向上绕组的强度和刚度，并计算保证绕组辐向稳定性的轴向压紧力。

计算导线在受轴向和辐向电磁力时的抗弯强度时，确定单根导线中的由轴向和辐向电磁力引起的最大弯曲力矩，考虑到单根导线的平均应力，计算轴向和辐向弯曲时的极限允许弯曲力矩。通过轴向和辐向电磁力引起的最大弯曲力矩与相应的极限允许弯曲力矩的比较，检验绕组导线在辐向和轴向方向上的抗弯强度。

建立绕组的动力学模型，将夹件、拉板、压板、端绝缘简化为端部弹簧，其质量简化为端部质量，绕组中线饼简化为只考虑质量，饼间垫块简化为弹簧，为了模拟绝缘材料在变压器油中的特性，将其视为具有迟滞阻尼特性的非线性弹簧。以线圈压紧力作为初始受力状态，各线饼所受的电磁力（短路时间的函数）作为载荷，可计算出各线饼在任一短路时刻所受的轴向压力、线饼轴向位移及作用在上、下压紧结构上的最大力。

设计上定量计算安匝平衡及漏磁分布，将安匝不平衡调至最小，减少绕组在短路状态下所受的机械力。将变压器的全部数据输入计算机，通过利用机械力动态模拟仿真程序，对漏磁场进行分析计算，对各点受力情况进行细致分析，并与相应的许用值进行比较，保证变压器的短路强度计算合格并有足够裕度。

第四节 制 造 与 试 验

一、产品制造

特高压升压变压器制造过程中使用的关键原材料及组部件包括电磁线、硅钢片、绝缘材料、出线装置、套管、分接开关、油色谱在线监测装置等，具体如表2-4所示。工厂组装包括铁芯叠装、线圈绕制、器身装配、总装配和出厂试验等，具体如表2-5所示。两个方面的情况都与特高压自耦变压器相似，因此不作重复性的介绍。

表 2-4   特高压升压变压器关键原材料及组部件

序号	原材料及组部件	序号	原材料及组部件
1	硅钢片	12	压力释放阀
2	电磁线	13	油流继电器
3	绝缘油	14	套管 CT
4	钢板（含无磁钢板）	15	气体继电器
5	绝缘纸	16	测温仪
6	绝缘纸板及成型件	17	储油柜胶囊
7	套管	18	密封件
8	分接开关	19	管道、法兰盘、螺栓
9	冷却器	20	端子箱与主控制箱
10	阀门	21	油色谱在线监测装置
11	油泵及风机		

表 2-5   特高压升压变压器工厂组装项目

序号	项目	序号	项目
1	铁芯叠装	6	半成品试验
2	线圈绕制	7	器身干燥与整理
3	线圈整理、套装（组装）	8	总装配
4	油箱及夹件制作	9	工艺处理及出厂试验
5	器身装配	10	拆卸和包装、发运

特高压升压变压器的制造过程分为绝缘件制造、油箱制造、铁芯制造、线圈绕制、器身装配、气相干燥、总装配和出厂试验等。特高压升压变压器的制造流程如图 2-27 所示。

二、模型验证试验

在特高压升压变压器研制之初，由于没有制造经验，仿真计算的各项数据均为经验值或理论计算结果，没有实践依据，在设备定型前，需对升压变压器漏磁、温升、绝缘等关键性能参数开展模型验证，分析仿真计算结果的有效性。因此国网电力科学研究院联合天威保变等制造厂选择了一台 500kV/720000kVA 发电机升压变压器作为测试模型进行了漏磁测量研究，同时在研制的特高压升压变压器样机上进行了光纤测温、传递过电压等实测工作。模型验证结果表明，仿真计算结论与设备实测值基本一致，设计方案满足特高压升压变压器技术条件要求。

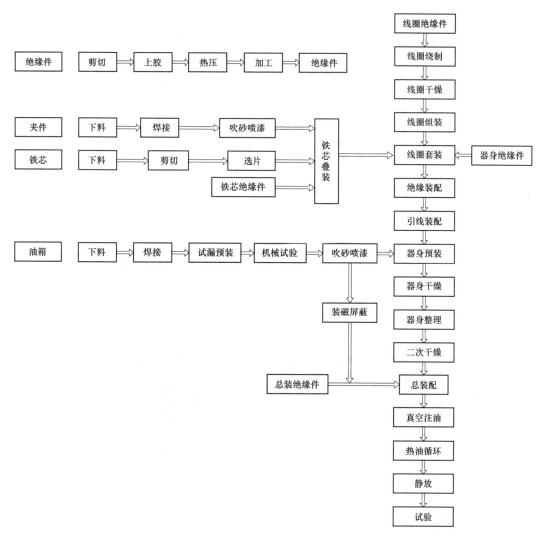

图 2-27　特高压升压变压器制造流程

1. 漏磁验证

为验证设计方案漏磁计算的准确性，选取了一台相同结构的 500kV/720MVA 发电机升压变压器做为模型机，采用同一软件进行计算，在模型机上进行漏磁的测量研究，通过模型机漏磁计算和实测值的比较，验证设计方案样机漏磁计算的准确性，总结规律并作为结构优化设计的参考依据。测量位置选择油箱、夹件、拉板、低压引线等漏磁场对变压器影响较大的位置。测磁装置安装位置如图 2-28 所示，实际安装照片如图 2-29 所示。

测试结果表明，漏磁随着施加电流的增大而增大，表现出很好的线性度。图 2-29 所示的 17 号板和 18 号板各测量点测量值如图 2-30、图 2-31 所示。

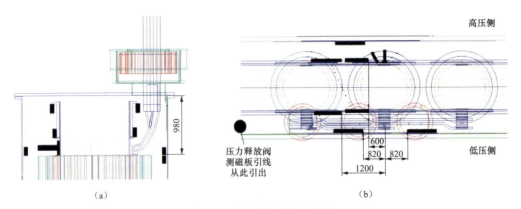

（a）

（b）

图 2-28　测磁装置安装位置

（a）左视图；（b）俯视图

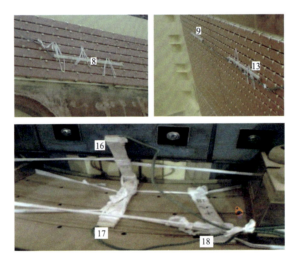

图 2-29　测磁装置安装图

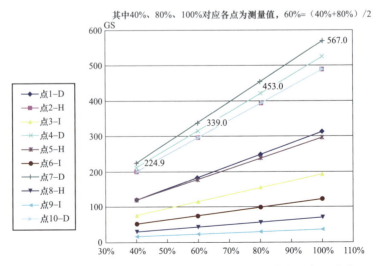

图 2-30　17 号板各测量点施加电流百分数与磁感应强度 B 曲线

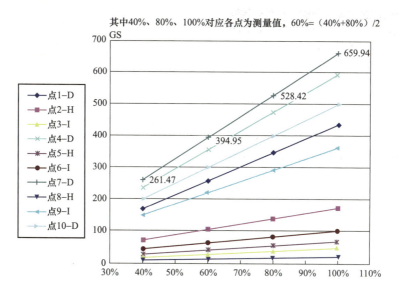

图 2-31　18 号板各测量点施加电流百分数与磁感应强度 B 曲线

通过对 500kV/720MVA 样机的实际测量，从漏磁场计算结果和测量值的对比来看，电流在 100%范围以内变化时，磁感应强度在油中的大小与电流的大小成正比，在磁场强度较大位置处吻合非常好，在磁场强度较小的位置相对偏差比较大，但是绝对误差较小。这些结果充分表明漏磁场测量数据可靠，可以用来作为产品设计计算的依据。

2. 温升验证

为了得到变压器内部结构件、绕组等准确的温升试验值，在变压器样机温升试验前将光纤安装到所需测量的夹件、拉板、线圈等相应位置上，具体安装图如图 2-32～图 2-35 所示。

图 2-32　低压上夹件光纤放置图

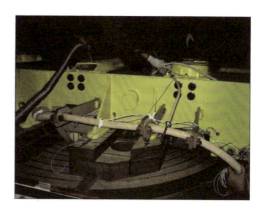

图 2-33　高压上夹件光纤放置图

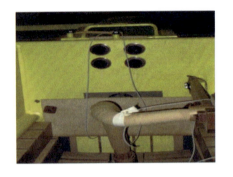

图 2-34　拉板上端部光纤放置图

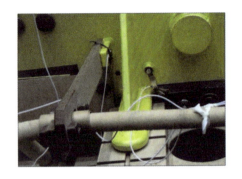

图 2-35　线圈出口光纤放置图

在温升试验时进行实际测量，并与仿真计算结果进行对比，表 2-6 给出了各结构件热点温升的计算值与实测值的对比。从表 2-6 中可以看出，夹件、拉板上光纤安装处的温升测量值与计算值相差仅 1K 左右，特别是拉板的温升计算值与测量值基本相符，从而验证了结构件热点温升计算的准确性。

表 2-6　　　　　变压器结构件对油热点温升的计算值与试验值对比

（线圈端部油温 51℃）　　　　　　　　　　　　　　　K

部位	最热点温升计算值	光纤测点位置温升计算值	光纤测点位置温升测量值
低压上夹件	50.5	5	4
高压上夹件	45.0	7	6
拉板	14.3	14.3	13

表 2-7 给出绕组温升计算值和实测值的对比。低压绕组的计算结果非常好，绕组平均温升、热点温升及 3 个光纤测量点温升，其误差都在 1K 以内。高压绕组计算结果相对而言不够好，如光纤 1 号测量点的计算值高于实测值 4.9K，计算偏差比低压绕组大。总体而言，变压器绕组温升的计算值满足产品技术条件的温升要求，达到了预期的效果。

表 2-7　　　　　　　　　　绕组温升计算值与实测值对比　　　　　　　　　　　K

参数	计算值	实测值
HV1 绕组平均温升	53.0	46.8
HV2 绕组平均温升	48.0	
HV 绕组热点温升	65.2	53.8
LV1 绕组平均温升	57.0	56.3
LV2 绕组平均温升	56.5	
LV 绕组热点温升	66.4	66.2

续表

参数	计算值	实测值
光纤 1 号测量点温升值	61.5	56.6
光纤 2 号测量点温升值	60.1	60.6
光纤 3 号测量点温升值	60.7	60.6
光纤 4 号测量点温升值	61.5	62.6

3. 传递过电压

电力变压器受雷电冲击电压作用时，雷电冲击电压可以通过变压器从一个绕组传递到另一个绕组。变压器内部绕组之间传递过电压的波形与幅值取决于变压器内部结构（特别是绕组结构、绕组在铁芯柱上的排列方式）、绕组阻尼、变压器电容、绕组的联结组别与电网的连接方式等，另外与入射波的波形关系也很大。在某些条件下，变压器内部绕组之间传递过电压有可能会超过绕组电气绝缘水平，造成变压器内部绝缘击穿。对于特高压升压变压器来说，需要重点研究分析变压器内部绕组之间的传递过电压。

以高低高结构且低压绕组为 U 形结构的特高压升压变压器为样机，开展传递过电压模型验证。其电气结构如图 2-36 所示。

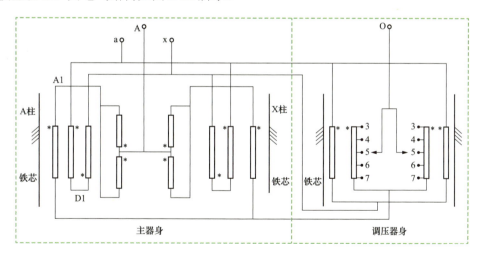

图 2-36　升压变压器电气结构图

高压绕组首端 A 入波，低压绕组首、末端接地，低压绕组下端连线 D1 点传递过电压计算与测试结果见表 2-8。

表 2-8 A 端入波，D1 点传递过电压

部位	计算结果	测试结果
低压绕组下端连线 D1 点传递过电压（%）	5	7.0

高压绕组中性点 x 入波，低压绕组首、末端接地，低压绕组下端连线 D1 点传递过电压计算与测试结果见表 2-9。

表 2-9　　　　　　　　　　x 入波，低压 U 形绕组传递过电压

部　位	计算结果	测试结果
高压绕组中性点 x 入波，低压绕组下端连线 D1 点传递过电压（%）	10	5.2
高压绕组中性点 x 接 90Ω 电阻入波，低压绕组下端连线 D1 点传递过电压（%）	2.67	2.1
高压绕组中性点 x 接 100Ω 电阻入波，低压绕组下端连线 D1 点传递过电压（%）	2.72	3.1
高压绕组中性点 x 接 110Ω 电阻入波，低压绕组下端连线 D1 点传递过电压（%）	2.79	1.4

低压绕组首端 a 入波，高压绕组首、末端接地，高压绕组 1 和高压绕组 2 连线 A1 点传递过电压计算与测试结果见表 2-10。

表 2-10　　　　　　　低压绕组首端入波，高压绕组传递过电压

部　位	计算结果	测试结果
低压绕组首端 a 入波，末端 x 接地，高压绕组首、末端接地，高压绕组 1 和高压绕组 2 连线 A1 点传递过电压（%）	515	512
低压绕组首端 a 入波，末端 x 串 50Ω 电阻接地，高压绕组首、末端接地，高压绕组 1 和高压绕组 2 连线 A1 点传递过电压（%）	399	368
低压绕组首端 a 入波，末端 x 串 100Ω 电阻接地，高压绕组首、末端接地，高压绕组 1 和高压绕组 2 连线 A1 点传递过电压（%）	330	294
低压绕组首端 a 入波，末端 x 串 200Ω 电阻接地，高压绕组首、末端接地，高压绕组 1 和高压绕组 2 连线 A1 点传递过电压（%）	250	218

表 2-10 中实测数据均小于计算值，说明设计的绝缘强度符合要求。由于在实际产品上测量，测量引线较长（入波端测量引线长 5～8m，测量端引线长 10～12m），引线电感对绕组入波端的波形及测量端的测试结果均有很大影响，而变压器绕组之间传递过电压计算未考虑测量引线的影响，这可能是产生上述计算与测量误差的主要原因。

三、样机试验

与常规电压等级的发电机变压器试验相比，特高压升压变压器需要着重解决包括操作冲击试验、雷电冲击试验及长时感应电压试验（ACLD）在内的关键绝缘试验的可靠实施和结果评估。基于特高压自耦变压器的试验技术，制造厂进一步完善了特高压产品试验能力，解决了特高压升压变压器的试验难题。

特高压升压变压器样机的试验方案按照 GB 1094.1《电力变压器　第 1 部分：总则》、科研样机技术条件书的规定进行。为全面对样机的设计性能进行考核，除进行例

行试验和型式试验项目外，还需进行全部特殊试验项目，主要包括长时间空载试验、暂态电压传输特性测量、电晕及无线电干扰试验、入口电容测量、油流静电试验及开动油泵下的局部放电试验等。试验项目共计 28 项，包括例行试验 14 项、型式试验 2 项、特殊试验 12 项，具体见表 2-11。

表 2-11 试 验 项 目

序号	检验项目	规定值
1	油箱密封试验（例行试验）	施加压力 30kPa 持续时间 24h，无渗漏和损伤
2	绕组电阻测量（例行试验）	提供实测值
3	电压比测量和联结组标号检定（例行试验）	电压比偏差提供实测值 联结组标号：Ii0
4	绕组对地绝缘电阻测量（例行试验）	提供绝缘电阻实测值
5	绕组绝缘系统电容和介质损耗因数（tanδ）测量（例行试验）	提供实测电容值（pF） 20℃介质损耗因数 tanδ≤0.3%
6	套管试验（例行试验）	提供实测值
7	外施耐压试验（例行试验）	中性点：140kV/60s 低压：85kV/60s
8	长时感应电压试验（ACLD，冲击试验前）（例行试验）	U_1=1100kV 持续时间 30s U_2=1.5U_m/$\sqrt{3}$（即 953kV） 持续时间 60min，局部放电量不大于 100pC 1.1U_m/$\sqrt{3}$（即 699kV） 持续时间 5min，局部放电量不大于 100pC
9	空载电流和空载损耗测量（例行试验）	提供实测值
10	短路阻抗和负载损耗测量（例行试验）	主分接，参考温度 75℃ 负载损耗（kW）：≤880×（1+10%） 短路阻抗（%）：18.0×（1±5%）
11	绝缘油试验（例行试验）	击穿电压（kV）：≥70 tanδ（90℃）：≤0.005 含水量（mg/L）：≤10 含气量（体积）：≤0.5% H_2≤10μL/L，C_2H_2=0，总烃≤20μL/L
12	操作冲击试验（例行试验）	操作波（kV）：1800±3%
13	雷电冲击试验（例行试验、型式试验）	高压（kV）：2250±3%（全波），2400±3%（截波） 中性点（kV）：325±3% 低压（kV）：200±3%（全波），220±3%（截波）
14	长时感应电压试验（ACLD+ACSD，冲击试验后）（例行试验）	U_1=1100kV 持续时间：5min U_2=1.5U_m/$\sqrt{3}$（即 953kV） 持续时间 60min，局部放电量不大于 100pC

序号	检验项目	规定值
14	长时感应电压试验（ACLD+ACSD，冲击试验后）（例行试验）	$1.1U_m/\sqrt{3}$（即 699kV） 持续时间 5min，局部放电量不大于 100pC
15	油箱机械强度试验（型式试验）	施加压力（kPa） 正压：≥120，负压：≤0.0133
16	温升试验（型式试验）	顶层油温升限值（K）：55 绕组温升限值（K）：65 绕组热点温升（K）：78 油箱表面热点温升限值（K）：75
17	空载励磁特性测量（特殊试验）	50%～115%U_N 提供实测值
18	空载电流谐波测量（特殊试验）	100%U_N 提供实测值
19	长时间空载试验（特殊试验）	施加电压（kV）：$1.1U_N$ 运行时间（h）：12
20	油流静电试验及开启油泵时的局部放电测量（特殊试验）	提供实测值
21	电晕及无线电干扰试验（特殊试验）	施加电压（kV）：$1.1U_m/\sqrt{3}$ 无线电干扰水平（μV）：≤500
22	声级测定（特殊试验）	空载 0.3m 声压级（dB）：≤80 2.0m 声压级（dB）：≤80 负载 2.0m 声压级（dB）：≤80
23	风扇和油泵电机所吸取功率测量（特殊试验）	提供实测值
24	变压器绕组频响特性测量（特殊试验）	提供高压和低压绕组频率响应特性曲线
25	低电压空载电流测量（特殊试验）	提供实测值
26	低电流短路阻抗测量（特殊试验）	提供实测值
27	暂态电压传输特性测量（特殊试验）	提供实测值
28	入口电容测量（特殊试验）	提供实测值

4 台特高压升压变压器样机的主要测试数据见表 2-12。

表 2-12　　　　　　　　　样 机 主 要 试 验 数 据

试验项目	要求值	测量值			
		第 1 台	第 2 台	第 3 台	第 4 台
高压局部放电水平（pC）	≤100	12	25	40	
油面温升（K）	55	28.1	26.6	22.8	31.7
高压绕组温升（K）	65（热点60.6，光纤测）	46.8	39.8	34.7（热点49.6，光纤测）	46.7

续表

试验项目	要求值	测量值			
		第1台	第2台	第3台	第4台
低压绕组温升（K）	65（热点62.6，光纤测）	56.3	46.2	44.1（热点50.2，光纤测）	51.6
空载噪声［dB（A）］	≤80	70（0.3m）73（2m）	72（0.3m）73（2m）	66（0.3m）69（2m）	73（0.3m）73（2m）
空载损耗（kW）		160	157	165	183.9
负载损耗（kW）		862	829	731	751.4

第五节 运输与安装

一、运输方案

运输条件是制约变压器设计方案的一个重要因素，其中公路运输条件对质量和尺寸要求最高。考虑到公路运输限界，一方面需要保证特高压升压变压器整体运输尺寸满足相对苛刻的运输条件要求；另一方面，要着重加强油箱强度设计，以适应长途运输条件。为此，需专门开展安装地点、技术条件、运输尺寸和质量等相关研究工作，并对运输方式、运输路线和运输能力进行踏勘调研，编制专用的运输方案。

特高压升压变压器的技术方案应在无励磁调压、公路运输的限定条件下设计，并考虑与百万千瓦发电机组配套，特高压升压变压器三相容量为1200MVA，单相400MVA。基于以上因素，在研制过程中，综合考虑运输尺寸、运输质量、线圈高度、主纵绝缘结构、最大漏磁强度、最大单柱损耗等设计参数，对比分析了15种结构方案，确定了400MVA特高压升压变压器单相双主柱和双器身（调压绕组单独设置器身）两种优选结构方案，详见表2-13。

表2-13 整 体 结 构 方 案

技术方案	心柱数	整体结构形式	运输工具和方式	运输高度
第一大类	单主柱	1）高低结构； 2）高低高结构； 3）高低高调结构； 4）调高低高结构； 5）主柱：高低+旁柱：励磁、调压	船、海运	不限高
第二大类	双主柱	6）高低高调结构； 7）调高低高结构； 8）低高调结构； 9）调低高结构； 10）主柱：高低+旁柱：励磁、调压； 11）高低高结构；	凹板车、公路	4.5m

技术方案	心柱数	整体结构形式	运输工具和方式	运输高度
第三大类	双主柱	12）调低高结构； 13）低高结构； 14）低高调结构； 15）主柱：高低+旁柱：励磁、调压	桥式挂车、公路	4.99m

表 2-13 中的第一大类技术方案适合采用海路运输，最高运输高度可以达到 5.6m，其中方案 1 和方案 5 安全可靠性较高。第二大类技术方案适合采用公路运输，运输高度控制在 4.5m，可采用凹板车（见图 2-37）运输。采用凹板车运输，运输费用和运输风险最低，但其可靠性略低于第三大类技术方案，即采用公路运输方案，运输高度接近 4.99m，见图 2-38。

图 2-37　变压器凹板车运输方式

（运输高度 4.5m）

图 2-38　变压器桥式车运输方式

（运输高度 4.99m）

提高线圈高度可以提高产品的安全可靠性，但是增加了产品主体的运输高度，对运输路线和运输能力提出了较高的要求。特高压升压变压器研制总体技术思路中明确提出，在不超出允许的产品主体运输尺寸的前提下，产品的绝缘设计、温升设计、抗短路能力设计、漏磁控制技术等以获得最大的设计裕度和保证产品可靠性为原则。最终产品技术方案从第三大类方案（方案 11～方案 15）中优选。

在第三大类技术方案中，方案 11 采用拆分高压线圈结构，即高低高结构，会增加结构复杂性，难点在高压线圈 1 和高压线圈 2 下端出头连线的电场仿真分析和主纵绝缘结构设计，根据安全可靠性原则，不推荐选此结构。因此最终方案在方案 12～方案 15 中优选，这 4 个方案均采用公路运输，运输高均不超过 5m。各技术方案的优缺点见表 2-14。

表 2-14　　　　　　　　　运输高度不超过 5m 的方案优缺点

技术方案	方案 12	方案 13	方案 14	方案 15
整体结构特点	双主柱 调低高结构，并联	双主柱 低高结构，并联	双主柱 低高调结构，并联	双器身 主器身：低高结构，并联 调压器身：励磁+调压

技术方案	方案12	方案13	方案14	方案15
方案的优缺点	1）高压引线有现成的可参考，即有成功经验和业绩。 2）结构简单	高压引线和分接线之间绝缘结构无经验	高压引线对调压线圈电场分析复杂，结构复杂，经验少	1）高压引线有现成的可参考，即有成功经验和业绩。 2）调压引线方便、简单。 3）比方案12增加了一个器身，由于励磁线圈和调压线圈幅向尺寸小，轴向尺寸很高，器身结构和压紧方面经验不足

综合考虑运输尺寸、运输质量、线圈高度、器身绝缘结构、最大漏磁强度、最大单柱损耗等设计参数，对比分析 15 种结构方案，确定 400MVA 特高压升压变压器采用单相双主柱和双器身（调压绕组单独设置器身）两种结构方案。样机最终确定采用方案 12（双主柱结构）和方案 15（双器身结构），特高压升压变压器的运输现场见图 2-39。

图 2-39　特高压升压变压器运输现场（桥式车运输方式）

二、现场安装

现场安装是设备投运前的重要环节，特高压升压变压器体积大、质量大，结构复杂，安装工序多，对现场环境、工艺控制、人员水平要求更高，为保证特高压升压变压器的安装质量，需采取严格的现场环境控制方案，紧凑的现场安装流程，更加专业的安装工艺技术要求。

1. 安装流程

与特高压自耦变压器一样，特高压升压变压器运输至现场后需重新复装升高座、套管、冷却器、压力释放阀等各外部组部件，现场安装主要流程如图 2-40 所示。

2. 安装质量管控

与特高压自耦变压器一样，特高压升压变压器安装质量管控主要包括现场检查、本体就位、进箱检查、组部件复装和工艺处理。其主要工艺控制点如表 2-15 所示。

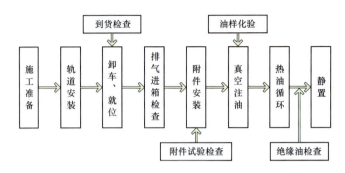

图 2-40　特高压升压变压器安装流程

表 2-15　　　　　　　　　　　特高压升压变压器主要工艺控制点

主要步骤	主要工艺控制点
现场检查	1）变压器本体到货后，应检查气体压力、残油的耐压值和含水量是否正常，本体外观应无机械损伤，无渗油现象。 2）变压器附件、备件到货后，应清点组件、附件、备品备件及专用工具的数量、实物是否与装箱单一致，产品外包装是否损坏，设备外观状态是否良好。套管、出线装置运输记录的加速度不超过 3g，套管储油柜无渗漏油
本体就位	1）变压器安装基础应保持水平，应用经纬仪测量基础平整度，并根据中心线位置就位，偏差均应满足技术要求。 2）本体移动至安装位置时，移动速度应满足技术要求，变压器的底部支架应全部落实在基础平面上，不能悬空。调平时，必须使用下节油箱的千斤顶底座。为了保证变压器的安全，严禁在四个方向同时起落
进箱检查	1）检查器身时，应在天气良好的情况下进行，在内检过程中必须向箱体内持续补充干燥空气（露点低于−45℃），补充干燥空气速率须满足油箱内保持微正压，器身暴露在空气中的时间要尽量缩短。 2）检查冲击记录仪，运输过程中水平和垂直加速度不超过 3g。 3）检查器身时，应检查器身、铁芯、绕组有无位移、变形、松动、损伤，检查引线支撑、夹紧是否牢固，检查铁芯与夹件、油箱的绝缘是否良好（用 2500V 绝缘电阻表测量），检查油箱内部有无异物，并清除干净。 4）在进箱检查完毕后，还需对变压器进行相关判断性检查，以做出设备最终未受潮的判断
组部件复装	1）应先安装冷却装置、储油柜等不需在露空状态安装的附件。 2）如果一天内组件的安装和内部引线的连接工作不能完成时，需要封好各盖板后对本体抽真空至 133Pa 以下并保持，直到第二天工作时解除真空，解除真空时向油箱内充入干燥空气进行解除。 3）高压出线装置安装时需做好异物防护，并按指定方式吊装。检查出线装置法兰面与油箱法兰平齐后，再安装法兰上所有的螺栓及垫圈，并交叉、均匀可靠紧固。 4）高压套管安装需使用专用工装，安装过程需保证套管尾端金属部分进入均压球的长度满足技术要求，连接可靠紧固
工艺处理	1）真空注油前本体的真空度及注油的速度、温度均应满足技术要求。 2）注油完毕后，对变压器本体进行热油循环，热油循环各项参数应满足技术要求。 3）热油循环结束后，必须在变压器高压试验前对其进行静置 168h

三、现场交接试验

现场交接试验是新安装电气设备投运前用以检查和判断其能否投入运行的重要技术措施，是保证设备成功投运和安全运行的关键环节。根据 GB/T 50832《1000kV 系统电气装置安装工程电气设备交接试验标准》的规定，特高压升压变压器交接试验包括18项试验内容，如表2-16所示。

表2-16 　　　　　　　　　　　变压器本体交接试验项目

编号	项目名称	备注
1	整体密封性能检查	
2	测量绕组连同套管的直流电阻	
3	测量绕组电压比	
4	检查引出线的极性	
5	测量绕组连同套管的绝缘电阻、吸收比和极化指数	
6	测量绕组连同套管的介质损耗角正切值 $\tan\delta$ 和电容量	
7	测量铁芯及夹件的绝缘电阻	
8	套管试验	
9	套管电流互感器的试验	
10	绝缘油性能试验	
11	油中溶解气体色谱分析	
12	空载试验	特殊试验
13	绕组连同套管的外施交流耐压试验	特殊试验
14	绕组连同套管的长时感应电压试验带局部放电试验	特殊试验
15	绕组频率响应特性试验	特殊试验
16	测量低电压下的短路阻抗	特殊试验
17	测量噪声	特殊试验
18	额定电压下的冲击合闸试验	

首台特高压升压变压器交接试验时，由于国家和行业标准还不完善，为了确保变压器试验方案的完整性和试验安全，组织了变压器特殊试验专项评审会。对照现行国家、行业等标准进行深入讨论，补充如下技术措施：

（1）变压器空载试验：采用低电压法进行空载试验；方案中应体现退磁步骤；低电压空载不需要补偿。

（2）变压器外施交流耐压试验时，试验电压频率应在45～55Hz范围内。

（3）变压器长时感应电压试验带局部放电测量：均压罩规格、尺寸；所有的接地线应采用一点接地；考虑高压引线加滤波器；试验前后应取油样化验；产品试验前应做模拟试验，消除试验系统的故障；局部放电试验前，油泵应先转12h，静置168h，再进行局部放电试验；所有补偿容量应进行事前计算，计算内容应包括各部位的电压、电流、补偿容量及频率；应采用单边加压试验方法。

第六节 工 程 应 用

2013 年 2 月，国家发展和改革委员会核准中国电力投资集团公司建设平圩电厂三期扩建工程，同意 2×1000MW 超超临界燃煤发电机组送出工程采用 1000kV 电压等级接入特高压淮南变电站。2015 年 4 月 16 日，安徽淮南平圩电厂三期扩建 5 号百万千瓦机组成功并入特高压电网，成为世界上首个一次直接升压至 1000kV 后接入特高压电网的发电厂，是我国特高压电网发展历程中的重要里程碑，如图 2-41 所示。这是世界上第一个"三百工程"，融合了发、输、变电三大领域最先进的技术，开创了"大机组+特高压"的新历史，具有重要示范意义。其后，特高压升压变压器已成功应用于多个发电厂送出工程，具体工程应用情况见表 2-17。

表 2-17　　　　　　　　　特高压升压变压器工程应用情况一览表

发电厂	特高压变电站	数量	结构型式	制造厂	投运时间
平圩电厂三期	淮南	3	双器身结构	特变沈变	2015.04
		4		特变衡变	
陕能赵石畔电厂	榆横（横山）	6	两主柱结构	西电西变	2018.10
渝能横山电厂	榆横（横山）	6	两主柱结构	西电西变	2018.11
大唐锡林浩特电厂	胜利	6	双器身结构	特变沈变	2019.07
北方胜利电厂	胜利	6	双器身结构	特变沈变	2020.06
神华胜利电厂	胜利	6	单主柱结构	常州东芝	2021.05
山西漳泽电厂	晋东南（长治）	7	两主柱结构	天威保变	2021.02
长子高河电厂	晋东南（长治）	6	两主柱结构	西电西变	2021.01
汇能长滩电厂	蒙西（鄂尔多斯）	6	两主柱结构	西电西变	2023.05
红墩界电厂	榆横（横山）	6	两主柱结构	西电西变	2024.09

图 2-41　安徽淮南平圩电厂特高压升压变压器

第三章　1000kV 并联电抗器

并联电抗器是特高压电网中不可缺少的重要设备，主要用于补偿线路容性充电电流、实现系统无功平衡，限制工频电压升高和操作过电压，抑制潜供电流等。目前特高压交流工程中应用了两类 1000kV 并联电抗器：①固定容量式并联电抗器，广泛应用于特高压交流工程；②可控容量式电抗器，目前仅在张北—雄安特高压交流工程张北变电站中示范应用。

1000kV 并联电抗器是一种电压高、容量大、结构复杂、工艺要求高的电力设备。本章从基本情况、技术条件、产品设计、制造与试验、运输与安装、技术提升等方面，对固定容量式特高压并联电抗器（简称特高压并联电抗器）进行介绍。其关键原材料及组部件有电磁线、绝缘材料、硅钢片、钢板、套管、高压出线装置等，与变压器无明显差异，本章不再赘述。

第一节　概　　述

一、研制背景

1000kV 输电线路的充电功率电流为 500kV 线路的 4～5 倍。线路充电、退出或潮流变化时，无功功率变化很大，可能导致系统电压波动，出现幅值很高的暂时过电压，需要采取措施平衡无功、限制工频暂时过电压和操作过电压。中国的特高压交流工程与苏联曾经商业运行的 1150kV 输电工程类似，采用了特高压并联电抗器补偿线路容性无功功率（80%～90%），限制过电压，并通过中性点接地电抗器抑制潜供电流以实现快速重合闸。

新中国成立初期，我国的电力设备制造业基础十分薄弱。"一五"计划和"156 项重点工程"（中国第一个五年计划时期从苏联与东欧国家引进的 156 项重点工矿业基本建设项目）打响了产业基地建设和设计制造技术的攻坚战，为中国输变电设备制造业的发展进步奠定了坚实基础。1972 年，西安变压器电炉厂成功研制 90Mvar/363kV 高压并联电抗器，应用在 330kV 刘天关工程秦安变电站中。1979 年，我国从法国 ALSTHOM 公司引进 50Mvar/500kV 并联电抗器技术。1985 年，500kV 元锦辽海工程锦州变电站建成投运，采用了我国自主研制的 120Mvar/500kV、150Mvar/500kV 高压并联电抗器。20 世纪 80 年代，我国形成了 500kV 并联电抗器产品生产能力，先后为 500kV 输变电及发电厂送出配套工程提供了百余台 50Mvar/500kV 并联电抗器产品。90 年代，我国开发了新一代 50Mvar/500kV 并联电抗器产品，解决了噪声高、局部过热等问题，为 500kV 输变电及发电厂送出配套工程提供了上百台产品。2005 年 9 月，我国第一条 750kV 线路——西北 750kV 输变电示范工程建成投运，所用 4 台 750kV 并联电抗器均由特变电工衡阳变压器有限公司研制。

我国在高压和超高压电网的不断发展过程中，已经具备了 500kV 和 750kV 电压等级并联电抗器的研发及工程应用经验，为后续 1000kV 交流并联电抗器的研制和工程应用奠定了基础。

二、研发难点

与 500kV 和 750kV 超高压并联电抗器相比，特高压并联电抗器的绝缘水平和容量都有了极大的提升，同时特高压并联电抗器与特高压变压器在绝缘等方面既有相似之处也有自身特点。需要重点解决的技术难题包括在高电压、大容量条件下的漏磁场和温升控制、噪声及振动控制等。此外，还需研发大容量试验变压器并提升相关试验设备能力，以解决产品耐压和局部放电的试验问题。

三、技术路线

2005 年 6 月 3～4 日，国家电网公司建设运行部在北京组织召开交流特高压设备技术条件评审会议，来自国内科研、设计、制造、试验单位和高校的专家讨论确定了 1000kV 晋东南—南阳—荆门特高压交流试验示范工程的变压器、电抗器、断路器等特高压核心设备研发技术路线。

2006 年 8 月 9 日，国家发展和改革委员会核准建设 1000kV 晋东南—南阳—荆门特高压交流试验示范工程。经过深入研究，结合工程实际情况、系统过电压及无功补偿计算结果及制造厂研发制造能力，确定在长治变电站侧设置一组 960Mvar（单台容量 320Mvar）的特高压并联电抗器，在南阳开关站两侧分别设置一组 720Mvar（单台容量 240Mvar）特高压并联电抗器，在荆门变电站侧设置一组 600Mvar（单台容量 200Mvar）特高压并联电抗器。

2008 年 2 月、3 月及 5 月，西安西电变压器有限责任公司（简称西电西变）研制的首台特高压并联电抗器（长治变电站双主柱式 320Mvar 特高压并联电抗器及南阳开关站双主柱式 240Mvar 特高压并联电抗器），以及特变电工衡阳变压器有限公司（简称特变电工衡变）研制的首台特高压并联电抗器（荆门变电站双器身式 200Mvar 特高压并联电抗器）相继完成型式试验。其后，顺利通过出厂试验、现场交接试验、系统调试，2009 年 1 月 6 日正式投入运行。

随着后续特高压交流工程的推进，保定天威保变电气股份有限公司（简称保变电气）研制的单主柱式单台容量 240Mvar 特高压并联电抗器在皖电东送工程沪西变电站投运；特变电工沈阳变压器集团有限公司（简称特变电工沈变）制造的双器身式单台容量 240Mvar 特高压并联电抗器在皖电东送工程浙北变电站投运；山东电力设备有限公司（简称山东电力设备）研制的单主柱式单台容量 160Mvar 特高压并联电抗器在浙北—福州工程浙中变电站投运；西电西变研制的双主柱式单台容量 280Mvar 特高压并联电抗器在锡盟—山东工程北京东变电站投运；形成了单台容量 160、200、240、280、320Mvar 特高压并联电抗器系列产品。结构形式主要包括双器身、双主柱式和单主柱式。

四、技术条件

根据工程需求，特高压交流输电工程先后研制并应用了单台 160、200、240、280Mvar 和 320Mvar 额定容量的一系列特高压并联电抗器。表 3-1 和表 3-2 分别列出了这些电抗器的使用条件和主要技术参数。

表 3-1　　　　　　　　　　特高压并联电抗器使用条件一览表

序号	项目名称	单位	数值
1	正常使用条件		
1.1	海拔	m	≤1000
	环境温度		
1.2	最高气温	℃	+40
	最高月平均温度	℃	+30
	最高年平均温度	℃	+20
	最低气温	℃	−25
1.3	最大日照强度	W/cm²	≤0.1（风速 0.5m/s）
1.4	最大风速	m/s	34
1.5	月平均相对湿度（在 25℃以下）	%	≤95
1.6	覆冰厚度	mm	20
	耐地震强度		
1.7	地面水平加速度	m/s²	3
	地面垂直加速度	m/s²	1.5
1.8	污秽等级		不超过 c 级或 d 级
2	特殊使用条件		

序号	项目名称	单位	数值
2.1	特殊使用条件下，1000kV 油浸式并联电抗器的额定值和试验规则等应符合以下规定（但不仅限于以下）： 　1）在较高环境温度或高海拔环境下的温升和冷却按 GB/T 1094.2《电力变压器 第 2 部分：油浸式变压器的温升》的规定； 　2）在高海拔环境下的外绝缘按 GB/T 1094.3《电力变压器 第 3 部分：绝缘水平、绝缘试验和外绝缘空气间隙》和 GB/T 1094.4《电力变压器 第 4 部分：电力变压器和电抗器的雷电冲击和操作冲击试验导则》的规定； 　3）特殊地区参照有关国家标准		
2.2	其他需要满足第 1 条规定的正常使用条件之外的特殊使用条件，应在询价和订货时说明		

表 3-2　　　　　　　　　　特高压并联电抗器技术参数一览表

序号	名称	单位	容量（Mvar）				
			160	200	240	280	320
1	额定参数						
1.1	a．额定频率	Hz	50				
	b．额定电压	kV	$1100/\sqrt{3}$				
	c．额定容量	Mvar	160	200	240	280	320
	d．额定电流	A	252	315	378	441	504
	e．额定电抗	Ω	2520	2016	1680	1440	1260
	f．三相间阻抗互差	%	±2				
	g．相数		单相				
	h．三相联结方式		星形				
	i．中性点接地方式		经中性点电抗器接地				
	j．冷却方式		ONAN/ONAF				
1.2	绝缘水平						
	a．雷电冲击全波电压（峰值）						
	高压	kV	2250				
	中性点	kV	550/650				
	b．雷电冲击截波电压（峰值）						
	高压	kV	2400				
	中性点	kV	650/750				
	c．操作冲击电压（峰值）						
	高压	kV	1800				
	d．短时工频耐受电压（方均根值）						
	高压	kV	1100（5min）				
	中性点	kV	230/275				

续表

序号	名称	单位	容量（Mvar）				
			160	200	240	280	320
1.3	1.05U_N温升限值						
	顶层油	K	55				
	绕组（平均）	K	60				
	油箱及金属结构件表面	K	80				
	铁芯	K	80				
	绕组热点	K	73				
2	性能参数						
2.1	励磁特性						
	1.4 倍额定电压下的电流不大于 1.4 倍额定电流的百分数	%	3				
	1.4 倍额定电压和 1.7 倍额定电压的连线平均斜率不小于初始斜率的百分数	%	50				
2.2	损耗（75℃）	kW	≤330	≤380	≤450	≤540	≤580
2.3	过励磁能力						
	励磁电压为 1.4 倍额定电压持续时间	s	20				
	励磁电压为 1.3 倍额定电压持续时间	min	3				
	励磁电压为 1.2 倍额定电压持续时间	min	20				
2.4	噪声水平	dB（A）	≤75				
2.5	振动限值（峰—峰）						
	平均值	μm	≤50				
	最大值	μm	≤90				
	基座	μm	≤20				
2.6	局部放电水平	pC	≤100				
2.7	绕组连同套管介质损耗因数（20℃）	%	≤0.4				
2.8	无线电干扰（在 1.1×1100/$\sqrt{3}$ kV 下）	μV	≤500				

　　特高压并联电抗器均为单相，三台单相电抗器组成三相星形连接。通过中性点接地电抗器接地，补偿相间电容和相对地电容，用于限制线路故障时的接地电流，特别是限制单相接地短路时的潜供电流，提高单相重合闸的成功率，提高供电的可靠性。在正常运行时，中性点接地电抗器仅有很小的持续电流通过。但在故障时，中性点接地电抗器应能耐受额定短时电流在规定持续时间内产生的热和机械效应。中性点接地电抗器的参数如表 3-3 所示。

表 3-3 中性点接地电抗器的主要参数

序号	名称	参数
1	型式	户外、空心油浸式，冷却方式为 ONAN
2	额定阻抗	电抗器需设抽头，抽头阻抗的调整范围应为额定阻抗的±10%，在额定短时电流以下，阻抗应为线性
3	额定连续电流	系统计算确定
4	额定短时电流（方均根值）	由系统故障情况确定
5	额定短时电流的持续时间	由系统故障情况确定
6	绝缘水平	线路端子 LI750/AC325kV；中性点 LI200/AC85kV
7	温升限值（K）	绕组额定持续电流时　　　　　70K； 绕组额定短时电流时　　　　　90K； 顶层油温升额定持续电流时　　65K； 顶层油温升额定短时电流时　　70K
8	损耗	额定持续电流下总损耗不超过容量的 3%
9	额定短时阻抗	对空心式电抗器，额定短时阻抗等于额定阻抗；对磁屏蔽空心电抗器，额定短时阻抗小于额定阻抗
10	噪声水平	按 GB/T 1094.10《电力变压器　第 10 部分：声级测定》的规定测量，电抗器的噪声水平在 2m 处应不大于 65dB（A）

五、研发历程

2008 年 2 月、3 月，西电西变研制的首台 240Mvar 特高压并联电抗器（用于南阳开关站）和首台 320Mvar 特高压并联电抗器（用于长治变电站）分别通过了型式试验，见图 3-1、图 3-2。同年 5 月，特变电工衡变研制的首台 200Mvar 特高压并联电抗器（用于荆门变电站）也通过了型式试验，见图 3-3。

图 3-1　特高压交流试验示范工程长治变电站特高压并联电抗器

图 3-2　特高压交流试验示范工程南阳　　　图 3-3　特高压交流试验示范工程荆门变电站
　　　　开关站特高压并联电抗器　　　　　　　　　特高压并联电抗器

2009 年 1 月 6 日特高压交流试验示范工程成功投运后，西电西变于 2009 年 9 月、2014 年 4 月、2021 年 6 月先后研制出 200Mvar（双主柱结构）、160Mvar（单主柱结构）和 240Mvar（单主柱结构）的特高压并联电抗器。特变电工衡变于 2009 年 6 月、2012 年 11 月和 2014 年 4 月成功研制出 320Mvar（单主柱结构）、240Mvar（双器身结构）和 160Mvar（单主柱结构）的特高压并联电抗器。保变电气于 2013 年 1 月研制出 240Mvar（单主柱结构）的特高压并联电抗器。特变电工沈变于 2013 年 5 月和 2022 年 5 月先后研制出 240Mvar（双器身结构）和 200Mvar（单主柱结构）的特高压并联电抗器。山东电力设备于 2014 年 4 月研制出 160Mvar（单主柱结构）的特高压并联电抗器。

经过十余年的发展，特高压并联电抗器技术已经达到成熟水平，总体运行稳定，但是也暴露出一些问题。2020 年初，国家电网公司组织科研、监造、制造厂等相关单位，全面总结特高压线圈类设备的运行情况和存在问题，并以问题为导向开展了新一代特高压变压器和并联电抗器关键技术的研究，针对高压升高座区域、油箱机械强度、在线监测装置、高压套管等制定了升级版改进方案，以进一步提高特高压产品的运行安全性和可靠性。

第二节　产　品　设　计

一、结构设计

特高压并联电抗器内部包括铁芯、线圈、主绝缘等部分；外部包含高压套管、中性点套管、储油柜、散热器、压力释放阀、气体继电器等组部件。

特高压并联电抗器采用铁芯式结构，铁芯由铁芯柱和铁轭两部分组成，是并联电抗器磁回路的主要组成部分。铁芯结构的设计决定了并联电抗器的绕组布置结构和绝缘结构等。根据工程需求，逐步形成了单主柱带两旁轭、双主柱带两旁轭和双器身结构的产品系列，如图 3-4、图 3-5 所示。

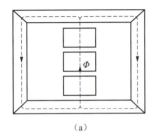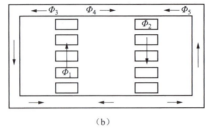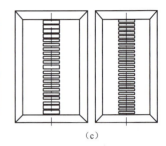

（a）　　　　　　　　　　　　　　（b）　　　　　　　　　　　　　　（c）

图 3-4　特高压并联电抗器铁芯结构

（a）单主柱带两旁轭结构；（b）双主柱带两旁轭结构；（c）双器身结构

（a）　　　　　　　　　　　（b）　　　　　　　　　　　（c）

图 3-5　特高压并联电抗器

（a）单主柱结构；（b）双主柱结构；（c）双器身结构

这三种结构各有优缺点，表 3-4 列出了它们的技术方案比较。

表 3-4　　　　　　　　　特高压并联电抗器三种铁芯结构技术方案的比较

方案	方案一	方案二	方案三
铁芯结构形式	双主柱带两旁轭	双器身结构	单主柱带两旁轭
每柱容量	一半容量	一半容量	全容量
优点	1）单柱容量低，漏磁相对较小，漏磁控制容易； 2）在同样的运输高度下，可以选择更大的绝缘尺寸，绕组电抗高度增加，绝缘裕度和可靠性更大	1）单柱容量低，漏磁相对较小，漏磁控制容易； 2）在同样的运输高度下，可以选择更大的绝缘尺寸，绕组电抗高度增加，绝缘裕度和可靠性更大	1）损耗低； 2）成本低； 3）总质量小； 4）器身绝缘结构、引线结构简单
缺点	1）损耗较高； 2）成本较高； 3）质量增加； 4）引线结构复杂； 5）噪声控制难度大； 6）器身端绝缘结构复杂； 7）铁芯饼压紧结构复杂	1）损耗高； 2）成本高； 3）质量增加较多； 4）引线结构复杂； 5）器身端绝缘结构复杂	1）单柱的工作轴向场强相对较高； 2）单柱容量大，漏磁控制难度大； 3）绕组高度高

二、绝缘设计

三种结构的特高压并联电抗器的绝缘结构设计原则与特高压变压器基本一致。在设计阶段，对绝缘结构进行反复推敲和结构优化，利用专业电场计算分析程序，详细计算各种试验工况下绝缘结构各油隙及电极表面的场强，并按照局部放电起始场强进行严格控制，以保证设备绝缘的可靠性。

根据并联电抗器的自身特点，在绝缘结构设计时，还需考虑绕组连接形式、引线结构形式等的合理选择。

1. 绕组连接形式

双主柱带两旁轭结构和双器身结构的特高压并联电抗器绕组采用先并后串的接线方式，其连接示意图如图 3-6（a）所示。这种接线方式的优点是：先并后串，500kV 电压等级的端部仅出现在其中一柱，高电位区域相对更少；两柱中部由 1000kV 电压等级过渡到 500kV 电压等级，柱间电压相对较低，柱间的电场和绕组结构形式均得以改善，简化了器身绝缘结构。

特高压并联电抗器采用单主柱结构不仅可以节省材料，还能降低运输成本和减小损耗。随着国内制造水平的提高，特高压并联电抗器逐步转变为单主柱结构。单主柱结构并联电抗器绕组采用上、下两支路并联后中部出线，其连接示意图如图 3-6（b）所示。

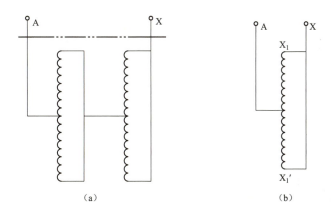

图 3-6　特高压并联电抗器线圈连接示意图

（a）双主柱和双器身结构；（b）单主柱结构

2. 高压引线结构

在特高压并联电抗器中，1000kV 出线装置将 1000kV 高压从绕组引出、穿越箱体并与高压套管尾部接线端子连接。该出线装置需要在有限空间内耐受极高电压，不仅要求具有可靠的绝缘性能，还要满足反复拆卸和装配的需要，确保长期可靠运行。

目前特高压并联电抗器采用"直接出线"和"间接出线"两种技术成熟的方案（如

图 3-7 所示）。"直接出线"方式是指首端出线从绕组中部出来后，经过成型出线装置从油箱箱盖直接引出至套管；"间接出线"方式是通过油箱箱壁的成型出线装置升高座过渡连接后将首端引线引至套管。其中，特变电工衡变和特变电工沈变的单主柱及双器身结构电抗器均采用直接出线方式，西电西变、保变电气和山东电力设备的单主柱及双主柱结构电抗器均采用间接出线方式。

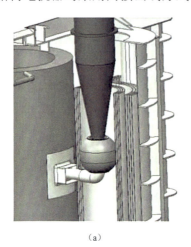 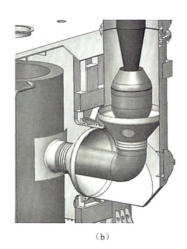

（a） （b）

图 3-7 出线方式布置与结构

（a）直接出线方式；（b）间接出线方式

3. 柱间连线结构

双主柱带两旁轭结构的特高压并联电抗器绕组采用了柱间连接方式，如图 3-8 所示。A 柱绕组上、下两端引出线并联后，与 X 柱绕组中部引出线相连。为了保证连接可靠、夹持牢固且电极均匀，在柱间连接中使用了大直径的铝管进行屏蔽均压，铝管外包绝缘。

双器身结构特高压并联电抗器的柱间连线方式是将 A 柱的上、下出头并联，再与 X 柱的中部出头连接，如图 3-9 所示。为了保证连接的可靠性和电极的均匀性，两柱间通过大直径的铝管相连，铝管外包绝缘皱纹纸，这样夹持牢固，电极光滑，可靠性高。

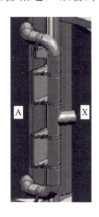 

图 3-8 双主柱柱间连线结构示意图 图 3-9 双器身引线示意图

三、漏磁与局部过热控制设计

并联电抗器的磁饱和特性、漏磁分布和局部过热存在着一定的因果关系。磁饱和特性的线性度要求电抗器磁路必须断开（芯柱含气隙），这样的铁芯结构必然导致大的漏磁量，大量漏磁通在线圈端部、夹件、油箱及金属结构件中产生大量杂散损耗，引起局部过热。如何保证饱和特性、漏磁和局部过热三者间的平衡，是并联电抗器设计成败的关键。

特高压并联电抗器的容量更大，漏磁也更大，内部结构更加复杂，导致磁场分布更加复杂。三维磁场、涡流场和温度场的计算已有相应的方法和程序，在详细计算的基础上完成分析和结构优化。首先引导漏磁配合隔磁措施防止金属结构件过热；其次建立良好的散热系统，避免散热不畅和油流死区。电、磁屏蔽及复合屏蔽系统可有效控制漏磁，防止局部过热的发生，当然选择适宜的导线截面及使用无磁材料等，都有助于减少漏磁引起的局部过热和降低附加损耗。

漏磁和局部过热控制的措施主要有：

（1）合理设计特高压并联电抗器铁芯磁路。对铁轭、芯柱、磁分路的磁密选择进行优化，降低漏磁通在金属结构件中产生涡流的大小，消除局部过热，同时采取有效措施将漏磁大小控制在合理范围。

（2）优化绕组安匝平衡设计，减小绕组涡流和环流损耗。在漏磁场纵向分量占主要成份的地方采用辐向尺寸较小的导线；在漏磁场横向分量占主要成分的地方采用轴向尺寸较小规格的导线。

（3）合理选择铁芯结构件的尺寸和材质。根据漏磁分布合理增加铁轭厚度，在关键位置布置磁屏蔽，使铁芯及结构件最大磁密均控制在合理范围以内，避免局部过热。选取合适铁芯夹件材料，优化夹件结构尺寸，有效控制金属结构中的发热，消除局部过热。

（4）综合采取电屏蔽、磁屏蔽及复合屏蔽措施。采用铜屏蔽技术可有效改变和控制漏磁，当漏磁进入铜材料，铜材料产生的涡流磁场抵御漏磁进入油箱壁，从而降低油箱杂散损耗和消除油箱局部过热。在绕组上下两端布置磁屏蔽，在绕组对应的前后侧箱壁上设置箱壁磁屏蔽和铜屏蔽，防止结构件局部过热。

（5）建立良好的散热系统，避免散热不良和油流不畅。在保证产品绝缘强度和机械强度的前提下，合理设置绕组轴向油道和夹件油道，保障散热油路通畅，有效提高冷却效果。

四、温升控制关键技术

特高压并联电抗器线圈的线饼数多，幅向尺寸大，绝缘结构复杂。合理的油流分配、畅通的油流通道是解决散热的主要措施。对处在漏磁场中易于发热的铁芯和金属结构件，也要采取利于散热的积极措施，保证电抗器长期安全可靠运行。利用磁场—

温度场耦合仿真计算软件可准确计算出部件内部温度场分布，并通过图形表达出来。反复优化结构设计，最终得到满意的效果。

目前特高压并联电抗器冷却方式包括油浸风冷式（ONAF）及油浸自冷式（ONAN），后者根据运行需要一般提供备用风机以备不时之需。

对大容量并联电抗器而言，采用 ONAF 冷却方式有以下好处：在环境温度较高时，风机启动，降低产品温升和绝缘材料的老化速度；在环境温度较低时，风机关闭，保证产品在极限低温时仍能安全运行，同时降低产品运行成本。

五、声级及振动控制技术

1. 本体设计

铁芯饼与其间隙材料构成铁芯柱，由磁致伸缩和铁芯饼间的电磁力引起振动产生噪声。铁芯饼间的电磁力与感应强度的平方和铁芯饼截面积成正比，磁密越高，铁芯直径越大，电抗器的噪声也越大。振动与噪声是一对孪生兄弟，几乎同时存在。治理其一，另一个可同时获得缓解；两个同治，效果会更好。较大的铁芯截面积需要较大的压紧力来保障铁芯的整体性，但此时需特别注意防止产生近似于 2 倍工频的固有频率。实际应用中，必须有高于 200Hz 的固有频率，才能减小振幅的放大系数，避免谐振。所以使用弹性模数较高的气隙垫块，并给予足够大的压紧力，是降噪减振的方法之一。除减弱振源之外，采用隔振和减振措施也是必要的，达到进一步降低振动和噪声的目的。

特高压并联电抗器在实际生产制造中，降低振动和噪声的主要措施：

（1）降低铁芯的额定工作磁密 B。特高压并联电抗器额定工作磁密 B 在 1.2～1.35T 范围内，磁密每降低 0.1T，铁芯的噪声可降低 2～3dB（A）。

（2）合理设计铁芯结构，提高整个铁芯的固有频率。通过合理设计，防止铁芯的固有频率与其电磁力振动的基频及二、三、四次等高频的频率一致时产生的谐振现象。

（3）提高振动系统中各部分的刚度和强度。原材料方面，采用高硬度石材、陶瓷等作为主磁路间隙材料，提高其硬度。油箱方面，增加箱壁的厚度和增多加强铁的数量，合理地选择油箱加强铁的形状能提高整个油箱的刚性。铁芯柱方面，适当增加压紧力和铁芯大饼的填充系数以提高弹性模量，减小铁芯饼在脉动磁力作用下的振幅，采取用螺杆拉紧的措施使上铁轭、磁分路、铁芯柱等成为刚性的一体，通过碟形弹簧的收缩来减轻铁芯饼之间的振动。

（4）在铁芯和油箱之间设计多处减振装置。改进垫脚部位的刚性连接方式减小由固体路径传递的振动。

2. 隔声罩降噪技术

针对特高压并联电抗器噪声，还采取了在现场安装隔声罩的措施，以获得更好的降噪效果，首次在晋东南（长治）变电站 320Mvar 电抗器上进行了应用，噪声水平控制在小于 60dB（A），为进一步研制低噪声并联电抗器积累了经验。目前，国内变压器厂联合隔声罩制造厂（上海申华声学装备有限公司、北京绿创声学工程股份有限公司、四川正升声学科技有限公司）完成了相关真型试验，隔声罩降噪性能达到 23dB（A），电抗器现场噪声得到进一步控制。

（1）研制需求。特高压并联电抗器具有较大的声功率级，对厂界噪声贡献较大。为了满足 GB 12348《工业企业厂界环境噪声排放标准》和 GB 3096《声环境质量标准》的要求，除了特高压电抗器本体降噪措施，必要时还可以通过研制特高压并联电抗器隔声装置进一步降低噪声值。

（2）关键技术。技术参数要求：隔声罩采用自承重结构，螺栓安装，电抗器安装隔声罩后的声压级应不大于 52dB（A）。隔声罩的整体降噪量应不小于 23dB（A）。

关键设计重点围绕以下方面进行：

1）隔声罩结构设计。高性能隔声装置主要由隔声墙板、隔声顶板、隔声门和进排风消声器等声学构件构成。结构设计时需满足主体结构强度、安装拆卸方便和便于巡检等方面的要求。

2）隔声罩声学设计。高性能隔声装置结构中隔声墙板及隔声顶板在各声学构件中所占比例最大，其声学性能最为关键，针对特高压并联电抗器噪声的中低频特性，隔声侧板及顶板均采用多层隔吸声复合结构。

3）隔声罩密封设计。为进一步提升高性能隔声装置的声学性能，从隔声墙板连接方式、隔声门密封方式和间隙漏声处理方式等方面对高性能隔声装置的密封设计进行精细处理。

六、油箱结构及强度关键技术

特高压并联电抗器油箱主要的结构形式为桶式结构，个别有采用钟罩式结构。油箱要求承受 0.12MPa 正压和 13.3Pa 真空压力的机械强度试验，不得有损伤和不允许的永久变形。中性点电抗器油箱应能承受正压 0.1MPa 和真空 133Pa 的机械强度试验，不得有损伤和不允许的永久变形。对高压套管间接式出线结构的油箱及升高座支撑的机械强度需考虑长时间振动（机械疲劳）等因素的影响，同时需要满足相关耐地震要求和长期运行下机械强度要求。

西电西变、特变电工（沈变及衡变）、保变电气等厂家生产的特高压并联电抗器采用桶式结构油箱，其示意图如图 3-10 所示。桶式结构的箱盖和油箱箱沿焊死或用高强度螺栓紧固，形成全密封结构。油箱材料为高强度结构钢，机械强度高，结构紧凑。油箱为焊接钢板结构，不仅能承受真空和正压的要求，避免泄漏、永久变形和损坏，而且能保持长期全真空。箱盖用整块钢板制造，无拼接焊缝，机械强度高，箱壁用大张钢板拼焊，外部用数道槽形铁进行加强，不仅外形美观，而且机械强度大大加强。箱底用整块钢板制成，无拼接焊缝，在油箱内部、箱底设有槽形加强铁，在油箱内部箱底与箱壁间长轴方向上设有斜拉的加强板，整体机械强度提高。高压侧和中性点侧的箱壁上装有铜或磁屏蔽，减小漏磁通在油箱壁表面产生涡流损耗，防止局部过热。

山东电力设备生产的特高压并联电抗器采用钟罩式结构油箱，其结构示意图如图 3-11 所示。钟罩式结构器身连箱底，上节油箱可用起重机吊起，便于在现场对器身、引线等进行检修，在油箱冷却侧设置盘式油箱磁屏蔽，有效降低杂散损耗，避免结构件过热。在器身上面采用五处压紧及止退系统，能够很好地控制铁芯结构的机械振动。箱底定位钉采用螺纹圆钢的结构，对器身下部实现强力有效的固定；在油箱与侧梁中间加装侧定位，能够很好地预防器身在长途运输或长期运行过程中产生的位移现象。经仿真分析计算及试验证明，采用此种定位结构的电抗器能承受 $4g$ 及以下的冲击加速度，运行时更降低了铁芯系统的固有频率，避免产生共振，并且在器身与油箱之间设置了减小振动、阻尼振动传播的减振系统，在油箱与加强铁中填充阻尼物来阻尼振动和声波，保证了电抗器的小振动、低噪声性能。

图 3-10　桶式油箱三维结构示意图

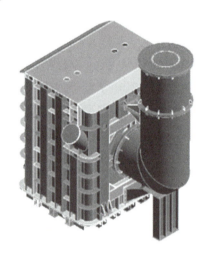

图 3-11　钟罩式油箱三维结构示意图

第三节　制 造 与 试 验

一、生产制造技术

1000kV 特高压并联电抗器的生产过程主要包括绝缘件制作、油箱制作、铁芯饼制作、铁芯制作、线圈绕制、器身制作、器身干燥及整理、总装配和出厂试验等工序。生产过程如图 3-12 所示。

同为大型绕组类设备，特高压并联电抗器大部分生产制造工艺与变压器制造工艺相类似，但因其自身结构（芯柱为铁芯饼气隙结构）及性能作用的特殊性，也有其自身特殊的工艺控制关键点，如铁芯饼制作、器身装配环节的铁芯饼叠装及芯柱压紧等重点工艺控制环节。

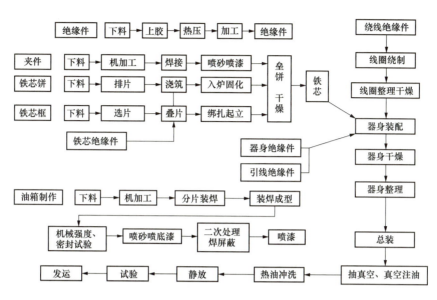

图 3-12　1000kV 特高压并联电抗器生产流程

1. 生产条件

（1）环境控制。

特高压并联电抗器电压等级高、绝缘结构复杂，各种杂质特别是金属、非金属微粒，以及水分是对绝缘系统的严重威胁，因此其生产制造需要在封闭厂房内进行。特别是与绝缘有关的绝缘件制造、线圈绕组绕制、器身制作、器身干燥及整理等与外部环境接触的关键工序需要在相对独立专用的净化车间进行生产。

在净化车间中，对人员和物料的进出都要严格控制；对车间内的积尘应当定期或及时清扫，并对降尘量定点定期测量，确保降尘量在控制范围内。根据不同的工序和组部件的特点，制造区域的降尘量、温度和湿度有所不同，表 3-5 列举了国内某特高压并联电抗器制造厂各生产区域具体环境要求。

表 3-5　　　　　　　某国内特高压电抗器制造厂各生产区域具体环境要求

序号	生产区域	降尘量标准	温度和湿度标准
1	绝缘件制造区域	≤20mg/（日・m²）	湿度≤70%、温度 8～32℃
2	铁芯制造区域	≤30mg/（日・m²）	湿度≤70%、温度 8～32℃
3	线圈绕制区域	≤15mg/（日・m²）	湿度≤70%、温度 8～32℃
4	线圈压套区域	≤15mg/（日・m²）	湿度≤70%、温度 8～32℃
5	引线制造区域	≤15mg/（日・m²）	湿度≤70%、温度 8～32℃
6	器身制造区域	≤20mg/（日・m²）	湿度≤70%、温度 8～32℃
7	总装配区域	≤20mg/（日・m²）	湿度≤70%、温度 8～32℃
8	注油处理区域	≤20mg/（日・m²）	湿度≤70%、温度 8～32℃

（2）工装设备。

特高压并联电抗器生产制造所需主要工装设备与特高压变压器基本一致。由于特高压并联电抗器的器身及铁芯质量较特高压变压器小，部分设备的要求低于变压器。特高压并联电抗器所使用的主要设备名称及参考型号见表3-6。

表3-6 主要工装设备表

序号	设备名称	型号规格（仅参考）
1	横剪线	TBA/M/E1000×5000
2	纵剪线	ZJX（10）–1250/120
3	绕线机	ϕ2500mmVW/D2000/25T
4	绕线机	ϕ3500mm LRJ–35/3500
5	铜焊机	10kVA TH1–10
6	吊架	75/20t–21.5；QD75/20–21.5
7	压床	3000kN
8	真空烘房	300kW
9	组装架	4100×1600；TZJ–1/3000
10	气垫车	LPT–500/4
11	叠装台（150t）	PFT150B
12	气相干燥设备	400kW
13	器身装配架	ZPJ1615–00
14	真空机组	VG9000
15	纸筒热粘机	ϕ700–3000/3500mm
16	静电环包扎机	ϕ2500

2. 关键制造工序质量控制

特高压并联电抗器制造工艺流程主要有绝缘件制作、油箱制作、铁芯饼制作、铁芯制作、线圈绕组制作、器身制作、器身干燥及整理、总装配等工序，下面对各个工序进行简要介绍。

（1）绝缘件加工。

绝缘件加工主要在绝缘车间进行，绝缘件的后期清洁工作和重要绝缘件（如静电板等）的制作则在1000kV净化间进行，见图3-13。相对于电抗器的其他工序，绝缘件的加工周期短，无需进行连续性加工，一般是根据电抗器的生产需要，提前1～2周进行相应的绝缘件制作。电抗器的生产制作过程中，需要的绝缘件种类较多，其中在绝缘车间加工的主要包括绕线绝缘件、铁芯绝缘件和总装绝缘件。这些绝缘件主要是垫块、撑条、油道、纸筒、静电板、压板、铁轭绝缘和接地屏，部分绝缘垫块、绝缘螺栓、1000kV出线绝缘件、成型角环等其他绝缘件需制造厂外购。绝缘件的尺寸、倒角情况、外观、绝缘件存放及运输情况均需符合工艺要求。

图 3-13　静电板制作

（2）油箱制作。

油箱的主要材料为高强度优质钢板，制作的主要工序包括投产下料，钢板平直校正和喷砂除锈，箱壁和箱底的拼装焊接，全部焊装完成后进行试漏和机械强度试验，然后对油箱和散热器及连管等进行适配，随后进行油箱整体密封试验，之后喷砂喷第一次底漆，然后焊接内部加强铁及二次处理，完成后进行油箱内部清理并安装铜屏蔽，随后再次喷漆。完成喷漆后的油箱运送至装配车间前，其内部还要经过一次彻底的清理，以避免污染器身。

在油箱焊接过程中，焊料应饱满均匀，焊缝高度应符合要求。应采用 X 射线探伤、超声探伤和着色探伤等多种手段检测焊缝质量。油箱装焊成型后，各项尺寸应符合设计要求，见图 3-14。油箱密封面的光洁度应符合要求，密封面应平整，无焊点和漆膜。在油箱的机械强度试验过程中，在规定的真空和压力下，油箱变形量应符合技术要求，且焊缝无开裂和渗漏现象。在油箱喷漆过程中，底漆和面漆的喷涂应符合工艺要求，漆膜厚度和色标应符合工艺要求。图 3-15 为加工完成的油箱。

图 3-14　油箱组焊成型

图 3-15　加工完成的油箱

（3）铁芯制作。

1）铁芯饼制作。

铁芯饼是并联电抗器的核心部件，由辐射状叠片和气隙垫块两部分浇注而成。在工作时，铁芯饼承受着磁、热、力三方面的同时作用，因此需要具备高导磁、耐高温和较高的机械强度。特高压并联电抗器用铁芯饼尺寸更大，浇注工艺更复杂。铁芯柱及气隙尺寸对电抗器的电抗值有明显影响。

在制造铁芯饼的过程中，需要对硅钢片横剪尺寸偏差、叠片接缝间隙尺寸等进行精确控制。铁芯排片在专用模具上进行，以确保辐射状铁芯饼排片精确紧密。采用质量对比系数的补偿法来保证排片的一致性，解决铁芯截面积的一致性问题。叠片完成后，圆周侧使用半干玻璃带缠绕均匀紧密。之后，铁芯饼需浇注环氧树脂真空浇注高温固化。浇注过程中严格控制胶水配比、浇注温度、真空度及时间等参数来保证铁芯饼浇注质量。浇注成形且冷却后的铁芯饼需利用研磨设备进行研磨，以保证铁芯饼的高度及平整度满足质量要求。此外，铁芯饼表面粘接有高导磁气隙垫块，其排布、高度、用胶量等都需要严格控制。图3-16为电抗器铁芯饼真空压力浇注设备。图3-17为加工完成的铁芯饼。

图3-16 电抗器铁芯饼真空压力浇注设备

图3-17 加工完成的铁芯饼

2）铁芯叠装。

铁芯叠装区采用中央空调系统等手段实现恒温恒湿，避免铁芯生锈。铁芯片使用乔格线进行步进裁剪，毛刺控制在0.015mm以下。铁芯结构件各棱边均以机加工的方式做圆角处理，无锐角和毛刺。

与特高压变压器铁芯叠装工艺类似，铁芯片裁剪完毕后在叠装台上进行叠装，叠积时单片上料一层一叠、逐片擦拭，叠装过程需进行对齐、绝缘测量、厚度测量，铁芯各柱夹紧后采用聚酯带绑扎，铁轭夹紧后用力矩扳手紧固，叠装完毕后使用翻转台进行起立。图 3-18 为辐射式电抗器铁芯剪切线。图 3-19 为铁芯叠片。图 3-20 为铁芯叠装完工图。

图 3-18　辐射式电抗器铁芯剪切线

图 3-19　铁芯叠片

图 3-20　铁芯叠装完工图

（4）线圈制作。

特高压并联电抗器由一个或两个线圈组成，线圈的主要材料为电磁线，绕制方法包括连续式、内屏连续式、纠结式、插花纠结式、螺旋式等。线圈绕制和套装前的工艺流程为：准备角环及垫块、纸筒→导线尺寸测量→确定绕线模及绕线机→套绝缘纸筒→等分撑条并用水平激光仪校准→粘撑条→绕线，焊纠→引线出头去漆、包扎→检查垫块→下线圈→压装干燥→调整高度→线圈套装。

线圈绕制开工前，需用吸尘器和磁力清理机对操作区域进行清理。线圈绕制过程中，线圈绕制紧实度、线圈幅向厚度等符合工艺要求；导线使用专用工具揻弯，揻弯处必须补包绝缘到规定的厚度；导线焊接后，导线焊头处光滑无毛刺，处理时遮盖线圈，之后使用吸尘器吸净现场金属粉尘，锉、砂导线接头后，必须先净手再包扎绝缘，之后补包绝缘至规定厚度；导线换位不得出现剪刀口。图 3-21 为线圈绕制完工检查。图 3-22 为线圈干燥。

图 3-21　线圈绕制完工检查

图 3-22　线圈干燥

线圈绕制完成后，需进行压装干燥并调整高度，才能进行套装工作。在常温下，对线圈施加预压阶段压力，并在带压状态下测量线圈导线是否短路、断路。如无异常，多点测量线圈高度并记录。然后将预压好的线圈送入干燥罐内进行恒压干燥。完成干燥的线圈移出干燥炉后，在保持稳定压力的状态下测量线圈的实际高度并调整至设计高度工艺要求的范围内。检查线圈绝缘是否完整，垫块是否有压坏，导线绝缘有无破损等。同时应调整齐轴向油道垫块，布置好线圈外撑条。使用万用表或指示灯检测导线是否连续。最后补包各线圈出头的屏蔽及绝缘。

（5）器身装配及干燥。

器身装配及器身干燥是保证铁芯充分压紧、绕组主绝缘可靠、降低电抗器振动的核心工序，包括铁芯柱装配、绕组套装、器身绝缘装配、引线装配、器身干燥及器身整理（器身压紧）等。其中器身压紧对于并联电抗器的电抗值、器身机械结构、控制振动等发挥着重要作用。特高压并联电抗器与特高压变压器不同之处主要在于铁芯柱装配及整体器身压紧。

1）器身装配。

器身装配的主要工艺流程为：准备工作→铁芯柱装配→芯柱地屏及围屏安装→线圈套装→上夹件安装→器身防护→上铁轭及短板安装→备料配线、机包引线→器身防护→支架安装→引线布置及连接→预装适配→引线和支架调整处理→引线屏蔽及绝缘包扎→支持及包附加绝缘→吸尘器清洁处理→检查。

a）铁芯柱装配及压紧。

与变压器铁芯不同，特高压并联电抗器的芯柱是由带有气隙的铁芯饼叠装而成，是控制器身装配工艺的核心环节。铁芯柱装配时，主要需要控制整体叠装后的高度、铁芯饼之间的同心度、芯柱的偏差及整体的拉紧程度。

因铁芯柱较高（一般超过 3m），一般采用分段叠装的方式，叠装时用专用工装定位进行粘接固化。叠装前保证底面在任意方向的水平度误差满足要求，每个铁芯饼粘接前必须用干净的白布对其表面擦拭干净，落放铁芯饼时，采用辅助工装或工艺检测保证芯柱中心线与下铁轭中心线重合，叠放时铁芯饼的垫块必须对正，铁芯柱外圆对齐，叠装后仔细检查每个垫块上是否有胶溢出，以确保粘结可靠。

铁芯饼叠装完成后，需进行整体压紧，以保证铁芯的整体高度及紧实度。首先安装压盘、芯柱拉螺杆定位装置，循环紧固专用套筒和力矩扳手，然后安装压桶、液压空心千斤顶，施加设计要求的压力进行压紧，铁芯柱压紧后测量并记录铁芯柱高度。图 3-23 为铁芯饼装配图。

图 3-23　铁芯饼装配图

b）器身装配。

在器身装配前，应按照程序将铁芯放置在已调整好的水平基础上，并保证芯柱的垂直度符合要求。结构支撑面的水平度应控制在工艺要求的范围内。全面清洁铁芯后，按照图纸安装下部铁轭的绝缘。绕组套装前，应经过恒温干燥并确认线圈没有可见的绝缘机械损伤。

线圈套装时，应通过基准准确对位，避免与芯柱磕碰，并保证紧实度符合工艺要求。绕组套装完成后，接着进行上压板的安装工作，并放置相间绝缘隔板。重新检查端部垫块和出头对齐情况，确认绕组出线头位置符合图纸要求。

在完成上铁轭两旁短板安装前，应对压板的所有孔和器身做防尘防护，并用 500V 绝缘电阻表测量确认芯柱油道间、铁芯夹件间绝缘无导通。插入短片时，应确保短片接缝、铁轭面的平整度符合相应的工艺要求。上夹件安装前，需确认已处理完所有要除锈除漆的孔。安装后，需对夹件、螺栓等进行连接测试，确认夹件与螺丝之间是等电位的，没有悬浮电位，则测试结果通过。

引线装配前应进行半成品试验，测量电抗器线圈绕组上部、下部的直流电阻和电抗值是否满足设计要求。引线装配时，按照图纸要求安装绝缘支撑件，固定支架无变形和损伤，引线支架安装需横平竖直。引线布置时，如有绝缘破损的地方需进行修复，引线的连接一般采取冷压接方式。冷压接处的尖角和毛刺应用锉刀和砂纸处理平滑，外包绝缘的方式和厚度应符合设计要求。

2）器身干燥及整理。

器身装配完成后应进行器身干燥。器身干燥的主要目的是除去器身内的水分，以保证器身整体绝缘性能。通过微机控制系统控制该过程，在干燥过程中对器身铁芯、绕组、夹件温度等进行实时监控。器身干燥过程中，温度、真空度和出水率等参数应符合工艺要求。

由于各制造厂工艺的差异，器身干燥完成后，可立即进行器身整理，然后进行表面干燥以去除表面吸潮，也可以先进行器身浸油，再进行器身整理。但是，在器身总装配前必须完成器身整理。

器身整理阶段，需再次对器身整体进行压紧，铁芯柱压紧采用多点均匀压紧系统，压紧系统包含上压梁、下横梁、拉螺杆、碟簧及其压杯和压钉、压紧盘、压紧螺母、锁紧螺母等。采用专用液压装置和工具进行压紧，同时对铁芯柱、绕组高度进行调节，确保器身压紧力和窗高满足要求，再将压紧螺母固定到位，并用锁紧螺母锁紧防松。器身整理完成后，重新检测绝缘电阻，对器身外观进行检查，需符合工艺要求。图3-24为测量线圈柱高度。图3-25为工装压梁压紧过程。图3-26为碟簧压紧过程。

图 3-24　测量线圈柱高度

图 3-25　工装压梁压紧过程　　　　图 3-26　碟簧压紧过程

（6）总装配及后续工序处理。

总装配及后续工序处理主要包括高压升高座及套管等组部件安装、真空注油及热油循环、静放。

1）组部件安装。

器身整理后，进行器身下箱的总装配，主要安装高压升高座和套管等部件。将高压引线穿入高压出线装置的均压铜管内，起吊高压升高座并调整角度，高压升高座法兰盘靠近箱壁时将引线与器身高压中部接线端子连接好，并包好绝缘，从人孔进入，观察引线连接是否良好，然后紧固高压升高座法兰盘与箱壁螺栓。图 3-27 为高压出线安装。

图 3-27　高压出线安装

高压套管安装时使用专用吊具，利用两部行车将套管由水平翻转至竖直状态，提前在高压套管尾部长度插入深度处做标记，将引线与套管尾部接线端子连接，套管下落后，进入人孔检查套管尾部和均压球的位置是否符合要求。图 3-28 为高压套管安装。图 3-29 为散热器安装。

图 3-28　高压套管安装

图 3-29　散热器安装

2）真空注油及热油循环。

完成总装配后，电抗器内部需注入绝缘油保证绝缘性能，注油前需进行抽真空处理，排除水分及空气。与特高压变压器相比，特高压并联电抗器绝缘件的数量相对较少，总共需要抽真空和保持真空 3～4 天。

抽真空达到工艺要求后开始真空注油，即在维持真空的情况下，注入符合要求的合格变压器油。注油速度一般不大于 6000L/h，油温一般为（65±5）℃。

真空注油结束后开始热油循环，特高压电抗器的热油循环一般为 3 天左右，循环过程中油温一般需达到（60±5）℃，循环结束的条件是油击穿电压、含水量、介损、含气量、颗粒度等指标达到标准要求。

3）静放。

为了保证绝缘油能够充分浸透绝缘材料，排除可能存在的小气泡，为后续试验提供良好条件，特高压并联电抗器在总装和油处理后需进行静放。静放时间一般为 10 天，静放期间需进行高点放气，同时可进行低压试验项目的工作。

二、试验

特高压并联电抗器由于其自身容量大、电压等级高，相较于常规的超高压并联电抗器，其试验设备的要求比较高。除了要有高电压大容量试验变压器外，还需要大容量补偿电容塔、良好的试验环境等条件。

1. 出厂试验项目

特高压并联电抗器的出厂试验包括例行试验、型式试验和特殊试验，其主要依据 GB/T 1094.2《电力变压器　第 2 部分：油浸式变压器的温升》、GB/T 1094.3《电力变压器　第 3 部分：绝缘水平、绝缘试验和外绝缘空气间隙》、GB/T 1094.4《电力变压器　第 4 部分：电力变压器和电抗器的雷电冲击和操作冲击试验导则》、GB/T 1094.6《电力变压器　第 6 部分：电抗器》、GB/T 24844《1000kV 交流系统用油浸式并联电抗器技术规范》等标准的规定进行。特高压并联电抗器的试验项目见表 3-7。

表 3-7　　　　　　　　　　　特高压并联电抗器试验项目

序号	试验项目	型式试验	例行试验	特殊试验
1	绕组直流电阻测量		√	
2	电抗测量		√	
3	损耗测量		√	
4	绕组对地绝缘电阻、吸收比和极化指数测量		√	
5	铁芯、夹件绝缘电阻测量		√	
6	辅助接线绝缘试验		√	
7	绕组对地的电容及介质损耗因数（$\tan\delta$）测量		√	
8	首端操作冲击试验		√	
9	首端雷电全波冲击试验		√	
10	末端外施耐压试验同时局部放电测量		√	
11	长时感应电压试验（ACLD）	√	√	
12	油箱密封试验		√	
13	绝缘油试验		√	
14	绝缘油中溶解气体分析		√	
15	套管介质损耗因数及电容量的测量		√	
16	套管式电流互感器试验		√	
17	安全保护、监测、冷却装置的试验，包括：①气体继电器试验；②测温装置试验；③冷却装置试验；④压力释放装置试验		√	

序号	试验项目	型式试验	例行试验	特殊试验
18	声级测量		√	
19	振动测量		√	
20	1.05 倍过电流试验（不做温升试验时进行）		√	
21	首端雷电截波冲击试验	√		
22	末端雷电全波冲击试验	√		
23	油箱机械强度试验	√		
24	末端雷电截波冲击试验	√		
25	磁化特性测量	√		
26	电流的谐波测量	√		
27	温升试验	√		
28	风扇电机所吸取功率的测量	√		
29	可见电晕和无线电干扰水平的测量			√

2．1700kV 试验变压器研制

与特高压变压器不同的是，特高压并联电抗器只有一个线圈组，所以它的关键试验项目，如长时感应电压试验、励磁特性测量、损耗测量、温升试验等，不能用低压侧加压感应的方法来使高压侧达到所需电压，只能用外加电压来进行。此外，大容量并联电抗器还需要较大的试验设备容量。特高压并联电抗器试验中通常采用的中间变压器容量也较小，期间多数在中间变压器高压侧进行电容补偿。而被试电抗器电压越高、容量越大，将导致补偿电容器（塔）尺寸庞大，不利于局部放电测量的灵敏度，同时也会造成较大的背景干扰。因此，有必要研制更高电压等级的大容量试验变压器及配套的补偿电容器（塔）。

西电西变和特变电工衡变分别研制成功 1700kV/610MVA 和 1700kV/630MVA 无局部放电的试验变压器。随后，国内其他主要变压器厂如山东电力设备、保变电气、特变电工沈变等，也逐步研制成功高电压等级、大容量的试验变压器，保证了特高压并联电抗器出厂试验的顺利进行。试验变压器的外形图如图 3-30 所示。

通过研制 1700kV 的大容量试验变压器，一方面解决了工频和励磁特性试验所需的容量和施加的高电压问题；另一方面，避免了使用高压电容器（塔）的补偿方式，改善了高压电晕在局部放电测量过程中造成的背景干扰问题，提高了检测的灵敏度。

3．出厂试验关键技术

特高压并联电抗器的试验项目中，除因其自身特性需要进行振动和声级测量，以及长时感应电压试验和励磁特性测量等难度较高之外，其他试验项目多数与特高压变压器的相似，其试验的关键技术可借鉴变压器，如局部放电测量时外界干扰的排除，雷电冲击试验标准波形的调试等。以下重点介绍励磁特性、损耗及阻抗测量、长时感应电压试验、振动和声级测量试验。

（a）　　　　　　　　　　　　　　　　（b）

图 3-30　1700kV 试验变压器

（a）ODSP-610000/1700（西电西变）；（b）DFP-630000/1700（衡变）

（1）励磁特性测量。

励磁特性测量试验中关键在于选择合理的试验设备和最佳补偿容量。对于特高压并联电抗器，此项试验所需的电压非常高，达到其额定电压的 1.4 倍。通过采用高电压、大容量的 1700kV 变压器直接加压，在其低压侧采用合理的接线方式，使电压达到试验要求。

进行 1.4 倍励磁特性试验时，需要较大的补偿容量，因此试验之前要准确核算所需的补偿容量。试验电压需达到 1.4 倍额定电压，如何测量该电压是一个必须解决的问题。试验时，借助试验变压器高压套管末屏测量端子外接一电容与套管主电容构成分压器，并通过在较低电压下校准，从而实现电压的测量。

此外，对于特高压并联电抗器的励磁特性，要求在 0%～140%额定电压时，伏安特性为线性。当电抗器由正弦波电压励磁时，140%额定电压下电抗器的相电流与 140%的额定电流相差应不超过 3%。在磁化特性曲线上，对应于 1.4 倍和 1.7 倍额定电压的连线平均斜率不得小于非饱和区域磁化曲线斜率的 50%。磁路完全饱和时，电抗器的最终饱和电感值不应小于额定电压下电感值的 40%。

（2）损耗及阻抗测量。

与励磁特性试验相似，对于特高压并联电抗器而言，其功率因数更低，如 320Mvar 的电抗器功率因数大约为 0.0018。由于功率因数极低，损耗的准确测量十分困难。为确保测量的精度，必须使用满足试验要求的高精度电容分压器和电流互感器，并且采用专用电桥进行测量。

特高压并联电抗器出厂试验中，阻抗测量除测量额定频率电压下的阻抗外，还要求在低电压（如 10%～50%额定电压等）下测量阻抗，为现场相关试验结果提供对比和参考依据。

（3）长时感应电压试验。

特高压并联电抗器长时感应电压试验与变压器试验相类似，需考虑试验用均压环合理设计、试验电源和中间变压器的局部放电量控制、环境控制、电晕处理等方面问题，其试验程序类似变压器。需注意，型式试验时 1100kV 持续 5min，例行试验时 1100kV 持续时间可按试验电压频率进行折算（但不少于 30s）。

不同于变压器的感应加压，特高压并联电抗器的电压是由大容量高电压等级试验变压器施加，需要升至 1100kV 的高电压。本试验与变压器类似试验的不同之处在于：控制试验变压器电源侧的试验环境、试验变压器高压侧与电抗器高压连线（需承受 1100kV 电压不起晕），以及如何获得 1100kV 高电压。图 3-31 为特高压并联电抗器局部放电试验（含 1700kV 试验变压器及高压连线）。

（4）振动和声级测量。

与特高压变压器相比，特高压并联电抗器铁芯有气隙，漏磁更加严重，因此其每台均需单独开展振动和声级试验，确认设计及工艺制造满足要求。

图 3-31 特高压并联电抗器局部放电试验
（含 1700kV 试验变压器及高压连线）

在最高工作电压运行时，油箱的机械振动幅度应符合表 3-8 的规定。

表 3-8　　　　　　　　　　　　　电抗器油箱振动水平　　　　　　　　　　　　　　μm

部位	油箱壁		底部
	平均值	最大值	
振幅（峰值—峰值）	≤50	≤90	≤20

电抗器声级水平在额定电压、额定频率时不应大于 75dB（A）。如果超过 75dB（A），可与用户协商采取隔音措施，隔音装置需具备足够的降噪能力，效果至少降低 23dB（A）。

第四节　运　输　与　安　装

一、大件运输

特高压并联电抗器在厂内生产完成及出厂试验通过后，需先排油，再拆除升高座、套管、散热器等外部组部件，然后装车，运输至变电站。相比于特高压变压器，特高压并联电抗器的运输尺寸和质量都较小，因此运输方式相对灵活。

电抗器本体发运前需将油箱中的油排放干净，并在油箱内注入干燥空气或氮气（露点小于–40℃）。在整个运输过程中，要对油箱内的干燥空气或氮气压力进行监视，并配有自动补气装置，保证油箱内压力在 10k～30kPa 范围内。

1. 主要技术要求

根据特高压并联电抗器的设计及制造特点，电抗器运输过程中有严格的安全控制标准，其相关要求具体如表 3-9 所示。

表 3-9 运 输 要 求

序号	内容	要求
1	防冲击	三维冲击记录值应小于 3g
2	防泄漏	设备内充气压力应不小于 0.01MPa
3	防倾斜	倾斜角度不大于 15°
4	防触电	通过高压线路下方时应有相应安全距离
5	专项要求	设备厂或工程建设单位提出的其他运输注意事项
6	影响运输的主要参数	单件设备的运输尺寸（长、宽、高）和运输质量；设备托架的支点距；设备在纵向、横向的重心位置；设备顶升点、顶推点、拉拽点、起吊点、承载肩座、绑扎点的位置

2. 主要运输方式

特高压并联电抗器具有超长、超高、超宽和集重等特征，适合于特高压并联电抗器大件设备的运输方式主要有四种，即铁路运输、公路运输、水路运输及多式联运。四种运输方式各有特点，选择何种运输方式必须综合考虑大件货物的尺寸、质量、地区路网条件、装卸条件、运输时的水文气象条件及运输成本、运输时间等因素灵活选择。

（1）铁路运输。铁路运输方式具有全天候运行、连续性强、能耗低、速度快、运输能力强、安全可靠性高等优点，对环境的污染较小，电气化应用程度高，受自然条件的影响较小。资金和成本的占比最低，运输周转量最大。单位投入和土地占用最少，而单位产出最多（铁路是公路的 7～8 倍）。

（2）公路运输。公路运输方式的优点是机动灵活，公路运输可直接将设备利用公路运输线路网络运至现场，避免了其他运输方式的一次或多次倒运环节。

（3）水路运输。目的地附近有航道、码头时，水路运输是最经济的大件运输方式。水运基本不受陆地运输的限界条件制约，排障费用低，而且水运的船型选择相对灵活，进出口的大件设备主要采用水路运输。

（4）多式联运。特高压并联电抗器大件的运输方式可以是上述三种运输方式的两种或多种的组合，形成重大件的联合运输。联合运输方式集水路、公路、铁路运输的优点于一身，能够适应不同地域，构建综合运输体系。但这种方式也要考虑如何处理衔接换装地点和换装能力的问题，换装点越多，就会耗费更多的人力、物力，导致换装成本增加。

图 3-32～图 3-34 为特高压并联电抗器采用不同运输方式的场景。

图 3-32 特高压并联电抗器公路运输图

图 3-33 桥式车组运输特高压并联电抗器   图 3-34 铁路落下孔车辆运输特高压并联电抗器

二、现场安装

现场安装的主要流程为：本体及组部件验收→本体就位→进箱检查→升高座及套管等组部件安装→真空注油→热油循环→静放。

1. 本体及组部件验收

（1）本体验收。

本体运输结束后，检查运输本体在运输车上的位置是否有位移，固定钢丝是否有断裂，检查本体外观是否有机械损伤或渗漏油情况，冲撞记录仪记录的冲撞情况及气体压力情况。核查本体在出厂后是否受潮，产品未受潮的初步标志为：

1）常温下本体压力不小于 10kPa；绝缘电阻不小于 500MΩ。

2）箱内气体露点不大于–40℃或从本体取残油油样化验，符合以下规定：①耐压不小于45kV；②含水量不大于20mg/L。

如上述1）、2）两条中有一条不符，需进一步试验判断产品是否受潮。

（2）套管验收。

套管到达现场，外包装应完好、无破损，包装箱上部无承载重物情况，包装箱底部无漏油痕迹。检查冲撞记录仪，无超规定的冲撞情况。套管开箱后应逐层进行检查。套管包装的内部定位应完好，无破损、位移及悬空；防护加垫完好、无脱落；套管的面无磕碰及划伤，油中部分清洁；均压球应清洁、光滑无碰伤，安装位置正确，无偏移。

套管的起吊应严格按照套管的使用指导书进行操作。垂直起立后油压表的压力应在正常范围内。起立后套管密封连接部位无异常，无渗油问题。套管立起后，放置在专用套管立放架上，套管立放架底部要牢固固定于地面（可采取焊接方式），确保立放架放置平稳。

套管末屏应接地良好。测试前后应反复检测末屏是否接地良好，确保其接地无误。

（3）1000kV出线装置验收。

1000kV出线装置无移位和倾斜，升高座表面无磕碰及划伤，运输中冲撞记录仪记录数值不超过3g，升高座各处的密封完好，无渗漏油。此外，建议增加检测项，判断核查出线装置在出厂后是否受潮，增加检测项目为：

1）常温下压力不小于10kPa；绝缘电阻不小于500MΩ。

2）箱内气体露点不大于–40℃或从出线装置取残油油样化验，符合以下规定：①耐压不小于45kV；②含水量不大于20mg/L。

如上述1）、2）两条中有一条不符，需进一步试验判断产品是否受潮。

（4）绝缘油验收。

绝缘油到现场后按GB 2536《电工流体　变压器和开关用的未使用过的矿物绝缘油》规定抽样验收。经处理后投运前的绝缘油满足表3-10的要求（详见GB/T 50832《1000kV系统电气装置安装工程电气设备交接试验标准》和GB 50835《1000kV电力变压器、油浸电抗器、互感器施工及验收规范》），同时可参考DL/T 722《变压器油中溶解气体分析和判断导则》关于故障特征气体含量的要求。

表3-10　　　　　　　　　　投运前的变压器油指标

序号	内容	指标
1	击穿电压（kV）	≥70
2	介质损耗因数 tanδ（90℃）（%）	≤0.5
3	油中含水量（mg/L）	≤8
4	油中含气量（体积分数）（%）	≤0.8

续表

序号	内容		指标
5	油中颗粒度限值		油中 5～100μm 的颗粒不多于 1000 个/100mL，不允许有大于 100μm 的颗粒
6	油中溶解气体含量色谱分析（μL/L）	氢气	≤10
		乙炔	油中无溶解乙炔气体
		总烃	≤20

注 其他性能应符合 GB/T 7595《运行中变压器油质量》的规定。

（5）附件验收。

散热器、储油柜、升高座及联管、端子箱等其余电抗器组部件运到现场后，主要对外观及内侧清洁度进行检查。

1）升高座验收。升高座外包装应完好无损，表面无碰伤和划伤。带油运输的升高座应不漏油。CT 端子板密封应完好，没有裂纹。CT 紧固牢靠，核对 CT 参数和对应套管位置与铭牌是否一致。

2）储油柜验收。储油柜外包装应完好无损，表面光洁平整。储油柜内应干净整洁，各处密封性能良好。储油柜胶囊应无破损。油位指示计应指示准确、灵敏，与储油柜的真实油位一致，各接点动作正常。各呼吸口应通气顺畅。各控制阀门应开关灵活，密封性能良好。

3）片式散热器的验收。片式散热器外包装应完好无损，表面光洁平整，不得有碰伤及划伤。片式散热器应保持原形，不得有碰伤变形，内部应清洁干净，不得有杂质和异物。

4）控制箱、端子箱及汇控柜的验收。控制箱、端子箱及汇控柜外包装应完好无损，箱体完整、无变形；箱体密封应保持良好，箱内各端子和元件固定应牢固可靠，不得有损坏。

5）其他。所有密封法兰应表面平整、光滑，无变形和贯通性沟痕。密封垫应完好无损，无扭曲、变形、裂纹和毛刺。所有附件内外部油漆应均匀一致，无起层脱落现象。所有联管内部应干净整洁。各附件，如温度计、油位表、气体继电器、压力释放阀、压力突发继电器等，应按照使用说明书进行检验，并确保其功能正常。

2. 本体就位

本体起吊时应按照电抗器总装配图的要求，应同时使用所有的本体吊拌，吊绳与垂线的夹角不得大于30°，各吊绳应满足受力要求，所有吊绳长度应相等且受力均匀。本体起吊时应保持平稳，不得倾斜超过10°。

支撑起电抗器本体时，必须使用所有千斤顶支架，各千斤顶底板要保持平衡，千斤顶的升降要协调一致，速度要适中，并及时垫好垫板。不得顶箱沿、箱壁等部位，以免引起油箱变形。

电抗器运至现场前检查地基是否符合产品外形图纸要求，电抗器就位时，按产品外形图纸油箱中心线和器身中心线定位。

3. 进箱检查

（1）内检前工作。

进行内检前，对于采用充气运输或临时短期充气存放的产品，先判断存放过程中产品是否受潮，再根据情况进行排气。对于注油存放的产品，应按照规定开展试验，判断存放中器身是否受潮，所测数据与存放时数据相比应无明显差异。

（2）进入油箱内部检查。

进入油箱检查时要内外结合，并记录检查结果。检查器身时，应在天气良好的情况下进行，雨、雪、雾、风（4 级以上）天气和相对湿度 75%以上的天气应避免进行内检和安装。在内检过程中必须向箱体内持续补充干燥空气（露点低于−45℃），补充干燥空气速率须满足油箱内保持微正压，直至检完封盖为止。吹入流量可以维持在 0.2m³/min 左右，保持内部含氧量不低于 18%，油箱内空气的相对湿度不大于 20%。器身暴露在空气中的时间要尽量缩短，干燥天气（空气相对湿度 65%以下）允许暴露的最长时间一般不大于 10h，潮湿天气（空气相对湿度 65%～75%）一般不大于 8h。

进入油箱的人员应穿戴专用服装，不随身携带可能掉落的物品，所用工具均系白布带，并应办理登记、注销手续；内检人员必须事先仔细阅读相关说明书，明确内检的内容、要求及注意事项。

检查器身时，重点检查可见连接处的紧固件是否松动，检查围屏及器身外的绝缘，应无明显的位移，绑带也无松动；检查可见引线的绝缘是否良好，支撑、夹紧是否牢固，引线的连接是否良好，如有移位、倾斜、松散等情况，应复位固定、重新包扎；检查铁芯与夹件间的绝缘是否良好（可用 2500V 绝缘电阻表检查），记录绝缘值。油箱内的一切异物（包括非金属异物）都应彻底清除；内检过程中人孔处要有防尘措施，并应有专人守候，以便与内检人员进行联系；检查完毕，内检人员将箱底的所有杂物清理干净，并严防工具遗留在油箱内。内检人员出油箱后，封好油箱上的人孔盖板。

4. 总体安装

特高压并联电抗器的附件，如套管、散热器、升高座、联管、储油柜等，在现场需要重新装配，可与本体内检时同步进行，所有组件的安装应在制造厂服务人员指导下进行，并严格注意操作安全。安装过程中应持续充入干燥空气，且每次仅允许打开一个盖板。如果一天（一般不大于 8h）内组件的安装和内部引线的连接工作不能完成，需封好各盖板后充入干燥空气至箱顶压力达到 20～30kPa 或抽真空保持，次日泄压后再继续安装。

所有密封位置和密封垫应保持光滑、清洁，没有锈迹、油污、杂质等。现场需更换所有的密封垫。

（1）散热器及联管等冷却系统安装。

安装过程中本体保持充气状态，待安装完成和本体连接时打开蝶阀。

1）按冷却装置图安装系统联管及支架，并与现场基础固定牢固。

2）检查片式散热器内部压力是否为正压状态，打开冷却装置管路上的运输用盖板。检查管路和片式散热器的内部，确信无锈蚀及杂物后方能进行下一步的安装。

3）当发现内部有杂物时，起吊片式散热器，使之处于直立状态，在此状态下用干净的绝缘油冲洗内部，再与导油管路进行装配。

（2）1000kV 出线装置安装。

起吊高压升高座，调整角度。将法兰盘与箱壁保持约 500mm 的距离，然后将引线与器身高压中部接线端子连接好，并用耐热皱纹纸包裹绝缘。从人孔进入后观察引线连接是否良好，是否与图纸相符，保证出线装置与器身对应的角环配合良好，最后紧固高压升高座法兰盘和箱壁螺栓。高压升高座安装示意图如图 3-35 所示。

图 3-35　高压升高座安装示意图

高压升高座底部和基础之间还需安装垂直支撑，并调节斜支撑和升高座之间的距离并紧固固定螺栓。安装上部和油箱之间的连杆，以防止变形。

（3）1000kV 套管安装及接线。

高压套管安装需使用专用工装。在安装前支撑固定好出线装置，清洁周边部位后，打开高压升高座上部的盖板及侧面的手孔盖板，安装好套管法兰处的密封垫，将套管吊至高压出线装置及升高座的正上方，调整套管方向使油位表朝向变压器外侧。图 3-36 为高压套管引线连接示意图。

下落时注意观察套管及其引线与出线装置的配合情况，避免损坏，检查套管尾端金属部分进入均压球的长度是否符合图纸要求，套管接线端子与引线端子紧固时，必须紧固到位。高压等位线连接、高压引线的连接线必须与高压出线装置上的均压球用螺杆可靠连接紧固。套管尾部和均压球位置示意图见图 3-37。

图 3-36　高压套管引线连接示意图

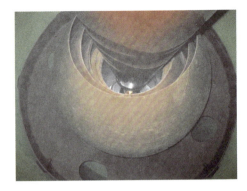

图 3-37　套管尾部和均压球位置示意图

（4）安装后的绝缘测试。

总体复装后测量铁芯对地、夹件对地、铁芯和夹件之间的绝缘，并与内检前的数据进行对比，如有明显差异需及时分析处理。

5. 真空注油、热油循环、静放

组部件复装完毕后及交接试验前需对电抗器开展真空注油、热油循环、静放等工艺处理。

（1）准备工作。

将电抗器油经真空滤油机进行脱水、脱气和过滤处理，油品需符合下述要求：

1）耐压：≥70kV；

2）含水量：≤8mg/kg；

3）含气量：≤0.5%；

4）tanδ（90℃）：≤0.5%；

5）颗粒度：≤1000 个/100mL（5～100μm，无 100μm 以上颗粒）；

6）色谱：无乙炔。

连接注油管路时，应注意管路不得使用橡胶管，并用热油冲洗，以保证内部清洁。检查所有密封部位的螺栓紧固情况，确保不得有松动现象。关闭油箱与气体继电器及储油柜间的蝶阀，气体继电器暂时不安装，两端应用盖板密封。打开其所有组部件与电抗器本体的连接阀门，以确保正常运行。

（2）真空注油。

抽真空及注油应在无雨、无雪、无雾，相对湿度不大于 75% 的天气进行。

真空注油前，应对绝缘油进行脱气和过滤处理，确保达到投运前的绝缘油指标要求值后方可注入电抗器中。真空注油前，设备各接地点及连接管道应可靠接地。启动真空泵对本体进行抽真空，抽真空到 100Pa，进行泄漏率测试。泄漏率测试合格后，继续抽真空至 30Pa 以下，计时维持 72h。确认本体真空度达到要求后进行注油，注油速度一般为 3～5t/h，注油温度宜控制在 55～75℃。

（3）电抗器密封试验。

从本体储油柜呼吸口充入 0.03MPa 的干燥空气，并维持 24h，检查油箱各密封处是否有渗油。在进行密封试验前，应采取措施锁定压力释放阀。密封试验合格后要先泄压，再安装呼吸器。要检查并调整油位与当前油温是否匹配。最后拆除压力释放阀的闭锁装置。

（4）热油循环。

注油完毕后，对电抗器进行热油循环，消除安装过程中器身绝缘表面的受潮。滤油机出口油温一般控制在（65±5）℃范围内，采用上进下出的方式循环，进口和出口应对角布置，出口油温保持（55±5）℃，循环时间应不少于 96h，总循环油量一般不低于油量的 3～4 倍，油速一般为 6～8t/h。

除循环时间必须符合要求之外，热油循环结束时还应满足油品达到规定的标准，如果油品不达标需继续热油循环，直到油品符合相关要求。

（5）补油及静放。

热油循环结束后，检查并调整油位以和当前油温相对应。关闭所有注放油阀门，进行产品的静放，静放时间必须达到 168h。产品静放期间每间隔 24h，利用电抗器所有组件、附件及管路的所有放气塞放气，一旦见有油溢出立即拧紧放气塞，擦净溢出的油。由于放气塞的胶垫较小，所以拧紧放气塞要用力适度，既要保证密封良好又要不拧坏胶垫。

三、现场交接试验

特高压并联电抗器现场安装完成后、投运前还需开展现场交接试验以检查和判断其能否投入运行。其主要依据 GB/T 50832《1000kV 系统电气装置安装工程电气设备交接试验标准》的规定进行，特高压并联电抗器交接试验项目见表 3-11。

表 3-11　　　　　　　　　　特高压并联电抗器交接试验项目

编号	项目名称
1	整体密封性能检查
2	测量绕组连同套管的直流电阻
3	绕组连同套管的绝缘电阻、吸收比和极化指数测量
4	绕组连同套管的介质损耗因数 $\tan\delta$ 和电容量测量
5	铁芯和夹件的绝缘电阻测量
6	套管试验
7	套管电流互感器的试验
8	绝缘油性能试验
9	油中溶解气体色谱分析
10	绕组连同套管的外施工频耐压试验
11	额定电压下的冲击合闸试验（系统调试时进行）

编号	项目名称
12	声级测量（系统调试时进行）
13	振动测量（系统调试时进行）
14	油箱表面的温度分布及引线接头的温度测量（系统调试时进行）

受限于现场试验条件，系统调试运行前，特高压并联电抗器单体现场绝缘试验仅进行绕组和套管的工频耐压试验。此时，电抗器绕组的首端和末端短接后，对地（油箱）直接施加交流电压进行试验；试验电源可采用工频试验变压器或采用串联谐振试验装置；试验电压为例行试验中性点外施耐压值的 80%，试验时间为 1min；试验过程中，试验电压应无突然下降，无放电声等异常现象；试验后 24h，应取油样进行色谱分析，耐压试验前后的油色谱分析结果应无明显变化。

近年随着试验技术的完善和试验设备的升级，特高压并联电抗器的现场局部放电试验已逐步成为可能。图 3-38 为使用串联谐振试验装置进行现场局部放电试验。

图 3-38　使用串联谐振试验装置
进行现场局部放电试验

第五节　技　术　提　升

2009 年 1 月 6 日特高压交流试验示范工程投运以来，特高压并联电抗器经受了大规模商业化运行考验。随着后续特高压交流工程建设，特高压并联电抗器的设计制造技术进一步提升，由双主柱和双器身结构逐步发展到以单主柱结构为主，开展升级版提升技术攻关和关键原材料组部件国产化提升等研究应用。本节重点对大容量单主柱特高压并联电抗器研制、升级版技术两方面进行重点介绍。

一、大容量单主柱结构并联电抗器研制

大容量特高压并联电抗器的研制难度极大，尤其是容量达到 320Mvar 的特高压并联电抗器，达到了当前世界最高水平，研制极具挑战性。为拓宽技术途径，在研究双芯柱结构的同时，同时开展了单柱结构的研制攻关。

1. 结构特点

（1）单柱结构。

单柱结构的特高压并联电抗器的铁芯叠片结构是"口"字形铁轭，正中间有铁芯柱，

芯柱外套装绝缘和绕组。图 3-39 是单柱结构的特高压并联电抗器的器身结构示意图及接线原理图。这种结构只有一个芯柱、一个绕组，绕组由上、下两个支路并联构成（这两个支路仅绕向不同，其他相同），两个支路相邻的出头并联引出作为其首端出头和首端引线，而不相邻的出头并联作为其末端引出，构成中性点端出头和中性点引线。如图 3-39（c）所示，器身结构有一个绕组，一个首端出头 A 和两个并联在一起的中性点末端出头 X。

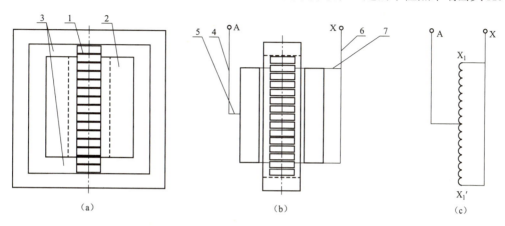

图 3-39 单柱结构的特高压并联电抗器的器身结构示意图及接线原理图

（a）主视图；（b）左视图；（c）接线原理图

1—芯柱；2—绕组；3—端绝缘；4—首端引线和引线绝缘；5—首端出头和出头绝缘；

6—末端引线和引线绝缘；7—末端出头和出头绝缘

为了有效降低漏磁，单柱式电抗器线圈采用大电抗高度小辐向结构。在绕组上下两端布置磁屏蔽，在绕组对应的前后侧箱壁上设置箱壁磁屏蔽和铜屏蔽，避免结构件产生局部热点。在降振措施方面，铁芯采用多处弹性压紧装置，器身与油箱采用多点定位，使铁芯的固有频率远离工作频率，避免产生共振。油箱采用高品质高强度钢板制作，箱壁外侧加装加强铁，并在其内部填充沙子，以达到消音降振的效果。单柱电抗器外形如图 3-40 所示。

（2）技术优势。

通过采用改进型全方位漏磁屏蔽系统，有效降低了单芯柱大容量电抗器漏磁通过大而导致的局部过热问题。通过采用多处弹性压紧、限位及止退系统，避免了材料失效风险，有效降低铁芯振动，表 3-12 列举了 240Mvar 特高压并联电抗器不同结构类型产品的关键性能。

图 3-40 单柱电抗器外形图

表 3-12   **240Mvar 特高压并联电抗器不同结构类型产品的关键性能**

名称	单柱结构	双柱结构	双器身结构
损耗（kW）	414.8	476.5	468.7
绕组温升（K）	44.8	46.2	45.9
振动平均值（μm）	11.3	18.7	10.9
振动最大值（μm）	35.4	48.1	26
总重（t）	212.3	268.4	273.2

单柱结构特高压并联电抗器产品与双柱、双器身结构相比，在温升、振动、损耗及质量方面具有优势，单柱结构总损耗优于其他结构约 15%，总质量优于其他结构约 25%，同时从结构复杂程度上讲，单柱电抗器比双柱、双器身结构少一条 500kV 级引线及一套引线绝缘、三套 500kV 级出头绝缘、两套 500kV 级端绝缘、一条 500kV 级柱间联线及一套联线绝缘，单柱电抗器在提高产品经济性的同时改善了产品的关键运行性能。

（3）技术难点。

1）电场：主要是承受纵绝缘强度的电抗高度。单主柱结构中，1000kV 绕组为中部出线，绕组一半电抗高度承受全电压。而两主柱串联结构中，绕组高度一半约承受全电压的 1/2。而且单主柱电抗器绕组电抗高度更高一些，增大了运输难度。

2）磁场：主要关系到漏磁通和漏磁通密度。电抗器易发生局部过热的根源是磁场和漏磁场。单主柱结构中，总磁通量和漏磁通集中在一个柱上，漏磁密度会更高，设计方案需采用直径更大的铁芯饼，对铁芯饼的制造强度提出更高的要求，而双主柱或双器身结构，总磁通和漏磁通分到两个主柱上，漏磁密度会降低。

3）力场：主要关系到是否会产生大振动的电磁力及有效抑制振动。电抗器产生振动的根源是麦克斯韦尔力周期性变化使芯柱弹性形变周期性变化，且芯柱是分段的。电磁力与芯柱有效面积成正比，单主柱结构芯柱面积大、电磁力大；采用双主柱或双器身结构，每柱面积及电磁力减小。

4）温度场：主要关系到每柱损耗及散热面积所决定的温升。电抗器损耗以热量散出，单主柱损耗集中在一个芯柱上，铁芯直径大，线圈绕组匝数多、幅向大，设计油流畅通才能保证可靠散热；采用双主柱或双器身结构，损耗分散到两个芯柱上，体积和散热面积大，散热效果比较好。

2. 关键技术

以单柱容量最大达到 320Mvar 的特高压并联电抗器设计为例，首先要重点解决如何有效地控制运输高度，在满足运输限界的条件下，保证电抗器具有足够的安全裕度，同时对电气绝缘结构设计、温升和漏磁过热控制、机械振动和噪声水平的控制，以及制造工艺质量控制等方面提出了极高的要求。

（1）电气绝缘结构设计。

对于单主柱带两旁轭结构，必须在满足运输高度、绝缘纸板尺寸和工艺限制的条件下，按照安全第一的原则，尽量加大绕组轴向高度，优化设计方案，确保在所有绝缘试验考核和各种可能运行工况下都具有足够的安全裕度，并限制漏磁，避免出现局部过热。重点在以下几个方面进行了优化和加强：

1）优化绕组段间油道和主绝缘油隙，提高各种试验电压和长期工作电压下的绝缘裕度。

2）严格控制绕组围屏与油箱箱壁漏磁屏蔽系统处的场强，避免出现大油隙，并优化绝缘结构或增加绝缘隔板，进一步提高绝缘裕度。

3）针对采用直接出线方式的 1100kV 套管，考虑到套管与绕组间电场的相互作用，利用仿真软件对绕组出头与连接套管尾部的局部电场分布及绕组漏磁对套管电容屏的影响等进行详细仿真分析。

（2）温升和漏磁过热控制。

电抗器各部位的温升严格按照试验示范工程特高压并联电抗器的技术要求加以严格控制，特别是绕组热点温度的控制。通过与 750kV/60Mvar 和 750kV/100Mvar 电抗器漏磁分布的对比分析，在设计时，对主磁路、旁轭磁路、铁芯饼油道及绕组饼间油道等磁路的磁通密度进行严格计算，使其与成熟的 750kV 级电抗器的磁通密度相当，从而有效地控制了温升和漏磁引起的局部过热问题。

（3）机械振动及噪声水平的控制。

对于特大容量带来的电磁力大而产生的机械振动问题，一方面改善内部压紧结构以提高机械强度；另一方面与油箱进行整体降振考虑，通过采取有效措施（如在油箱壁增加额外加强筋等）来削弱振动强度。

针对噪声水平控制，综合采取以下措施：

1）设计时确保电抗器内部不产生铁磁谐振现象。

2）在油箱壁增加额外加强筋，提高整体机械强度。

3）在油箱壁布置隔音板。

4）对线饼端部采用特殊剪切工艺，以改善铁芯饼磁通分布。

二、升级版提升技术

2020 年初，国家电网公司特高压部组织启动特高压设备质量提升专题工作，广泛征集建设运行等各方意见，产学研用联合攻关，面向全流程开展检视与改进提升。经过 2 年攻关，对特高压并联电抗器在产品设计、关键组部件、全过程工艺质量等方面提出了一系列升级版提升措施。

（1）后续工程新建变电站优先选用单主柱结构和双器身结构特高压并联电抗器，扩建变电站根据实际情况与原工程保持一致。

（2）将高压升高座顶部通向电抗器主联管及储油柜的联管管径由$\phi25$增加至$\phi50$，加快升高座区域气体向主气体继电器的集气速度。

（3）将高压升高座法兰连接螺栓由 M20 提高到 M24/M30，强度等级由 8.8 级提高到 10.9/12.9 级，提升法兰连接强度。

（4）箱沿螺栓由 8.8 级提升至 10.9/12.9 级，加强油箱连接处的机械强度。

（5）选用基于光声光谱原理、检测精度达到 A 级的油色谱在线装置。同时改进在线监测布置方式，包括与离线取油口布置在一起（保变电气）、分开布置（即在线监测旁边增加一个离线取油口，特变沈变）及在靠调压变压器侧增加一个取油口。

（6）对特高压并联电抗器加装铁芯夹件接地电流测量装置。

第四章　1000kV 可控式并联电抗器

特高压输电线路的充电功率大，传输功率的变化会引起较大的无功波动，因此无功补偿和电压控制问题突出。特高压交流工程主要使用高补偿度的固定式并联电抗器来限制工频过电压和操作过电压，同时在变电站的主变压器第三绕组上使用低压无功补偿设备（并联电容器和并联电抗器）来解决线路输送功率变化引起的无功不平衡和运行电压波动等问题。这种方法的不足之处是固定式电抗器容量不可调，系统感性无功过剩时需要投入低压容性无功来补偿，因此给系统增加了无功损耗。特高压可控并联电抗器可以灵活调节输出容量，特别适用于长距离重载线路、新能源外送通道及受端电网需要大功率传输的场合。

本章从基本情况、产品设计、核心材料部件、工厂试验和现场试验、工程应用等方面，对特高压可控式并联电抗器有关情况进行介绍。

第一节　概　　述

一、研制背景

针对电力系统中无功补偿技术的研究和应用，欧美国家主要采用在变压器低压侧装设无功补偿装置来实现电力系统的无功和电压控制，代表性的技术手段有静止无功补偿器（static var compensator，SVC）、静止同步补偿器（static synchronous compensator，STATCOM）和统一潮流控制器（unified power flow controller，UPFC）等。目前 SVC 和 STATCOM 已经广泛应用，SVC 是较早出现并应用时间较长的技术；STATCOM 在 20 世纪以示范工程为主，20 世纪 90 年代末到 21 世纪初在日本和欧美得到了广泛应用，特别是在需要快速动态无功补偿的冶金和铁道等领域。

与 SVC 相比，可控并联电抗器在可靠性、效率和成本等方面具有优势。随着超高压/特高压电网发展，大电网的形成和负荷变化加剧。这就要求大量可调的无功功率源来调整电压，维持无功潮流平衡，减少损耗并提高供电可靠性。因此，对可控并联电抗器的需求变得越来越突出。

可控并联电抗器根据构成原理可分为基于磁控原理和基于高阻抗变压器原理两种类型。磁控式可控并联电抗器的优点是输出容量连续、可平滑调节，并且低压设备可以控制高压设备，控制系统性能好，但作为线路并联电抗器应用，存在响应速度较慢、继电保护灵敏度低、励磁系统故障时不能运行等缺陷；基于高阻抗变压器原理的分级式可控并联电抗器可以对特高压交流输电线路进行无功补偿和过电压抑制，具有响应速度快、运行可靠、维护简单、无谐波污染等优点，控制系统故障时仍然可以作为固定式并联电抗器运行，且有 500kV 输电系统和 750kV 输电系统的运行经验。

1955 年英国通用电气公司制造出了世界首台 100Mvar/22kV 可控电抗器。20 世纪 70 年代苏联提出一种基于直流磁饱和原理的可控电抗器，并在一些变电站成功应用。1979 年瑞士 BBC 公司（1988 年与瑞典 ASEA 公司合并成立 ABB 公司）制造了一台 450Mvar/750kV 高阻抗变压器型可控电抗器，应用于加拿大魁北克 Loreatid 变电站，由于损耗和谐波过大，该项技术没有推广。1986 年苏联改进磁控式技术，提出了新型磁阀式可控电抗器并取得了良好的应用效果，1999 年一台 25Mvar/110kV 的三相磁

阀式可控并联电抗器在俄罗斯乌拉尔的库德姆卡尔（Kudymkar）变电站投入运行。2001 年圣彼得堡理工大学提出的新型结构高阻抗变压器型可控电抗器大大减小了谐波损耗，在印度 400kV 工程投运了 50Mvar/420kV 高阻抗变压器型可控电抗器。2003 年一台 180Mvar/330kV 磁阀式可控并联电抗器安装在白俄罗斯的巴拉诺维奇（Baranovichi）变电站，如图 4-1 所示。

图 4-1　巴拉诺维奇（Baranovichi）变电站
330kV 磁阀式可控并联电抗器

2006 年 9 月 19 日，中国电力科学研究院与西安西电变压器有限责任公司联合研制了 50Mvar/550kV 的分级投切高阻抗变压器式可控并联电抗器，在山西忻都开关站正式运行。2007 年 9 月 28 日，中国电力科学研究院与特变电工沈阳变压器集团有限公司联合研制出 100Mvar/550kV 的磁控式可控并联电抗器，在湖北江陵±500kV 换流站挂网试运行。据统计，截至 2022 年底国内已投运 11 套超/特高压可控并联电抗器，主要工程应用情况见表 4-1。超高压可控电抗器的成功经验为特高压可控并联电抗器研制奠定了理论和技术基础，并积累了工程经验。

表 4-1　　　　　　　　　超/特高压可控并联电抗器主要工程应用情况

序号	变电站名称	可控电抗器类型	容量（Mvar）	电压（kV）	套数	投运时间
1	山西忻都 500kV 变电站	高阻抗变压器型	150	550	1	2006.8

序号	变电站名称	可控电抗器类型	容量（Mvar）	电压（kV）	套数	投运时间
2	湖北江陵 500kV 换流站	磁控型	100	550	1	2007.9
3	甘肃敦煌 750kV 变电站	高阻抗变压器型	300	800	1	2012.1
4	甘肃沙州 750kV 变电站	高阻抗变压器型	390	800	2	2013.6
5	青海鱼卡 750kV 开关站	高阻抗变压器型	390	800	2	2013.6
6	青海鱼卡 750kV 开关站	磁控型	330	800	1	2013.6
7	吐鲁番 750kV 变电站	高阻抗变压器型	420	800	1	2021.9
8	巴中 500kV 变电站	磁控型	120	550	1	2020.8
9	张北 1000kV 变电站	高阻抗变压器型	600	1100	1	2020.8

二、研发难点

与超高压及以下电压等级的同类产品相比，特高压可控并联电抗器的研发更加具有挑战性，涉及系统特性及设备研制方面的一系列技术难题，而且在国际上没有经验可供借鉴。首先，特高压交流系统的工作电压更高，对设备的电气绝缘和耐压能力提出了更高要求；其次，特高压交流系统的电流更大，对电流传输和控制的技术要求更高，需要研发高功率、高可靠性的晶闸管阀和相关控制电路；此外，特高压交流系统的谐波频率更高，对设备的电磁兼容和谐波抑制提出了更高要求；最后，特高压交流系统的可控并联电抗器需要具备快速响应性和高可靠性，对控制算法和保护策略提出了更高要求，需要进行深入研究和验证。综合来看，特高压交流可控并联电抗器的研发难点主要涉及耐压能力、电流传输和控制、电磁兼容和谐波抑制，以及响应速度和稳定性等方面。

三、技术路线

可控并联电抗器有两种类型：①基于高阻抗变压器原理的，它将变压器和电抗器的设计合二为一，通过设计短路阻抗百分比接近 100%，在低压侧接入晶闸管、断路器和其他控制回路，实现对输出感性无功功率的连续或分级控制，根据调节方式的不同，可分为分级式控制型和晶闸管控制变压器型（Thyristor Controlled Transformer，TCT）两类；②基于磁控式原理的可控并联电抗器，它通过改变控制绕组直流电流的大小来调节本体铁芯的磁饱和度，从而改变等效磁导率，实现对输出感性无功功率的连续、平滑调节。

根据特高压工程的需求和国内外的工程实践，比较分析了磁控式、TCT 型和分级式三种技术方案。各方案的特点如下：

（1）磁控式可控并联电抗器具有输出容量连续、平滑调节的优点。它可以通过低压设备控制高压设备，具有良好的控制系统性能。然而，作为线路并联电抗器，它目前存在响应速度较慢、继电保护灵敏度低，以及励磁系统故障时不能作为固定并联电抗器运行等缺陷。

（2）TCT 型可控并联电抗器具有稳态无功输出、可平滑调节和响应速度快的优点，在暂态过程中可以实现系统电压动态支撑。然而，由于其运行过程中会产生谐波，增加了可控并联电抗器本体漏磁控制和噪声抑制等关键技术的实现难度，降低了可靠性。

（3）分级式可控并联电抗器方案能够满足特高压交流输电线路的无功补偿和过电压抑制需求。它具有响应速度快、运行可靠、维护简单和无谐波污染等优点。该方案已在 500kV 输电系统和 750kV 输电系统得到运行验证。

综合比较后，最终确定首套特高压可控并联电抗器采用分级投切式原理。试点工程 1000kV 特高压张北变电站的首套特高压可控电抗器按照三级配置，每级容量 200Mvar，总容量 600Mvar，可调容量 400Mvar。它采用了紧凑化、小型化的设计和布置方式。设备的单相原理图如图 4-2 所示。

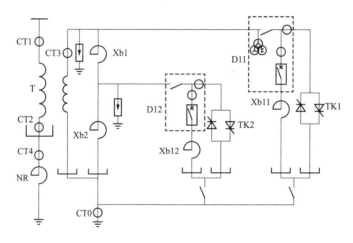

图 4-2　分级式单相特高压交流可控并联电抗器原理图

图 4-2 中，TK1、TK2 为晶闸管阀组，分别对应 100%容量、67%容量，晶闸管阀组仅在容量切换过程中导通；Xb1、Xb2 为辅助电抗器，与变压器短路阻抗配合实现可控并联电抗器分级容量，采用 2 个电抗器共箱的油浸铁芯结构，减小了占地；Xb11、Xb12 为取能电抗器，采用干式空心结构，户内布置，为对应容量级晶闸管阀提供取能和开通电压；D11、D12 为分别对应 100%、67%容量的 GIS 断路器，采用合闸优先设计，提升可控并联电抗器暂态过程动作的可靠性；T 为高阻抗变压器，NR 为中性点接地电抗器，接入三相并联电抗器本体的中性点用来抑制接地故障时的潜供电流。特高压可控并联电抗器装置容量切换并稳定运行后，晶闸管和断路器的控制状态如表 4-2 所示。特高压可控并联电抗器从 67%容量调节到 100%容量调节过程是 100%级晶闸管阀 TK1 先导通，然后闭合 100%级断路器 D11，闭锁 TK1。特高压可控并联电抗器从 100%容量调节到 67%容量调节过程是 TK1 先导通，转移负荷电流，D11 在近似机械

开断状态打开，然后闭锁 TK1。

表 4-2　　　　　　　　　**特高压可控并联电抗器的容量切换控制表**

阀组	33%容量级	67%容量级	100%容量级
100%容量级阀组 TK1	×	×	×
100%容量级旁路断路器 D11	×	×	√
67%容量级阀组 TK2	×	×	×
67%容量级旁路开关断路器 D12	×	√	√

注　1．×—断开，√—导通。

2．在旁路断路器上可串联取能电抗器，保证旁路断路器在旁路状态下晶闸管阀满足取能工作条件。

3．正常工作不发生容量切换时，旁路断路器闭合承担长期工作电流；晶闸管阀仅在容量切换过程中，在旁路断路器动作之前短时导通，可实现频繁快速切换和过零切换。

四、技术条件

张北变电站1000kV特高压可控并联电抗器成套装置包括1000kV可控并联电抗器本体、辅助电抗器（分级电抗）、取能电抗器、次侧低压旁路断路器及其操作机构、可控电抗器的控制保护系统及监控系统五个主要部分。可控并联电抗器成套装置主要技术参数见表 4-3，本体及部件主要技术参数见表 4-4～表 4-12。

表 4-3　　　　　　　　　**可控并联电抗器成套装置的主要技术参数**

型式	高阻抗型分级调节式
额定容量	600Mvar
额定电压	一次侧为 $1100/\sqrt{3}$ kV；二次侧为 63kV
额定频率	50Hz
额定电流	一次侧为 315A；二次侧为 3175A
容量调节级数	3 级，分别为 33%、67%、100%
响应时间	稳态调节：小容量到大容量小于 30ms，大容量到小容量小于 80ms；暂态调节：不大于 100ms
谐波性能	小于额定电流的 0.5%
损耗水平	小于额定容量的 1%

表 4-4　　　　　　　　　**可控并联电抗器成套装置本体的主要技术参数**

项目		参数
型式		户外、单相、油浸、高阻抗变压器式
额定容量（Mvar）		200
额定电压（kV，HV/LV）		（$1100/\sqrt{3}$）/63
中性点接地方式	高压	经中性点电抗器接地
	低压	直接接地

163

项目		参数
额定短路阻抗电压	数值（%）	91.22
	允许偏差（%）	−5～+5
绝缘水平（kV）	高压 LI/LIC/SI	2250/2400/1800
	高压 AC（5min）	1100
	低压 LI/LI	480（首端）/220（末端）
	低压 AC（1min）	200（首端）/85（末端）
	中性点 LI	950
	中性点 AC（1min）	395
总损耗 P（kW，75℃）		≤1000（单相）
额定电压下空载损耗 P_0（kW，75℃）		≤100（单台）
冷却形式		OFAF
噪声［dB（A）］		≤75
振动限值（μm，峰—峰）		平均值不大于 50，最大值不大于 100，基座不大于 30
过载能力		具有容量切换 100ms 以内时 1.1 倍的暂时过载能力

表 4-5　　　　可控并联电抗器成套装置晶闸管阀的主要技术参数

项目	TK1	TK2
额定电压（kV）	43.84	34.00
额定电流（kA）	3.480	2.3
在最大电流下允许连续导通时间（ms）	≤500	

表 4-6　　　　可控并联电抗器成套装置旁路断路器和隔离开关的主要技术参数

项目	参数
额定电压（kV）	126
额定电流（A）	3150
额定工频 1min 耐受电压（相对地，kV）	230
合闸时间（ms）	≤55
分闸时间（ms）	60
额定短路开断电流（kA）	40
额定短路关合电流（kA）	100

表 4-7 可控并联电抗器成套装置辅助电抗器和取能电抗器的主要技术参数

项目	Xb1	Xb2	Xb11	Xb12
型式	干式空心电抗器，户外			
额定电流（kA）	2.116	1.058	2.700	1.961
额定电感（mH）	29.61	102.27	6.525	8.117
额定端—地电压（kV）	43.84	34.00	5.535	5.000

表 4-8 可控并联电抗器成套装置避雷器的主要技术参数

序号	项目		要求值
1	额定电压 U_r（kV）		63
2	持续运行电压（kV）		45
3	标称放电电流（kA）		5
4	直流 1mA 参考电压（kV，不小于）		89
5	75%直流 1mA 参考电压下的泄漏电流（μA）		50
6	工频 5mA 参考电压（kV，峰值/$\sqrt{2}$）		$\geqslant$63
7	持续电流（mA）	阻性电流（基波峰值）	$\leqslant$3000
		全电流（有效值）	$\leqslant$1000
8	长期最大允许水平拉力（N）		490
9	最大局部放电量（pC）		10

表 4-9 可控并联电抗器成套装置 CT 主要技术参数

项目	CT1		CT2		CT3	CT4	CT0
型式	套管式		套管式		套管式	套管式	户外、单相、油浸式
电流比	1000/1	600/1	1000/1	300～600/1	4000/1	100～200/1	500/1
准确等级	5P40	0.5	5P40	0.5/0.2S	5P20/0.5	5P25/0.2	5P20/5P20

表 4-10 可控并联电抗器成套装置 PT 主要技术参数

型式	电磁式
额定电压比	（110/$\sqrt{3}$）/（0.1/$\sqrt{3}$）/（0.1/$\sqrt{3}$）/0.1
准确级	0.5/3P/3P
接线组别	Yyd

表 4-11 可控并联电抗器成套装置穿墙套管主要技术参数

型号	CWW-72.5/1600-4	CWW-40.5/1600-4
额定电压（kV）	66	35

续表

型号	CWW-72.5/1600-4	CWW-40.5/1600-4
设备最高电压（kV）	72.5	40.5
额定频率（Hz）	50	50
额定电流（A）	1600	1600

表 4-12　　可控并联电抗器成套装置控制保护系统的主要技术参数

名称	性能参数
可控并联电抗器控制系统响应时间	≤20ms
模拟量测量综合误差	≤0.5%
事件顺序记录分辨率（SOE）	≤1ms
遥测信息传送时间（从 I/O 输入端至通信装置出口）	≤2s
遥信变化传送时间（从 I/O 输入端至通信装置出口）	≤1.5s
控制命令从生成到输出的时间	≤500ms
画面调用响应时间	≤1s
画面实时数据刷新周期	≤1s
控制操作正确率	≥99.99%
事故时遥信动作正确率	≥99.99%
系统平均无故障间隔时间（MTBF）	≥25000h
工作站 CPU 平均负荷率，正常时（任意 30min 内）	≤20%
工作站 CPU 平均负荷率，故障时（10s 内）	≤40%
模数转换分辨率	16 位
系统对时精度误差	≤1ms

五、研制历程

国家电网公司 2007 年正式启动特高压可控并联电抗器成套装置的研究与设计工作。1000kV 特高压可控并联电抗器的研究分为两个阶段。第一阶段主要完成了特高压可控并联电抗器的系统研究和方案论证，包括可行性研究与分析，方案设计和技术规范的形成。第二阶段完成了样机研制和试验考核工作，包括本体、本体保护、晶闸管阀（单相）及其附属设备、控制保护等方面，并进行了小模型试验、动模试验和 RTDS 试验等模拟验证工作。两个阶段工作的成功完成，为特高压可控并联电抗器的研制和工程示范应用奠定了基础。

2020 年，中电普瑞科技有限公司及西安西电变压器有限公司成功研制了用于实际工程的基于高阻抗变压器原理的 1000kV 特高压分级可控并联电抗器成套装置。该装置包括 1000kV 可控并联电抗器本体、辅助电抗器（分级电抗）、取能电抗器、次侧低压旁路断路器及其操动机构、可控电抗器的控制和保护五个主要部分。2020 年 8 月，

1000kV 特高压张北变电站的 600Mvar/1100kV 特高压可控并联电抗器成套装置成功投运，至今运行稳定可靠。这是首台投入实际工程的 1000kV 特高压交流分级可控并联电抗器成套装置，也是全球电压等级最高、容量最大的交流分级可控并联电抗器装置。

第二节　产　品　设　计

特高压可控并联电抗器成套装置的主要设备包括可控电抗器本体、辅助电抗器、晶闸管阀组、旁路断路器、隔离开关、取能电抗器、控制保护系统及监控系统等，如图 4-3 所示。

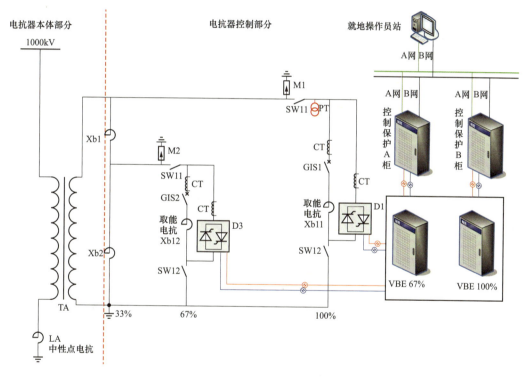

图 4-3　特高压可控并联电抗器主要设备示意图

一、电抗器本体

可控并联电抗器本体既非固定容量的并联电抗器，也非普通的双线圈变压器。固定容量并联电抗器仅由一个线圈组成，磁场能量主要储存在铁芯的气隙中，而 1000kV 可控并联电抗器本体由一次和二次线圈组成，随着分级容量的变化，其磁场能量在铁芯和线圈主空道之间的分布不停变化，在满容量下其磁场能量几乎全部储存在一、二次线圈的主空道中。普通双线圈变压器短路阻抗电压一般在百分之十几，主磁通主要集中在铁芯中，只有百分之十几的漏磁通。而可控并联电抗器本体短路

167

阻抗电压为91.22%，磁通大部分为漏磁通，较大漏磁通会在电抗器内部的金属结构件中产生很大的涡流，导致金属结构件局部过热，从而影响电抗器的安全运行。因此，分析不同分级容量下的磁通分布和对漏磁通量值的控制成为产品研制的关键技术和技术难点。

通过对可控并联电抗器全场域不同分级容量下的磁场分析，研制了一种新型双主柱芯柱复合式铁芯结构，如图4-4所示。

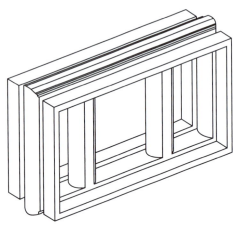

图4-4　新型铁芯结构示意图

采用三维软件对该新型铁芯结构不同容量下各铁芯中磁密分布、铁芯内外夹件和拉板中的磁密、涡流密度、损耗的变化进行仿真计算。在满足装配距离的情况下，最终确定了合理可行的磁路结构设计方案。同时，通过对铁芯、夹件、油箱等金属结构件部位的漏磁场、涡流场、温度场等计算验证，保证了产品运行的安全可靠性。

可控并联电抗器本体主纵绝缘结构、油箱设计、生产制造工艺及原材料与特高压变压器及特高压并联电抗器无本质差别。

通过开展专题研究，针对本体研制，着重解决了漏磁场及局部过热控制、主纵绝缘结构和高压引线研究、损耗控制、降低振动和噪声研究、冷却系统设计及油箱机械强度和运输等。

（1）通过系统分析和成套装置仿真分析，确定了特高压可控并联电抗器本体主要技术参数。

（2）漏磁场及局部过热控制。采用大厚度铁轭和铁芯端部设置磁屏蔽相结合的技术方案，并通过设置磁屏蔽有效解决了局部过热问题。

（3）主纵绝缘结构和高压引线研究。确定了主、纵绝缘设计方案，合理选取线圈的主、纵绝缘距离及引线绝缘尺寸，严格控制线圈各处及引线处的电场强度。

（4）损耗控制。通过改进线圈绕线方式，有效降低了线圈损耗；通过设置磁屏蔽有效解决了局部过热问题，降低了杂散损耗。

（5）采用双主柱加两旁轭的本体铁芯结构，通过对铁芯、夹件、油箱等金属结构件部位的漏磁场、涡流场、温度场等计算验证，保证了可靠性。

（6）通过油箱强度的加强设计，确保可控并联电抗器在长途运输及长期运行条件下的可靠性。

通过上述关键技术的研究攻关，首台200Mvar高阻抗变压器样机通过了型式试验（无局部放电）的严格考核，试验结果优异，完全满足设计预期和工程应用要求。试验中的本体样机见图4-5。

二、晶体管阀体

大容量晶闸管阀组是特高压可控并联电抗器的核心开关器件。针对晶闸管阀短时导通、大电流运行的工况，专题研究了晶闸管阀控系统的关键技术，解决了主要技术难点，完成了晶闸管阀组的电气设计和结构设计，取得了一系列研究成果，主要包括：

（1）形成了晶闸管阀和阀端避雷器的绝缘配合优化设计方案，完成了晶闸管电气参数设计；

图 4-5　试验中的 200Mvar 高阻抗变压器样机

（2）采用了晶闸管阀自然冷却的方式，避免采用水冷，减少了维护工作量；

（3）设计了电流、电压混合取能方式，提高了晶闸管阀工作的可靠性；

（4）完成了击穿二极管（break over diode，BOD）过压、阀裕度不足、拒触发、误触发、过电流等多重化保护配置方案。

在大容量晶闸管阀组关键技术研究的基础上，完成了额定电压 66kV、额定电流 3480A 的大容量晶闸管阀设备研制及制造，并通过了型式试验和运行试验。通过试验考核的晶闸管阀体样机见图 4-6。

图 4-6　晶闸管阀体样机

三、阀控系统辅助设备

同步完成了阀控系统辅助设备（包括快速旁路断路器、辅助电抗器、取能电抗器等）的优化设计、选型及样机研制，并通过型式试验验证。通过试验考核的阀控系统辅助设备样机见图 4-7。

（a）　　　　　　　　　　（b）　　　　　　　　　　（c）

图 4-7　阀控系统辅助设备样机

（a）GIS 断路器；（b）辅助电抗器；（c）取能电抗器

1. GIS 快速旁路开关系统

特高压可控并联电抗器用气体绝缘金属封闭开关（GIS）设备是一种以 SF$_6$ 气体作为绝缘介质的三相交流输电设备。GIS 设备内部集成了快速旁路断路器、隔离开关、电压互感器、电流互感器等设备，占地面积小，可靠性高。在 GIS 设备中，快速旁路断路器是核心。快速旁路断路器采用合闸优先配置，主要用于特高压可控并联电抗器容量快速调节，可有效提升特高压可控并联电抗器暂态过程中运行可靠性。

国内外已有的快速旁路断路器大多采用分闸优先配置，直接应用于特高压可控并联电抗器可能导致暂态过程中难以可靠合闸。特高压串补装置中应用的快速旁路断路器采用合闸优先设置，合闸时间不超过 40ms，但是电压、电流等级不适合应用于特高压可控并联电抗器。

相关设备厂家密切合作，汲取特高压串补装置快速旁路断路器研制经验，针对特高压可控并联电抗器用 GIS 设备研制中的关键技术难点进行攻关：在研制过程中，确定了以常规的 ZF10-126（L）断路器为基础，灭弧室内部不做任何改动，仅将原弹簧机构的安装位置改动的方案；重新设计合适的分合闸速度及增加辅助传动方式，使之既能满足合闸时间小于 60ms 要求，又能满足开关机械结构的稳定性；设计出了输出功率合适，操作顺序满足用户要求的传动技术方案。可实现合闸优先的额定操作顺序：合—0.6s—分合。2011 年 8 月底，研制完成的 GIS 快速旁路开关系统通过了出厂试验和型式试验。2011 年 9 月完成了第三方型式试验，所有技术指标均达到或超过设计要求：额定电压 126kV，旁路投切电流 4000A，额定电压下实测合闸时间仅 40ms 左右，实测分合时间 100ms 左右，完全满足特高压可控并联电抗器容量快速调节的要求。

2. 辅助电抗器

辅助电抗器与特高压可控并联电抗器本体短路阻抗配合实现特高压可控并联电抗器分级容量。考虑特高压可控并联电抗器紧凑化、小型化布置的要求，辅助电抗器采用油浸铁芯结构，两个电抗器共油箱，结构形式特殊，容量大，绝缘设计复杂，存在频繁投切工况。在辅助电抗器研制过程中，突破了铁芯耐受振动控制、频繁投切工况下铁芯防松设计、大容量频繁过励磁等技术难点，研制成功了首台特高压可控并联电抗器用辅助电抗器，并通过了出厂试验和型式试验，所有技术指标均达到或超过设计要求。张北变电站海拔较高且抗震要求严格，工程中采用了技术更成熟的干式空心电抗器作为辅助电抗器形式。

3. 取能电抗器

取能电抗器为对应容量级晶闸管阀提供取能和开通电压，采用干式空心结构，其容量为国内同类产品之最。针对取能电抗器容量大及工作过程中频繁投切和累积效应问题，进行了针对干式空心取能电抗器温升控制、绝缘设计、噪声和振动控制等关键技术难点的攻关和设计，研制成功了首台特高压可控并联电抗器 100%级取能电抗器、67%级取能电抗器，通过了出厂试验和型式试验，并完成了第三方型式试验，试验中所有技术指标均达到或超过技术要求。

四、控制保护系统

控制保护系统的主要技术难点是特高压可控并联电抗器电压高、容量大，与系统安全稳定运行关系密切，因此对控制保护系统的可靠性、稳定性要求更高；此外，特高压可控并联电抗器严酷的电磁环境对控制保护系统的抗电磁干扰性能要求也非常高。

为此，进行了针对特高压可控并联电抗器专用控制保护平台的技术攻关和研制，该平台采用主频高达 300MHz 的高速数字信号处理芯片和 16 位高精度模数转换芯片，先进的现场总线技术，配置功能齐全。在设计上该系统采用分层分布式结构系统，构架清晰，确保了控制器的高精度和快速响应。该系统的抗干扰能力、装置可扩展性强，通过采用独特的抗干扰和电磁兼容设计实现，确保控制保护系统在特高压输电系统恶劣环境中运行稳定、安全。试验结果表明，控制保护系统抗干扰能力、各项功能、测量精度等均达到了设计要求，具备正确进行基本功能操作、实施控制策略及阀保护等功能。控制保护系统样机如图 4-8 所示。

五、仿真建模及分析

RTDS 仿真环境中搭建特高压输电线路和可控并联电抗器动模模型，模拟可控并联电抗器的实际运行过程，实现了控制保护系统的基本功能操作、控制策略、阀保护功能、高阻抗变压器保护等功能的严格检验。可控并联电抗器动模试验如图 4-9 所示。

 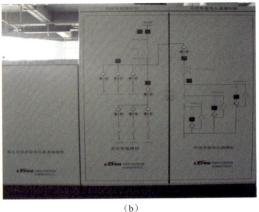

（a） （b）

图 4-8 控制保护系统样机

（a）控制保护平台；（b）高阻抗变压器模型保护装置

图 4-9 可控并联电抗器动模试验

第三节 核心材料部件

特高压可控并联电抗器装置主要设备包括可控电抗器本体、辅助电抗器、阀组、旁路断路器、隔离开关、取能电抗器、控制保护系统、监控系统。可控电抗器本体为户外、单相、油浸式高阻抗变压器，其核心材料部件与特高压变压器一致，其余设备主要材料部件与同类设备也无明显差异，因此本节不再赘述，本节针对上述设备组成做简要介绍。

一、可控电抗器本体

张北变电站特高压可控电抗器本体采用高阻抗变压器结构，高压绕组直接连接系统母线或线路，低压绕组连接容量调节电路。采用散热器加风扇的冷却方式，散热器与本体基础独立布置，散热器集中布置在低压侧。高压首端出线通过成熟的高压出线装置引出。储油柜采用胶囊式可抽真空储油柜，并带有硅胶呼吸器。电抗器配备油面温度计和绕组温度计、气体继电器、压力释放阀、绝缘油在线监测等监测及保护设备。张北变电站可控电抗器本体如图 4-10 所示。

二、辅助电抗器

辅助电抗器选用干式空心电抗器，可控并联电抗器通过改变并入二次侧绕组的干式空心电抗器实现电抗器容量的调节，张北变电站辅助电抗器如图 4-11 所示。

图 4-10　张北变电站可控电抗器本体　　　　图 4-11　张北变电站辅助电抗器

三、阀组

阀组安装在可控并联电抗器的二次侧，与旁路断路器一起形成复合开关。在进行容量调节时，先导通阀组电路，然后通过控制旁路断路器来实现快速调节，使容量在 10%的范围内进行调整。这种设计不仅能够减少开关分合时产生的励磁涌流，延长开关的使用寿命，还能提供快速而精确的容量调节功能。图 4-12 为张北变电站晶闸管阀组外观。

四、旁路断路器

可控并联电抗器无功调节的旁路断路器设备一般选用 GIS 组合电器，分别和每级阀并联，承担长期工作电流，采用合闸优先的控制方式，如图 4-13 所示。

五、隔离开关

中性点侧的隔离开关是单相设备，三相同级容量的取能电抗器支路末端和三相同容量晶闸管阀支路末端分别连接在一起，然后再分别接一台隔离开关。本工程有两台隔离开关，分别用于 100%级和 67%级容量级，用于在晶闸管阀设备检修时形成电路隔离点。张北变电站隔离开关（集成于 GIS 组合电器中）如图 4-14 所示。

六、取能电抗器

旁路断路器串联干式电抗器，为并联晶闸管阀提供取能和开通电压，张北变电站取能电抗器如图 4-15 所示。

图 4-12　张北变电站晶闸管阀组

图 4-13　张北变电站旁路断路器
（集成于 GIS 组合电器中）

图 4-14　张北变电站隔离开关
（集成于 GIS 组合电器中）

图 4-15　张北变电站取能电抗器

七、控制保护系统

图 4-16　张北变电站可控并联电抗器控制保护系统

可控并联电抗器配备了监视、控制和保护系统，由测量装置、控制装置、阀基电子装置、测控装置和本体保护监控系统组成。测控装置、控制装置和阀基电子装置组成了控制保护系统的核心部分。通常采用双冗余系统设计，通过模拟量采集、开关量输入输出等功能实现对可控并联电抗器容量的控制和晶闸管阀组的保护，从而实现对电抗器的全面管理。图 4-16 显示了张北变电站可控并联电抗器的控制保护系统，图 4-17 为该系统的拓扑图。控制保护系统能够实时监测、精确控制和有效保护可控并联电抗器，确保其运行正常和安全。

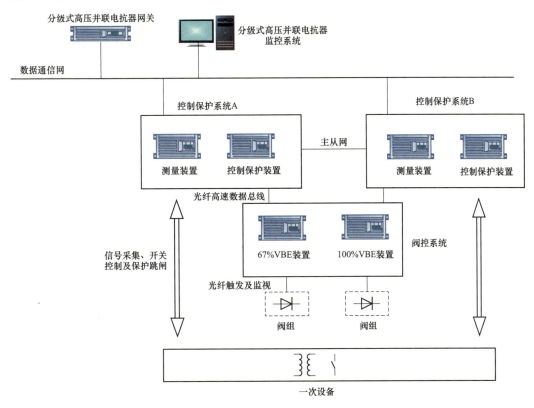

图 4-17　典型可控并联电抗器控制保护系统拓扑图

第四节　工　厂　试　验

特高压交流可控并联电抗器的制造主要为本体（高阻抗变压器）制造，其生产工艺与变压器、固定式并联电抗器基本一致。本节主要介绍其工厂试验。

特高压可控并联电抗器成套装置在制造厂内进行的关键试验技术研究包括 DL/T 1410《1000kV 可控并联电抗器技术规范》规定的出厂试验，以及阀控系统容量调节试验、本体和辅助电抗器的联合试验等内容。

一、出厂试验

根据 DL/T 1410 有关规定，型式试验、例行试验和特殊试验的一般要求要符合 GB 1094.1《电力变压器　第 1 部分：总则》的规定，特殊使用条件下，试验值和试验规则按相关标准修订。特高压可控并联电抗器成套装置试验包括分级式可控并联电抗器本体、晶闸管阀系统、控制系统和保护系统对应的试验、其他辅助设备的试验。分级式可控并联电抗器本体试验项目如表 4-13 所示。晶闸管阀系统试验项目如表 4-14 所示。控制保护系统试验项目及试验方法如表 4-15 所示。

表 4-13 分级式可控并联电抗器本体试验项目

序号	试验项目	型式试验	例行试验	特殊试验
1	绕组电阻测量	√	√	
2	电压比测量和绕组极性测定	√	√	
3	短路阻抗及负载损耗测量	√	√	
4	绕组连同套管的绝缘电阻、吸收比和极化指数测量	√	√	
5	绕组连同套管的介质损耗因数（tanδ）和电容量测量	√	√	
6	操作冲击试验	√	√	
7	雷电全波冲击试验	√	√	
8	外施耐压试验	√	√	
9	感应耐压试验	√	√	
10	局部放电量测量	√	√	
11	套管试验	√	√	
12	套管式电流互感器试验	√	√	
13	压力密封试验	√	√	
14	绝缘油试验	√	√	
15	绝缘油中溶解气体分析	√	√	
16	温升试验	√		
17	末端雷电全波冲击试验	√		
18	雷电截波冲击试验	√		
19	无线电干扰电压测量	√		
20	声级测定	√		
21	绝缘特殊试验			√
22	绕组热点温升测量			√
23	绕组对地和绕组间电容测量			√
24	暂态电压传输特性测定			√
25	频率响应测量			√
26	振动测量			√
27	谐波电流测量			√
28	磁化特性测量			√
29	压力变形试验			√
30	真空变形试验			√

表 4-14 晶闸管阀系统试验项目

序号	试验项目	型式试验	例行试验	特殊试验
1	外观检查	√	√	

续表

序号	试验项目	型式试验	例行试验	特殊试验
2	连接检查	√	√	
3	均压/阻尼回路检查	√	√	
4	低压触发试验	√	√	
5	阀端对地交流电压试验	√	√	
6	阀端对地雷电冲击试验	√	√	
7	阀端间交流电压试验	√	√	
8	阀端间操作冲击试验	√	√	
9	最小交流电压试验	√		
10	短时负载试验	√		
11	非周期触发试验			√

表 4-15 控制保护系统试验项目及试验方法

序号	试验项目		型式检验	例行试验
1	结构尺寸和外观检查	机箱、插件尺寸	√	
		表面电镀和涂覆	√	√
		配线端子	√	
		标志	√	√
2	功能要求	功能试验		√
		模拟试验或数字仿真试验	√	
3	气候环境要求	高温运行试验	√	
		低温运行试验	√	
		高温贮存试验	√	
		低温贮存试验	√	
		温度变化试验	√	
		恒定湿热试验	√	
		交变湿热试验	√	
4	电磁兼容要求	发射试验 / 辐射发射试验	√	
		发射试验 / 传导发射试验	√	
		抗扰度试验 / 辐射电磁场抗扰度试验	√	
		抗扰度试验 / 静电放电抗扰度试验	√	
		抗扰度试验 / 射频场感应的传导骚扰抗扰度试验	√	
		抗扰度试验 / 快速瞬变抗扰度试验	√	
		抗扰度试验 / 脉冲群抗扰度试验	√	
		抗扰度试验 / 浪涌抗扰度试验	√	

序号	试验项目			型式检验	例行试验
4	电磁兼容要求	抗扰度试验	工频抗扰度试验	√	
			工频磁场抗扰度试验	√	
			脉冲磁场抗扰度试验	√	
			阻尼振荡磁场抗扰度试验	√	
5	直流电源试验		直流电源电压暂降试验	√	
			直流电源电压中断试验	√	
			直流电源中的交流分量试验	√	
			直流电源缓慢启动/缓慢关断试验	√	
			直流电源极性反接试验	√	
6	功率消耗试验			√	
7	准确度和变差试验			√	√
8	过载能力试验			√	
9	连续通电试验				√
10	出口继电器检查			√	√
11	绝缘试验		冲击电压试验	√	
			介质强度试验	√	√
			绝缘电阻试验	√	√
12	机械要求		振动响应试验	√	
			振动耐久试验	√	
			冲击响应试验	√	
			冲击耐受试验	√	
			碰撞试验	√	
13	外壳防护试验			√	
14	安全要求			√	√

其他辅助设备的试验参照各类设备相关标准执行。

二、联调试验

1. 阀控系统联合容量调节试验

通过将晶闸管阀、取能电抗器、GIS 组合电器、控制保护系统等样机组合起来，在大功率试验站按实际工况进行阀控系统联合容量调节试验，模拟特高压可控并联电抗器容量切换的工况，验证成套装置性能和设计的合理性。图 4-18 为阀控系统联合容量调节试验。

2. 本体和辅助电抗器联合试验

校验所研制的特高压可控并联电抗器本体在 33%容量、67%容量下的励磁特性、噪声水平等测量试验，取得特高压可控并联电抗器各工况下的典型性能，试验结果与设计目标一致，验证在各种运行工况下是否满足技术规范要求和现场运行需要。本体和辅助电抗器联合试验见图 4-19。

图 4-18　阀控系统联合容量调节试验　　　图 4-19　本体和辅助电抗器联合试验

第五节　现　场　试　验

特高压可控并联电抗器的大件运输与现场安装的难点主要为本体运输与安装，与特高压变压器、固定式电抗器基本一致。本节重点介绍可控电抗器的现场试验，包括单体设备交接试验、分系统试验和系统试验。

一、单体设备交接试验

单体设备交接试验是指设备在现场安装后进行或在系统试验期间进行的检查和试验，有关试验方法及要求参照相关国家标准、行业标准等标准规定，其中某些特殊试验方法及要求参考 Q/GDW 12239《1000kV 可控并联电抗器现场试验规范》的规定。

二、分系统试验

分系统试验是指对特高压可控并联电抗器进行的试验，包括阀系统、控制系统和保护系统。这些试验旨在测试各单体设备之间的联动是否正确，以及各种控制、保护命令和信息传输的准确性。主要的试验项目包括二次回路及回路绝缘检查、低电压下各容量级阻抗测量、控制系统试验（详见表 4-16）、保护系统试验（详见表 4-17）和阀系统试验（详见表 4-18）。这些试验的方法和要求可参考 Q/GDW 12239 的规定。

表 4-16   控制系统分系统试验项目

序号	试验项目
1	互感器接口检验
2	监测接口和通信接口检验
3	控制传动试验
4	与自动电压控制系统（AVC）联合试验
5	与本体保护装置联动试验
6	与线路保护联合试验
7	与站内及调度对点试验

表 4-17   保护系统分系统试验项目

序号	试验项目
1	电流、电压互感器的检验
2	与厂站自动化系统、继电保护及故障信息管理系统的配合检验
3	主设备保护整组试验

表 4-18   晶闸管阀系统分系统试验项目

序号	试验项目
1	低压触发试验
2	监测试验

三、系统调试试验

系统试验是指在通过分系统试验检验合格后，将其接入系统当中进行的试验和测试，以验证可控并联电抗器性能是否达到技术规范，以及可控并联电抗器接入后的系统运行特性是否具备试运行条件，有关试验方法及要求参照 Q/GDW 12239 的规定。系统调试项目如表 4-19 所示。

表 4-19   系 统 调 试 项 目

序号	试验项目
1	可控并联电抗器带电投切试验
2	可控并联电抗器控制装置切换及掉电、上电试验
3	可控并联电抗器控制绕组侧旁路断路器带电投切试验
4	可控并联电抗器手动容量调节试验
5	可控并联电抗器自动容量调节试验
6	线路保护联动可控并联电抗器容量调节试验
7	可控并联电抗器线路单相跳闸、重合试验*
8	可控并联电抗器线路三相跳闸试验*
9	可控并联电抗器线路人工单相瞬时短路接地试验*

* 该试验为选做项目，根据实际情况，经系统研究后确定是否进行。

第六节   工 程 应 用

2020 年 8 月，在张北—雄安特高压交流工程张北变电站首次试点应用的 1000kV 特高压可控并联电抗器成功投入运行，至今运行状态良好，特高压可控并联电抗器工程应用一览表见表 4-20。张北变电站 1000kV 特高压分级可控并联电抗器成套装置如图 4-20 所示。该工程采用了分级式高阻抗变压器型可控电抗器技术，能够根据线路负载的变化自动实现三级容量（33%、67%、100%）调节。张北变电站特高压可控并联电抗器的成功应用有利于解决系统无功补偿和限制过电压方面的矛盾，减少站内低压无功补偿装置的容量，提高了系统调控的灵活性，为适应张北地区的新能源送出要求创造了有利条件。

表 4-20   特高压可控并联电抗器工程应用一览表

工程名称	数量	结构型式	容量	制造厂	投运时间
张北 1000kV 变电站工程	4	高阻抗变压器型分级投切式	200Mvar	中电普瑞、西电西变等	2020.08

图 4-20   张北变电站 1000kV 特高压分级可控并联电抗器成套装置

第五章　开关设备

开关设备是电力系统的关键控制和保护设备之一，能够关合、承载和开断正常回路条件下的负荷电流，也能够关合并在规定时间内承载和开断异常回路条件（如短路条件、失步条件）下的故障电流，承担电力系统负荷控制和故障保护的重要功能。20世纪70~90年代，苏联、美国、日本、意大利等国家开展了特高压输电技术试验研究，其中只有苏联的敞开式特高压开关（10断口）在1150kV交流输电工程中实现商业运行。依托特高压交流输电工程建设，中国成功研制了全套特高压交流输电工程开关设备，经受了长期商业化运行考验，为我国特高压电网发展和安全运行打下了坚实基础。

特高压工程开关设备设计复杂、生产制造难度大、试验考核要求高。本章重点介绍1100kV气体绝缘金属封闭开关设备（GIS/HGIS）、1100kV气体绝缘金属封闭输电线路（GIL）、110kV专用开关和1100kV敞开式接地开关的关键技术、研制历程、工程应用等情况。

第一节　1100kV 气体绝缘金属封闭开关设备

气体绝缘金属封闭开关设备（Gas Insulated Metal-enclosed Switchgear，GIS）是将各种控制和保护电器，包括断路器、隔离开关、接地开关、电压互感器、电流互感器、连接母线等全部封装在接地的金属壳体内，壳内充以一定压力的 SF_6 气体作为绝缘和灭弧介质，并按一定接线方式组合构成的开关设备。GIS 体现了高压开关设备的组合化、复合化，具有受外界环境影响小、配置灵活、易于安装、运行安全可靠、维护简单、检修周期长等特点，可做到免/少维护及长寿命，同时具有体积小、占地面积小的特点。

复合式组合电器（Hybrid Gas Insulated Switchgear，HGIS）将断路器、隔离开关、接地开关、电流互感器等组合在一个气体封闭的金属罐内，各主要元件的 SF_6 气体相互隔离，通过 SF_6 气体绝缘套管与变电站的敞开式空气绝缘架空母线相连。HGIS 集成了 GIS 的优点，具有适应多回架空出线、便于扩建和元件检修的优势，同时将价格偏高的 GIS 母线改为敞开式母线，与 GIS 相比设备造价更低，但占地面积相对更大。我国仅在特高压交流试验示范工程的南阳开关站和荆门变电站及其扩建工程中采用 HGIS，其他特高压交流工程的 1100kV 开关设备均采用 GIS。

一、概述

（一）研制背景

1. 国内外 GIS 研发历程

GIS 技术起源于 1936 年的美国，初期采用氟利昂作为绝缘气体，额定电压 33kV。20 世纪 50 年代中期发现的 SF_6 气体具有更好的绝缘和灭弧特性，GIS 开始逐步改用 SF_6 作为绝缘气体，得到更为广泛的应用。

自 1965 年世界上第一套 GIS 投运以来，GIS 广泛应用于城市电网、水电站和核电站。经过多年发展，SF_6 断路器已从多断口发展为双断口或单断口，其中 126～363kV 产品采用单断口，550kV 产品采用单断口或双断口，800kV 和 1100kV 断路器采用双断口、三断口或四断口结构，减少了零件数量，增加了可靠性。灭弧室结构从压缩空气的压气式（单压式和双压式）到 SF_6 单压式（定开距和变开距），再发展为自能式，减少了操作功。126～252kV 产品广泛应用弹簧操动机构；363kV 及以上产品较多应用液压操动机构和气动机构。在较低电压等级的小型化 GIS 中应用了多种最新技术，如全三相共箱技术已应用于较低电压等级产品，断路器与电流互感器复合在一个罐体内，三工位隔离/接地开关替代单独的隔离开关和接地开关，光电电流互感器和电压互感器及新型传感器取代传统的电磁互感器、继电器和辅助开关等元件，提高了产品可靠性。

近年来，国际上 GIS 制造企业为了满足电力工业发展需求，在 GIS 结构设计、元件布置、制造工艺、材质选择、密封技术及试验检测技术等方面进行了大量设计优化和试验研究工作，采用一些新材料、新工艺、新元件和新技术，不断完善和改进产品的技术性能和质量水平，使 GIS 不断向小型化、模块化、智能化的方向发展。目前环境保护成为焦点，替代 SF_6 气体的混合气体、真空技术和环保材料的研究也有所突破，各种替代 SF_6 气体的方案正在研究中。

我国 GIS 的研制工作始于 20 世纪 60 年代中期。当时为了解决规划中的长江三峡水力发电站的变电站设计，由长江流域规划办公室提出了 126kV GIS 的研制课题，并于 1966 年由国家立项为科研项目。西安高压电器研究所（现为西安高压电器研究院股份有限公司）、西安高压开关厂（现为西安西电开关电气有限公司）和长江流域规划办公室共同承担 126kV GIS 的研制工作，1971 年研制出第一台 126kV GIS 样机，断路器为单压式、定开距、单断口灭弧结构。1973 年西安高压开关厂试制出我国第一台 126kV GIS 产品，安装于湖北省丹江口水电站进行试运行。

20 世纪 80 年代初，我国几个主要开关设备制造厂陆续开发了一批为满足城网建设和电厂所需的 126kV 和 252kV GIS，其中西安高压电器研究所 1980 年研制出我国第一台 252kV GIS，被命名为 ZF1 型，其断路器采用当时国际上先进的单断口、单压式、变开距的压气式灭弧技术，1982 年在江西南昌斗门变电站投入试运行。此外，平顶山高压开关厂（现为平高集团有限公司）、上海华通开关厂（现为上海华通低压开关有限公司）、北京开关厂（现为北京北开电气股份有限公司）分别研制了 ZF2、ZF3 和 ZF4 型 GIS，在吉林白山电厂等工程和上海电网中应用。此后，为满足西北电网需求，各开关设备制造厂又开发了适合 330kV 电网的 363kV GIS 产品。

1981 年 12 月，我国自行设计和施工的第一个 500kV 输变电工程——500kV 河南平顶山—湖北武昌输变电工程（简称平武工程）建成。按照平武工程输变电设备引进采用的技贸结合原则，1979 年平顶山高压开关厂引进法国 MG 公司 550kV 系列产品的专利技术，并完成 126～550kV 敞开式断路器的产品化。1985 年，西安高压开关厂与日本三菱公司以合作生产的方式，引进了三菱公司 GIS 的生产技术，制造出 126～550kV GIS；与此同时，沈阳高压开关厂（现为新东北电气集团高压开关有限公司）引进了日本日立公司的 66～550kV SF$_6$ 断路器和 GIS 的设计技术，在消化日立技术的同时，紧密结合东北地区伊敏电厂和绥中电厂 500kV 送出工程，1991 年底在国内首次研制成功 550kV GIS，1992 年在辽阳 500kV 变电站装用一个间隔投入试运行，随后为伊敏电厂和绥中电厂提供了 550kV GIS，分别于 1998 年和 1999 年投运。

进入 21 世纪后，由于 330kV 电网的输电能力已近饱和，为实现黄河上游梯级水电站的进一步开发，建设 750kV 电压等级输变电工程成为迫切需求。2005 年 9 月 26 日，世界上海拔最高、我国运行电压等级最高的官亭—兰州东 750kV 输变电示范工程（简称 750kV 示范工程）正式投运，成为西北电网水电输送的重要通道。为了配合 750kV 示范工程建设，新东北电气集团高压开关有限公司引进了韩国晓星公司 800kV GIS 制造技术（日本日立公司转让韩国晓星公司），并与晓星公司合作完成了 750kV 示范工程的供货任务。之后，西安西电开关电气有限公司、平高电气股份有限公司和新东北电气集团高压开关有限公司相继研制成功自主的 800kV 落地罐式断路器和 GIS，与韩国晓星公司共同为西北 750kV 工程提供产品，满足了西北 750kV 电网发展需要。800kV GIS 的成功研制标志着我国开关设备自主制造技术达到了国际先进水平，为 1000kV 特高压交流试验示范工程的设备研制打下了基础。

2. 国内外特高压开关设备研发情况

苏联 20 世纪 60 年代开始进行特高压输电基础研究，1985 年 8 月建成投运 1150kV 特高压交流输电线路，这是世界上第一个特高压交流输电工程。变电站采用敞开式设备，断路器为 10 断口空气断路器。随着苏联解体，由于经济滑坡导致电力需求不足，特高压线路于 1992 年 1 月起降压至 500kV 运行。

日本在 1972 年启动特高压输电技术的研究开发计划，20 世纪 80 年代开始相关技术研究，1992～1999 年先后建成约 425km 特高压输电线路，均降压至 500kV 运行，一直没有实现升压到特高压运行。1995 年建成新臻名特高压试验场，日本研制的特高压设备在此进行了长期带电考核（同时施加电压和电流），其中东芝、三菱、日立三家公司各提供一相 GIS 设备，采用双断口罐式断路器（两个 550kV 单断口灭弧室串联组成），液压机构操动，设置阻值约 700Ω 的分合闸共用电阻。

美国、意大利、巴西和加拿大等国，出于各自的需要，于 20 世纪 70 年代先后建立了 1000～1500kV 特高压试验站，启动了特高压输电技术的基础理论和工程应用研究，但是最终都未实现工程应用。意大利研制的特高压开关设备采用 GIS，断路器为四断口，由两台液压操动机构操作，每台液压操动机构驱动两个断口，灭弧室设置了分合闸电阻。

我国 20 世纪 80 年代开始跟踪国际特高压技术，进行了一些初步的探索和研究。2004 年底提出发展特高压输电技术战略构想，2005 年全面开展前期研究论证和示范工程可行性研究。新中国成立后依托 330、500、750kV 工程设备研制积累的经验为特高压输变电设备研制打下了基础。

2005 年 3 月 30 日～4 月 8 日，国家电网公司和中国机械工业联合会组织特高压设备国产化调研专家组，对国内主要输变电设备制造厂家研制特高压交直流设备的能力进行了全面调研，考察的开关设备制造厂包括西安西电开关电气有限公司、河南平高电气股份有限公司、河南平高东芝高压开关有限公司和新东北电气集团高压开关有限公司。调研重点是特高压设备的研发计划与落实情况，现有开发、设计、制造、原材料供货和试验能力，存在的问题、困难及应对措施等。调研结果表明，特高压断路器的开发能力与进度主要受两方面因素制约：①系统对断路器的要求；②断路器的结构形式。就当时的能力和条件而言，无论采用什么结构形式的断路器，完全立足国内研发都需要较长时间。考虑到 2007 年应具备国产化供货能力，最终确定了借鉴国际上已有成果和经验，通过学习和引进技术，逐步消化吸收，掌握核心技术，在高起点上开拓创新的技术路线。在"以我为主、自主产权、实事求是，稳步推进"的原则指引下，制订长远的国产化计划，研制具有完全自主知识产权的特高压 GIS，逐步实现特高压 GIS 设备的国产化。

2006 年 6 月 13～14 日，国家发展和改革委员会在北京组织召开特高压设备研制工作会议，在一年多调查研究成果的基础上讨论形成了特高压设备研制供货方案，确定开关设备采用 GIS 或 HGIS，由中方控股企业制造，设备国产化率不应低于 70%。2006 年 8 月 9 日，国家发展和改革委员会印发《国家发展改革委关于晋东南至荆门特高压交流试验示范工程项目核准的批复》（发改能源〔2006〕1585 号），正式核准建设特高压交流试验示范工程。11 月 10 日，国家发展和改革委员会印发《国家发展改革委办公厅关于晋东南—荆门 1000kV 特高压交流试验示范工程设备国产化方案和招标采购方式的复函》（发改办工业〔2006〕2550 号），正式批复了特高压交流试验示范工程的设备国产化方案。

特高压交流试验示范工程是我国发展特高压输变电技术的起步工程，也是我国特高压输变电设备自主研发和创新的依托工程。按照国家发展和改革委员会有关要求，国家电网公司选择了中外联合设计、产权共享、合作生产、国内制造的模式，通过采购程序确定河南平高电气和日本东芝公司合作研制 1100kV GIS 用于晋东南变电站，新东北电气和日本 AE Power 公司合作研制 1100kV HGIS 用于南阳开关站，西开电气和 ABB 公司合作研制 1100kV HGIS 用于荆门变电站，各提供两个断路器间隔。各制造厂都在三年内完成了 1100kV 特高压 GIS 和 HGIS 的研制和供货任务。2009 年 1 月 6 日，特高压交流试验示范工程正式投运，成为当时世界上唯一在运的特高压输电工程。河南平高电气提供的 ZF27-1100（L）/Y6300-50、新东北电气提供的 ZF6-1100（L）Y6300-50、西开电气提供的 ZF17-1100（L）/Y4000-50 设备（见图 5-1～图 5-3），成为世界上首个正式投入商业运营的 1100kV GIS 和 HGIS，标志着我国在远距离、大容量、低损耗的特高压输电核心技术和设备国产化上取得重大突破。

图 5-1　晋东南变电站 1100kV 特高压 GIS（平高电气）

图 5-2　南阳开关站 1100kV 特高压 HGIS（新东北电气）

图 5-3　荆门变电站 1100kV 特高压 HGIS（西开电气）

考虑到特高压电网的发展，特高压交流试验示范工程中额定电流 4000A、额定短路开断电流 50kA 的特高压开关设备不能满足后续工程的需求。为了满足后续特高压工程项目对大容量开关设备的需要，在 4000A、50kA 开关设备的基础上，西开电气、河南平高电气和新东北电气先后于 2010 年自主研制了世界首台套 6300A、63kA 特高压开关设备，顺利通过产品全套型式试验，并在特高压交流试验示范工程扩建工程中首次投入运行。

2017 年建成投运的榆横—潍坊特高压交流工程潍坊变电站引入了中日合资企业山东电工电气日立高压开关有限公司的特高压开关设备，从此特高压 GIS 的供应商体系覆盖了国有企业、民营企业、合资企业，通过企业之间的市场竞争与技术交流，促进了特高压 GIS 质量和性能的共同提升。我国 GIS 制造水平和运行水平已经跨入世界先进水平的行列，特别是 1100kV GIS 已经处于世界领先地位，实现了国产化研发和生产制造。

（二）研发难点

与 550kV 和 800kV 等超高压开关设备相比，1100kV 特高压开关设备的设计、制造和试验具有更大的难度，主要体现在以下几个方面：

（1）特高压开关设备绝缘水平提高，设备尺寸增大，机械强度和绝缘设计要求更高，增加了设备制造、运输与安装的难度；为避免设备尺寸过度增大，必须优化设计、研发新工艺，实现在相对较小的尺寸内承受更高的电压。

（2）特高压断路器开断容量进一步增大，需开断直流分量衰减时间常数为 120ms 的短路电流，灭弧室的烧蚀更严重，弧后的介质强度恢复难度更大，对断路器灭弧室的设计和制造提出了更高的要求。

（3）特高压系统绝缘配合比其他高压系统允许的过电压倍数低，对操作过电压的抑制更重要且难度更大，断路器操作产生的过电压及隔离开关操作引起的快速暂态过电压（VFTO）均应采取合理的措施进行抑制。

（4）特高压系统中感应电流和暂态地电位升高明显增加，需研究可靠的地网设计方案。

（5）特高压断路器的短路开断及关合试验、失步试验、切合空载长线试验、带分闸电阻断路器试验等，对试验条件、试验方法、试验回路提出了新的要求；尤其整极试验采用电流引入法，满足直流分量衰减时间常数 120ms 的短路开断及关合试验对试验设施提出了更高要求。

（6）生产制造特高压开关设备，对制造企业的研发能力、工艺装备、质量控制、试验条件提出了更高要求。

（三）技术路线

特高压 GIS 主要包括双断口断路器和四断口断路器两条技术路线。各制造厂根据自身产品特点和前期技术积累选用不同路线，与国外厂商合作开发或者自主研发，形成了丰富的特高压 GIS 产品库。

河南平高电气与日本东芝合作研制 ZF27-1100 型 GIS，采用双断口断路器、立式隔离开关，如图 5-4 所示；2010～2012 年以 ZF27-1100 型 GIS 技术为支撑，在具有完全自主知识产权的 550kV（63kA）单断口断路器和 800kV GIS 的基础上，研制了自主化 ZF55-1100 型 1100kV GIS（63kA），断路器同样采用双断口设计和立式隔离开关；2016～2019 年以现有两款 1100kV GIS 产品为基础，研制了 ZF55B-1100 改进型 1100kV GIS（63kA），采用双断口断路器和卧式隔离开关（不带投切电阻），如图 5-5 所示，产品经济性进一步提高。三种型号产品可实现自由对接。

图 5-4　平高电气 ZF27-1100 型双断口 1100kV GIS（蒙西变电站）

图 5-5　平高电气 ZF55B-1100 型双断口 1100kV GIS（晋北变电站）

西开电气与瑞士 ABB 合作研制的 ZF17-1100 特高压 GIS，采用四断口断路器，搭配卧式隔离开关。特高压交流试验示范工程建设期间，断路器灭弧室与合闸电阻采用水平并列布置结构，配用卧式直角型隔离开关，缩短了设备总体长度，但设备总体宽度尺寸较大，如图 5-6 所示；2009～2010 年以 ZF17-1100 型 GIS 技术为支撑，成功研制了拥有完全自主知识产权的 ZF17A-1100 型 1100kV GIS（63kA）；从皖电东送工程皖南变电站开始，为了适应特高压变电站的整体布置要求，在保持较短的总体长度基础上，将水平并列布置结构调整为合闸电阻上置结构，降低了设备总体宽度，如图 5-7 所示；之后随着直线型隔

图 5-6 荆门变电站设备结构

离开关的成功研发和应用，从北京西变电站三期工程开始将断路器重新恢复至水平并列布置结构，在保证设备宽度的同时进一步提高了 GIS 运行可靠性，如图 5-8 所示。

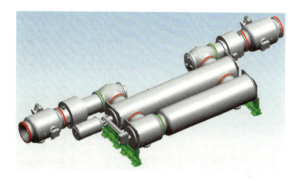

图 5-7 皖南变电站设备结构　　　图 5-8 北京西变电站三期设备结构

新东北电气分别采用了两种不同的技术路线，开发研制了两种结构形式的 1100kV 特高压 GIS。一种是采用"联合设计、产权共享、合作生产、国内制造"的技术路线，与日本 AE Power 公司合作开发的双断口断路器，搭配立式隔离开关、内置式电流互感器和母线等；另一种是采用"独立设计、国内制造、享有完全自主知识产权"的技术路线，自主研制的四断口断路器，搭配卧式隔离开关、外置式电流互感器和小型化母线等，如图 5-9 所示。

山东电工电气日立高压开关有限公司（简称山东电工日立）引进日立制作所的相关技术，经过消化吸收后，研制出 ZF51-1100（L）型特高压 GIS，采用双断口断路器搭配立式隔离开关，产品在榆横—潍坊特高压交流工程潍坊变电站首次应用。图 5-10 是后来应用在张北—雄安工程张北变电站的 110kV GIS。

（四）技术条件

特高压开关设备的技术条件是参考 IEC 标准、国家标准和电力行业标准，在特高压交流试验示范工程系统研究成果的基础上，全面考虑各种运行工况、设备技术水平

和通用性后提出的，具体参数要求见表 5-1～表 5-7。

图 5-9　新东北电气 1100kV GIS（浙北变电站）

图 5-10　山东电工日立 1100kV GIS（张北变电站）

表 5-1　　　　　　　　　　　　特高压 GIS 共用技术参数

序号	名称		单位	标准参数值
1	额定电压		kV	1100
2	额定电流	出线	A	6300
		进线		6300
		主母线		8000
3	额定工频 1min 耐受电压（方均根）（相对地）		kV	1100
4	额定操作冲击耐受电压峰值（250/2500μs）（相对地）		kV	1800

续表

序号	名称			单位	标准参数值
5	额定雷电冲击耐受电压峰值（1.2/50μs）（相对地）			kV	2400
6	额定短路开断电流			kA	50/63
7	额定短路关合电流			kA	135/170
8	额定短时耐受电流及持续时间			kA/s	50/2 63/2
9	额定峰值耐受电流			kA	135/170
10	辅助和控制回路短时工频耐受电压			kV	2
11	无线电干扰电压（1.1倍最高相电压下）			μV	≤500
12	噪声水平			dB	≤110
13	单个隔室SF_6气体年漏气率			%/年	≤0.5
14	SF_6气体湿度	有电弧分解物隔室	交接验收值	μL/L	≤150
			长期运行允许值		≤300
		无电弧分解物隔室	交接验收值		≤250
			长期运行允许值		≤500
15	局部放电	试验电压		kV	$1.2×1100/\sqrt{3}$
		单个隔室		pC	≤5
		单个绝缘件			≤3
		套管			符合 GB/T 24840《1000kV交流系统用套管技术规范》的规定
		电流互感器			≤10
		电压互感器			≤5
		避雷器			≤10
16	供电电源	控制回路		V	AC 220/DC 220
		辅助回路		V	AC 380/220
17	使用寿命			年	≥40
18	检修周期			年	≥20
19	结构布置				三相分箱

表 5-2　　　　　　　　特高压断路器基本参数

序号	名称	单位	标准参数值
1	断口数		2/4
2	温升试验电流	A	$1.1I_r$
3	开断时间	ms	≤50
4	合分时间	ms	≤50
5	分闸时间	ms	≤30
6	合闸时间	ms	≤120

序号	名称		单位	标准参数值	
7	重合闸无电流间隙时间		ms	300 及以上可调	
8	分闸不同期性	极间	ms	≤3	
		同极断口间		≤2	
9	合闸不同期性	极间	ms	≤5	
		同极断口间		≤3	
10	机械寿命		次	≥5000	
11	额定操作顺序			O—0.3s—CO—180s—CO	
12	现场开合空载变压器能力	空载变压器容量	MVA	3000	
		空载励磁电流	A	0.5～15	
		试验电压	kV	1100	
		操作顺序		10×O 和 10×（CO）	
13	现场开合并联电抗器能力	电抗器容量	Mvar	480～1200	
		试验电压	kV	1100	
		操作顺序		C—O	
14	现场开合空载线路充电电流试验	试验电流	A	实际电流	
		试验电压	kV	$1100/\sqrt{3}$	
		试验条件		线路原则上不得带有泄压设备，如电抗器、避雷器、电磁式电压互感器等	
		操作顺序		10×（O—0.3s—CO）	
15	容性电流开合试验（试验室）	试验电流	A	1200	
		试验电压	kV	$1.3×1100/\sqrt{3}$	
	C1 级：LC1 24×O，LC2：24×CO			C1 级	
16	近区故障条件下的开合能力	L90	kA	45/56.7	
		L75	kA	37.5/47.3	
		L60	kA	30/37.8（L75 的最小燃弧时间长于 L90 的最小燃弧时间 5ms 时）	
		操作顺序		O—0.3s—CO—180s—CO	
17	失步关合和开断能力	开断电流	kA	12.5/16	
		试验电压	kV	$2.0×1100/\sqrt{3}$	
		操作顺序		方式 1：O—O—O 方式 2：CO—O—O	
	带串补回路的失步开断能力	开断电流	kA	9	
		恢复电压/上升率	kV kV/us	2450（峰值） 1.3	2610（峰值） 1.2
		操作顺序		O—O—O	O

序号	名称		单位	标准参数值
18	合闸电阻	电阻值	Ω	≤600
		电阻值允许偏差	%	−10～0
		预投入时间	ms	8～11
		热容量		1.3×1100/$\sqrt{3}$ kV 下合闸操作 4 次，头两次操作间隔为 3min，后两次操作间隔也是 3min，两组操作之间时间间隔不大于 30min；或在 2×1100/$\sqrt{3}$ kV 下合闸操作 2 次，时间间隔为 30min
19	断口均压用并联电容器	每相电容器的额定电压	kV	1100/$\sqrt{3}$
		每个断口电容器的电容量允许偏差	%	±5
		耐受电压	kV	2 倍相电压 2h
		局部放电	pC	≤5
		介损值	%	≤0.25

表 5-3   特高压隔离开关基本参数

序号	名称		单位	标准参数值
1	温升试验电流		A	1.1I_r
2	机械寿命		次	≥2000
3	开合小电容电流值		A	2
4	开合小电感电流值		A	1
5	开合母线转换电流能力	转换电流	A	1600
		转换电压	V	400
		开断次数	次	100
6	投切电阻（如有）		Ω	500

表 5-4   特高压接地开关基本参数

序号	名称			单位	标准参数值
一	快速接地开关				
1	机械寿命			次	≥2000
2	开合感应电流能力	电磁感应	感性电流	A	360
			感应电压	kV	30
			开断次数	次	10
		静电感应	容性电流	A	50
			感应电压	kV	180
			开断次数	次	10
二	检修接地开关				
1	机械寿命			次	≥2000

表 5-5   特高压电流互感器基本参数

序号	名称		单位	标准参数值
1	型式或型号			电磁式
2	布置型式			环形铁芯，装在断路器两侧
3	对于 TPY 绕组的要求	K_{ssc}		21
		时间常数	ms	120
		直流分量偏磁		100%

表 5-6   特高压电压互感器基本参数

序号	名称		单位	标准参数值
一	母线电压互感器			
1	型式或型号			电磁式
2	额定电压比			$\frac{1000}{\sqrt{3}}\Big/\frac{0.1}{\sqrt{3}}\Big/\frac{0.1}{\sqrt{3}}\Big/0.1\text{kV}$
3	准确级			0.5/3P/3P
4	低压绕组 1min 工频耐压		kV	3
5	额定电压因数			1.2 倍连续，1.5 倍 30s
6	额定输出	测量（0.5 级）	VA	15
		保护	VA	15
		剩余	VA	15
二	进线电压互感器			
1	型式或型号			电磁式
2	额定电压比			$\frac{1000}{\sqrt{3}}\Big/\frac{0.1}{\sqrt{3}}\Big/\frac{0.1}{\sqrt{3}}\Big/\frac{0.1}{\sqrt{3}}\Big/0.1\text{kV}$
3	准确级			0.2/（0.5/3P）/（0.5/3P）/3P
4	接线级别			三相
5	低压绕组 1min 工频耐压		kV	3
6	额定电压因数			1.2 倍连续，1.5 倍 30s
7	额定输出	测量（0.2 级）	VA	15
		保护	VA	15
		保护	VA	15
		剩余	VA	15

表 5-7   特高压套管基本参数

序号	名称	单位	标准参数值
1	伞裙型式		大小伞（瓷套管带滴水檐）
2	材质		复合/瓷

续表

序号	名称		单位	标准参数值
3	起晕电压			在 1.1×1100/$\sqrt{3}$ kV 电压下 晴天夜晚无可见电晕
4	爬电距离		mm	瓷：27500K_aK_{ad}（K_{ad}=0.265$D_a^{0.2322}$， D_a 为等效直径） 复合：27500K_aK_{ad} （K_{ad}=0.413$D_a^{0.1547}$，D_a 为等效直径） K_a：海拔修正系数
5	干弧距离		mm	≥7500
6	S/P			≥0.9
7	端子静负载	水平纵向	N	5000
		水平横向		4000
		垂直		5000
		安全系数		静态 2.75，动态 1.7
8	套管顶部金属带电部分的相间最小净距		mm	≥10100

（五）研制历程

2005 年 7 月，平高电气通过与日本东芝的技术合作掌握了特高压开关设备核心技术。2008 年 6 月 30 日完成 ZF27-1100（L）/Y6300-50 型 GIS 全部型式试验（额定工作电流 6300A，额定短路电流 50kA），如图 5-11 所示，2009 年 1 月 6 日在特高压交流试验示范工程晋东南变电站首次投入运行。该产品主要包括双断口断路器、带电阻结构立式隔离开关及接地开关组合、内置式电流互感器、母线和瓷套管等。

图 5-11 ZF27 型 1100kV GIS 试验

为了满足后续特高压工程需要，平高电气对原东芝结构产品进行改进，研制出 ZF27-1100（L）/Y6300-63 型 GIS，断路器取消分闸电阻，额定短路电流提升到 63kA，2011 年 1 月完成全部型式试验，2011 年 12 月在特高压交流试验示范工程扩建工程晋东南变电站首次投入运行。

2010 年，平高电气启动自主化产品研制工作。在吸收引进技术的基础上，结合自身 550kV 单断口断路器和 800kV 双断口断路器的设计思路和制造经验，先后攻克特高压双断口断路器大容量开断、特高压隔离开关母线转换电流熄弧、大功率液压机构设计、复合套管研制等难题，于 2013 年 12 月成功研制出基于自主技术路线的 ZF55-1100

图 5-12　ZF55 型 1100kV GIS 试验

（L）型特高压 GIS（如图 5-12 所示），其中自主化断路器在皖电东送工程沪西变电站首次投入应用，自主化隔离开关在淮南—南京—上海特高压交流工程南京变电站首次投入应用。该产品断路器采用自主技术的双断口灭弧室和液压操动机构；隔离接地开关基于 VFTO 研究成果，取消阻尼电阻，配低速电动机构；复合套管、绝缘子等关键部件也实现了自主设计、制造。

2016 年，平高电气进一步通过技术创新、结构优化和工艺提升，研制了 ZF55B-1100 改进型特高压 GIS，2019 年 3 月通过了全部型式试验。改进型隔离接地开关在蒙西变电站扩建工程中试点应用，改进型 GIS 整体在晋北变电站扩建工程中首次使用。

新东北电气利用自身 72.5～550kV GIS 的生产经验，2006 年开始与日本 AE Power 公司合作研制 1100kV 特高压 GIS 和 HGIS。2006 年 2 月引进 1100kV GIS/HGIS 母线、隔离开关、接地开关的制造技术，2007 年完成母线、隔离开关、接地开关样机的制造及型式试验考核。2008 年 12 月完成 ZF6-1100（L）/Y6300-50 型产品（额定工作电流 6300A，额定短路电流 50kA）研制，断路器采用双断口，HGIS 在特高压交流试验示范工程南阳开关站首次投入运行。

为了满足后续工程需求，在特高压交流试验示范工程成功供货的产品基础上，新东北电气 2011 年 8 月进一步研发了 ZF6-1100（L）/Y6300-63 型产品，额定短路电流提升到 63kA（见图 5-13），在特高压交流试验示范工程扩建工程南阳变电站首次投入使用，如图 5-14 所示。

图 5-13　ZF6 型 1100kV GIS 试验

图 5-14　南阳变电站 1100kV HGIS

　　在与日本 AE Power 公司合作开发 63kA 产品的同时,新东北电气采用"独立设计、国内制造、享有完全自主知识产权"的技术路线同步开发了 ZF15-1100(L)/Y6300-63 型产品(额定工作电流 6300A,额定短路电流 63kA)型产品,其中断路器采用四断口,见图 5-15。2011 年 11 月完成全部型式试验考核,其中自主化断路器在皖电东送工程浙北变电站首次应用,自主化隔离开关产品在锡盟—山东特高压交流工程济南变电站首次应用。

图 5-15　ZF15 型自主化 1100kV GIS 试验

　　西开电气 2005 年与 ABB 公司签订合作意向协议,在双方已有技术的基础上联合开发 1100kV GIS 产品。通过技术论证,确立了以 ABB 公司 300kV 标准灭弧室单元为基础,串联 4 个标准灭弧室单元组成 1 个 1100kV 灭弧室的设计方案,成功研制了共同拥有知识产权的 ZF17-1100 特高压开关设备(额定工作电流 4000A、额定短路电流 50kA),以 HGIS 形式在特高压交流试验示范工程荆门变电站首次投入运行。该产品除四断口断路器外,还包括直角型隔离开关(不带投切电阻)及接地开关组合,外置式电流互感器,母线、复合套管和瓷套管。

　　为了支撑后续特高压工程建设,西开电气在已有产品基础上,于 2009 年 9 月独立自主完成了 ZF17A-1100(L)/Y6300-63 型产品的研发,将产品的额定工作电流提升到 6300A,额定短路开断电流提升到 63kA,通过了全部型式试验,在特高压交流试验示范工程扩建工程荆门变电站首次投入使用。ZF17A-1100(L)/Y6300-63 型产品的研发,除断路器外还包括快速接地开关和带投切电阻隔离开关。为优化后续工程布置结构,2013 年完成直线型隔离开关(不带投切电阻)的研制和型式试验,该隔离开关在浙南变电站首次使用。GIS 绝缘试验如图 5-16 所示。断路器开断试验如图 5-17 所示。

图 5-16　GIS 绝缘试验　　　　　　　图 5-17　断路器开断试验

山东电工日立为中日合资企业，2009 年与日本日立制作所签订技术转让合同，全面引进日本日立制作所的产品图纸、工艺资料和工装图纸用于 GIS/HGIS 的产品制造，通过对日立技术的消化吸收，再以自主创新的模式进行二次研发，依次开发出断路器、

隔离接地开关、快速接地开关、母线等单元，成功研发 ZF51-1100（L）/Y8000-63（IFT）型特高压 GIS（见图 5-18），2013 年 11 月通过整机型式试验考核，在榆横—潍坊特高压交流工程潍坊变电站首次应用。

随着特高压交流工程的规模化建设，为了进一步提高产品国产化水平，国内厂商在绝缘件制造、灭弧室自主组装、操动机构研发等方面不断发力，陆续取得突破性成果。通过一系列强化质量管控措施，实现质量和

图 5-18　山东日立 ZF51 型特高压 GIS

产量的同步提升，目前 1100kV 特高压 GIS 的国产化率接近 100%。

截至 2023 年底，中国特高压交流输电工程已累计投运特高压 GIS 共计 429 个间隔。

二、产品设计

（一）基本组成和布置

特高压 GIS 结构示意图如图 5-19 所示，其核心组部件包括断路器（CB）、隔离接地开关（DS/ES）、快速接地开关（FES）、电流互感器（CT）、母线（BUS）、套管（BG）等，根据工程需求配置电压互感器（PT）和避雷器（LA）。GIS 设备导电部分主要依靠支撑绝缘子和盆式绝缘子进行绝缘和支撑，同时利用盆式绝缘子对气室进行分隔，

每个特高压变电站使用的绝缘子数量可达数百支，其性能对特高压 GIS 整体性能的影响至关重要。

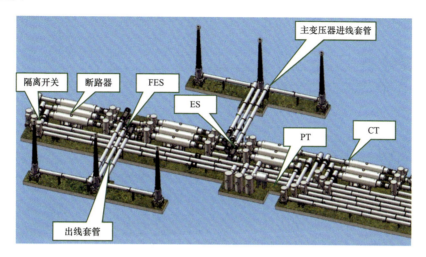

图 5-19 特高压 GIS 基本组成结构示意图

特高压变电站 GIS 通常采用 3/2 接线、"一"字型布置。由于占地面积较大，为节省土地资源，对于不再涉及远期扩建的主母线端部断路器可采取翻折方案（浙北—福州工程浙中变电站平高电气产品开始应用）。单端翻折可使每站减少约 150m 主母线，根据具体站址情况还可采取双端翻折，如特高压武汉变电站，进一步节省了总体投资，如图 5-20 所示。

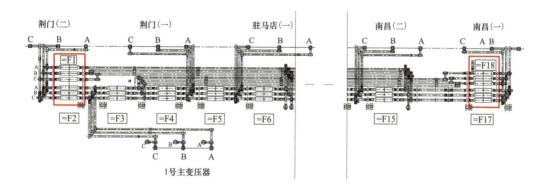

图 5-20 1000kV 武汉变电站布置图

除"一"字型布置外，在淮南—南京—上海特高压交流工程苏州变电站首创了双列布置方式。9 个间隔特高压 GIS 在道路两侧布置，其中道路一侧布置 5 个间隔，另一侧布置 4 个间隔，Ⅰ母、Ⅱ母和一条分支母线分别通过道路下方的隧道与道路两侧的设备相连接，如图 5-21、图 5-22 所示。隧道下方设置排水通风设施，密度计、传感器均安装在隧道上部，日常巡检时工作人员无需进入隧道内部。该方案有效节约了用地，便利特高压线路的出线，为特殊情况下的 GIS 布置提供了新的方案。

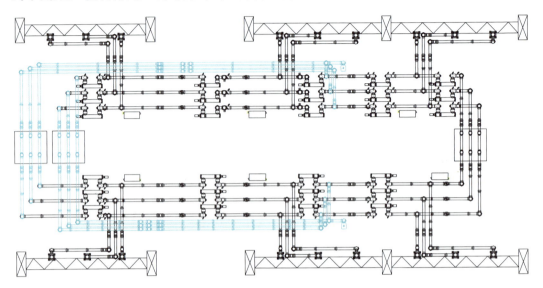

图 5-21　苏州变电站特高压 GIS 整体布置结构

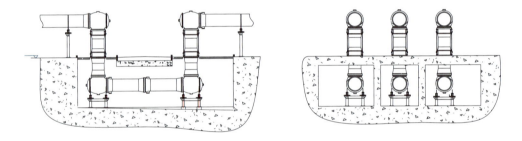

图 5-22　苏州变电站特高压 GIS 隧道串路结构

（二）断路器

断路器的关键技术主要包括绝缘性能、开断性能和机械性能。

1. 绝缘性能

相比于超高压 GIS 断路器产品，特高压 GIS 断路器尺寸更大，断口间和对地的绝缘要求更高。特高压 GIS 断路器有双断口和四断口两种形式。

双断口特高压断路器产品主要包括平高电气 ZF27、ZF55、ZF55B 型产品，以及新东北电气 ZF6 型产品和山东电工日立 ZF51 型产品。断路器装设合闸电阻且与灭弧室在同一罐体内，配用液压操动机构；灭弧室为双断口串联，每断口间装有并联电容器；断口处装有均压罩，以改善电场分布，提高耐压能力。双断口断路器结构如图 5-23 所示。

四断口特高压断路器产品包括西开电气 ZF17、ZF17A 型产品和新东北电气 ZF15 型产品。灭弧室与合闸电阻分别布置在各自独立的罐体中，灭弧室为四断口串联，每断口装有并联电容器。操动机构与灭弧室采用直连结构，通过平板凸轮传动机构驱动合闸电阻断口先于主断口合闸并且"合后即分"，从工作原理上提高了电阻工作的可靠性，如图 5-24 所示。

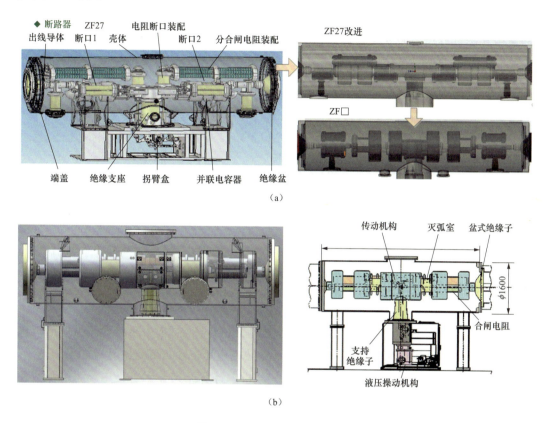

（a）

（b）

图 5-23 双断口特高压断路器

（a）ZF27、ZF 改进型及 ZF□型特高压断路器结构图；（b）ZF6（左）和 ZF51（右）型特高压断路器结构图

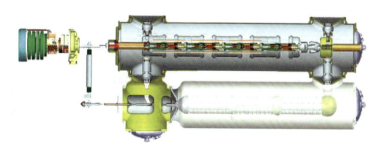

图 5-24 四断口特高压断路器

特高压断路器的主绝缘采用同轴电场结构，绝缘形式主要包括 SF$_6$ 气体间隙和绝缘件两种。对于间隙绝缘，一般通过组合屏蔽系统及屏蔽形状的优化设计，在场强相对较高的地方设计为多个曲线相切的轮廓，避免出现棱边和尖角，从而获得理想的电

场分布。断路器内部包含多种绝缘件，一般使用绝缘支撑筒实现灭弧室对地的可靠绝缘；灭弧室两端设置有盆式绝缘子，以实现主导电回路与罐体的绝缘；灭弧室断口设计有绝缘棒或绝缘筒，以保证断路器分闸时可靠的断口绝缘，如图 5-25 所示。通过对绝缘件进行电场、机械和受热的仿真分析，获得绝缘件沿面和内部的电热力场分布，针对电场超过许用值的部分有针对性开展优化改进。

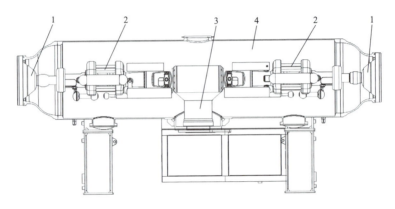

图 5-25 特高压断路器绝缘件布置示意图

1—盆式绝缘子；2—断口绝缘棒/绝缘筒；3—绝缘支撑筒；4—筒体

图 5-26 为断路器绝缘支撑及拉杆电场强度分析，图 5-27 为断路器灭弧室断口电场计算结果。计算条件为灭弧室一端施加雷电冲击电压，另一端施加反极性工频电压，对冲击电压施加在动触头或静触头分别进行分析，计算结果显示各处电场强度最大值均小于许用值，而且具有一定的裕度，满足设计要求。

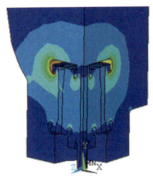
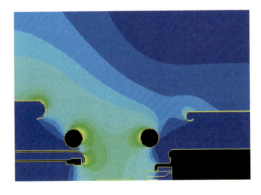

图 5-26 断路器绝缘支撑及拉杆电场强度分析　图 5-27 断路器灭弧室断口电场强度分析

根据 GB/T 24836《110kV 气体绝缘金属封闭开关设备》的要求，特高压断路器应耐受对地的雷电冲击电压、操作冲击电压和 1min 短时工频耐受电压分别为 2400、1800kV 和 1100kV，断口间的雷电冲击电压、操作冲击电压和 1min 短时工频耐受电压分别为 2400（+900）、1675（+900）kV 和 1100（+635）kV。其中，断口雷电冲击耐受电压按照最严酷情况考核，即一侧端子出现最大雷电冲击电压时另一侧端子上工频电压为反向额定电压峰值。详细参数要求见表 5-1、表 5-2。

2. 开合性能

开合性能是断路器的主要性能之一。可靠稳定的开合性能，对于电网的安全稳定运行至关重要。特高压系统的额定短路开断电流为 63kA，额定峰值关合电流为 171kA，直流分量时间常数为 120ms。与 550kV 断路器相比，特高压断路器的时间常数更大（常规 550kV 为 75ms），恢复电压更高，开断瞬间断口的热量更大，开断短路电流难度也更大。断路器开合将造成系统参数突变，电网电磁能量的振荡将引起较大的过电压，对 GIS 绝缘将产生较大影响。

特高压 GIS 断路器产品借鉴 300/550kV GIS 灭弧单元的结构，采用这样灭弧单元的断路器在以往的试验和运行中被证明具有在 45ms 时间常数下开断 63kA 短路电流的能力，耐电弧烧蚀能力理论上能够满足 120ms 时间常数下开断 63kA 短路电流的要求，可以解决高能量电弧烧蚀的问题。灭弧方式采用单压式变开距、同步气吹灭弧。当断路器接到分闸指令后，操动机构通过传动机构，带动触头、压气缸、喷口运动。在操作过程中，压气缸内的 SF_6 气体被压缩，在动、静触头分开时，动弧触头和静弧触头间产生电弧，堵塞喷口，使压气缸内的 SF_6 气体压力升高。当电弧电流减小时，喷口喉部压力降低，压气缸内压力高于喷口从而形成高速气吹，使电弧快速冷却。当断口间的绝缘能力恢复速度大于断口间的恢复电压上升速度时，断口绝缘重新建立，在电弧过零点熄灭。

在电弧熄灭的瞬间，断口之间电弧能量不能及时消散，温度比较高，此时 SF_6 的绝缘性能尚未完全恢复，要充分考虑热态的 SF_6 气体，并结合开断过程中的气吹，综合设计灭弧室的断口动态绝缘。待完成开断操作后，断口间的热量得到消散，断口间补充新鲜的 SF_6 气体，断口绝缘水平得到恢复，此时断口绝缘设计主要是静态绝缘设计，考虑断口绝缘件沿面距离，以及断口屏蔽形状和屏蔽深度，以均匀断口电场梯度，提高断口绝缘水平。断路器开断过程如图 5-28 所示。

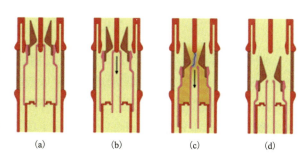

图 5-28　断路器灭弧室开断过程示意图
(a) 合闸位置；(b) 分闸运动；(c) 灭弧过程；(d) 分闸位置

早期特高压工程中，为提高断路器开断能力，曾采用双动压气式灭弧结构，但是零部件数量多，结构复杂。后续自主研发的特高压断路器改进设计，将触头运动方式改为单动结构，开断时仅动触头运动，同样实现了开断 63kA 短路电流的能力，也通过了其他系列开断试验考核。

为了提高断路器抑制操作过电压和合闸涌流的能力，在特高压断路器主断口并联合闸电阻，将电网中的部分电能吸收转化成热能，以削弱电磁振荡、限制过电压。通过对传动机构进行特殊设计，使合闸电阻断口在断路器合闸瞬间先于主回路接通，并实现"先合先分"或"合后即分"操作，不影响主断口的通流和开断性能。合闸电阻材质一般为陶瓷，该类型的电阻片热容量大，并具有较高的机械强度和电气性能。由于特高压系统的能量更大，绝缘水平要求更高，因此与550kV断路器相比，特高压断路器的合闸电阻片数量更多，电阻堆体积更大，热容量更大，对电阻片沿面绝缘和单片热容量等方面的要求更高。

目前我国特高压GIS断路器的合闸电阻均为进口产品，供应商包括日本东海高热工业株式会社和英国摩根公司。合闸电阻工业化制造的难点在于电阻值精度的控制，一般要求阻值偏差不大于±10%。自20世纪60年代起，国外已开始开展相关研究，经过多年技术积累，产品性能优良，质量稳定，单位体积吸收能量可达$300J/cm^3$。国内产品起步较晚，目前仅仅实现材料配方的开发和基础工艺的验证，初步实现了技术突破，但是产品性能和质量稳定性与进口产品差距较大，需要进一步研发。电阻片和合闸电阻装配结构如图5-29所示。

图5-29　电阻片和合闸电阻装配结构

此外，为了充分利用每个断口灭弧单元的绝缘能力和开合能力，改善断口电压分布，降低短路开断时恢复电压初期的增长速率以改善开断条件，在断路器各断口并联了均压电容器。根据GIS的电容量和灭弧单元的开断能力，确定每个断口均压电容值。常规均压电容分为陶瓷电容和油纸电容。油浸式集成电容及其装配结构如图5-30所示。

图5-30　油浸式集成电容及其装配结构

目前我国特高压 GIS 断路器均压电容均为进口产品，供应商包括日本 TDK、瑞士 CONDIS 和日本日立制作所。国产均压电容在制造工艺及产品稳定性上存在差距，主要表现在工频耐压低和介质损耗大。进口陶瓷电容器每片工频击穿电压值为 90～100kV，国产电容器则为 60～80kV；进口电容器的介电损耗值为 0.03%～0.05%，国产电容器则为 0.05%～0.1%。与合闸电阻的情况类似，国产均压电容需要进一步研发。

特高压 GIS 断路器的开合性能经过了开合空载变压器、开合并联电抗器、开合空载线路充电电流、容性电流开合等试验的考核，详细参数要求见表 5-1、表 5-2。

3. 机械性能

良好的机械性能是实现可靠开合的基础。断路器的分合闸速度、弹跳、同期性等机械特性需要满足开断和关合的需求，还要具备足够的机械寿命和稳定性。

操动机构是确保断路器机械性能稳定的关键部件，根据操作功需求的不同，现有双断口断路器配用氮气储能液压机构，四断口断路器配用碟簧储能液压机构。特高压断路器要求操动机构具有较大的操作功，在开断初期具有较高的分闸速度，以使断口在短路电流过零瞬间具有足够的开距。由于特高压断路器的操作功需求远大于 550kV 断路器，目前仅有液压操动机构满足要求。以 ZF27 型特高压断路器为例，其液压机构的操作功为 32kJ，分闸速度（12±1）m/s，以满足断路器的分、合闸和开合故障电流的要求。

另外，在提高操动机构初期速度的同时，要考虑行程后半段的减速问题，保证操动机构的操作寿命和稳定性。为此设计了缓冲系统，减小运动后期过冲对操动机构本体的冲击。此外利用有限元分析，对操动机构的关键结构件，如轴承座、转动轴、支撑板、框架等进行强度和稳定性校核，掌握可能发生断裂、失稳等异常情况的薄弱点，预测操动机构的机械寿命，为关键件的设计提供参考依据，避免元件的过疲劳，提高断路器动作的可靠性。特高压断路器用碟簧储能液压机构如图 5-31 所示。

图 5-31　碟簧储能液压机构

特高压断路器机械传动系统设计的另一个关键点是主断口和电阻开关断口的机械配合，确保电阻开关断口先于主断口 8～11ms 合闸。对于合闸电阻"先分先合"的操作方式，主要通过拐臂的尺寸配合实现。对于"合后即分"操作方式，在合闸电阻静触头侧设置返回弹簧，在合闸电阻开关的关合过程中，返回弹簧不断受到压缩。当关合到一定程度时，动触头在压缩弹簧力作用下返回，搭配瞬间脱扣的传动机构，实现合闸电阻开关分闸，结构如图 5-32 所示。

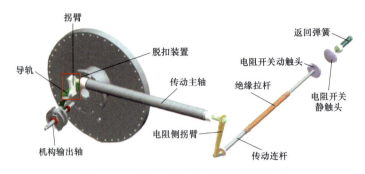

图 5-32 合闸电阻开关动触头返回系统

断路器的机械性能考核包括机械特性试验、机械寿命试验等，需至少满足 5000 次操作，以及配合完成动热稳定和开断等相关试验，详细参数要求见表 5-1、表 5-2。

（三）隔离开关和接地开关

隔离开关是起隔离作用的开关设备。隔离开关在分位置起隔离作用时，触头间应有符合规定要求的绝缘距离和明显的断开标志；在合位置时，应能长期承载负荷电流直至额定电流，同时还应能够在规定时间内承载短路电流直至额定短时耐受电流和额定峰值耐受电流。接地开关是用来将已经停电的线路进行安全接地的一种机械式开关，它不承载任何负荷电流，在某些情况下，它需要具有承载短路电流的能力，而快速接地开关具有关合短路电流或者开合和承载感应电流的能力。隔离开关、接地开关的关键技术包括绝缘性能、开断性能和机械性能等。

1. 绝缘性能

隔离/接地开关按结构形式分为立式和卧式，如图 5-33 所示。立式隔离/接地开关可设置 500Ω 的阻尼电阻，用于限制操作时产生的快速暂态过电压（VFTO）。卧式隔离/接地开关不设置阻尼电阻，布置形式有直角型和直线型结构。

立式隔离开关主要采用拐臂传动方式，动触头在竖直方向运动，实现隔离开关的分合。卧式隔离开关采用丝杠螺母传动或齿轮齿条传动，动触头在水平方向运动，运动特性平稳，可靠性高，分合闸速度基本相当。

隔离/接地开关应满足工频耐受电压、操作冲击电压、雷电冲击电压和局部放电等绝缘性能参数要求，具体详见表 5-1、表 5-3。除应具备基本耐受特高压的绝缘能力外，隔离开关还应具备耐受特高频暂态过电压（VFTO）的能力。

GIS 隔离开关操作产生的 VFTO 主要受以下因素影响：①隔离开关的分、合闸速度；②分、合的 SF_6 气体绝缘母线的长度；③是否装有并联电阻及并联电阻的阻值；④断口间的电极形状设计。为了减少开合过程中合闸预击穿或分闸重击穿的次数，GIS 中隔离开关应选择合适的操动机构，其分、合闸速度应与其电极形状形成配合。当隔离开关的机械性能和电极形状确定后，VFTO 的频率和幅值则取决于所开合的母线段的长度，过电压的频率与母线段的长度近似成反比，过电压的幅值与母线段的长度近似成正比。

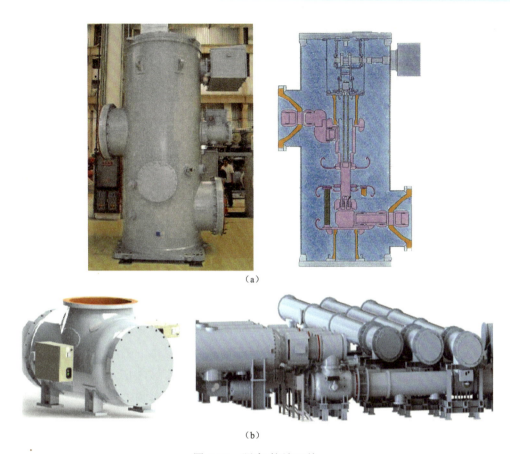

（a）

（b）

图 5-33　隔离/接地开关

（a）立式隔离/接地开关；（b）卧式隔离/接地开关

根据 VFTO 相关研究结果，从特高压交流试验示范工程起，采用了隔离开关加装阻尼电阻（电阻值 500Ω）的方式对 VFTO 进行抑制。在隔离开关开断过程中，先在动、静触头间产生电弧。随着开距的增大，动触头离开电阻屏蔽电极，如隔离开关熄弧后断口重复击穿，则击穿容易发生在动触头与电阻屏蔽电极之间。由于电阻的接入，重复击穿产生的 VFTO 得到了大幅的衰减。为确认放电不会发生在主触头之间，在产品研发过程中进行了 2000 次的脉冲放电试验，经确认所有的放电均发生在电阻屏蔽电极与动触头之间，过程如图 5-34 所示。

2. 开合性能

开合母线转换电流、母线充电电流是隔离开关在运行过程中经常进行的操作。为了满足隔离开关开合母线转换电流的要求，立式隔离开关在动触头上设计了消弧线圈，运用磁场辅助灭弧。操作过程中，作为主接点的动触头和静触头首先断开，接着静触头和动触头分离过程中将安装在动触头上的线圈接入回路，此时在线圈和静触头之间产生电弧，电流流经线圈形成磁场，磁场与电弧成直角交替变换，电弧在磁场直角方向力驱动下运动。这样电弧在线圈和静触头之间开始旋转拉长，逐渐冷却，当动静触

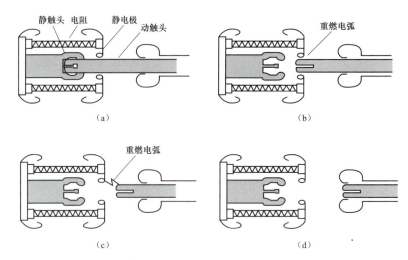

图 5-34　隔离开关在分合闸过程电阻接入原理示意图

（a）合闸状态；（b）分闸过程中重燃电弧；（c）电弧拉长；（d）分闸状态

头间开距满足绝缘要求且电流过零点时电弧熄灭。由于电阻体处设置的电阻接点与动触头之间保持了一定的间隙，所以电弧电流不会流到电阻体。磁场消弧和缓冲方式构造简单，大幅度地降低了机构操作功。消弧线圈结构如图 5-35 所示。卧式隔离开关在触头设计时，充分利用触头对断口间电场、电力线形状的影响，保证了电弧在耐烧蚀触头之间燃烧。对隔离开关进行电场仿真，结果表明各处电场强度最大值均小于许用值，且具有一定的裕度，完全满足设计要求。

隔离开关的开合性能详细参数见表 5-3。

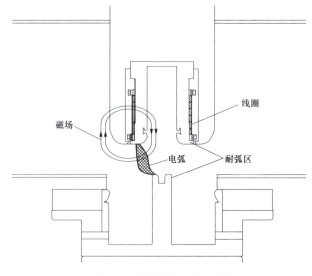

图 5-35　隔离开关消弧线圈

3. 机械性能

隔离/接地开关的分、合闸时间并无特殊要求，其机械性能主要体现在寿命和稳定性。隔离开关一般配置电动弹簧操动机构或电动操动机构。电动弹簧操动机构利用电机带动机构中蜗轮、蜗杆转动，通过传动拐臂压缩操作弹簧进行储能，当操作弹簧压缩至过死点后瞬间释放，通过传动系统完成分、合闸操作。电动操动机构利用电机带动机构齿轮转动系统，通过机构传动轴输出，完成分、合闸操作。

传动结构设计是提升隔离开关性能的关键，直接影响触头运动稳定性，表现为机械特性的优劣，最终影响开断性能。目前特高压隔离开关传动结构主要分为拐臂传动、丝杠螺母传动及齿轮齿条传动，机械寿命普遍达到 10000 次，满足工程可靠性需求。

隔离/接地开关的机械性能详细参数见表 5-3。

（四）电流互感器

电流互感器是依据电磁感应原理将一次侧大电流转换成二次侧小电流进行测量的仪器。电流互感器采用穿心式结构，设置了暂态保护（TPY 级）、普通保护（5P 级）和计量（0.2S 级）绕组，绕组采取环氧浇注包封的形式。特高压 GIS 中的电流互感器分为内置式和外置式两种结构。电流互感器的关键参数见表 5-5。

内置式电流互感器的单个线圈在绕制完成后通常用环氧树脂进行整体浇注，可防止线圈中残留的水分及杂质进入气室而影响绝缘性能。内置式电流互感器的线圈置于金属壳体内，充入额定压力的 SF_6 气体，安装并固定在内屏蔽筒上。由于特高压 GIS 尺寸大，线圈（特别是 TPY 级）的直径和质量均远超常规产品，要求内屏蔽筒体需要有良好的承载能力。内置式电流互感器结构如图 5-36 所示。

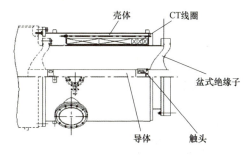

图 5-36　内置式电流互感器

外置式电流互感器的线圈处于 GIS 罐体外部，与内置式电流互感器相比，外置式电流互感器的线圈绕制后，外表面需进行防腐防潮处理，而不必整体浇注环氧树脂；另外，它不必设计专用的内屏蔽筒，罐体即可作为屏蔽筒，也不需要为电流互感器的绝缘性能做特殊设计，可与母线结构保持一致，但需要考虑绝缘隔离结构（如图 5-37所示绝缘间隙）。外置式电流互感器可作为一个单独的运输单元，运输时要求对震动加速度进行监测，避免线圈在运输过程中受损。由于外置式电流互感器的线圈与空气直接接触，设计时需充分考虑线圈的防雨、除潮措施。

 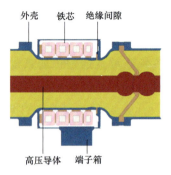

图 5-37　外置式电流互感器

特高压电流互感器的主要供应商包括常州东芝变压器有限公司、西安西电高压开关有限责任公司、沈阳世意电器制造有限公司、辽宁新明互感器有限公司。平高电气股份有限公司也有少量供货，在榆横—潍坊 1000kV 特高压交流输变电工程榆横开关站首次应用。

（五）电压互感器

电压互感器是将电网的高电压变换成标准值的二次电压，为计量、测量、保护和控制设备提供电网电压信息的电气元件。特高压变电站的电压互感器主要包括独立式电压互感器（电容式）和 GIS 电压互感器（电磁式）两种，本章主要讨论 GIS 电压互感器。

特高压 GIS 电压互感器的结构主要包括盆式绝缘子、壳体、局部放电传感器、防爆装置、充气接头、屏蔽罩、器身（包含铁芯和一、二次绕组及屏蔽组件）、端子箱等，如图 5-38 所示。

电磁式电压互感器是一种特殊变压器，其工作原理和变压器相同。电压互感器一次绕组并联在高电压电网上，二次绕组外部并接测量仪表和继电保护装置等负荷，仪表和继电器的阻抗很大，二次负荷电流小且负荷一般都比较恒定。电压互感器的容量很小，接近于变压器空载运行情况，运行中电压互感器一次电压不受二次负荷的影响，二次电压在正常使用条件下与一次电压成正比。电压互感器的关键参数见表 5-6。

图 5-38　电压互感器结构

1—盆式绝缘子；2—壳体；3—局部放电传感器；

4—防爆装置；5—充气接头；6—屏蔽罩；

7—器身；8—端子箱

特高压电压互感器的主要供应商包括日新（无锡）机电有限公司和江苏思源赫兹互感器有限公司，其中江苏思源赫兹互感器有限公司产品在潍坊—临沂—枣庄—菏泽—石家庄特高压交流工程菏泽变电站首次应用。西安西电高压开关有限责任公司也研发了特高压电压互感器，所有零件均已国产化。

（六）母线

特高压 GIS 的母线采用分箱结构，铝板焊接壳体，中心导电杆主要依靠支撑绝缘子和盆式绝缘子进行绝缘和支撑，同时利用盆式绝缘子对气室进行分割。母线接头设计了 T 型三通联接单元、L 型直角联接单元、直线型联接单元、可装拆单元和补偿单元等多种形式，可适应不同的连接要求和盆式绝缘子朝向，并且可以设计为带接地开关的形式，零部件种类很少，结构简单，布置灵活。母线和各种母线接头均在电场计算结果的指导下进行结构设计。ZF17-1100 型 GIS 用母线结构如图 5-39 所示。

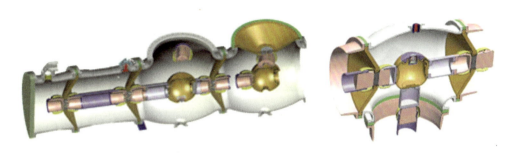

图 5-39　ZF17-1100 型 GIS 用母线结构

GIS 投入运行后，由于环温变化、通流时的温升、阳光直射等外部环境和运行条件的变化，会出现热胀冷缩变形现象及地基因地震或长期沉降不均造成的位移，需配置形变补偿伸缩节，用以吸收设备外壳与地基基础的相对位移，同时也可在一定程度上吸收地基及设备的制造误差和组装误差，还可辅助单元模块的拆装作业。典型伸缩节形式如图 5-40 所示。

工程应用中，母线每隔一段距离设置可拆解单元，可拆解单元由普通轴向波纹管和特殊母线接头组成。当母线中间某个位置发生故障时，从距离故障位置最近的可拆解单元处拆卸导体，直到拆除至故障位置，检修完成后反向恢复母线。拆解步骤如图 5-41 所示。

（七）套管

套管是特高压 GIS 的出线装置，实现 SF_6 气体/空气绝缘转换。外部采用空心瓷绝缘子或空心复合绝缘子，内部采用 SF_6 气体绝缘，由开关设备制造厂设计和组装。套管主要包括顶部均压环、接线端子、空心绝缘子、中心导体、内屏蔽、支撑筒等零部件。空心瓷绝缘子主要采用日本 NGK 公司产品。江苏神马公司 2007 年在世界上首次成功研制了空心复合绝缘子，长约 12m，重 4.5t，首次在特高压交流试验示范工程荆门变电站中使用三支，并在后续特高压工程中大量使用。平高电气于 2008 年成功研制特高压空心复合绝缘子，2018 年首先应用于横山电厂特高压 GIS，2021 年应用于晋北变电站。套管的性能参数要求详见表 5-7。套管外形及内部结构如图 5-42 所示。

图 5-40 伸缩节

（a）安装补偿伸缩节；（b）碟簧伸缩节；（c）压力自平衡伸缩节；（d）复式补偿伸缩节；
（e）弯管压力补偿伸缩节；（f）横向补偿伸缩节

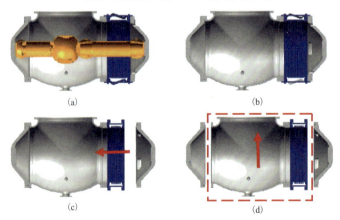

图 5-41 可拆解单元拆解步骤

（a）打开可拆单元；（b）拆除内部导体；（c）压缩波纹管；（d）拆除可拆卸单元

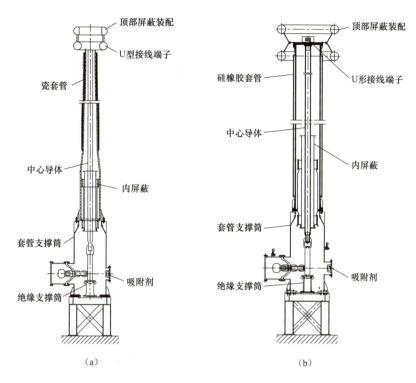

图 5-42 套管外形及内部结构

（a）瓷套管；（b）复合套管

三、试验技术

我国特高压交流电网标称电压确定为 1000kV 后，根据 IEC 相关标准，再综合考虑我国地理条件和特高压电网输变电设备制造等方面的因素，从技术和经济两方面综合分析，特高压交流输电系统的最高运行电压选定为 1100kV，因此特高压 GIS 设备绝缘的额定耐受电压得以确定。特高压交流试验示范工程确定额定电流和额定短路开断电流分别为 4000A 和 50kA。特高压 GIS 最关键且难度最大的试验是绝缘试验和开断能力试验，对产品的性能是巨大的考验，对试验能力也提出了高要求。此外，除相关标准要求的试验内容外，为了验证断路器在全电压下的开合能力，我国在国际上首次进行了特高压断路器整极开断试验，且明确要求在全套试验的基础上补充进行整极 T100s（100%额定短路电流开合）和 T100a（带直流分量的 100%额定短路电流开断）试验，这是国际上电压等级最高、实施难度最大的试验。设备参数和试验标准确定后，各厂家研制的样机先后在国家高压电器质量监督检验中心等试验检测机构通过了所有元件的绝缘试验、温升试验、动热稳定试验及断路器的短路开断试验等。

随着特高压电网发展，特高压交流试验示范工程中额定电流 4000A、额定短路开断电流 50kA 的开关设备已经不能满足后续工程需求。各制造厂在前期成果的基础上自主研发了通流能力更高、开断电流更大的开关设备（从特高压交流试验示范工程扩建工程开始，后续工程提升为 6300A 和 63kA），2010～2011 年先后在国家高压电器质量监督检验中心完成了全套型式试验。

2010 年之后，根据特高压工程建设的需要，平高电气、新东北电气先后研制了自主化、小型化的断路器和隔离开关并完成相关试验；西开电气研制了直线型隔离开关；后期各家隔离开关除常规绝缘试验、温升试验、动热稳定试验外，还完成了隔离开关开合母线充电电流（TD1）试验。随着产品使用需求和性能要求的不断提高，各厂家又相继完成了低温试验、快速接地开关超 B 类试验、母线 10000A 通流试验、断路器并联电抗器开合试验、隔离开关 1.1 倍绝缘及 10000 次机械寿命试验、断路器的绝缘试验及 10000 次寿命试验等，特高压 GIS 性能得到了全面考核。

（一）试验项目

型式试验是开关设备研制过程中的重要环节，为了验证开关设备及其操动机构和辅助设备的额定值和性能。型式试验的试品应与正式生产的产品图样和技术条件相符合，依据 GIS 和相关元件的标准或技术规范要求，完成全套型式试验。型式试验的主要试验项目如表 5-8 所示。

表 5-8 型 式 试 验 项 目

序号	试验项目
1	绝缘试验
2	主回路局部放电试验
3	二次辅控回路绝缘电阻
4	二次辅控回路耐压试验
5	无线电干扰电压试验
6	主回路电阻测量
7	温升试验
8	短时耐受电流和峰值耐受电流试验
9	密封性试验
10	EMC 试验
11	周围温度下的机械试验
12	端子静负载试验
13	短路电流关合和开断（含电寿命）试验
14	近区故障试验
15	失步关合和开断试验
16	线路充电电流开合试验
17	断路器机械寿命试验
18	外壳强度试验
19	辅助回路和运动部分防护等级试验
20	防雨试验

序号	试验项目
21	噪声试验
22	隔离开关机械操作寿命试验
23	接地开关机械操作寿命试验
24	隔离开关切合容性电流感性电流试验
25	接地开关切合电磁感应和静电感应电流试验
26	接地开关关合短路电流试验
27	地震试验

（二）典型试验

1. 绝缘试验及局放试验

绝缘结构是高压开关设备设计的基础,尽管目前电场仿真计算水平有了很大提升,对于新设计的开关产品,绝缘设计是否合理,依然需要进行绝缘试验验证。开关产品的绝缘试验主要包括工频耐受电压和局部放电试验、雷电冲击耐受电压试验、操作冲击耐受电压试验等。

合理选择额定绝缘水平对 1100kV 特高压交流开关设备的设计、制造、试验和产品的经济性、可靠性将产生重大的影响。根据我国电力系统的运行经验,特高压交流输变电设备绝缘配合的原则是:以 1100kV 断路器装用合闸电阻作为过电压防护的第一级,采用高通流能力和保护性能优良的氧化锌避雷器作为过电压的保护装置,同时在线路两端装设适当容量的并联电抗器,将工频过电压限制到允许的水平。根据上述原则,结合特高压交流试验示范工程的实际布置和并联电抗器的补偿容量、断路器并联合闸电阻的阻值及预接入时间等进行电力系统仿真计算、分析和比较。依据 GB/T 24836《1100kV 气体绝缘金属封闭开关设备》,确定 1100kV 特高压交流输变电设备的额定绝缘试验参数为:

（1）工频耐压:对地 1100kV、断口间 1100（+635）kV;

（2）操作冲击耐压:对地 1800kV、断口间 1675（+900）kV;

（3）雷电冲击耐压:对地 2400kV、断口间 2400（+900）kV。

试验应按照 GB/T 24836《1100kV 气体绝缘金属封闭开关设备》的要求开展,使用全新试品,气室压力均为最低功能压力。对于工频耐压和局部放电试验,先升压到 1100kV（额定工频耐受电压）保持 1min,再降到 762kV（1.2 倍额定相电压）下保持 5min 进行局部放电量的测量,均应不大于 5pC（试验环境的背景局部放电量不应大于 3pC）。对于雷电冲击耐压试验和操作冲击耐压试验,开关设备应在干燥状态下进行,电压波形应分别满足 GB/T 16927.1《高电压试验技术 第 1 部分:一般定义及试验要求》规定的 1.2/50μs 标准雷电冲击波和 250/2500μs 标准操作冲击波,在正负两种极性的条件下各进行 15 次试验。

2. 短时耐受电流和峰值耐受电流试验

开关设备和控制设备的主回路和接地回路应该进行本试验，以检验其承载额定峰值耐受电流和额定短时耐受电流的能力。额定峰值耐受电流主要考核主回路和接地回路的动稳定性能，需要主导电回路和接地回路具有一定的机械强度，能够在峰值电流电动力的作用下不产生明显的变形。额定短时耐受电流试验考核主回路和接地回路的热稳定性能，要求在短路电流作用下，在规定的时间内，主回路和电阻回路不应产生明显的烧融，应在第一时间操作分闸时，能够可靠分开。

试验前、后应进行回路电阻测量，两次回路电阻测量值偏差不能大于 20%。试验后要对试品状态进行状态检查，以检验试品触头和接触部位试验后状态，对于断路器和隔离开关，具体方法是进行空载特性操作，第一次分闸操作试品应可靠分闸，并记录特性曲线。

短时耐受电流试验和峰值耐受电流试验参数见表 5-9。

表 5-9　　　　　　　　　　　试　验　参　数

序号	项目	单位	参数
1	额定短时耐受电流	kA	63
2	额定短路持续时间	s	2
3	额定峰值耐受电流	kA	171

3. 温升试验

特高压开关设备通流大，导体载流引起的发热量大，会引起各类零部件的温度过高，可能使材料的物理、化学性能起变化，机械性能和电气性能下降，最后导致设备故障，甚至造成严重事故。设备载流能力与经济性密切相关，这一点对 GIS 设备又显得非常突出。温升试验考核产品长期承载负荷时的发热性能。

温升试验必须在装配完整的试验形态上进行，对试验形态充入不低于最低功能压力（断路器为闭锁压力）的 SF_6 气体，采用从导体通流、外壳回流的方式（套管除外）完成回路的搭建。试验时通入 1.1 倍额定电流，通流应该持续足够长时间，以使温升达到稳定，如果在 1h 内温升的变化不超过 1k，即认为达到稳态。

温度稳定后，读取各个观测位置的温升值，与标准要求的最大温升进行比较，实测值不大于标准要求值则试验通过。

4. 断路器机械操作试验

特高压 GIS 各可动元件均要进行机械操作试验，其中断路器的机械操作试验较为复杂，且空载机械特性至关重要。符合产品技术条件的空载机械特性是各类与分合闸操作有关的型式试验的前提条件和重要的合格判据，包括机械类、关合类、开断类的型式试验，也是判定替代操动机构是否成立的依据。

机械特性分为空载机械特性和有载机械特性。空载机械特性通过断路器进行空载条件下的分闸、合闸操作来建立；有载机械特性在关合、开断试验过程中测量，并与空载机械特性进行比较。

机械操作试验必须在装配完整的断路器形态上进行，试验前在断路器中充入额定压力的 SF_6 气体，先按照技术文件的要求完成断路器机械特性的测试，确保机械操作的时间、速度等参数均满足文件要求，再开展机械寿命试验。

机械寿命试验是考核产品机械可靠性的有效方法，根据标准要求目前通常都需要开展 10000 次机械寿命试验，一般采用 2000 次作为一个操作循环，共需要完成 5 个操作循环，每个操作循环结束后复核机械特性。机械寿命试验完成还需通过绝缘试验验证，通过即可以确认机械寿命试验合格。

5. 短路电流关合和开断试验

断路器具备的故障关合、开断能力，是区别于其他开关设备的一个显著特点。

关合和开断试验的目的是考核断路器各种故障条件下开断和关合短路电流性能，检验灭弧室与其他部分的结构设计、制造工艺和材料选择是否正确合理。断路器开断过程涉及的问题极为复杂，有关电弧方面的理论研究远远落后于实际需求，目前还不能单纯依靠理论分析和定量计算的方法设计出符合各项性能的断路器，因此开断和关合试验是重要验证手段。特高压电网运行电压高，电网结构复杂，断路器稳定可靠的短路电流开合能力显得尤为重要。

在合闸位置，断路器导通全部电流，触头间的电压降可以忽略。在分闸位置，导通的电流可以忽略，但触头两端为全电压。这样就确定了两个主要负荷，即电流负荷和电压负荷，且不同时出现。按照电压和电流负荷变化，可以将开断过程划分为三个阶段：从触头分离到电弧电压开始显著变化为大电流阶段；从电流零前电弧电压显著变化到电流停止流过被试断路器为相互作用阶段；从电流停止流过被试断路器时刻到试验结束为高电压阶段。断路器的短路开断性能，主要指断路器在电流过零点时刻能否开断短路电流，电流过零后能否耐受恢复电压。断路器的关合性能，主要指断路器能否经受预击穿电弧作用，并克服电动力实现触头的可靠接触。

目前受限于试验电源的发电机容量限制，特高压断路器的短路电流关合和开断试验均采用合成试验回路，在合成试验回路的试验方法中，有电流引入法和电压引入法，目前较多采用电流引入法，整极试验采用电流引入和电压引入相结合的方法。

6. 隔离开关开合母线充电电流试验

特高压 GIS 中的隔离开关开合小容性电流（包括方式 1 开合短母线、方式 2 开合断路器的并联电容器和方式 3 开合小容性负载）时，可能会产生对地破坏性放电。这些小容性电流的开合是 GIS 隔离开关的固有功能，必须通过试验来检验其具备这种功能的能力。特高压 GIS 研制初期，不具备方式 1 开合短母线的试验条件，通过方式 3 开合小容性负载试验来考核特高压隔离开关开合小容性电流能力。随着高压开关试验技术的发展，2020 年完成了试验条件升级，具备了方式 1 试验能力，2021 年各厂家先后完成了方式 1 的试验考核。

对于方式 3 试验，按照 GB/T 24837《1100kV 高压交流隔离开关和接地开关》要求，在现有回路不满足"试品合闸后电压抬升幅值不大于额定电压 10%"的状况下，应保证试品在试验过程中所承受的稳态电压幅值不大于其额定电压的 110%，即在最理想的状态下，试品合闸时升压至 635kV，随后分闸，记录试验数据，随即合闸。大量试验结果表明，在现有试验回路中，试品合闸后的电压抬升约为 15%，最终明确试品在 635kV 进行分闸。因此最终要求的试验参数为试验电压 635kV 下开合容性小电流 2A，试验 200 次。

对于方式 1 试验，按照标准要求完成试验回路搭建，电源采用短路阻抗低、容量大的工频试验变压器。试验过程中先合上辅助的隔离开关，给短母线段预充直流电压（直流电压为负的 1.1 倍额定相电压的峰值），稳定约 1min 后将辅助隔离开关分闸。交流侧 GIS 母线升压至 1.1 倍相电压，隔离开关合闸，之后再分闸。试验中至少须测试隔离开关试品操作前后 0.3s 的电压波形，测点须在断口两侧 1m 以内。试验前，隔离开关充入最低功能压力的 SF$_6$ 气体，先完成 VFTO 典型波形的调试，并对试品采取屏蔽、隔离等保护措施。试验后，试品的绝缘性能不降低，机械特性、触头表面无明显变化。

对于方式 1、方式 3 试验，试验后试品的绝缘性能不降低，机械特性、触头表面无明显变化。

7. 低温验证试验

由于高压开关设备的灭弧和绝缘介质普遍采用 SF$_6$ 气体，较高的充气压力限制了 SF$_6$ 开关设备在低温极寒地区的使用。为了应对低温环境下 SF$_6$ 容易液化的问题，常用的方法是筒体外部加装伴热装置，由温控开关进行控制，当温度低于一定温度时，投入加热装置，保证 SF$_6$ 在液化温度以上工作，确保开关设备的绝缘和灭弧性能。使用于低温环境中的开关设备，需要补做低温试验。目前平高电气、西开电气和山东电工日立的产品均已通过低温试验考核，产品应用于胜利、锡盟、榆横、蒙西、晋北、张北等低温特高压变电站。

8. 套管地震真型试验

特高压套管与其他电压等级的套管相比，体积更大、高度更高（安装高度约 17m），满足抗震要求难度大。工程初期无法在振动台上考核特高压套管的抗震性能，只能通过有限元计算进行抗震分析与校核，进而优化设计，提高设备抗震能力及安全裕度。随着试验能力的提升，国内具备了套管整体形态进行地震真型试验的条件，其中西开电气完成了瓷套管的地震真型试验，平高电气和新东北电气完成了复合套管的地震真型试验，由于该试验主要针对套管，而各厂套管外套的设计相同，允许各厂共享试验报告。图 5-43 为瓷套管和复合套管地震真型试验。

由于套管为轴对称结构，只需进行单水平向（X 向）的抗震试验。在试品套管根部 X 向和 Y 向两侧对应位置粘贴应变片，在振动台的台面、支架、支撑母线和套管顶部布置加速度传感器，迭代人工波至规范要求（瓷套管 0.4g，复合套管 0.5g）的峰值加速度。试验结果符合 GB 50011《建筑抗震设计规范》的规定，试验前后，经过白噪声扫频测试样机频率保持不变，说明样机无结构性损伤；在输入目标峰值加速度为 0.4g 的情况下，依据反应谱容差控制要求进行调整，同时考虑风荷载的最大应力，与瓷/复合套管制造厂提供的破坏应力比对，得出的安全系数也高于标准要求。

（a）　　　　　　（b）

图 5-43　瓷套管和复合套管地震真型试验

（a）瓷套管；（b）复合套管

四、制造技术

（一）盆式绝缘子制造

特高压盆式绝缘子制造的关键技术包括产品设计、原材料配方、界面处理和环氧树脂浇注成型技术。环氧树脂浇注采用真空浇注工艺，将环氧树脂、固化剂和填料的混合物浇注到设定的模具内，在一定温度条件下凝胶固化，在模具中塑成一定形状制品。绝缘子完整制造流程如图 5-44 所示。

装模　　　　　浇注　　　　　一次固化　　　　脱模

二次固化　　　　清理　　　　　水压试验

气密试验　　　　射线探伤　　　　电性能试验

图 5-44　绝缘子完整制造流程

盆式绝缘子的浇注重点包括去除浇注制品内部和表面的气隙和气泡，减少内部应力，防止产生裂纹等。关键工艺如下：

（1）原材料预处理。在一定温度下加热一定时间，并经过真空处理以脱去原材料中吸附的水分、气体及低分子挥发物，达到脱气脱水的效果。

（2）混料。使环氧树脂、填料、固化剂等混合均匀，便于进行化学反应。树脂和填料混合称为一次混料，在一次混料中加入固化剂称为二次混料。一次混料使填料被树脂充分浸润，浇注物内应力均匀分布而不产生缩痕。二次混料要确保固化剂混合均匀，温度过高将使混合料黏度迅速增加，影响脱气浇注工序；真空度应恰当，保证混合料的脱气、脱水，但不能导致固化剂的气化。

（3）浇注。先预热模具，待浇注罐的真空度达到要求并维持一定的温度后再将混合均匀的物料浇入模具内；浇注完成后要继续抽真空，去除浇注件内的气泡后关闭，将模具送入固化炉进行固化。

（4）固化。分为一次固化和二次固化两个阶段，一次固化是初固化成型，二次固化在一次固化温度稍高的情况下进行，保证完全固化，达到最佳性能状态。

（5）脱模。是将一次固化结束后的零件与模具分类的过程。脱模过程应控制温度与时间。冬季为保证零件脱模后受温差变化影响，应增加保温措施。

（二）大型罐体焊接

特高压 GIS 设备大型铝制罐体的焊接工艺是难点之一。采用能量密度大、焊接热输入小、焊接速度高的高效焊接方法，解决焊接过程容易产生气孔、裂纹和变形的问题。采用先进的变极性等离子立式纵缝和变极性非熔化极气体保护电弧焊环缝焊接技术，实现 16mm 以上铝合金板不开坡口一次焊透，X 射线检测一次合格率达 99% 以上，极大地提高了焊接质量和生产效率。生产试验设备如图 5-45、图 5-46 所示。

图 5-45　大型焊接设备　　　　　　图 5-46　X 射线检测设备

（三）零部件精密加工

零部件精密加工使用的设备包括数控车床、数控磨床、数控龙门镗铣加工中心、大工作台面数控卧式加工中心、雕铣机、多用炉热处理生产线等。关键工艺包括：

（1）大直径罐体机械加工工艺，设计专用工装及特殊工艺，一次装夹并高精度完成大型罐体法兰等全部作业面加工。

（2）触头、导体、传动件加工工艺，通过工业控制软件，虚拟仿真和数控设备，形成设计 CAD—先进数控设备—CAM 协同，实现了从产品开发到生产现场的 CAD/CAM 一体化，可以在一台设备上实现核心元件全工序加工。

（四）总装配

总装配在新建全封闭式空调净化特高压装配厂房中完成，分装区净化等级为十万级，总装区为百万级。关键工艺包括：

（1）螺栓紧固。根据 GB/T 15729《手用扭力扳手通用技术条件》，按螺栓拧紧方向均匀施力，所有螺栓紧固后必须画线做标记。

（2）密封处理。装配前应检查密封圈表面质量，对接面上涂抹润滑脂，最后在缝隙处涂抹防水胶，防止受到外部环境的侵蚀。

（3）产品对接。首先对法兰密封面进行清洁处理，借助对接导向工装确保产品对中。对接完成后检查对接面应无缝隙，无密封圈挤出现象。

（4）异物控制。采用高压水清洗等工艺去除零部件残留异物。装配过程采用消除静电设备，减少异物吸附残留。使用专用吸尘工装，对零部件缝隙狭小或形状不规则部位进行清理，必要时使用高分辨率内窥镜进行确认。

（五）厂内试验

厂内试验是产品出厂前对质量进行检验的最后一环，试验方法和要求随着研究不断深入而持续完善，试验内容包括绝缘试验、主回路局部放电试验、二次辅控回路绝缘电阻、二次辅控回路耐压试验、主回路电阻测量、SF_6 气体泄漏试验、设计和外观检查、联锁及闭锁功能检查、断路器操作特性、合（分）闸电阻预投时间测量、断路器防跳等功能检查试验、隔离开关操作试验、接地开关操作试验、组件试验及抽样试验等。

1. 主回路电阻测量

产品单元装配完成后，按照图纸所示的单元测量位置，采用电压降法（直流电流 300A），测定主回路电阻是否符合图纸要求。

2. 操作特性试验

充入额定 SF_6 气体；断路器、隔离开关、接地开关进行不少于 200 次的机械操作试验（断路器每 100 次操作试验的最后 20 次为重合闸操作试验），以保证触头充分磨合；机械特性测试结果符合图纸技术要求。

3. SF_6 气体泄漏试验

产品充入额定气压的 SF_6 气体后，采用定性和定量两种方法进行泄漏气体测试，年泄漏率不大于 0.5%。

4. 绝缘试验

特高压 GIS 体积庞大，出厂绝缘试验分单元进行。试验单元应按照工程要求完全装配，包括特高频局部放电传感器等所有附件。试验方案设计时，应充分验证被试单元与相邻单元之间的接口。试验前各试验单元各气室充入相应最低功能（闭锁）压力 SF_6 气体，加装放电定位装置，按照程序进行试验。

GIS 试验顺序：工频耐压试验（同时进行局部放电测量试验）→雷电冲击试验。

（1）工频耐受电压及局放试验。

在合闸对地和分闸断口的情况下分别开展试验。对地状态的加压程序为：0kV→200kV/10min→300kV/10min→635kV/5min→900kV/1min→1100kV/5min→762kV/5min→0kV；断口状态的加压程序为：0kV→635kV/5min→900kV/1min→1100kV/5min→762kV/5min→0kV。

未发生闪络放电，则工频耐受试验通过。局部放电试验判据：在 762kV 下，套管、PT 不大于 5pC（套管顶部采用产品均压环），其他 GIS 单元不大于 3pC；在 900kV 下，除套管、PT 外，其他 GIS 单元不大于 5pC；在 1100kV 下，除 PT 外，其他 GIS 单元不大于 10pC（套管顶部采用与产品尺寸一致的工装均压环，表面可涂漆）。

（2）雷电冲击耐受电压试验。

在分、合状态下分别施加正、负极性的标准雷电波。电压波形满足标准雷电波要求，即 1.2/50μs，按正偏差控制电压值。

未发生闪络放电，则试验通过。

5. 组件试验

（1）绝缘件试验。环氧浇注绝缘件制造成型后的试验检查主要包括 Tg 检测（玻璃化转变温度）、外观尺寸检查、着色渗透检查、气密试验、X 光探伤、机械性能试验和电气性能试验。

（2）外壳试验。外壳的厂内试验包括外观检查、尺寸检查、无损射线探伤和水压气密试验等。

6. 抽样试验

对绝缘件和操动机构等关键组部件的质量管理，除常规试验外，还要进行抽样试验，具体试验项目和要求如表 5-10 所示。

表 5-10　　　　　　　　　　　抽 检 试 验 项 目

序号	关键组部件	试验项目	备注
1	盆式绝缘子	水压破坏试验、片析检查	例行抽样，按照抽样相关要求执行
2	支柱绝缘子	压缩试验、拉伸试验、弯曲试验、扭曲试验、片析检查	加严抽样，需在不同的支柱绝缘子上进行
3	绝缘拉杆	例行拉伸试验、工频局部放电试验、拉伸破坏试验、片析检查	加严抽样，涉及断路器、隔离开关的绝缘拉杆，各自技术参数要求不同
4	断路器操动机构	机构操作 1000 次	加严抽样，操作试验前后的特性需满足技术要求
5	隔离开关、接地开关的操动机构	机构操作 2000 次	加严抽样，操作试验前后的特性需满足技术要求

五、现场安装和交接试验

（一）现场安装技术

1. 安装流程

GIS/HGIS 的现场安装很大程度上影响产品运行的安全性和可靠性。1100kV GIS/HGIS 体积庞大、结构复杂、安装技术要求严，给现场安装带来了前所未有的挑战。现场安装的基本步骤如图 5-47 所示。

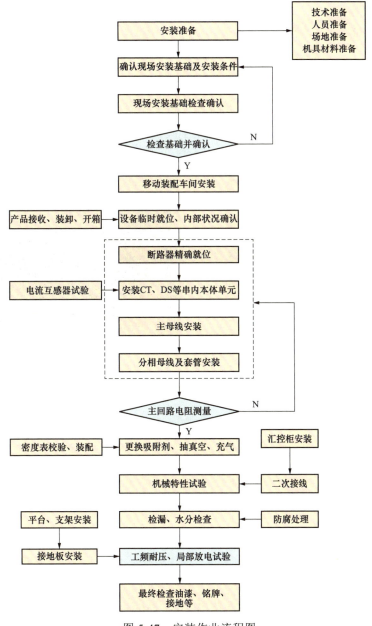

图 5-47 安装作业流程图

2. 关键步骤与技术措施

（1）安装现场环境控制。

针对 1100kV GIS 现场安装对安装环境要求高的特点，研制了现场安装移动厂房，经过多个工程的应用及改进，达到了工厂化安装环境条件。相关经验已经推广到 800kV GIS 和 550kV GIS。移动厂房效果图如图 5-48 所示。

图 5-48　移动厂房效果图

移动厂房满足以下条件：防雨、防水、防风功能良好，密封性能符合安装要求；温度控制在 15～28℃，湿度不高于 70%，防尘级别达到百万级（粒径 0.5μm 以上的尘埃数量不大于 3.5×10^7 个/m³）；照度管理值大于 300lx。厂房环境控制如图 5-49、图 5-50 所示。

图 5-49　降尘量检查　　　　　　　　图 5-50　温度、湿度监测

（2）GIS 基础划线。

GIS 设备基础的浇筑质量会影响到安装前划线的准确度和设备安装效果，整个 GIS 设备在同一混凝土浇筑面上，同一负荷面高度方向的允许偏差为 ±2mm。不同负荷面高度方向的允许偏差为 ±3mm。正式安装前应对基础平面进行复核，确认无问题后开始划线。

（3）设备运输和就位。

GIS 设备多为车板交货，GIS 厂家负责整个运输过程中的控制，设备运至现场后安装单位负责卸货和吊装就位。

1）设备运输。设备运输前，断路器、隔离开关、电流互感器、套管等设备需安装三维冲击记录仪，母线单元每车安装 1 个即可。同时每个运输单元安装有振动指示器，显示产品所受的定量冲击。运输全程使用 GPS 监控运输轨迹。2021 年以后的特高压工程要求振动指示器保留至设备对接完成。

2）设备就位。按照平面布置图将各主要元件在基础附近临时就位。预就位前确认运输单元与图样一致，振动指示器无变色。断路器核准相序，电流互感器核准铭牌和相序。设备就位后，将移动厂房移至待安装位置，地面铺设地板革，清扫并密封移动厂房，开启空调和净化器，环境达标后开始 GIS 安装。

（4）产品吊装对接。

特高压 GIS 设备体积大、质量大，特高压交流试验示范工程中采用汽车式起重机吊装对接，后续工程采用移动厂房行吊进行吊装对接，GIS 设备找平更容易、对接精度更高。

根据配置图选定相对应的母线，依据图纸对母线及预留母线安装断口进行相关尺寸测量（如图 5-51 所示），确认盆式绝缘子清扫良好，检查密封面、密封圈等，最后按照工艺措施进行对接作业，如图 5-52 所示。

图 5-51　测量安装精度　　　　　　　　　　图 5-52　壳体对接

1100kV 套管高度近 11m，质量近 5t，需采用 2 台起重机同时起吊的方式，其中 1 台 25t 起重机作为辅助起重机吊住套管尾部的法兰处；1 台 50t 起重机作为主起重机吊住套管并完成安装。在套管的尾端法兰处和顶端均装设专用工装，确保吊装过程的安全可靠。套管吊装如图 5-53 所示。

 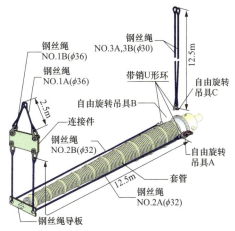

图 5-53　套管吊装

（5）伸缩节调整。

现场安装周期长，户外温差变化较大，设备产生较大的热胀冷缩变形。为消除变形的影响，对接完成后及时完成抽真空充气工作，并根据环境温度尽快开展波纹管的调整使伸缩节具备补偿能力。

（6）气务处理。

1）抽真空、充气。

抽真空速度的大小与充放气装置的种类有关，一般选择功率大的抽补气装置和口径大而短的软管。充气过程严格控制各环节质量，对充气作业步骤进行标准化规范，增加专用的气体过滤装置，避免异物混入。

2）检漏。

检漏作业分为两部分：①在抽真空后进行真空检漏，可以尽早发现漏气问题，在充气前进行处理；②充气后的包扎检漏，更容易检出漏气位置。

真空检漏试验：抽真空至不大于 30Pa，静置 5h 后读取真空度，要求不大于 50Pa。如果大于 50Pa，需再次抽真空到 30Pa，然后继续抽真空 30min，重复进行真空泄漏试验。

充入额定气压的 SF_6 气体后的气体检漏：所有现场安装过的连接面使用红外检漏仪进行定性检查，合格后用塑料薄膜包扎各密封面，边缘用胶带粘贴密封，24h 后进行定量测试，产品年漏气率应满足技术条件要求。

（二）交接试验技术

现场交接试验是在投运前检查和判断新安装电气设备能否投入运行的重要技术措施，是保证设备成功投运和安全运行的关键环节。特高压 GIS 的交接试验项目主要包括工频耐压试验，辅助回路绝缘试验，主回路电阻测量，气体密封性试验，SF_6 气体纯度及微水测定，断路器和隔离开关特性试验，密度继电器及压力表校验，电压互感器和电流互感器励磁特性曲线等。

1. 工频耐压试验

特高压 GIS 交接试验项目的重点是工频耐压试验，用以检查设备经过长途运输、储存及总体装配过程后元件是否存在松动、损伤、变形，气室内部是否存在活动微粒、杂质或毛刺，内部断路器、隔离开关、电流互感器等设备绝缘性能是否满足要求等。

按照加压程序逐级加压至 1100kV，保持 1min；随后降压至 762kV，保持 30min，再进行局部放电测试。主回路加压程序如图 5-54 所示。

如果 GIS 的每个部件在整个试验过程中均未发生击穿放电现象且未检测到异常局部放电信号，则认为 GIS 通过试验。

2. 机械特性试验

机械特性试验主要检查特高压 GIS 设备经过长时间储存、长途运输后，断路器、隔离开关等的机械传动部件是否受影响，特性是否仍符合设计要求。

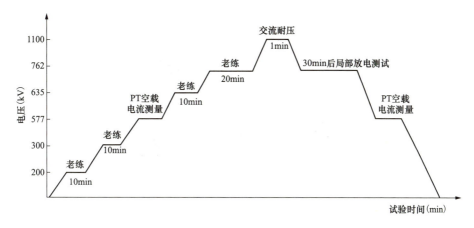

图 5-54 主回路加压程序

使用械特性测试仪，按出厂试验要求对断路器、隔离开关、接地开关进行机械特性试验，结果应满足制造厂的产品技术要求。

3. 气体密封性试验

采用局部包扎法，静置 24h 后检测塑料薄膜围起空间内累积漏出的 SF_6 气体浓度，折算包扎部位的 SF_6 漏气率，每个气室年漏气率不应大于 0.5%。

4. 气体含水量测量

在充气至额定气体压力下采用露点法测量。环境相对湿度一般不大于 85%，含水量（20℃的体积比）应符合表 5-11 的规定。

表 5-11　　　　　　　　　　　　气体含水量检测判据

气室	交接验收值	运行允许值
有电弧分解的气室	≤150	≤300
无电弧分解的气室	≤250	≤500

5. 密度继电器及压力表校验

在充气过程中检查气体密度继电器及压力动作阀，并使用标准压力表校验密度继电器和压力动作阀的刻度值。气体密度继电器及压力表的动作值符合产品技术条件的规定，其显示值的误差在允许误差范围内。

第二节　1100kV 气体绝缘金属封闭输电线路

气体绝缘金属封闭输电线路（Gas-insulated Metal-enclosed Transmission Line，GIL），是一种采用压缩 SF_6 或 SF_6/N_2 混合气体绝缘、外壳与导体同轴布置的高电压、大电流电力传输线路，其导体采用铝合金管材，外壳采用铝合金卷板封闭，与 GIS 母线结构类似。典型 GIL 结构如图 5-55 所示。

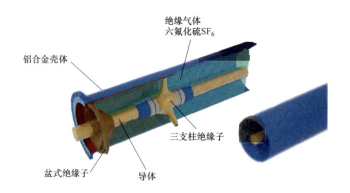

绝缘气体
六氟化硫SF₆

铝合金壳体

三支柱绝缘子

盆式绝缘子   导体

图 5-55 典型 GIL 结构

与架空线路比较，GIL 不受自然环境影响，损耗小，占用空间小，电磁干扰几乎为零。与电缆线路比较，GIL 传输容量大，使用寿命长。1972 年，美国 AZZ 公司在新泽西州架设了世界上第一条 GIL 线路，这是 GIL 输电技术的首次工程应用。经过40 余年的发展，GIL 技术得到了长足的发展，因其输送容量大、电能损耗小、布置灵活、环境适应性强等特点，已经成为特殊条件下电力传输的重要方式。

一、概述

（一）研制背景

从 20 世纪 70 年代开始，美国、日本、加拿大、法国、俄罗斯、德国等国家先后开始 GIL 工程应用。美国 AZZ 公司、西屋公司，日本三菱电机公司、东芝公司、日立公司、住友电气公司，德国西门子公司等都能够独立生产并且供应 GIL 产品。其中，美国 AZZ 公司生产的 GIL（充 SF₆ 气体）应用到美国、加拿大、墨西哥、沙特阿拉伯、韩国、印度、泰国、埃及、澳大利亚和中国等众多国家，根据 2006 年 4月的统计数据，AZZ 公司安装在世界各地的 GIL 总长度约 143km，为当时全世界 GIL总长度的 1/2。截至 2023 年底全球 GIL 应用总长度已经超过 300km，无重大运行故障记录。

近年来，随着"西部大开发"和"西电东送"战略的推进，我国相继建成一批大型水电站，这些工程选址多位于西部高原地区的深山峡谷中，多采用地下厂房布置方式，部分电站利用 GIL 布置灵活的特点采用 GIL 送出，如拉西瓦水电站、溪洛渡水电站等，电压等级最高为 800kV。

在特高压输电领域，我国科研院所和制造厂家在借鉴 550、800kV 超高压 GIL 和特高压 GIS 研发应用经验的基础上，开展了特高压 GIL 关键技术研究和设备研制工作，平高电气、西开电气和新东北电气研制出特高压 GIL 样机并通过型式试验，2015 年分别在淮南—南京—上海 1000kV 特高压交流输变电工程的南京、苏州、泰州变电站实现了替代特高压 GIS 母线的工程示范应用，如图 5-56 所示，长度总计约 450m。

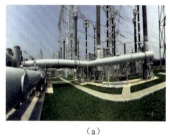
（a）

（b）

（c）

图 5-56　特高压变电站内特高压 GIL 母线

（a）南京（盱眙）变电站；（b）苏州（东吴）变电站；（c）泰州变电站

2016 年 1 月 6 日，国家电网公司经过综合论证，决定将淮南—南京—上海 1000kV 特高压交流工程苏通长江大跨越工程方案（架空输电线路）变更为"综合管廊+特高压 GIL"方式从地下穿越长江。针对重要输电通道的高可靠性要求，国家电网公司采取产学研用联合攻关，攻克了高性能绝缘组部件研制、高可靠性密封等一系列技术难题，成功研制了我国第二代 1100kV 特高压 GIL 产品（由平高电气、山东电工日立、AZZ、ABB 联合研制）。2019 年 9 月 26 日，苏通 GIL 综合管廊工程正式投入运行，成为世界上首个商业运行的特高压 GIL 输电工程，标志着我国全面掌握了特高压 GIL 关键技术，为未来跨江越海等特殊地段的紧凑型输电提供了新的解决方案，具有重大示范效应。图 5-57 为建成运行的苏通 GIL 综合管廊工程内部实景。

图 5-57　建成运行的苏通 GIL 综合管廊工程内部实景

（二）研发难点

苏通 GIL 综合管廊工程是穿越长江的大直径、长距离隧道之一，整体呈三维蜿蜒走向，穿越密实砂层和有害气体地层，是当时国内水压最高（0.8MPa）的隧道工程。特高压 GIL 为世界首创，是世界上电压最高、长度最长、技术难度最大的 GIL 工程。GIL 产品研发具有以下难点：

（1）绝缘水平高。苏通 GIL 综合管廊工程为世界上首次在重要输电通道中采用特高压 GIL 技术，要求 GIL 具有极低故障率。GIL 位于架空输电线路中部，工频电压耐受水平比特高压变电站提高 15%（1265kV）。绝缘子用量近 6000 支，可靠性要求极高。

（2）密封要求高。苏通工程特高压 GIL 的 SF_6 总用气量近 800t，处于隧道密闭环境，因此提出了年泄漏率 0.01% 的极高密封性能要求（变电站 GIS 为 0.5%），需要采取特殊设计、严格试验考核。

（3）柔性设计难度大。苏通工程特高压 GIL 沿江底隧道敷设，水平和竖直方向均有连续偏转，共包含南北岸竖井段、7 个直线段、3 个纵向 R2000m 圆弧段和 1 个水平

R3000m 圆弧段（含 4 段纵向 R2000m 圆弧段，如图 5-58 所示）。GIL 布置上必须与三维蜿蜒隧道精确匹配，承受运行条件下各种机械应力和检修工况下不平衡应力，还要消化环境温度变化、负荷变化带来的热胀冷缩、基础不均匀沉降以及地震等特殊工况下对 GIL 柔性性能的苛刻要求。

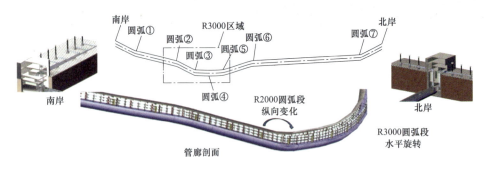

图 5-58　苏通 GIL 综合管廊工程隧道走向示意图

此外，特高压 GIL 标准单元长 18m，单元总数超 2000 个，放电故障定位识别难度大、精度要求高。两回并行的 GIL+架空混合线路，GIL 区段发生放电故障后，两侧架空线路均向故障点耦合感应电流，因此熄弧困难。

（三）技术路线

在苏通 GIL 综合管廊工程之前，淮南—南京—上海 1000kV 特高压交流输变电工程的南京、苏州、泰州变电站母线上分别示范应用了单相 GIL（26m）、单相 GIL（44m）和三相 GIL（总长 380m），是平高电气、新东北电气和西开电气自主研制的第一代特高压 GIL 产品。应用模块化设计理念，单元结构主要包括直线单元、转角单元、补偿单元、可拆单元及其配套元件等，以满足各种可能的典型工况。采用三支柱绝缘子（如图 5-59 所示）或单支柱绝缘子代替通气盆式绝缘子，实现对长导体的支撑。

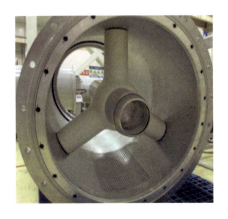

图 5-59　三支柱绝缘子

经过多次实地调研、技术研讨、方案设计审查，苏通工程特高压 GIL 最终确定采用两种技术方案，即"导体随支撑绝缘子滑动"和"支持绝缘子固定、导体滑动"的技术方案。平高电气和美国 AZZ 公司采用第一种方案，ABB 公司采用第二种方案，山东电工日立采用了两种技术方案。两种技术方案均由"标准单元+非标准单元"组合而成。管廊中大部分区域采用 GIL 标准单元（标准直线单元、标准弯段单元、标准补偿单元、隔离单元），局部采用非标准设计单元；竖井部分采用了较多直角单元。

1. "导体随支撑绝缘子滑动"方案

固定绝缘子和滑动绝缘子都压接在导体上，形成一体结构。滑动绝缘子可以在壳体内滑动，固定绝缘子通过焊接工艺固定在壳体内部。这样可以确保当 GIL 的导体受热膨胀时，导体一端被固定绝缘子固定在壳体内，另一端随滑动绝缘子在壳体内自由伸缩，不会将产生变形的热膨胀力传递到绝缘子或者外壳。同时，内部滑动绝缘子可在壳体内滑动，外壳的热伸缩变形也不会影响到内部导体。绝缘子附近设有微粒陷阱，以收集可能产生的异物，避免其影响绝缘性能。主要单元类型包括标准直线单元、标准弯段单元、标准补偿单元和隔离单元。"导体随支撑绝缘子滑动"方案典型单元如图 5-60 所示。

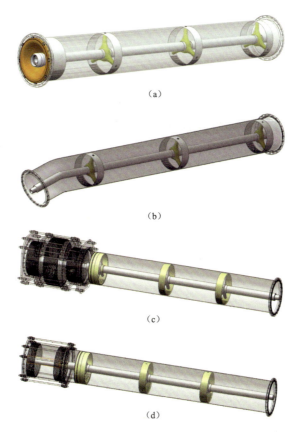

（a）

（b）

（c）

（d）

图 5-60　"导体随支撑绝缘子滑动"方案典型单元

（a）标准直线单元结构；（b）标准弯段单元；（c）标准补偿单元（压力平衡型伸缩节）；

（d）标准补偿单元（复式大拉杆型伸缩节）

2. "支持绝缘子固定、导体滑动"方案

单元两端为隔离或通气盆式绝缘子，单元的中部固定一个三叉星形支持绝缘子用于支撑导体，导体是唯一可移动的部件。支持绝缘子与导体通过安装在支持绝缘子嵌件上的表带触指连接。绝缘子附近设有微粒陷阱。主要单元类型包括标准直线单元、标准弯段单元和标准补偿单元。"支持绝缘子固定、导体滑动"方案典型单元如图 5-61 所示。

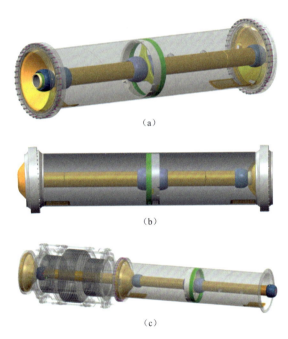

（a）

（b）

（c）

图 5-61 "支持绝缘子固定、导体滑动"方案典型单元

（a）标准直线单元结构；（b）标准弯段单元；（c）标准补偿单元（压力平衡型伸缩节）

（四）技术条件

技术条件规定了特高压 GIL 使用条件、产品分类、额定参数等内容，是特高压 GIL 设计、制造和试验的依据。在综合考虑苏通工程实际运行工况并进行系统分析和试验研究后，参考相关标准制定特高压 GIL 主要技术参数，具体见表 5-12。

表 5-12　　　　　　　　　　　　特高压 GIL 主要技术参数

序号	项目	单位	标准参数值
一	共用参数		
1	型式		三相分箱式
2	额定雷电冲击耐受电压（峰值）	kV	2400
3	额定操作冲击耐受电压（相对地）（峰值）	kV	1800
4	额定工频耐受电压/5min（有效值）	kV	1150

续表

序号	项目		单位	标准参数值
5	额定短时耐受电流（有效值）		kA/s	63kA/2s
6	额定峰值耐受电流（峰值）		kA	170
7	局部放电量（797kV 下）	试验单元	pC	≤5
		单个绝缘件	pC	≤2
8	年漏气率	长度不小于 15m 的 GIL 隔室		0.01%
		其余 GIL 隔室及成套设备隔室		0.1%
9	使用寿命		年	≥40
10	绝缘气体	种类		纯 SF_6 气体
二	GIL			
1	额定电压		kV	1100
2	允许的长期运行电压（线电压）		kV	1133
3	额定电流		A	6300
4	导体材质			铝合金
5	外壳材质			铝合金
6	外壳连接方式			法兰连接
7	外壳温度限值		℃	≤70
8	外壳感应电压	正常	V	≤24
		故障	V	≤100
9	外壳耐烧穿的能力	电流	kA	63
		时间	s	0.1s 不烧穿，SF_6 气体不泄漏；0.3s 允许烧穿，但不能有碎渣
10	外壳接地方式			多点接地或交叉互联接地
11	压力释放装置			不允许设置
12	导体和外壳的计算总损耗（6300A 额定电流下）		W/单相米	≤250
13	管廊内固定支架整体对基础面的荷载（检修时按拆除最上一相 GIL 考虑）	轴向	kN	≤150
		横向		
14	导体和触头之间的允许偏移角度		（°）	≥2.5
三	感应电流快速释放装置（如有）			
1	额定短时耐受电流		kA	63
2	额定峰值耐受电流		kA	170

序号	项目		单位	标准参数值
3	储能时间		s	≤6
4	分、合闸时间	分闸时间	s	≤10
		合闸时间		≤10
5	机械稳定性		次	10000
6	开合感应电流能力	电磁感应 感性电流	A	800
		电磁感应 开断次数	次	10
		电磁感应 感应电压	kV	40
		静电感应 容性电流	A	50
		静电感应 开断次数	次	10
		静电感应 感应电压	kV	180
7	操动机构	型式或型号		电动弹簧并可手动
		电动机电源	V	AC 380/220
		控制电压	V	AC 220
		允许电压变化范围		85%～110%
	备用辅助触点	数量	对	10 对常开，10 对常闭
		开断能力		DC 220V、2.5A

（五）研制历程

2016 年 1 月 15 日，国家电网公司启动特高压 GIL 技术规范书编制工作，经过数十次会议研讨，逐设备、逐部件确定关键技术参数，2017 年 1 月 12 日最终审定。与此同时，国网特高压部组织相关单位和专家，反复研讨确定特高压 GIL 整机型式试验方案以及伸缩节、绝缘子、外壳等关键组部件试验方案，2017 年 8 月 24 日通过专家审查。2017 年 10 月 30 日，平高电气/AZZ 率先完成首支标准单元装配。2017 年 12 月 10 日，西高院完成试验设施改造升级。2017 年 12 月 19 日～2018 年 3 月 28 日，平高电气、山东电工日立、AZZ、ABB 四个厂家相继完成两种技术路线 5 类方案 25 套样机 85 项试验考核，在世界上首次成功研制出特高压 GIL 设备。2018 年 7 月 13 日～2019 年 1 月 17 日，特高压 GIL 样机在武汉特高压交流试验基地开始带电考核（如图 5-62 所示），共持续 184 天（其中 1100kV 电压 4416h，4000A 电流 1790h，6300A 电流 154h），设备总体运行情况良好，未发生放电、过热、泄漏等异常现象，获得了特高压 GIL 的电、热、力等方面关键数据，为工程应用奠定了坚实基础。2019 年 3 月 1 日苏通工程现场启动 GIL 安装，历时 167 天，8 月 14 日完成安装，8 月 25 日通过全部特殊交接试验。2019 年 9 月 10 日启动系统调试，9 月 15 日完成 72h 试运行，9 月 26 日工程正式投入运行。苏通 GIL 综合管廊工程提出了优于国际、国内标准的全套技术指标，实现了关键组部件的自主化设计、成套设备的国产化批量稳定生产，标志着我国在世界上率先掌握特高压 GIL 输电工程的设计、制造、施工和试验全套技术。

图 5-62　特高压 GIL 样机带电考核

截至 2023 年底，中国已在三个特高压交流输电工程中应用特高压 GIL，除苏通 GIL 综合管廊工程外，新东北电气研制的 1100kV GIL 在驻马店—南阳特高压交流工程南阳变电站扩建工程中使用 1330 单相米，用于站内 GIS 设备与线路出线的连接，2020 年 8 月投运，如图 5-63 所示。平高电气在荆门—武汉特高压交流工程武汉变电站选取主母线Ⅱ母进行 GIL 布置，长度 1000 单相米，采用苏通 GIL 综合管廊工程 GIL 技术，其中试用了部分国产化组部件，2022 年 12 月投运，如图 5-64 所示。

图 5-63　南阳变电站 1100kV GIL 实景图

图 5-64　武汉变电站 1100kV GIL 实景图

二、产品设计

（一）核心组部件

GIL 核心组部件包括绝缘子及微粒陷阱、伸缩节、导体及触头、壳体，以及配套的感应电流释放装置等。

1. 绝缘子

特高压 GIL 的导体和接地外壳同轴布置，其绝缘依靠中间的 SF_6 气体和绝缘件实现。根据超/特高压 GIS、GIL 运行经验，绝缘可靠性的主要制约因素是绝缘子，其击穿或沿面闪络放电是最主要的故障类型。

苏通工程特高压 GIL 涉及的绝缘子包括盆式绝缘子（隔板或通盆）、三支柱绝缘子、三叉星形支持绝缘子三类，其中用量最大、设计和制造难度最大的是三支柱绝缘子。国内制造厂在第一代 GIL 三支柱绝缘子的基础上进行了优化改进，尽可能降低金属嵌件表面的电场强度，同时兼顾力学性能的要求，首次设计了哑铃型的三支柱绝缘子，关键部位场强大幅降低，气固界面切向场强降低 18%，金属嵌件表面场强降低 30%，内应力最大值降低 36%，三支柱绝缘子优化前后对比如图 5-65 所示。

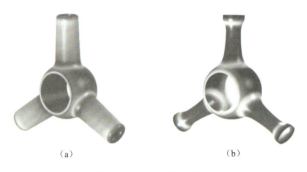

（a）   （b）

图 5-65　三支柱绝缘子

（a）优化前；（b）优化后

2. 微粒陷阱

金属微粒陷阱是利用凹陷结构两侧的金属屏蔽作用，使陷阱内部成为局部弱场区，当微粒运动至微粒陷阱内部时，由于金属微粒所受库仑力较小，从而使金属微粒落入陷阱内部，失去活动性能。

GIL 线路由于采用封闭管道结构，避免了外界自然环境对管道内绝缘性能的影响，特高压 GIL 制造过程对环境、装配等工艺实施了严格质量控制，尽量减少内部产生异物的可能性。但是由于生产、运输、组装、运行等阶段内部滑动部件之间不可避免的碰撞、振动、热伸缩等因素，无法完全避免产生金属微粒。

为此，特高压 GIL 在绝缘子附近加装微粒陷阱，能够对潜在微粒进行诱导捕获并锁定在低场强区，避免微粒运动对 GIL 绝缘造成影响，如图 5-66 所示。通过对金属微粒运动特性进行仿真及试验分析，确定了微粒陷阱结构，对于"导体随支撑绝缘子滑动"方案，在三支柱绝缘子、盆式绝缘子附近均设置了栅格型微粒陷阱结构。对于"支持绝缘子固定、导体滑动"方案，在三叉星形支持绝缘子和盆式绝缘子附近布置了微粒陷阱，用于收集壳体内部可能产生的异物。

3. 伸缩节

伸缩节由法兰、端管、波纹管、弹簧垫圈、螺母、双头螺杆、支撑板、球面垫圈、锥面垫圈构成，用于吸收因环境温度变化、阳光直射、通流时温升等因素引起的设备热胀冷缩变形。伸缩节设置不当会引起应力集中，导致导体、外壳或内部绝缘件的损伤。苏通工程特高压 GIL 敷设于三维蜿蜒走向的地下隧道，距离长，既要补偿长管线

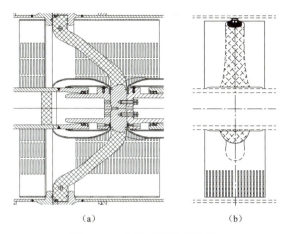

图 5-66 绝缘子处微粒陷阱

（a）盆式绝缘子微粒陷阱；（b）三支柱绝缘子微粒陷阱

热胀冷缩、设备制造和安装误差，还要对基础不均匀沉降、土建施工误差等进行补偿，此外还要适应地震工况下的变形。

对于轴向补偿，选用压力自平衡型伸缩节，由位于两端的两个工作波纹管和位于中间的一个平衡波纹管及拉杆和端板等结构件组成，主要用于补偿轴向位移并能平衡内部压力引起的气压载荷。对于径向补偿，竖井与管廊结合部基础最大沉降量达±15mm，考虑到该位置可能沿任一方向存在潜在变形，因此该处采用复式拉杆型伸缩节，要求其径向最大吸收位移满足±30mm。对于竖井段补偿，由于热伸缩方向确定，选用由单式铰链型伸缩节组成的补偿单元，其两端为两个单式铰链型伸缩节，通过拉杆组合在一起，通过两个铰链型伸缩节的角向变形，实现整体的径向形变。伸缩节如图 5-67 所示。

图 5-67 伸缩节

（a）压力平衡型伸缩节；（b）复式拉杆型伸缩节；（c）铰链型伸缩节

4. 触头和导体

触头和导体按照 1.1 倍额定电流，同时考虑隧道内 GIL 管线的热损耗不大于 250W/m 的要求设计。"导体随支撑绝缘子滑动"方案的导体由铝合金挤制成型，两端接头与中间管段焊接，两端接头与触座插接部分镀银。"支持绝缘子固定、导体滑动"方案采用弹簧触指触头，导体由铝合金挤制成型，两端接头与中间管段焊接，两端接头与触座插接部分镀银。

为了尽量避免触头运动过程产生金属微粒对绝缘的危害，触头设置微粒隔离环，可有效阻止磨损产生的金属微粒从导体内壁散落。此外触头的结构设计满足导体轴线和触座轴线偏转后的可靠连接，最大偏转角度达±2.5°，满足小角度单元的偏转需求。

5. 壳体

综合考虑壳体内部承压、壳体内部抽真空时承受外压、出现内部故障时承受故障电弧等工况，以及热损耗值等要求，开展壳体设计。壳体包括螺旋焊管外壳和搅拌摩擦焊管外壳两种方案，如图5-68、图5-69所示。

图5-68 螺旋焊工艺成型焊管实物图　　图5-69 搅拌摩擦焊成型焊管实物图

6. 感应电流快速释放装置

苏通工程特高压GIL处于同塔双回特高压线路中部，GIL内部故障时，线路两侧断路器跳开后，由于同塔双回路感应电压的影响，潜供电流仍在故障点流过，时间长了可能会造成外壳烧穿。因此在GIL两侧设置感应电流释放装置（接地开关），在线路两侧断路器跳开后快速动作旁路故障点，强制熄灭故障点电流。

感应电流快速释放装置采用水平布置结构，拐臂盒装配和操动机构置于壳体下方，总体长度3000mm，高1840mm，其整体结构如图5-70所示。

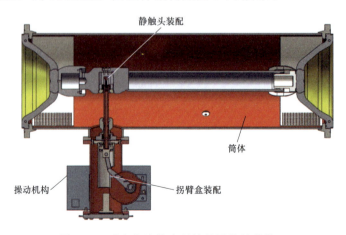

图5-70 感应电流快速释放装置整体结构

通过整体电场计算，基本确定了感应电流快速释放装置的结构形状及尺寸。通过机械强度仿真计算，传动系统的关键零部件（如拐臂、连扳、输入轴等）在合闸运动过程中受到的应力均低于设计许用应力，机械强度满足要求。

感应电流快速释放装置采用电动弹簧操动机构作为驱动装置。电机驱动弹簧储能后可瞬间释放，驱动动触头快速运动来实现分合功能。弹簧操动机构作为动触头运动的动力源，是感应电流快速释放装置的关键部件。通过对弹簧操动机构的驱动弹簧进行参数化设计、运动零部件的机械强度优化设计、二次控制回路冗余设计，提高其稳定性和可靠性，机械寿命达 15000 次。

（二）柔性设计

苏通工程特高压 GIL 布置在全长 5468.545m 的隧道内，壳体外径 900mm，含 SF$_6$ 气体的单位质量约为 210kg/m，依靠若干滑动支架和固定支架固定，在安装和运行条件下应适应 5～43℃环境温度变化。隧道三维蜿蜒走向，由多个圆弧段和上下坡段组成，管廊内共有 7 个 R2000m 圆弧段，其中水平方向 R3000m 圆弧段中包含 4 段 R2000m 圆弧段，竖井部分涉及多处直角转角，GIL 柔性布置难度大。管廊水平面示意图如图 5-71 所示。管廊纵断面示意图如图 5-72 所示。

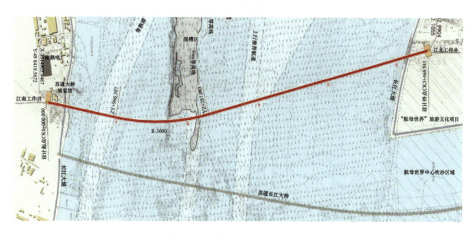

图 5-71　管廊水平面示意图

苏通工程特高压 GIL 综合管廊工程隧道外径 11.6m，内径 10.5m，管廊内 GIL 及其他设备布置断面图如图 5-73 所示。特高压 GIL 布置在管廊上层区域，两回 GIL 垂直分开布置在管廊两侧，中间为单轨道运输空间、安装空间；500kV 电缆线路敷设在下层区域两侧，中间区域设置人员巡视通道，并考虑安装、检修、通风等功能要求。应用三维数字化设计方法，模拟 GIL 在管廊内布置的各种工况，开展 GIL 全管系碰撞检查和净空分析，实现 GIL 整体布置与隧道走向的精准匹配。按照最严苛工况对 GIL 布置进行柔性计算，重点考虑气压盲板力、管道质量、热膨胀力和地震载荷等因素，计算管廊支撑部位的承受载荷和管道应力分布情况，选用压力平衡型伸缩节补偿轴向位移并平衡内部压力引起的气压载荷，满足管廊内载荷不大于 150kN 的要求。另外，

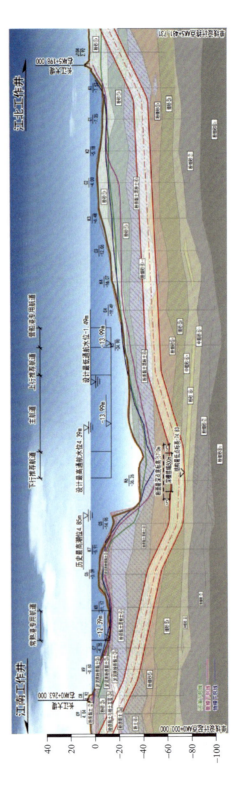

图 5-72　管廊纵断面示意图

配置复式拉杆伸缩节、铰链型伸缩节实现径向和角向补偿，适应各种工况下的变形要求。伸缩节配置如图 5-74 所示。

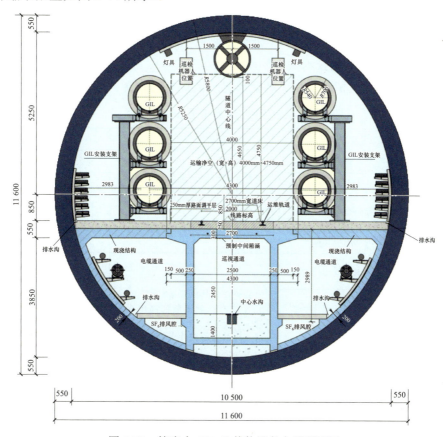

图 5-73 管廊内 GIL 及其他设备布置断面图

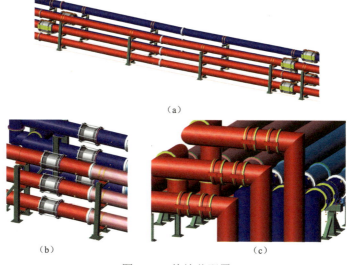

图 5-74 伸缩节配置

（a）压力平衡型伸缩节三相布置图；（b）复式大拉杆型伸缩节布置图；（c）铰链型伸缩节布置图

三、试验技术

(一)试验项目

GB/T 22383《额定电压 72.5kV 及以上刚性气体绝缘输电线路》和 DL/T 978《气体绝缘金属封闭输电线路技术条件》规定"型式试验应在有代表性的装配或分装上进行",特高压 GIL 型式试验项目、试验形态及试验参数如表 5-13 所示。

表 5-13 型式试验项目、试验形态及试验参数

序号	型式试验项目		试验形态说明	试验参数
1	绝缘试验①	雷电冲击耐受电压试验	包含工程所需的全部单元:18m 标准直线单元、90°转角单元、小角度单元、隔离单元、可拆及补偿单元(三种伸缩节)、竖井单元	±2640kV,各 15 次
		操作冲击耐受电压试验		±1980kV,各 15 次
		工频耐受电压试验		1265kV/1min 1150kV/5min
		局部放电试验		$1.2×1150/\sqrt{3}$ ≤5pC
	绝缘试验②	雷电冲击耐受电压试验	(1)包含隔离单元及盲端;隔离单元设置在试验工装的高电压出口处。 (2)标准波形的冲击试验电压	±2640kV,对地各 15 次,对断口各 15 次,共 60 次
		操作冲击耐受电压试验		±1980kV,对地各 15 次,对断口各 15 次,共 60 次
		工频耐受电压试验		1265kV/1min 1150kV/5min
		局部放电试验		$1.2×1150/\sqrt{3}$ kV≤5pC
2	主回路电阻测量		(1)包含 18m 标准直线单元、90°转角单元、隔离单元、可拆及补偿单元(伸缩节)、竖井单元。 (2)竖井单元为水平布置	试验电流 DC 1200A
3	温升试验			1.1×6300A,其中外壳允许温升值不大于 27K
4	短时和峰值耐受电流试验			63kA/2s,170kA/0.3s
5	内部故障电弧试验		针对 GIL 的最小气室	63kA/0.1,0.3 两档考核
6	滑动触头的机械试验		试验对象:触指	15000 次
7	滑动支柱绝缘子的机械试验		试验对象:滑动支柱绝缘子	15000 次
8	密封试验		采用氦质谱真空检漏法	$1.0×10^{-5}Pa·m^3/s$
9	气体状态测量试验		各单元单独进行	≤250(μL/L)
10	外壳的强度试验		包含 18m 直线壳体、90°转角壳体、小角度单元壳体、隔离单元壳体、竖井单元壳体	破坏压力不小于 3 倍设计压力
11	隔板的压力试验		包含隔板(不通气盆式绝缘子)	破坏压力不小于 3 倍设计压力且不小于 2.4MPa

(二)典型试验

1. 绝缘试验

特高压 GIL 的绝缘试验样机包含全部可能的单元,其中对于隔离单元的考核需在端口断开和导通两种状态下进行。绝缘性能试验包括工频耐压试验、冲击耐压试验(雷电

冲击耐压试验、操作冲击耐受电压试验）和局部放电试验。绝缘试验样机如图 5-75 所示。

2. 短时及峰值耐受电流试验

线路发生短路故障后，GIL 需要承受一段时间的短路电流而不发生触头熔焊、自动弹开或不允许的位移和可察觉的永久变形，给予断路器切除故障的时间，故障切除后仍能继续正常使用。因此，GIL 应该经受动稳定和热稳定试验考核，来检验它们承载额定峰值耐受电流和额定短时耐受电流的能力。

短时及峰值耐受电流试验样机如图 5-76 所示。

图 5-75　绝缘试验样机　　　　　图 5-76　短时及峰值耐受电流试验样机

3. 内部故障电弧试验

GIL 发生内部电弧故障时不能影响周围环境，必须将电弧带来的影响（热气体和融化的铝材）限制在 GIL 壳体内部。内部故障出现电弧时伴随着各种各样的物理现象，如因壳体内电弧发展产生的能量引起内部过压力和局部过热，设备受到机械和热应力，材料产生可能释放到大气中的热分解物。本试验考虑了作用在外壳上的内部过压力及电弧或其弧根对外壳的热效应，包括可能造成危险的所有效应，如毒性气体。

内部电弧故障试验须在最小的 GIL 隔室上进行以实现最严格考核。典型的内部故障电弧试验样机如图 5-77 所示。

4. 温升试验

GIL 安装于隧道内，运行环境复杂，发热需要通过通风系统排出。产品设计需要控制发热量，各部位的温升不应超过技术标准规定的允许值。特高压 GIL 温升试验包含各种典型的样机结构，典型试验样机如图 5-78 所示。

图 5-77　内部故障电弧试验样机

试品承受规定电流，对于特高压 GIL，试验电流为 6930A（1.1 倍额定电流），单元与工装内部均充以最低运行压力的 SF_6 气体。温升试验时需测量 GIL 壳体损耗，应

图 5-78 主回路电阻测量、温升试验样机

在壳体上下、侧面部位测量温升。各单元主回路导体的固定连接处、滑动连接处及外壳连接处均需测量温升。对于长度较大的导体和外壳，中部增加测量点。试品温升应不超过 GB/T 11022《高压交流开关设备和控制设备标准的共用技术要求》的规定值，经换算的温升试验后回路电阻值比温升试验前增加不大于 20%。

5. 密封试验

特高压 GIL 的 SF_6 用气量大，隧道封闭环境下少量的气体泄漏就可能造成环境污染，因此年泄漏率要求提高到 0.01%（远低于特高压 GIS 的 0.5%），需要高精度的试验方法来严格考核 SF_6 泄漏率（常规特高压 GIS 采用的扣罩法已经不能满足精度要求）。

特高压 GIL 密封试验采用氦检漏方法，根据 GB/T 15823《无损检测 氦泄漏检测方法》，试品内部充以额定压力的氦气，将试品放入试验箱中，对试验箱抽真空，测量泄漏到试验箱中的氦气泄漏率。试验时先进行定性检漏，合格后进行定量检漏。试验形态包括 18m 标准直线单元、弯段单元（含直角单元）、隔离单元、补偿单元（各类型伸缩节）等全部单元。试验现场如图 5-79 所示。

图 5-79 氦检漏真空箱试验现场

6. 滑动触头特殊机械试验

特高压 GIL 管道长，热胀冷缩补偿大，运行中滑动触头及三支柱绝缘子的往返运动造成磨损，优良的机械寿命是特高压 GIL 可靠运行的重要保证。

为满足管廊内 GIL 全管系柔性设计要求，通常情况下，标准单元滑动触头轴向补偿不小于 ±40mm，角度补偿不小于 ±2.5°。

滑动触头特殊机械试验的样机按照工程产品结构设计，"导体随支撑绝缘子滑动"方案的样机由壳体、导体、调整角度用伸缩节、滑动三支柱绝缘子（含微粒陷阱）、触头、绝缘拉杆及盆式绝缘子等主要组部件构成。试验装置中滑动三支柱绝缘子到触头的距离与实际工程一致，试验过程中，通过调整伸缩节实现滑动触头和导体轴向±2.5°的偏转。在滑动三支柱绝缘子微粒陷阱处设置接地装置检测触点，用以监视滑动过程中三支柱绝缘子顶部的接地铜石墨电极与外壳的电接触情况。试验样机如图 5-80 所示。"支持绝缘子固定、导体滑动"方案样机设计与此类似。

图 5-80　滑动触头的机械试验样机

四、制造技术

（一）关键组部件制造

1. 绝缘子

GIL 绝缘子的关键技术与 GIS 绝缘子基本相同。其制造使用适宜的真空浇注设备，严格控制原材料的预处理、混料、浇注和固化过程，绝缘子内部有金属嵌件的，要预先对金属嵌件进行表面处理。为使绝缘子的质量达到预期的要求，在制造过程中，应从原材料到成品的各个环节进行有效监控，识别每个环节潜在的失效因素，列出相应的管控要点，采取相应的措施。绝缘子生产工艺流程如图 5-81 所示。

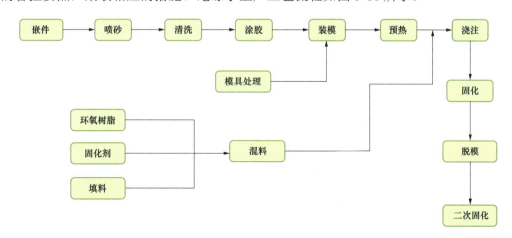

图 5-81　绝缘子生产工艺流程

2. 伸缩节

伸缩节制造包括管坯下料、纵缝焊接等工序。为了保证苏通工程特高压 GIL 伸缩节多组合、大位移、高疲劳寿命要求，波纹管采用薄壁多层结构及多波整形技术。关键工艺难点包括薄壁多层波纹管管坯纵焊缝和环焊缝的焊接，以及伸缩节的高可靠性密封。从刚度控制、应力控制、寿命控制等入手，有效提升伸缩节产品质量。具体制造工艺流程如图 5-82 所示。

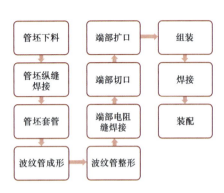

图 5-82 伸缩节制造工艺流程图

3. 外壳

GIL 外壳采用铝合金板材通过焊接制造而成，标准单元长度达 18m。与传统 GIS 外壳相比，GIL 外壳标准单元长度约为传统 GIS 的 3 倍。

对于铝合金螺旋焊管，采用铝合金卷带通过开卷、矫平、铣边（坡口加工）、精密成型、焊接、定尺切割、检测、内壁抛光等工序制作而成。成型时采用了高精度成型工装，可大幅度提高成型精度，同时采用双面双弧钨极氩弧焊接技术，既提高了焊管生产效率，也提高了焊缝内部质量。

对于折圆搅拌摩擦焊筒体外壳，将整张定制铝板通过折圆技术一次成型，采用搅拌摩擦焊工艺对焊缝进行焊接。采用整张定制超宽铝板，使其具有较高的直线度和圆度。此外搅拌摩擦焊的焊缝长度较短，在焊接过程中不添加额外材料，依靠专用搅拌针与外壳摩擦发热使材料熔化，依靠母材自身材料熔合成焊缝，保证焊缝材质的与外壳材质一致性，有助于确保焊缝的强度。

4. 导体

GIL 对导体的圆度、直线度、同轴度、表面异物的控制要求高。由于导体长度较长，用车床加工焊接坡口时，容易产生挠度弯曲；在拼焊时，找正比较困难。针对超长导体的拼接结构、坡口加工、导体焊接、尺寸检测、抛光、运输等内容进行了工艺研究。长导体制造技术路线如图 5-83 所示。

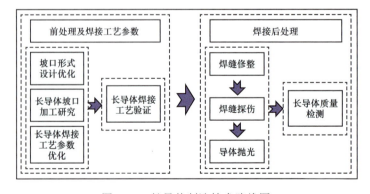

图 5-83 长导体制造技术路线图

（二）GIL 单元制造

1. 单元制造工艺流程

装配前，按照装配顺序对所有零部件进行清洁，如壳体、导体、绝缘子、插接触头等。对于"导体随支撑绝缘子滑动"的技术方案，先进行三支柱绝缘子压接，后随导体一起送入外壳中，再对固定三支柱绝缘子进行焊接及端部盆式绝缘子对接等。对于"支持绝缘子固定、导体滑动"的技术方案，首先在管道外完成三叉星形支持绝缘子的预装配，再通过工装送入管道中部进行固定，通过工装将导体穿过三叉星形支持绝缘子并安装到位后，在管道靠近法兰端部的位置安装微粒陷阱，最后将带有插接触头的盆式绝缘子嵌入安装在壳体一侧，完成标准单元的装配。

标准单元装配结束后，在两侧安装测试用的过渡筒体，进行气密、高压、微水等出厂试验。试验结束后，进行气体处理及整体目视检查。最后安装运输工装，进行整体的包装、防护。GIL 单元装配工艺流程如图 5-84 所示。

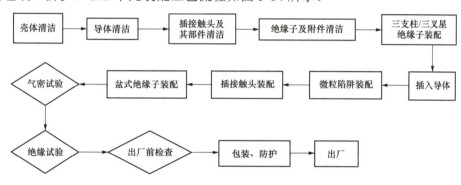

图 5-84　GIL 单元装配工艺流程

2. 关键工序的质量控制

（1）三支柱绝缘子压接。

压装工艺通过压力将一种工件压入另一种工件，通过挤压变形实现 2 种工件可靠连接。GIL 三支柱绝缘子通过压接与导体固定，为 GIL 产品特有的装配方式，压接效果的好坏直接影响三支柱与导体固定是否牢固。

三支柱绝缘子采用专用压接工装，如图 5-85 所示。将三支柱绝缘子中心嵌件与导体进行收口固定，要求压接缝隙不大于 1mm，压接完成后对缝隙进

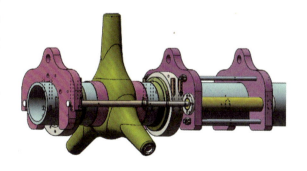

图 5-85　三支柱绝缘子压接工装示意图

行逐件测量，保证缝隙符合图纸要求，并确认缝隙内部无异物残留。

GIL 三支柱绝缘子压接质量控制主要包括两个方面：①控制异物，通过油布将工

图 5-86　三叉星形支持绝缘子安装

装与导体隔离，防止压接工装与导体之间划伤产生金属屑；②压接后的异物清理，将表面润滑脂清擦干净后，使用真丝布及时轻擦中心嵌件与导体之间的缝隙，确保残留的胶渍清擦干净。

（2）三叉星形支持绝缘子装配。

三叉星形支持绝缘子与压环预装完成后，利用专用运输工装送进管道内部，如图 5-86 所示。利用工装缓慢推入绝缘子，关注压环和壳体内壁的间距，及时上下、左右调整工装，保持压环和壳体之间的间隙，避免碰撞。手工拧紧螺栓及打扭力，将支持绝缘子固定在焊接环上，不得用电枪，避免产生金属屑。

（3）触头装配。

对于"导体随支撑绝缘子滑动"方案，其触指装配需使用专用装配工装。装配前先检查确认装配方向，按照工艺要求涂抹润滑脂，装配完成后检查确认触指挡圈是否完全进槽，使用吸尘器对触指进行吸尘处理，确保内部无异物残留。

对于"支持绝缘子固定、导体滑动"方案，清洁各部件后，按顺序在触头座上安装橡胶缓冲垫、微粒隔离环、弹簧触指，螺纹锁紧屏蔽罩，最后安装导向支撑环完成插接触头的装配。

（4）标准 18m 外壳清洗。

为避免焊缝位置及筒体内异物残留在气室内，外壳内壁清洗对异物控制非常重要。原来 GIS 筒体内壁清洗工艺仅适用于 9m 以下筒体，且清洗方法为人工清洗，无法满足特高压 GIL 的 18m 超长外壳清洗要求。GIL 外壳的清洗采用高压清洗系统、筒体滚动支架、滤水器、喷嘴设备等相关设备，冲洗时间 3min。冲洗完毕后在筒体两个端部约 50mm 的位置再次进行人工清洗，冲洗完毕后使用强光手电观察筒体内壁表面，应无附着可见的铝屑颗粒。清洗完成后，使用筒体拉干设备拉杆机对筒体内部进行水分清理，使用清擦工装卷扬机拖动清擦头对内壁拉干。最后对筒体进行整体烘干。高压清洗系统和筒体内部拉干设备如图 5-87 和图 5-88 所示。

图 5-87　高压清洗系统

（5）小角度单元装配。

GIL 小角度单元由带角度导体和带角度筒体装配而成，装配过程需保证导体折弯方向与筒体折弯方向一致，使母线内部处于同轴电场。装配前确认导体与筒体的小角度标识刻印是否正确。应使用小角度定位工装确保角度偏转方向正确。小角度单元装配如图 5-89 所示。

图 5-88　筒体内部拉干设备

图 5-89　小角度单元装配

（三）厂内试验

GIL 出厂试验项目如表 5-14 所示，其中密封试验采用氦检漏和定容积 SF_6 检漏相结合的方式。感应电流快速释放装置出厂试验项目如表 5-15 所示，其中机械操作试验主要考核其可靠动作的性能。

表 5-14　　　　　　　　　　　　　GIL 出厂试验项目

序号	试验项目	试验方法	判定基准、管理值
1	结构检查	依照图纸，目视检查	符合设计图纸要求
2	主回路电阻测量	主回路通 300A 直流电流，用压降法测量	满足技术要求值
3	检漏试验	定性检漏合格后，再进行 24h 定量检漏（包扎法、扣罩法）	漏气率：长度不小于 15m 的 GIL 隔室不大于 0.01%/年；其余 GIL 隔室及成套设备隔室不大于 0.1%/年
4	雷电冲击耐压试验	主回路对地施加雷电冲击波，施加电压 2400kV（正偏差），正负极性各 3 次	无闪络、击穿现象
5	工频耐压试验	主回路加压顺序： 0kV→664kV/5min→1150kV/5min	无闪络、击穿现象
6	局部放电测量	主回路预施加工频电压 1150kV 持续 1min，降到测量电压 797 kV 测量 5 min	≤5pC

表 5-15　　　　　　　　　　　感应电流快速释放装置出厂试验项目

序号	试验项目	试验方法	判定基准、管理值
1	一般结构检查	依照图纸，目视检查，包括防腐涂层、轴封和接地端子等	符合图纸要求
2	辅助和控制回路绝缘试验	（1）依照图纸，检查配线正确性。 （2）对辅助和控制回路施加 2000V/1min 耐压试验	配线符合图纸要求。 无闪络、击穿现象
3	机械操作与机械特性试验	（1）200 次机械操作，进行机械特性试验，测量分闸、合闸时间。 （2）检查感应电流快速释放装置联锁功能	符合图纸要求

续表

序号	试验项目	试验方法	判定基准、管理值
4	检漏试验	定性检漏合格后，进行 24h 定量检漏（包扎法、扣罩法）	漏气率不大于 0.1%/年
5	水分测量	充气时间不小于 48h 后进行水分测量试验	≤250μL/L
6	雷电冲击耐压试验	主回路对地施加雷电冲击波，施加电压 2400kV（正偏差），正负极性各 3 次	无闪络、击穿现象
7	工频耐压试验	主回路加压顺序：0kV→664kV/5min→1150kV/5min	无闪络、击穿现象
8	局部放电测量	主回路预施加工频电压 1150kV 保持 1min，降到测量电压 797kV 测量 5min	≤5pC

五、现场安装和交接试验

（一）现场安装技术

1. 安装流程

特高压 GIL 的安装流程如图 5-90 所示。

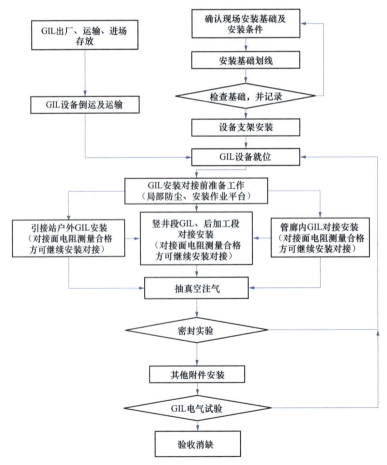

图 5-90　特高压 GIL 安装流程

2. 关键工序的质量控制

（1）基础复测、支架定位安装。

与传统地面设备安装不同，管廊内 GIL 支架固定于管廊上腔找平层，采用倒锥形化学螺栓锚固，管廊隧道存在坡度和转弯，安装固定前需对安装位置精确定位。GIL 母线每隔 72m 设置一个固定支架，固定支架的中心位置在母线安装时作为坐标参考点。每节 GIL 母线设置 2 个支架，由 2 个滑动支架或 1 个滑动支架和 1 个固定支架组成，滑动支架的坐标位置根据 72m 段的固定支架坐标按图纸尺寸来确定。

（2）GIL 母线对接和伸缩节调整。

管廊内的 GIL 母线对接和安装采用专用机具。GIL 专用运输机具用于隧道内 GIL 单元的运输和预就位，可一次性运输三根单侧多种规格的 GIL 运输单元。GIL 安装机具由车架、轴向行走机构、径向行走机构、四向调整支架、水平轴向调整机构、水平径向调整机构、垂直径向调整机构、旋转调整机构等组成，具备轴向行走及转向、径向行走、水平轴向调整、水平径向调整、垂直径向调整、旋转调整等功能。每相 GIL 单元安装过程中，需使用 2 台安装机具组队联动，对已预就位的 GIL 单元进行精确调整。在单元对接部位设置防尘房，保证对接环境洁净度。具体流程如图 5-91 所示。

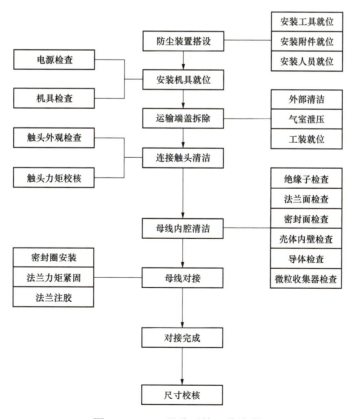

图 5-91 GIL 母线对接工作流程

由于筒体制造、土建、支架位置等误差影响，GIL 安装至固定支架时，GIL 筒体支腿可能无法精确对接到 GIL 固定支架，需通过调节伸缩节长度补偿轴向误差。安装完成后，松开伸缩节紧固螺母，使伸缩节处于自由状态，实现吸收热胀冷缩造成的筒体形变。

（3）气体处理。

苏通 GIL 综合管廊工程使用气体处理综合机具进行抽真空和 SF_6 回收作业，采用 SF_6 集中供气站进行 SF_6 气体充注作业。集中供气站如图 5-92 所示。

图 5-92　集中供气站

SF_6 集中供气站是集气体热交换、增压、减压、集中存储、干燥净化、管道输送、安全监控等功能于一体的系统，便于 SF_6 气体集中管理，方便生产组织，解决了气瓶在管廊内运输困难的问题，可有效提高充气速度及安全管控水平。完成一个 108m 标准气室充气只需要 4h，是传统充气方式的 12 倍。

（二）交接试验技术

现场交接试验的重点项目是工频耐压试验，此外还要进行主回路电阻测量、检漏试验、气体湿度测量等常规试验。

1. 主回路电阻测量

现场每个元件或每个单元对接后，应测量主回路电阻及完整的 GIL 主回路电阻。制造厂应提供测试单元主回路电阻的控制值，以及测试区间的测试点示意图。

回路电阻的测试应按产品技术文件的要求进行，主回路电阻测量应采用直流压降法，测试电流不小于 300A，测量结果不大于制造厂控制值的 120%。在三相结构相同、测量长度相等的情况下，最大值不应超过最小值的 120%。

2. 检漏试验

（1）定性检漏。

额定气压下静置不小于 24h 后，用灵敏度不低于 10^{-8}（体积比）的气体检漏仪对密封部位缓慢移动检查，检漏仪无报警则认为密封性能良好。

（2）局部扣罩检漏（定量检漏）。

对 GIL 单元的法兰对接部位、伸缩节及充气接头部位进行定容积局部扣罩，对电压互感器、电流互感器、套管、感应电流快速释放装置等成套设备采用局部包扎法，24h 后用检漏仪测定罩内 SF_6 浓度增加量，计算年漏气率，以判定密封性能是否合格。

GIL 对接面、伸缩节采用的软质定容积局部扣罩是将钢丝焊接结构的金属框架固定于筒体外圆，外罩塑料薄膜，薄膜与金属框架之间贴紧，形成形状规则的轮廓，薄膜与筒壁之间通过胶带固定。对接面定容积局部扣罩如图 5-93 所示。

（a）　　　　　　　　　　　　　　（b）

图 5-93　定容积局部扣罩

（a）固定局部扣罩工装金属框架；（b）固定塑料膜形成规则形状

对于长度不小于 15m 的 GIL 隔室，要求年泄漏率不超过 0.01%；其余 GIL 隔室及成套设备隔室，年泄漏率不超过 0.1%。

3. 气体湿度测量

按 GB/T 5832.1《气体分析　微量水分的测定　第 1 部分：电解法》、GB/T 5832.2《气体分析　微量水分的测定　第 2 部分：露点法》、DL/T 506《六氟化硫电气设备中绝缘气体湿度测量方法》要求进行。测量 SF_6 气体湿度的方法通常有露点法、电解法、阻容法等。湿度测量应在充入 GIL 内气体静止 120h 后进行，测量时应为额定压力，测量值应不大于 $250\mu L/L$。

4. 工频耐压及局部放电检测

常规试验合格后，根据相关标准进行工频耐压及局部放电检测试验。

特高压 GIL 线路电压等级高、距离长、容量大且处于隧道环境下，现场交流耐压及局部放电试验具有特殊性：①常规 GIS 试验装备无法适配，特高压 GIL 电压高、容量大，对谐振耐压试验中电抗器的电感补偿能力、额定电流、散热能力、组装便捷性提出了更高要求；②长距离击穿定位信息通信能力弱，苏通工程特高压 GIL 距离长且处于隧道环境，现有击穿定位装置的无线通信能力弱，难以进行实时准确传输，有线传输又存在布线繁复问题。

为此专门研制了适用的交流谐振耐压试验装置，试验容量较特高压变电站 GIS 试验设备提升 7.5 倍，实现了苏通工程特高压 GIL 单相整段现场绝缘考核。同时配备故障电流法、超声波法和陡行波法三套故障定位系统实现米级精确故障定位。

耐压程序包括老练试验、工频耐压及局部放电检测，试验加压程序如图 5-94 所示。其中阶梯加压老练试验为首次在特高压工程中使用，有助于全面排查产品内部金属微粒，已经推广应用于后续特高压工程。

（1）老练阶段。

加压前需用 5000V 绝缘电阻表测量每相导体对地绝缘电阻，测量绝缘电阻前应将电压互感器的接地端子断开，测量后恢复。

启动操作耐压系统，调整系统频率，使系统达到谐振状态（试验频率控制在 50～300Hz 范围内），匀速缓慢升压，同时监视每相 GIL 首端、末端电压。电压升高至 200kV 保持 20min，升高至 300kV 保持 20min，高至 450kV 保持 10min，升高至 664kV 保持 10min，升高至 797kV 保持 5min，升高至 900kV 保持 1min。

（2）耐压阶段。

升压至 1150kV 保持 1min，耐压过程中每相 GIL 末端电压值不应超过 1150kV，首端电压值不宜低于 1115.5kV。

（3）局部放电检测阶段。

通过交流耐压试验后，降压至 797kV 进行局部放电超声检测，检测时间不大于 45min。

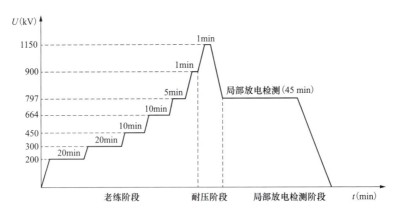

图 5-94 耐压试验加压程序

第三节 110kV 专 用 开 关

特高压电网输送功率变化大，无功电压控制问题突出，投切位于主变压器三次侧绕组的 110kV 电容器组和电抗器组是控制系统电压的重要手段。110kV 电容器组（210Mvar）和电抗器组（240Mvar）容量大，回路开关既要具有开断故障电流的能力，还需要具备频繁投切无功设备的能力（电抗器组开合能力 3150A；背对背电容器组开断能力 1600A；电容器组开断能力 3150A），工况极为苛刻，是世界同类设备的最高要求。

2009 年 1 月投运的特高压交流试验示范工程成功研制了瓷柱式断路器（西安西电高压开关有限责任公司、北京 ABB），应用于晋东南变电站和荆门变电站，额定电压 145kV（具备 170kV 绝缘耐受水平）。2011 年 12 月投运的特高压交流试验示范工程扩建工程中，南阳变电站 110kV 系统首次采用"断路器+负荷开关"方案，断路器负责开断短路故障电流，寿命高达 5000 次的 110kV 专用 HGIS 负责电容器组的投切。2013 年 9 月投运的皖电东送工程中，淮南变电站、浙北变电站首次应用带选相合闸装置的 110kV 专用开关，用于频繁投切电容器组和电抗器组，寿命高达 5000 次。

2007～2008 年，西安西电高压开关有限责任公司（简称西开有限）研制了 LW25-126 高压交流瓷柱式六氟化硫断路器，其背对背电容器组电流开合试验电流 1600A、并联电抗器电流开合试验电流 1600A、单组电容器电流开合试验电流 4000A，产品在国家高压电器质量监督检验中心通过全部型式试验，并成功应用于特高压交流试验示范工程及其扩建工程的晋东南变电站，由于后续工程对于开断寿命提出了更高要求，本产品未再应用，因此本书不做专门介绍。

截至 2023 年底，中国特高压交流工程已累计投运 110kV 专用开关 356 个间隔。

（一）110kV HGIS

日本日新电机株式会社利用日本 72.5kV 等级的无功回路开关设备技术和运行经验，由北京宏达日新电机有限公司（简称北京宏达日新）开发了符合相关技术要求的 110kV 无功回路 HGIS 型专用负荷开关（LBS）。

该 HGIS 是以北京宏达日新生产的具有丰富供货业绩的 110kV 等级 GFBN12A 型 GIS 为基础改进而来，与北京宏达日新原有 110kV GIS 型号、结构和参数保持一致，重点针对专用负荷开关（LBS）的电弧触头和喷口等部件进行了改进优化，使其适应我国特高压交流工程的要求。2010 年 12 月通过大容量电容器组、电抗器组 5000 次投切电寿命试验，在特高压交流试验示范工程扩建工程南阳变电站中首次应用，如图 5-95 所示。

图 5-95 特高压交流试验示范工程
扩建工程南阳变电站的 110kV HGIS

1. 技术条件

110kV HGIS 主要元件及其技术参数见表 5-16。

表 5-16　　　　　　　　　　**110kV HGIS 主要元件及其技术参数**

名称		单位	技术参数
HGIS 共用参数			
额定电压		kV	126
额定电流	电容器/电抗器回路	A	1600
额定工频 1min 耐受电压（相对地）		kV	275
额定雷电冲击耐受电压峰值（1.2/50μs）（相对地）		kV	650
额定短路开断电流		kA	40
额定短路关合电流		kA	100
额定短时耐受电流及持续时间		kA/s	40/3
额定峰值耐受电流		kA	100
辅助和控制回路短时工频耐受电压		kV	2
无线电干扰电压		μV	≤500
噪声水平		dB	≤110
SF₆ 气体压力（20℃表压）	断路器室	MPa	0.6
	其他隔室		0.45
每个隔室 SF₆ 气体漏气率		%/年	≤0.5
SF₆ 气体湿度	有电弧分解物隔室 交接验收值	μL/L	≤150
	长期运行允许值		≤300
	无电弧分解物隔室 交接验收值		≤250
	长期运行允许值		≤500
局部放电	试验电压	kV	1.2×126
	每个隔室	pC	≤5
	每个绝缘件		≤3
	套管		≤5
	电流互感器		≤5
使用寿命		年	≥40
检修周期		年	≥20
负荷开关（LBS）参数			
型号			GS12-4B
布置形式（立式或卧式）			立式
断口数			1
额定电流	电容器/电抗器回路	A	1600
温升试验电流		A	$1.1I_r$
额定工频 1min 耐受电压	断口	kV	275+84
	对地		275

续表

名称		单位	技术参数
额定雷电冲击耐受电压峰值（1.2/50μs）	断口	kV	650＋145
	对地		650
额定短路关合电流		kA	100
额定短时耐受电流及持续时间		kA/s	40/3
额定峰值耐受电流		kA	100
开断时间		ms	≤60
合分时间		ms	≤60
分闸时间		ms	≤50
合闸时间		ms	≤100
分闸不同期性		ms	≤2
合闸不同期性		ms	≤3
机械稳定性		次	≥10000
额定操作顺序			C—O、O、C
开合并联电容器能力	电容器容量	Mvar	200.5（串抗率 L=5%） 216.5（串抗率 L=12%）
	开断电容器组电流	A	1600
	关合电容器组涌流	kA	7.302
	频率	Hz	225
	开断试验电压	kV	$1.4 \times 145/\sqrt{3}$
	C1/C2 级		C2 级
	开合次数	次	≥5000
	操作顺序		C—O
开合并联电抗器能力	电抗器容量	Mvar	1×240
	感性电流	A	1600
	试验电压		$1.5 \times 126/\sqrt{3}$
	恢复电压		337
	开合次数	次	≥5000
	过电压倍数		<2.5 倍
SF$_6$气体压力（表压，20℃）	最高	MPa	0.74
	额定		0.6
	最低		0.5
操动机构形式或型号			弹簧
操作方式			三相机械联动

2. 关键技术

（1）结构设计。

特高压工程之前，配有专用负荷开关的 GFBN12A 型 GIS 已被广泛用于日本 72/84kV 电压等级的无功回路中，该设备在国网北京市电力公司部分 500kV 超高压变电站三次侧中也有应用业绩，运行情况良好。资料显示其连续投切无功容量及次数如表 5-17 所示。

表 5-17 专用负荷开关开合无功设备的能力（72/84kV）

设备	容量（Mvar）	开合次数
电容器或电抗器	60	10000
电容器或电抗器	80	7000
电容器或电抗器	120	4000

特高压电网对 110kV 无功设备专用负荷开关提出的要求包括：

1）投切电容器、电抗器的容量大，投切容量电容器为 210Mvar、电抗器为 240Mvar，每次投入的关合涌流达到 7302A，触头不能熔焊、烧损；

2）操作频繁，触头需承受投入电流合计 7302A×5000 次，电寿命要求高；

3）容性电流开断时恢复电压高、持续时间长，不能发生重击穿，产生过电压；

4）电气性能和电寿命要求高。

为了提高负荷开关的开断性能和电寿命次数，使其更适合特高压工程 110kV 无功设备的使用，对原有的结构进行了设计改进：改进增强了灭弧室的触头，提高了燃弧的耐受性；修改了喷口的尺寸，提高了开断的性能。

110kV HGIS 的结构如图 5-96 所示。

专用负荷开关 LBS 结构如图 5-97 所示。专用负荷开关需要进行日常投切动作，操作次数频繁，操作功较大。操作过程属于机械动作，由于摩擦和冲击，将不可避免地产生杂质，这对电气绝缘性能是不利的。专用负荷开关采用垂直竖立结构，灭弧室安装于容器下盖板的支持台上，操动端位于支持台的下方，在支持台的作用下，形成了一个天然的低电位的屏蔽区，操动端产生的金属杂质在重力的作用下，无法逃离这一处屏蔽区域，同时灭弧室内如产生杂质，也将直接落入屏蔽区，从而提高了 LBS 的绝缘可靠性。

（2）试验技术。

国家电网公司与日本日新公司协商确定了型式试验方案和试验参数，并由日本日新公司提供技术和试验场地，北京宏达日新提供样机设备，国家电网公司见证型式试验过程。型式试验项目见表 5-18。

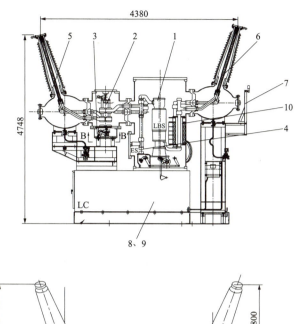

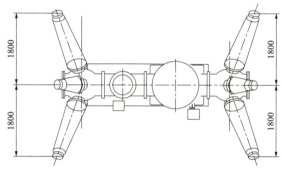

图 5-96　110kV HGIS 结构图

1—专用负荷开关；2—母线侧隔离开关；3—母线侧接地开关；4—无功设备侧接地开关；5—母线侧瓷套；

6—无功设备侧瓷套；7—带电显示器；8—控制柜；9—断路器操动机构；10—电流互感器

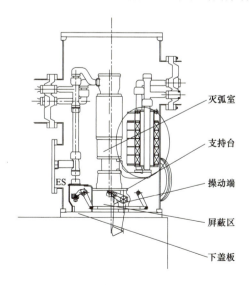

图 5-97　专用负荷开关 LBS

表 5-18   110kV HGIS 型式试验项目

序号	试验项目
1	绝缘试验
2	开合性能确认试验（初次）
3	开合性能确认试验（1000 次后）
4	开合性能确认试验（2000 次后）
5	绝缘试验（连续开合 5000 次后）
6	电容电流开断试验（单相合成试验）（连续负荷开合试验 3000 次后）
7	电容电流开断试验（单相合成试验）（连续负荷开合试验 4000 次后）
8	电容电流开断试验（单相合成试验）（连续负荷开合试验 5000 次后）

研制历程如下：

2010 年 3～4 月，北京宏达日新对 HGIS 样机进行装配，6 月样机发往日本；7～11 月，进行绝缘试验和无功投切试验（性能确认试验）；12 月，试验后对设备解体检查、确认，并进行评估。2011 年 12 月在南阳变电站正式投入运行。

2015 年，国家电网公司根据锡盟变电站、潍坊变电站的使用条件，提出了新的要求：①HGIS 设备设置总回路断路器，应具备开断容性电流 3150A/24 次，开断过程中不允许出现重击穿；②设备需具备抵御烈度 9 级以上的抗震能力；③需具备−40℃的低温运行能力；④绝缘耐压能力达到 145kV 等级使用要求。

北京宏达日新按照以上要求，进行了相应的试验验证。2015 年 3 月～2016 年 1 月，先后完成了断路器 3150A 容性电流开断 24 次性能试验、低温试验、抗震试验、145kV 等级绝缘试验，国家电网公司均参与了见证，对最终试验结果进行了评审，满足使用要求。图 5-98 为 110kV HGIS 设备连续开合试验现场。图 5-99 为 110kV HGIS 设备抗震试验现场。

图 5-98　110kV HGIS 设备连续开合试验现场　　图 5-99　110kV HGIS 设备抗震试验现场

（二）110kV 断路器

2009 年 1 月建成投运的特高压交流试验示范工程中，北京 ABB 高压开关设备有限公司将广泛应用于无功补偿的自能式断路器 LTB170D1/B 应用于荆门变电站 110kV 系统。

2013 年 9 月建成投运的皖电东送特高压交流示范工程中，要求电容器组的投切开关开合寿命达 5000 次，远远超过了国家标准对投切电容开关的 C2 级要求。因此北京 ABB 高压开关设备有限公司通过性能评估，提出了 HPL170B1-1P-50kA 开关配同步控制器（选相合闸功能）方案，2012 年 9 月一次性通过 5000 次容性电流开合试验，在皖电东送工程淮南变电站、浙北变电站中首次应用，此后广泛应用于后续特高压交流工程。

1. 技术条件

HPL170B1-1P-50kA 开关配置同步控制器作为特高压交流工程变电站三次侧无功补偿专用开关，额定电压 145kV，额定电流 4000A，短路开断电流 50kA，容性开合电流 1600A，容性电流开合次数 5000 次。

高压瓷柱式断路器的技术参数如表 5-19 所示。

表 5-19　　　　　　　　　　瓷柱式断路器主要技术参数表

序号	名　　称		单位	技术参数
1	断路器型式或型号			瓷柱式
2	断口数		个	1
3	额定电压		kV	145
4	额定频率		Hz	50
5	额定电流		A	4000
6	温升试验电流		A	$1.1I_r$
7	额定工频 1min 耐受电压	断口	kV	325
		对地		325
	额定雷电冲击耐受电压（1.2/50μs）峰值	断口	kV	750
		对地		750
8	额定短路开断电流	交流分量有效值	kA	50
		时间常数	ms	45
		开断次数	次	20
		首相开断系数		1.5
9	额定短路关合电流		kA	125
10	额定短时耐受电流及持续时间		kA/s	50/3
11	额定峰值耐受电流		kA	125
12	开断时间		ms	≤50
13	合分时间		ms	≤60
14	分闸时间		ms	≤30

序号	名　　称		单位	技术参数
15	合闸时间		ms	≤100
16	重合闸无电流间隔时间		ms	300
17	分闸不同期性		ms	≤2
18	合闸不同期性		ms	≤3
19	机械稳定性		次	≥10000
20	额定操作顺序			O—0.3s—CO—180s—CO
21	辅助和控制回路短时工频耐受电压		kV	2
22	无线电干扰电压		μV	≤500
23	噪声水平		dB	≤110
24	开合并联电抗器能力	电抗器容量	Mvar	1×240
		感性电流	A	1600
		开合次数	次	≥5000
		过电压倍数		<2.5 倍
25	开合并联电容器能力	电容器容量	Mvar	240
		开断电容器组电流	A	1600
		关合电容器组涌流	kA	9.3
		开断试验电压	kV	$1.4×145/\sqrt{3}$
		C1/C2 级		C2 级
		开合次数	次	≥5000〔试验电压 $1.4×126/\sqrt{3}$〕
26	现场开合空载变压器试验	空载变压器容量	MVA	5
		空载励磁电流	A	0.5～15
		试验电压	kV	126
		操作顺序		10×O 和 10×（CO）
27	近区故障试验	L90	kA	50×90%
		L75	kA	50×75%
		L60	kA	/
		操作顺序		O—0.3s—CO—180s—CO
28	失步关合和开断试验	开断电流	kA	12.5
		工频恢复电压	kV	$2.5×126/\sqrt{3}$
		恢复电压上升率	kV/μs	1.67
		操作顺序		CO—O—O 和 O—O—O
29	SF_6 气体湿度	交接验收值	μL/L	≤150
		长期运行允许值		≤300
30	SF_6 气体漏气率		%/年	≤0.5

续表

序号	名 称		单位	技术参数
31	SF$_6$气体纯度		%	99.9
32	操动机构型式或型号			弹簧
	操作方式			分相操作
	电动机电压		V	AC 380/220
	合闸操作电源	额定操作电压	V	DC 220
		操作电压允许范围		85%～110%，30%不得动作
		每相线圈数量	只	1
		每只线圈稳态电流	A	DC 220V、1A
	分闸操作电源	额定操作电压	V	DC 220
		操作电压允许范围		65%～110%，30%不得动作
		每相（台）脱扣装置数量	套	2
		每只线圈稳态电流	A	DC 220V、1A
	加热器	电压	V	AC 220
	备用辅助触点	数量	对	12
		开断能力		DC 220V、2.5A
	检修周期		年	≥20
	弹簧机构	储能时间	s	≤20

2. 关键技术

（1）结构设计。

HPL170B1 为分相操作断路器并配置同步控制器。每台断路器由三极组成，每极包含断路器极柱、弹簧操动机构及连接极柱与操动机构的机械联杆系统断路器外形如图 5-100 所示。断路器为单断口结构，采用压气式灭弧原理，灭弧室充分利用触头运动及 SF$_6$气流将电弧熄灭，有效提高了断路器操作时的稳定性，灭弧室示意图如图 5-101 所示。同步控制器户内安装，通常安装在保护小室，控制合分闸操作指令延迟一定时间后发出到断路器，同步控制器如图 5-102 所示。

（2）选相合闸。

110kV 专用开关额定电压为 145kV，是在 110kV 系统用的额定电压 126kV 断路器的基础上研制的，该电压等级用于容性负载和感性负载的断路器在开断能力方面通常只有几百安培，特高压交流工程要求开断电容器组电流达到 1600A，开合次数 5000 次。

在容性负载和感性负载开合过程中，断路器不但要耐受非常高的恢复电压，而且操作频繁，要求断路器具有很低的重击穿概率，对断口的动态绝缘要求非常高，需要很高的刚分速度。投切电容器组的断路器关合涌流幅值高、频率高，幅值比电容器正常工作电流大几倍至几十倍，频率可达几千赫兹，容易造成触头熔焊、烧损、零件损

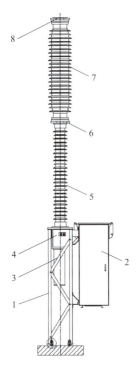

图 5-100　HPL170B1 型瓷柱式断路器外形图

1—断路器安装支架；2—BLG1002A 弹簧操动机构；

3—弹簧分闸机构；4—传动气室；5—支持绝缘子；

6—铝合金下接线端子；7—灭弧室瓷瓶；

8—铝合金上接线端子

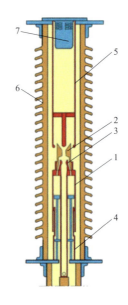

图 5-101　断路器灭弧室示意图

1—压气缸；2—大喷口；3—弧触头；4—下电流通道；

5—上电流通道；6—灭弧室绝缘子；

7—吸附剂

图 5-102　PWC600 同步控制器

坏及绝缘损伤等，要求断路器弧触头具有非常好的耐烧蚀能力。因此从两方面研究攻关：①在常规 126kV 瓷柱式 SF_6 断路器的基础上改进设计，提升断路器的容性负载开合能力；②控制投切时刻，主动消除有害的暂态过电压或电流，降低对断路器触头烧蚀。

在常规 126kV 瓷柱式 SF_6 断路器的基础上进行重要的改进设计：

1）对灭弧室电场进行分析计算，使其电场分布更加合理。由于在容性负载和感性负载开合试验中,交流电弧过零是随机的,很有可能在主触头刚分时刻不久电流就过零熄灭,这时断路器断口的距离非常小,只有十几毫米甚至几毫米,在这么小的距离耐受非常高的恢复电压,对触头的结构要求非常高,要求电场分布非常合理。通过不断的设计改进和试验验证,确定了最优化的触头结构。

2)由于无功补偿系统要根据负载变化情况投切电容器,以保持输变电系统的功率因数在稳定范围内,因此要求断路器频繁开断且耐受电容器组的合闸涌流,严格考验断路器耐电弧烧蚀的能力。经过反复试验,确定了弧触头材料,型式试验后将断路器解体检查,对弧触头尺寸进行测量,烧蚀量非常小,主触头部分除了机械磨损外几乎没有烧蚀。

3)通过机械特性调整,提高了断路器的刚分速度,使断路器能在很短时间内尽量增加断口距离,保证断路器在触头刚分时间很短的情况下耐受较高的恢复电压。

4)在主动消除有害的暂态过电压或电流方面,采用了选相控制技术。通过对断路器操作稳定性和动态绝缘耐受能力的研究,确定了同步控制器的应用方案。HPL170KV无功补偿专用开关配置的同步控制器为 PWC600,其基本组成包括一个带有内置存储单元的微处理器、信号输入单元、信号输出单元和监视器。同步控制器是通过控制投切时间,使触头在相角处于最佳状态时接触或分离,消除有害暂态电流或电压。它是基于开关动作相角监测,通过对开关动作相角进行优化选择,最终实现在电流或电压的最佳相位实现开断或关合的控制技术。本质上是一种选相合分闸控制技术。

以控制合闸电容器组为例,为了避免产生较大和频率较高的合闸涌流,选择断路器关合瞬间在断口两侧电压过零位置,图 5-103 为控制原理图。

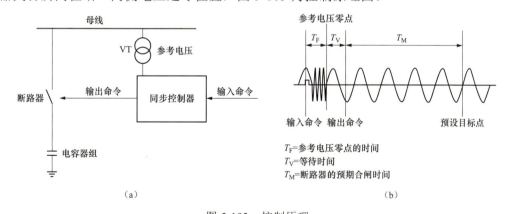

（a） （b）

图 5-103 控制原理

（a）控制原理图；（b）工作过程图

同步控制器通过历史操作反馈获得合闸时间 T_M(或分闸时间)进行处理生成相应的延时 T_V。在确认操作指令输入后,同步继电器通过 T_F 时间检测参考电压零点,然后以此为基准,确定等待适当的时间 T_V,发出操作信号,即可实现在预期的时刻的断路器合闸(或分闸)。

电容器组开关的控制主要是合闸过程。在关合过程中，同步控制器的主要目的是控制合闸瞬间使得断路器触头在电压过零点时接触，可以最大限度地降低涌流对触头的烧蚀。理想情况下触头刚好在电压过零点接触，这样可完全消除关合涌流的影响。而实际过程中考虑到开关机械特性的分散性和断口预击穿特性，目标关合点则设置在电压零点稍后的时刻。

电抗器开关的控制主要是分闸过程。在电抗器的开断过程中会产生振荡截流过电压。若此时触头间隙较小，即燃弧时间较短，断路器可能发生复燃。复燃可能使电抗器产生幅值很高的高频振荡过电压，且该暂态过电压的幅值将位于电抗器开始的几匝上，造成电抗器的绝缘击穿。使用同步控制器控制断路器触头的分离，增加燃弧时间，避免过短燃弧，可有效避免重燃的发生，从而避免重燃过程中的截流过电压和高频暂态电流。

在断路器出厂试验中，除常规试验项目外，增加了 PWC600 与断路器联合试验，以充分验证选相合闸功能。

第四节　1100kV 敞开式接地开关

特高压交流试验示范工程中，基于当时运行维护的要求，特高压并联电抗器检修时需要明显的接地点，因此需要在高抗回路设置 1000kV 敞开式接地开关。为了满足工程需求，湖南长高高压开关有限公司 2006 年开始 1100kV 户外交流接地开关产品设计研发。由于特高压电压等级高，对地距离大，刀臂长度远远超过以往任何接地开关，绝缘水平、场强控制、短路耐受能力、机械强度、接地开关悬臂质量平衡及传动设计等多方面性能面临空前挑战，研发难度极大。设计研发全程历时 2 年，2006 年 1～7 月完成产品调研和图样设计，7～11 月完成样机试制，2007 年在西安高压电器研究院完成绝缘、无线电干扰、动热稳定、机械特性及机械寿命、端子静态机械负荷等型式试验。2008 年 4 月补充通过抗震能力仿真试验，2011 年完成 20mm 严重冰冻条件下的操作试验。2008～2011 年，湖南长高高压开关有限公司研发的 JW12-1100（W）/J63 户外特高压交流接地开关在特高压交流试验示范工程晋东南变电站、荆门变电站成功投入运行。

此外，西安西电高压开关有限责任公司于 2007～2008 年间开发研制了具有自主知识产权的户外敞开式特高压交流接地开关，产品在国家高压电器质量监督检验中心通过全部型式试验，并应用于特高压交流试验示范工程南阳开关站，由于后续工程未再应用，因此以下不再专门介绍。

截至 2023 年底，中国特高压交流工程共投运 1100kV 敞开式接地开关 14 个间隔。

（一）技术条件

1100kV 敞开式接地开关的关键技术参数如表 5-20 所示，额定绝缘水平、接线座的机械负载额定值、无线电干扰水平、绝缘子强度等均为世界领先水平。

表 5-20   1100kV 户外特高压交流接地开关技术参数表

序号	项 目			单位	技 术 参 数		
1	额定电压			kV	1100		
2	额定绝缘水平	1min 工频耐受电压（有效值）	对地/相间	kV	1100		
		雷电冲击耐受电压（峰值）	对地/相间		2400		
		操作冲击耐受电压（峰值 250/2500μs）	对地/相间		1800		
		辅助和控制回路工频耐压			2		
3	额定频率			Hz	50		
4	额定短时耐受电流			kA	63		
5	额定峰值耐受电流			kA	170		
6	额定短路持续时间			s	2		
7	机械寿命（施加 50%额定端子静态机械负荷）			次	10000		
8	接线座的机械负载额定值			N	水平纵向	水平横向	垂直力
					4000	4000	5500
9	无线电干扰水平			μV	≤500		
10	支柱绝缘子高度			m	≥10		
11	支柱绝缘子干弧距离			mm	≥7500		
12	支柱绝缘子爬电距离			mm	≥27500 按 DL/T 620《交流电气装置的过电压保护和绝缘配合》进行修正		
13	支柱绝缘子抗弯强度			kN	≥16		

（二）关键技术

1100kV 户外特高压交流接地开关采用了单臂伸缩式结构，产品在合闸状态下为一条直线，在分闸时上、下导电管从中折叠，导电触头系统采用棒型触头和梅花触指结构，如图 5-104 所示。产品结构性能特点如下：

（1）折臂式结构分合闸平稳，分闸后占地面积小。

（2）均压环采用大管径的均压管且为可拆卸结构，将接线端子及线路连接金具包络在内，产品无线电干扰水平不大于 500μV，电晕和电磁环境影响降到最低。

（3）采用棒形触头与梅花触指的插入式触头系统，关节转动部位采用铝质软导电带，

图 5-104   1100kV 户外特高压交流接地开关

运动自如，合分闸动作及导电接触可靠性高。

（4）传动结构及平衡结构设置在主导电管内部，外观简洁，防腐可靠。精确设计的分合闸弹簧平衡系统有效降低了操作力矩，操作过程平稳流畅。

该设备属于世界首创，在国际上无相关经验借鉴，研发过程中进行了大量的分析、计算、设计及试验验证工作。

超大尺寸高压开关结构强度与刚度的控制。极高的绝缘要求和较大的通流要求，造成特高压设备的结构尺寸和质量都极为庞大，本体总高 12m，带安装基础一起将近 20m，高可靠性要求使得强度要求很高，绝缘子抗弯达到 16kN，抗震设防烈度要求达到 AG5。接地开关本身属于动态结构，过于增加静强度将导致结构尺寸和质量过大，从而满足不了灵活地开合操作的要求。这就需要对绝缘子、设备基础、开关本体等各种结构进行严格的强度和刚度均衡控制，以满足工况要求。通过设计过程中校核材料强度及刚度要求，在材料选型和工艺处理方面进一步优化，最终设计完成的产品通过了各项严格的力学试验及操作试验。

复杂运动悬臂结构的随动式精确重力矩自平衡特性研究。开关设备需要分合以满足基本性能的需要，因此需要采用折叠伸缩式悬挑运动结构，对于超长超重的特高压设备，需要在复杂运动过程中设计精密的随动式实时平衡系统，避免操作过程中的力学性能劣化。同时要在导电管内部有限的空间内设计组合平衡元件及复杂的平衡结构，不破坏外观结构及电场分布，满足在运动过程中各个位置均能很好地保持平衡。220kV 及 500kV 开关设备中也使用了类似的结构，但大多采用仿制及经验套用设计的方法，没有形成一个完善的设计理论和思路。特高压交流接地开关研发过程中，首先通过复杂的力学建模分析给出解析计算的公式，然后采用先进的三维仿真模型辅助设计，最终达到了最优化设计以取代试制的效果。虽然结构尺寸大、质量大，但操作运动十分灵活轻巧。

细长支撑结构的高抗震设计及验证。对于超高超重的特高压开关结构，其安装基础及支撑绝缘子属于细长支撑系统，需要通过有限元分析仿真计算验证各种安装方式、布局方式、绝缘子材质及力学参数的优化组合。设计研发过程中通过专业的抗震仿真分析软件，对接地开关进行了建模及抗震计算，依据仿真分析的结果对抗震能力薄弱的环节进行了强化设计。

第五节　技　术　提　升

2009 年 1 月特高压交流试验示范工程投运以来，特高压开关设备经过了十余年的严峻考验，总体运行稳定。为了不断提升产品可靠性，特高压开关设备在设计、制造、安装等方面开展了大量深化研究和改进提升，促进了产品质量不断升级，主要包括国产化绝缘件研制、异物微粒综合治理、现场安装技术升级、研发改进型 GIS 等。

一、GIS 绝缘件国产化研制

绝缘件是特高压 GIS 的核心部件，起着支撑内部导体和分隔气室的作用。特高压绝缘件尺寸大，电性能和机械性能要求苛刻，设计制造技术高、工艺复杂，是关系特高压 GIS 可靠稳定运行的关键。

（一）盆式绝缘子

我国特高压工程初期，国内制造厂原有的制造和检测能力只能适应 550kV 等级 GIS 盆式绝缘子的制造，特高压 GIS 盆式绝缘子的设计和制造技术研究处于起步阶段，因此特高压交流试验示范工程特高压开关设备的盆式绝缘子均采用日本东芝公司、日本日立公司、瑞士 ABB 公司等厂家的进口产品。依托特高压交流试验示范工程扩建工程，西开电气和新东北电气研制的国产化盆式绝缘子进行了试用。依托皖电东送工程，平高电气研制的国产化盆式绝缘子进行了试用，西开电气和新东北电气的产品进一步扩大了应用范围。

特高压交流试验示范工程实际运行中，国外进口的盆式绝缘子和国产化研制的盆式绝缘子出现了放电、开裂、漏气等故障，研究分析认为故障原因为盆式绝缘子存在质量缺陷，产品结构和浇注工艺仍不成熟。为了彻底攻克特高压盆式绝缘子关键技术难关，国家电网公司特高压部从 2012 年 5 月开始，依托皖电东送工程开展特高压盆式绝缘子质量控制专项工作，用近一年时间组织产学研用联合攻关，从设计、材料、工艺、检验等方面全面开展深入研究，取得显著成果，平高电气、西开电气、新东北电气均成功研发出新一代高质量盆式绝缘子，产品性能达到国际领先水平，国产盆式绝缘子具备了取代进口、大批量供货的能力，在浙北—福州特高压交流工程中特高压国产盆式绝缘子占比已经超过 90%，目前已全面取代进口产品。有关具体改进措施如下：

（1）优化盆式绝缘子中心导体结构，增加应力释放槽，避免盆式绝缘子在固化过程中产生的收缩应力和热应力而引发的应力集中，进而产生微裂纹。

（2）制定盆式绝缘子制造过程的界面剂使用方法，以及中心导体界面处理工艺。

（3）提高原材料质量管理力度，制定并严格执行原材料入厂验收方法，确保特高压工程盆式绝缘子质量的稳定性和可靠性。

（4）制定新的抽检规则和片析方法，监控制造工艺的执行情况。

（5）制定特高压盆式绝缘子专项技术规范，规范试验检测的内容和要求。

图 5-105 为特高压盆式绝缘子。图 5-106 为盆式绝缘子浇注、固化设备。

图 5-105 特高压盆式绝缘子

269

图 5-106　盆式绝缘子浇注、固化设备

（二）绝缘拉杆

绝缘拉杆是特高压断路器、隔离开关的重要绝缘件，承担着将操动机构的输出力传递给动作部件的作用，在动作中承受较大的拉/压力或扭力，对拉杆质量的要求非常高，特高压开关设备的绝缘拉杆主要依赖进口，结构上分为芳纶纤维增强缠绕管（管型）和玻璃纤维增强真空浸胶板（板型）。图 5-107 为四断口断路器绝缘拉杆使用位置示意图。

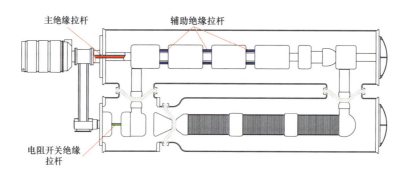

图 5-107　四断口断路器绝缘拉杆使用位置示意图

2016 年 6 月，济南变电站一期工程调试期间出现的四断口断路器合闸电阻绝缘拉杆放电是特高压工程第一起绝缘拉杆引发的故障。随后又出现 6 次绝缘拉杆引发的特高压 GIS 故障，包括 4 次放电和 2 次机械断裂。所有问题原因均指向拉杆自身质量缺陷，出现问题的拉杆均为管型绝缘拉杆。

特高压管型绝缘拉杆主要应用于四断口断路器的主绝缘拉杆、辅助绝缘拉杆和电阻开关绝缘拉杆，如图 5-108 所示，以及部分隔离开关拉杆，由于特高压 GIS 绝缘拉杆生产难度较大，一直依赖进口，其中管型绝缘拉杆供应商仅瑞士泰科公司一家。

国家电网公司特高压部 2015 年 6 月印发《特高压交流工程 1100kV GIS 关键组部件抽样试验方案》，要求在后续工程对盆式绝缘子、支柱绝缘子和绝缘拉杆等绝缘件进行抽样试验，以提升质量管控力度。2016 年 1 月印发《特高压 GIS 用绝缘拉杆抽样试验方案》，作为前述抽样试验方案的补充要求，细化了绝缘拉杆抽样试验的具体试验项目、试验方法和试验要求。

图 5-108 特高压管型绝缘拉杆

为了提升绝缘拉杆质量水平，国家电网公司组织国内厂商和科研机构进行了国产化绝缘拉杆的研发攻关工作，目的在于提升绝缘拉杆的设计、制造、检测能力。中国电科院、西安交通大学、清华大学、天津大学等科研单位和高校承担了大量研究工作，国内厂商西开电气和新东北电气作为管型绝缘拉杆的主要使用单位，承担了产品试制、生产工艺改进和性能测试等具体实践工作。

对于断路器绝缘拉杆，国内厂商主要基于两种技术路线开展断路器绝缘拉杆研制：①玻璃纤维增强技术，西开电气和新东北电气均已研制出玻璃纤维增强技术的绝缘拉杆，通过了型式试验考核，材料试验满足标准要求，抗压性能优于进口产品；②芳纶纤维增强技术，其核心难点在于提升芳纶纤维和环氧树脂之间的相溶性，当前国内拉杆厂家研制的芳纶纤维绝缘拉杆在电气性能方面和国外仍有一定差距，在金属接头的粘接工艺稳定性方面也有待提升。

对于隔离开关绝缘拉杆，西开电气研制的聚酯纤维增强型隔离开关拉杆已在荆门—武汉特高压交流工程荆门变电站扩建工程中试用，标志着管型绝缘拉杆国产化取得了一定突破。图 5-109 为国产化玻璃纤维绝缘拉杆。

图 5-109 国产化玻璃纤维绝缘拉杆

玻璃纤维增强真空浸胶板是在真空环境下浸渍环氧树脂成型，具有层间致密无气隙、抗拉/压强度高、连接结构简单等特性，但较芳纶纤维增强缠绕管相对较重，到目前为止运行稳定，没有出现放电和机械破坏现象。图 5-110 为玻璃纤维增强真空浸胶板。

图 5-110　玻璃纤维增强真空浸胶板

二、GIS 内部微粒治理技术

特高压交流工程十余年的运行经验表明，特高压开关设备整体技术成熟、运行总体稳定，但是也出现一些问题，主要是由异物引起的放电。2020 年初，国家电网公司以"打造特高压工程升级版"为目标，组织产学研用联合攻关，推动设备质量再上新台阶，其中开关设备以微粒治理技术为重点。经过 2 年攻关，从产品设计、关键组部件处理、装配工艺等方面提出了系列措施，有力提升了特高压开关设备防范微粒放电的能力，提高了设备可靠性。

（一）产品设计

针对特高压 GIL 加装微粒陷阱的研究表明，微粒陷阱可有效吸引微粒，并将微粒屏蔽在内部低场强区，进而有效抑制微粒引发的放电。由此各厂开展了特高压 GIS 加装微粒陷阱的设计研究，针对产品特点提出了针对性设计方案，开展了工程试用，提升了特高压 GIS 运行可靠性。

平高电气为了解决气室内部微粒引发放电问题，在断路器灭弧室断口正下方设置了拔口型微粒陷阱，在立式隔离开关筒体底部设置了环形栅格微粒陷阱，在晋北变电站扩建工程中首次应用。图 5-111 为平高电气断路器微粒陷阱。

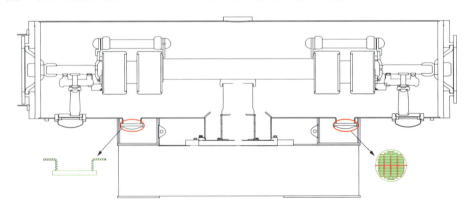

图 5-111　平高电气断路器微粒陷阱

新东北电气断路器的结构与西开电气相似，选择在主断口灭弧室和电阻开关底部设置长条式微粒陷阱，隔离开关单元则在底部增加拔口式微粒陷阱，在南昌—长沙特高压交流工程南昌变电站首次应用。图 5-112 为新东北电气断路器微粒陷阱。

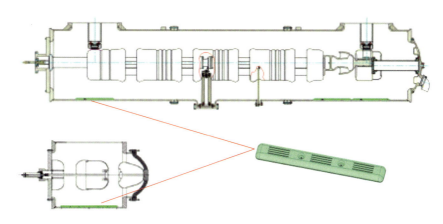

图 5-112　新东北电气断路器微粒陷阱

西开电气断路器的四个断口均在屏蔽包裹中，在分合闸过程中运动部件摩擦产生的金属微粒会落在屏蔽里，但微粒存在被气流带出屏蔽的可能，因此在屏蔽罩中间增加栅格式的微粒陷阱。断路器合闸电阻堆摩擦也可能产生微粒，由于电场水平分量的存在使带电微粒有一定概率趋向绝缘子表面，增加了放电的风险，因此对盆子附近重点区域设置微粒陷阱，降低微粒引发绝缘件沿面闪络的概率，陷阱结构与主断口微粒陷阱相同。图 5-113 为西开电气断路器微粒陷阱。

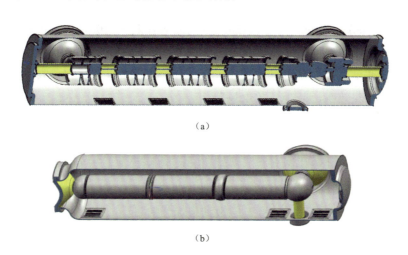

（a）

（b）

图 5-113　西开电气断路器微粒陷阱
（a）主断口微粒陷阱；（b）合闸电阻口微粒陷阱

（二）组部件处理工艺

为有效去除零部件表面微小孔隙中隐藏的微粒，提升零部件表面质量，对机加类零部件进行高压水清洗，对屏蔽类零部件表面涂漆，对不锈钢类零部件采用电化学抛光。同时在装配前，使用强力离子风枪消除零部件表面静电，减少微粒吸附和残留。

图 5-114 为组部件表面处理工艺。

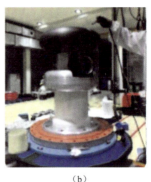

（a）   （b）

图 5-114　组部件表面处理工艺

（a）高压水清洗；（b）离子风枪除静电

（三）试验方法

在特高压 GIS 出厂试验的机械操作环节，明确操作 200 次机械磨合后的检查判据和不合格处理措施。目前标准为不允许出现 3mm 及以上微粒，若点检发现 3mm 及以上微粒，必须查明异物来源，并在清理后追加 100 次操作进行验证。

在出厂试验和现场交接试验的耐压试验环节，在原有的加压程序基础上，执行了多级阶梯加压的升级程序，出厂试验中对地工频耐压试验加压程序为：0kV→200kV/10min→300kV/10min→635kV/5min→900kV/1min→1100kV/5min→762kV/5min，断口工频耐压试验加压程序为：0kV→635kV/5min→900kV/1min→1100kV/5min→762kV/5min。通过增加电压阶梯，使不同特征的微粒逐一起跳、运动、被捕获，提高了微粒陷阱的捕获效率，减少了放电风险。

三、现场安装技术

依托特高压交流试验示范工程，开发了 GIS 现场气务装置和 GIS 安装防尘棚等安装设备及配套的安装技术，形成了第一批施工工艺导则、施工及验收规范、交接试验规程等企业标准，初步实现了"将工厂搬到现场"的目标。随着后续特高压工程建设，国家电网公司组织制造厂、建设管理单位和科研机构，对特高压 GIS 的现场安装环境控制、现场气务处理、安装数字化等进行持续优化创新，促进了现场安装技术的不断提升。

（一）现场安装环境提升

特高压 GIS 的现场安装环境要求无风沙、无风雪、空气相对湿度小于 80%、环境温度控制在 5～30℃，针对特高压 GIS 现场安装对安装环境要求高的特点，特高压交流试验示范工程在施工现场设置了三级防尘保护装置：①安装防尘棚，并在防尘棚内安装空调和除湿装置，保证防尘棚内的温度和湿度；②在 GIS/HGIS 区域设置围栏，与其他施工区域进行隔离，铺设石子避免扬尘；③在施工区域周围安装 5m 高的防尘网，避免受到其他施工作业的影响。

但是因为要使用起重机使得防尘棚顶盖不能完全封闭，安装质量受现场环境因素影响仍然较大。因此试制了特高压 GIS 现场安装移动厂房，通过空间密封、环境处理、实时监测等手段，营造"工厂化"安装环境；通过敷设专用轨道，加装行走机构，实现厂房整体可移动；厂房内设置变频单梁起重机，可实现设备单元的水平平稳移动，有效保证对接精度和质量。新式厂房 2013 年 6～8 月在皖电东送工程浙北变电站进行了试点应用。后续依托浙北—福州工程对移动厂房进行了全面优化，2014 年 4～9 月在浙中、浙南、福州 3 个新建变电站进行了全面推广应用，相关技术推广应用至 750kV 工程。

在淮南—南京—上海工程中，进一步升级了 GIS 移动厂房，在厂房入口前端设置过渡间和风淋间双重组合隔离措施，有效避免外界异物随工作人员被带入厂房。厂房内部在原有空调的基础上，增加空气净化装置，有效降低厂房内粉尘浓度，缩短厂房移动后的净值降尘时间，提高安装效率。升级后的移动厂房与室外防尘墙和专用薄膜防尘棚联合构成了 GIS 多级安装防尘系统，在南京变电站、泰州变电站和苏州变电站推广应用。

在南昌—长沙特高压交流工程中，再次对沿用多年的移动厂房进行升级，环境控制指标提高到温度 15～28℃，湿度 70% 以下，洁净度为百万级，照明不小于 300lx；袖口处密封结构由单层优化为双层（见图 5-115），外层采用涂塑防水帆布，内层采用不透气软质材料，两层袖口均扎紧，保证袖口位置密封可靠；端部密封由外部单层密封优化为内、外双层密封，内部增加软质软帘，紧贴地面并压紧；外墙夹芯板采用 A 级阻燃岩棉。分支母线、套管等单元借助移动防尘棚开展安装施工，移动防尘棚内配备可移动式除尘器、除湿器等装置。图 5-116 为移动厂房/防尘室空调系统。

图 5-115　移动厂房/防尘室双层密封结构

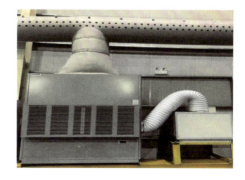

图 5-116　移动厂房/防尘室空调系统

（二）现场气务处理技术提升

通过特高压 GIS 气务处理的全流程（抽真空、充气、回收）功能梳理，对原有气务处理装备体系从"工装式、零散式"向"专用化、集成化、数字化"方向进行改造升级，研制了升级版专用机具，提升 GIS 气务处理质量和效率。

升级版专用机具可实现特高压 GIS 大体积气室抽真空、充气、回收的全功能。充气回路设置三道过滤器，确保进入气室的气体的洁净度，此外主机具备净化提纯的扩展能力。应用气瓶翻转加热充气装置，充气效率提升一倍以上。配备智能化监测控制方式，可实现工艺自动控制，具备自装卸、自行走功能，便于现场使用。图 5-117 为特高压 GIS 现场气务处理专用机具。

图 5-117 特高压 GIS 现场气务处理专用机具

（三）安装数字化技术提升

为实现设备现场安装"安全、稳定、可靠"的目标，推进研发数字化安装技术，应用智能化施工机具与现场安装作业深度融合，实现安装环节智能监测和控制，推进现场安装水平再上新台阶。

建立了现场智慧安装数字化管控平台，现场安装以"人机料法环"五要素为核心抓手，通过智能化施工机具和工器具，采集安装过程中的主要工艺指标，应用数显物联力矩扳手，自动获取紧固工艺指导作业，并自动监测 GIS 法兰螺栓力矩值；应用智能一体化气务处理机具，实现抽真空、检漏、充注 SF_6 气体、气体回收等气务作业的一键智能化操作和全过程监测；采用智能化气体分析仪，自动分析 SF_6 气体纯度和含水量并上传数据；采取智能化移动厂房（防尘室），对内部温湿度、洁净度进行实时监测，联动空调、新风系统，实现安装环境自动控制，厂房内部实现作业人员出入、作业行为、工器具领用的自动监测，规范安装作业。GIS 设备实施单元化管控，每一安装单元赋以唯一 ID 码，将发运、运输、开箱验收、安装、验收全过程纳入平台管控，建立安装工艺库、工艺指标库，针对不同类型 GIS 设备单元生成结构化工艺管控卡，指导现场安装，根据安装过程监测数据自动生成安装记录和验评记录，确保安装数据真实有效，如图 5-118 所示。在完成整个安装过程之后，通过交换的形式与特高压大数据中心共享。用户可通过 PC、Web 和 App 等多种形式使用，实现 GIS 安装的数字化升级。

四、改进型特高压 GIS 技术

（一）研制历程

随着特高压电网发展和工程经验积累，国内厂家的特高压开关设备核心研发能力持续提升，产品性能和技术参数逐步超过国外厂家的技术水平。为进一步提升特高压

图 5-118 特高压 GIS 现场进度情况

GIS 的可靠性，平高电气于 2016 年通过技术创新、结构优化和工艺提升，采用新技术、新材料、新工艺，开展百万伏改进型 GIS 研制，在提升百万伏 GIS 开关设备可靠性和技术参数的同时，缩小产品体积，降低产品质量，并于 2019 年 3 月完成产品研制。改进型隔离接地开关在蒙西变电站扩建工程中试点应用，改进型 GIS 整体在晋北变电站扩建工程中首次使用。图 5-119 为 ZF55B 改进型 1100kV GIS 样机。

图 5-119 ZF55B 改进型 1100kV GIS 样机

（二）结构比较

（1）改进型断路器沿用现有特高压断路器的开断单元，保证产品 63kA 开断能力，通过全套开断试验验证和试验后状态检查，并通过高参数串补附加试验和并联电抗器开合试验，充分证明了产品开断可靠性。图 5-120 为改进型断路器与原结构外形对比。

（2）采用集成电容，优化断路器和隔离开关内部结构；增加微粒捕捉装置，抑制金属异物对绝缘性能的影响；产品绝缘性能提升，整机通过 1.2 倍绝缘裕度试验。

（3）优化断路器传动系统，降低断路器操作功，配用碟簧操动机构，各元件机械可靠性提高，机械寿命从 5000 次提升到 10000 次。图 5-121 为断路器机构改进对比图。

图 5-120　改进型断路器与原结构外形对比

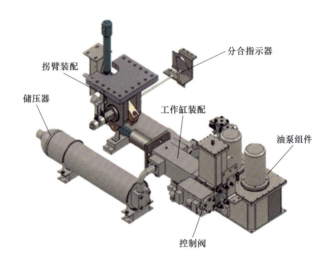

图 5-121　断路器机构改进对比图

（4）隔离/接地开关选配电机驱动机构，可实现一键顺控的智能化功能，感知产品动作过程和位置到位确认，并通过电机输出扭矩、电流状态的在线监测，实现产品健康状态的智能评判。图 5-122 为改进型隔离接地开关外形示意图。

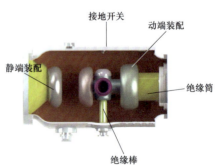

图 5-122　改进型隔离接地开关外形示意图

（5）改进断路器壳体材料和优化支撑方式，提升了断路器的通流水平，降低了断路器质量，断路器通流能力由 6300A 提升到 8000A，断路器质量由 32t 降为 10t，极大地降低了吊车吨位和对户内站吊车横梁以及支撑的强度要求，经济性更优。图 5-123 为断路器壳体改进对比图。

图 5-123　断路器壳体改进对比图

（6）通过优化各元件内部结构，改进间隔布置方式，GIS 部分占地面积和户内站厂房面积缩小 16.6%，有利于降低特高压工程造价。

（7）改进型 GIS 采用工业化设计理念，显著提升产品外观品质及用户体验。无高位机构，密度表计集中低位布置，现场运维更加方便。同时改进型 GIS 对接尺寸与原有产品完全相同，具有良好的互换性。

（三）关键技术

（1）研制了一种特高压双断口混合压气室灭弧室。基于自能式设计理念，创新设计了特高压双断口混合压气式灭弧室。该灭弧室利用电弧在喷口喉部的阻塞效应，同时通过在动触头杆合适位置开设通气孔引导热气流进入压气室，充分利用了电弧能量，降低了断路器操作功，适配了单组碟簧操动机构，提高了灭弧室开断性能，开断电流 63kA，关合电流 171kA，时间常数 120ms。

（2）开发了一种高可靠性特高压断路器用单组碟簧液压机构。该机构使用大尺寸组合碟簧以提高碟簧输出力，采用多级阀缓冲结构以降低缓冲压力峰值，利用整机建模和仿真方法以准确模拟操作油压变化规律和负载特性，解决了现有碟簧机构操作功无法满足特高压断路器特性需要的问题，提高了单组碟簧机构的适用范围，实现了研制高可靠性单组碟簧机构的技术目标。

（3）研制了一种齿轮齿条传动的无阻尼电阻卧式隔离开关。创造性地将电磁场灭弧原理与隔离开关触头结构相结合，发明了特高压隔离开关用灭弧装置，增强了隔离开关熄弧能力，母线转换电流为 4400A。在隔离开关开合过程中，动主触头和静主触指首先分开，接着电磁灭弧装置和静弧触头脱离，此时在灭弧装置和静弧触头间磁场和电弧交替变换，相互作用，电弧逐渐冷却，电流过零时灭弧。同时该灭弧方式可靠性高，减少了弧触头的烧蚀，大幅度降低了操作功。

（4）研制了一种紧凑型高性能特高压 GIS。基于仿真优化设计方法，研制了一种紧凑型高性能特高压 GIS 开关设备，产品集成度高、结构紧凑，GIS 体积减小 25%，质量降低 50%，同时提升了技术参数，额定通流 8000A，各元件机械寿命 10000 次，整机雷电冲击耐受电压 2880kV，断路器并联电抗器开合试验恢复电压 2028kV，隔离开关母线转换电流 4400A，整体性能达到国际领先水平。

（5）设计微粒陷阱。在断路器和隔离开关断口下部，设计微粒陷阱，降低绝缘击穿风险，进一步提升断路器和隔离开关长期运行稳定性。

（6）使用 GIL 母线代替 GIS 长母线。新一代 GIS 母线使用 GIL 技术代替 GIS 长母线，采用盆式绝缘子内置、滑动支撑绝缘子，大量设计微粒陷阱，减少了绝缘件使用量，减少了母线对接面，降低了漏气率，有效地提升了 GIS 运行的稳定性。

第六章　1000kV 避雷器

避雷器是用来限制雷电过电压和由操作引起的内部过电压的一种电气设备。金属氧化物避雷器（metal oxide arrester，MOA）具有优异的非线性伏安特性，是电力系统重要的过电压保护装置，也是电力系统绝缘配合的基础，被广泛地应用于电力系统。为避免电力设备受到过电压的损害，在变电站进线处、重要设备的安装处加装避雷器进行保护。

对于特高压交流输电系统来说，可靠性和经济性是系统设计需要统筹考虑的问题。特高压交流避雷器是特高压输变电系统绝缘配合的基础，是限制系统过电压、降低系统绝缘水平和提高系统运行可靠性的重要设备，其保护水平的高低对设备的绝缘水平和工程造价起着决定性作用。

本章将从基本情况、技术条件、关键技术、关键组部件制造和试验等方面对特高压避雷器进行介绍。

第一节　概　　述

一、研制背景

1. 总体概况

人类最早应用防雷措施是中国房屋建筑上部的龙头，龙口里吐出金属舌头通过铁丝直通地下。1753 年，美国人富兰克林发明了避雷针。1837 年人类开始使用电报，"避雷器"开始用于描述电报线的防雷保护。1887 年，美国工程师发明输电线用避雷器，其后羊角形避雷器、铝电解避雷器、丸式避雷器、管式避雷器、碳化硅避雷器相继出现并得到应用。1975 年，日本开始生产氧化锌避雷器，开创了现代避雷器技术的先河，之后在世界各国得到迅速发展和广泛应用。

我国自 20 世纪 80 年代进行金属氧化物避雷器技术引进后，国内制造企业在消化吸收的基础上，逐步做了许多技术改进和创新，整体水平进入国际先进行列。基于这样的基础，依托特高压交流试验示范工程，国内相关研究院所、制造企业、大学院校等，从 2005 年开始系统全面的技术攻关和特高压无间隙金属氧化物避雷器（简称特高压避雷器）研制。相对于其他设备而言，特高压避雷器研究起步早、组织严密、研究系统、技术攻关目标明确，很快形成了系统性和群体性突破，及时提出了产品标准，国内多个制造厂在工程进度要求的时间之内，成功研制出适于工程使用的特高压避雷器，使得特高压交流试验示范工程的绝缘配合能够尽快确定，为其他特高压设备的研制争取了时间，保障了工程的整体进度。

目前国内特高压避雷器整体已经达到了国际领先水平，形成了非常成熟的特高压避雷器批量制造能力。随着中国特高压电网发展，特高压避雷器技术得到了充分研究和广泛应用。

在特高压避雷器的研制过程中，国内相关研究人员从调研国内外研究开始，结合特高压交流试验示范工程需要，通过对特高压避雷器基本参数的确定、系统绝缘配合基准、试验方法、重要的电气性能、机械性能、运行参数在线监测等诸多方面开展了大量的研究。组织国内相关科研和生产单位联合攻关，成功研制出了残压水平低和通流容量大的特高压避雷器。对于避雷器额定电压的选取，充分利用了高性能氧化锌电阻片良好的工频电压耐受时间特性，突破了传统避雷器的额定电压不低于系统最高暂时过电压的原则，在综合考虑了系统工频过电压水平及避雷器性能的基础上，对于工频过电压标幺值不超过 1.3，或标幺值不超过 1.4 且继电保护动作时间不超过 0.5s，选择母线侧和线路侧避雷器的额定电压均为 828kV；对于工频过电压标幺值不超过 1.2，选择母线侧和线路侧避雷器的额定电压均为 780kV；对于特高压直流输电工程换流站 1000kV 送出系统，按实际的工频过电压来确定避雷器的额定电压（如山东临沂 ±800kV 换流站中 1000kV 避雷器的额定电压为 852kV）。在避雷器芯体结构上，经系统研究和综合比较，最终采用了 4 柱并联结构，从而大幅降低了标称放电电流下的避雷器残压水平，其中 20kA 下雷电冲击残压为 1620kV，与 750kV 和 500kV 避雷器相比标称放电电流下残压比（残压与直流参考电压的比值，下同）分别降低了 15% 和 21%；2kA 下操作冲击残压为 1460kV，与 750kV 和 500kV 避雷器相比标称放电电流下残压比分别降低了 9% 和 16%。与此同时，整只避雷器的能量吸收能力均达到了 40MJ 以上，远高于工程需要，提高了避雷器运行安全裕度。

特高压避雷器通常由多个串联的避雷器元件、顶部均压环、绝缘底座及监测装置组成。其中避雷器元件由绝缘外套和内部芯体装配而成，而绝缘外套又分为瓷外套和复合外套两种形式，内部构造基本相同。内部芯体均为多片非线性金属氧化物电阻片串并联，依靠绝缘件固定组成电阻片组。为了增加通流能力，电阻片组设计为四柱并联结构。非线性金属氧化物电阻片是避雷器的核心部件，具有非常优异的非线性伏安特性。特高压避雷器尺寸巨大，高度往往在 12m 以上，这样避雷器的轴向电压分布控制是一重大难题，在避雷器顶部装设均压环是控制电压分布的主要手段之一，但是由于场地的限制，最大均压环直径不可以超过 3.8m，因此无一例外地采取了控制电压分布的另一个技术手段，即在部分避雷器元件内部加装并联均压电容，从而实现避雷器电压分布最大不均匀系数不超过 1.15 的刚性要求。在后期的工程应用中，还提出了极强的动态机械特性要求，为此系统开展了避雷器的抗震性能研究和减震技术，成功研制出了能满足 9 度地震烈度地区应用的避雷器减震装置。

2. 瓷外套避雷器

特高压瓷外套避雷器由多只避雷器元件、均压环、绝缘底座及监测装置组成。按耐污等级、抗震能力和安装方式分为：

（1）按耐受的污秽等级分为 d 级和 e 级两种。

（2）d 级污秽等级的瓷外套避雷器通过了 0.3g（无减震器）和 0.5g（带减震器）抗震试验，e 级污秽等级的瓷外套避雷器通过了 0.2g（无减震器）和 0.4g（带减震器）抗震试验。

（3）按安装方式分为常规瓷外套避雷器和兼作支柱瓷外套避雷器。常规瓷外套避雷器适用于出线回路采用"GIS 套管—CVT—支柱绝缘子—避雷器—支柱绝缘子—敞开式接地开关—高抗套管"的七元件设计方案；兼作支柱特高压瓷外套避雷器适用于出线回路采用"GIS 套管—避雷器—CVT—高抗套管"的四元件设计方案。

3. 复合外套避雷器

特高压复合外套避雷器由多只避雷器元件、均压环、绝缘底座及监测装置组成。按耐污等级、抗震能力和安装方式分为：

（1）按耐受的污秽等级分为 d 级和 e 级两种。

（2）d 级和 e 级污秽等级的复合外套避雷器通过了 0.5g（无减震器）抗震试验。

（3）按安装方式分为常规特高压复合外套避雷器和兼作支柱特高压复合外套避雷器。d 级污秽等级的特高压复合外套避雷器适用于出线回路采用七元件设计方案和四元件设计方案。

二、技术条件及其性能要求

1. 技术条件基本情况

在特高压避雷器的技术条件和标准的编制过程中，从最初满足特高压交流试验示范工程的需求到一步步出现新的工程需求，进行了一系列的技术验证和方法验证，并于 2009 年形成了 Q/GDW 1307《1000kV 交流系统用无间隙金属氧化物避雷器技术规范》和 GB/Z 24845《1000kV 交流系统用无间隙金属氧化物避雷器技术规范》，满足了特高压交流试验示范工程的需要，指导了特高压避雷器的生产，经过不断地研究和总结，进一步形成了修订版。特高压避雷器除满足以上标准的要求外，还应符合 GB/T 11032《交流无间隙金属氧化物避雷器》的基本规定。

2. 电气性能

特高压避雷器的主要技术参数见 6-1。

表 6-1 特高压避雷器的技术参数

项　目		参　数
避雷器额定电压（kV，有效值）		828
系统标称电压（kV，有效值）		1000
避雷器持续运行电压（kV，有效值）		638
避雷器标称放电流（kA，峰值）		20
陡波冲击电流残压（kV，峰值）		≤1782
雷电冲击残压（kV，峰值）		≤1620
2kA 操作冲击残压（kV，峰值）		≤1460
在直流参考电流 8mA 下的直流参考电压（kV）		≥1114
0.75 倍直流参考电压下的漏电流（μA）		≤200
工频参考电流（mA，峰值）		24
工频参考电压（kV，峰值/$\sqrt{2}$）		≥828
局部放电量（pC）		≤10
持续电流	阻性电流（mA，基波峰值）	≤3
	全电流（mA，有效值）	≤20
长持续时间电流冲击耐受（A）		8000
额定重复转移电荷 Q_{rs}（C）		18
大电流冲击耐受电流值（kA）		100/每柱
并联柱数		4
电压分布不均匀系数		≤1.15
柱间电流分布不均匀系数		≤1.1
绝缘底座绝缘电阻（MΩ）		≥2000

注　在 GB/T 24845《1000kV 交流系统用无间隙金属氧化物避雷器技术规范》中，对避雷器的能量吸收能力，是通过长持续时间冲击电流耐受试验来验证；在 GB/T 11032《交流无间隙金属氧化物避雷器》中，对避雷器的能量吸收能力，是通过重复转移电荷试验来验证。重复转移电荷试验与长持续时间冲击电流耐受试验的比较说明参见 GB/T 11032—2020 附录 M。

3. 绝缘性能

对于瓷外套避雷器、复合外套避雷器，其外套的绝缘耐受电压值应符合表 6-2 的规定。内部绝缘系统应有相同的绝缘耐受能力。

表 6-2 绝 缘 试 验 电 压 值

项　目	参数
额定雷电冲击耐受电压（kV，峰值）	2400
额定操作冲击耐受电压（kV，峰值）	1800
额定短时 1min 工频耐受电压（kV，有效值）	1100

4. 密封性能

特高压避雷器应有可靠的密封。在其寿命期间内，不应因密封不良而影响避雷器的运行性能。避雷器的密封泄漏率不应大于 6.65×10^{-5}（Pa·L）/s。

5. 长期稳定性

对于特高压瓷外套避雷器、复合外套避雷器，应通过加速老化试验证实避雷器在持续运行电压下整个寿命期间的稳定性。试验时施加的荷电率应比实际避雷器的最大荷电率高 10%。

注：试验时的荷电率指施加的工频电压与参考电压的比值。

6. 动作负载

对于特高压避雷器，其应能耐受操作冲击动作负载试验中的各种负载考核，这些负载不应引起损坏或热崩溃。在施加工频电压之前应注入的能量（按整只避雷器折算）应不小于 40MJ。若试品达到热稳定，且试验前后标称放电电流残压变化不大于 5%，以及试验后检查电阻片无击穿、闪络或破损的现象，则可判定避雷器通过试验。

注：GB/T 11032 中规定的额定热能量为 60kJ/kV，是按照 GB/T 24845 中规定的注入能量值 40MJ 和 6 级线路放电等级分别计算额定热能量并取高值，参见 GB/T 11032 附录 M。

7. 工频电压耐受时间特性

对于特高压避雷器，制造商应提供避雷器在预热到 60℃，在注入冲击能量后允许施加在避雷器上的工频电压值及其持续时间，而不发生损坏或热崩溃的数据（至少包括注入能量后 $1.15U_r$、$1.10U_r$、$1.05U_r$、$1.00U_r$ 下的耐受时间，其中 $1.00U_r$ 下的耐受时间应不小于 10s，$1.10U_r$ 下的耐受时间应不小于 1s）。

注：GB/T 24845 中规定工频电压耐受时间特性是对应预注入能量负载的 4 个时间点的 TOV 耐受值，GB/T 11032 中不仅规定工频电压耐受时间特性是对应预注入能量负载的 4 个时间点的 TOV 耐受值，还规定了对应无预注入能量负载的 2 个时间点的 TOV 耐受值。

8. 短路性能

特高压避雷器应设有压力释放装置，且能将故障电弧转移至瓷套外表面以外，防止瓷套爆炸损坏邻近设备。短路电流试验包括额定短路电流（大电流）试验、降低的短路电流试验、小短路电流试验。额定短路电流试验值为 63kA，0.2s；小短路电流试验值为（600±200）A，1.0s 或压力释放装置动作为止。

9. 机械负荷

（1）总则。

制造商应规定与安装及运行相关的最大允许机械负载，如弯曲负荷强度、抗震能力。抗震试验中复合外套破坏应力和弹性模量应由弯曲破坏负荷试验得到。

（2）端子板允许导线张力。

制造商应提供避雷器端子板机械强度计算报告，并应进行试验验证。

每只避雷器应有平面接线端子板以连接管型导线。端子板上的允许导线张力不应低于：水平纵向力 4000N，水平横向力 4000N，垂直方向力 5500N。

（3）抗震要求。

制造商应通过试验提供瓷外套避雷器可承受地震作用（如以加速度时程曲线表征）的能力。抗震分析的组合荷载应包括：

1）设备自重，包括设备本体、附属部件质量或其他附加等效质量；

2）地震作用；

3）风荷载的 25%，该标准值按照设备应用所在地百年一遇的最大风速取值；

4）设备内部压力、导线拉力等其他荷载。

考虑上述组合荷载，强度的安全系数不应小于 1.67。

（4）弯曲负荷。

制造厂应通过试验提供特高压避雷器能够耐受的机械负荷值（SLL 和 SSL）。

注：在国家电网有限公司采购标准中对瓷外套避雷器要求，额定 SLL 值为 16kN，SSL 值为 40kN。

特高压避雷器的规定长期负荷应不小于规定短时负荷的 40%。特高压避雷器的规定短时负荷应不小于 $2.5 \times (F_1 + F_2/2)$。其中，F_1 为最大水平拉力，包括水平纵向力和水平横向力；F_2 为作用于避雷器上的风压力。其中，作用于特高压避雷器单位迎风面积上的风压力应按下面公式计算

$$\omega_k = \beta_z \mu_s \mu_z \omega_0$$

式中　ω_k ——风荷载标准值，kN/m²；

　　　β_z —— z 高度处的风振系数，交流特高压避雷器取 1.7；

　　　μ_s ——风荷载体型系数，通常横截面为圆形时取 0.6，横截面为锯齿状时取 1.2，交流特高压避雷器横截面介于两者之间，建议取 0.8～1.0；

　　　μ_z ——风压高度变化系数，相关值见表 6-3；

　　　ω_0 ——基本风压值，kN/m²，按 100 年一遇进行计算（风速取 35m/s），取 0.766kN/m²。

表 6-3　　　　　　　　　　风压高度变化系数

离地面高度（m）	地面粗糙类别			
	A	B	C	D
5	1.09	1.00	0.65	0.51
10	1.28	1.00	0.65	0.51
15	1.42	1.13	0.65	0.51
20	1.52	1.23	0.65	0.51

10. 电磁兼容性能

在 1.05 倍持续运行电压下，特高压避雷器的内部局部放电量应不大于 10pC，避

雷器的最大无线电干扰水平应不超过 500μV。

11. 耐污秽性能

d 级及以下污秽地区：统一爬电比距应不小于 43.3mm/kV，折算特高压避雷器外套的等效爬电距离应不小于 27500mm。

e 级污秽地区：统一爬电比距应不小于 53.7mm/kV，折算特高压避雷器外套的等效爬电距离应不小于 34100mm。

外套的爬电系数、外形系数、直径系数以及表示伞裙形状的参数，应满足 GB/T 26218.1《污秽条件下使用的高压绝缘子的选择和尺寸确定 第 1 部分：定义、信息和一般原则》、GB/T 26218.2《污秽条件下使用的高压绝缘子的选择和尺寸确定 第 2 部分：交流系统用瓷和玻璃绝缘子》和 GB/T 26218.3《污秽条件下使用的高压绝缘子的选择和尺寸确定 第 3 部分：交流系统用复合绝缘子》的规定。

12. 耐气候特性

（1）特高压瓷外套避雷器，应能耐受 GB/T 11032 第 8.12 条规定的环境试验。

（2）特高压复合外套避雷器，应能耐受 GB/T 11032 第 10.8.24 条规定的气候老化试验。

13. 复合外套的外观要求

复合外套表面单个缺陷面积（如缺胶、杂质、凸起等）不应超过 25mm²，深度不大于 1mm，凸起表面与合缝应清理平整，凸起高度不得超过 0.8mm，黏接缝凸起高度不应超过 1.2mm，总缺陷面积不应超过复合外套总面积 0.2%。

14. 复合外套密封可靠性

复合外套在规定的机械试验通过后，对复合外套充以 0.4MPa 的 SF_6 气体，静置 24h，用扣罩法测得的年泄漏率应小于 0.5%。

15. 复合外套材料要求

（1）憎水性。

护套和伞裙的憎水性应符合 DL/T 864《标称电压高于 1000V 交流架空用复合绝缘子使用导则》附录 A 的要求。

（2）电气性能。

硅橡胶绝缘材料的电气性能应符合下列要求：①体积电阻率不小于 $1.0×10^{12}Ω·m$；②表面电阻率不小于 $1.0×10^{12}Ω·m$；③交流击穿场强不小于 20kV/mm（厚度 2mm）；④耐漏电起痕及电蚀损不小于 TMA4.5 级；⑤可燃性：FV-0 级。

（3）机械性能。

硅橡胶绝缘材料的机械性能应符合下列要求：①抗撕裂强度（直角形试样）不小于 10kN/m；②机械扯断强度不小于 4.0MPa；③拉断伸长率不小于 200%；④固态胶硬度不小于 50 shore A。

（4）最小护套厚度。

复合外套的最小护套厚度为 5.0mm。

（5）绝缘管材料。

复合外套用的树脂玻璃浸渍纤维管应满足：①吸水率不大于 0.05%；②染色渗透试验，染色液贯穿试样的时间不小于 15min；③水扩散试验中泄漏电流不大于 0.5mA；④弯曲弹性模量不小于 15GPa；⑤工频径向击穿场强不小于 15kV/mm；⑥工频轴向击穿场强不小于 6kV/mm。

三、研制历程

依托特高压交流试验示范工程，国内 4 家主要避雷器制造商研制了通流容量大、残压比低、非线性及耐老化性能优异的高性能金属氧化物电阻片，成功研制了 d 级污秽等级和耐地震水平加速度 0.2g 特高压避雷器，性能满足工程要求，综合水平达到国际领先水平。

2007 年 2 月，金冠电气股份有限公司（简称南阳金冠）研制的 1000kV 特高压瓷外套避雷器在武汉特高压交流试验基地带电考核场线路 A 相进行带电考核，电气性能良好；2007 年 12 月，西安西电避雷器有限责任公司（简称西电西避）、抚顺电瓷制造有限公司（简称抚顺电瓷）、平高东芝（廊坊）避雷器有限公司（简称廊坊东芝）的 1000kV 特高压瓷外套避雷器分别在武汉特高压交流试验基地带电考核场进行了带电考核（见图 6-1），其中 A 相为西安西避产品，B 相为抚顺电瓷产品，C 相为廊坊东芝产品，被考核的特高压避雷器电气性能良好。

(a)

(b)

(c)

(d)

图 6-1　带电考核的特高压避雷器

（a）2007 年 2 月 A 相；（b）2007 年 12 月 A 相；（c）2007 年 12 月 B 相；（d）2007 年 12 月 C 相

2009 年 1 月 6 日，特高压交流试验示范工程建成投运，西电西避、廊坊东芝及抚顺电瓷研制开发的特高压瓷外套避雷器，已分别应用到长治变电站（见图 6-2）、南阳开关站及荆门变电站，至今运行情况良好。

皖电东送淮南至上海特高压交流输电示范工程为全线同塔双回路架设，提出了 1000kV 出线采用"GIS 套管—避雷器—CVT—高抗套管"的四元件优化设计方案。为满足 1000kV 出线回路四元件设计，优化了

图 6-2 运行中的特高压瓷外套避雷器

瓷套设计，提升了特高压避雷器抗弯和抗震性能，同时考虑到在以往工程的供货中，特高压避雷器瓷套成为影响供货时间的关键因素，因此需要开发出适合不同制造厂的标准化瓷套，有利于瓷套供应商的多元化，提高避雷器交货期的可控性。2014 年 6 月国家电网公司组织中国电力科学研究院（简称中国电科院）、西电西避、廊坊东芝、南阳金冠及抚顺电瓷开展兼做支柱用高抗震性能 1000kV 特高压瓷外套避雷器（d 级和 e 级污秽等级）的研发，研制出的特高压避雷器（d 级污秽等级）应用于皖电东送工程（见图 6-3）及后续多个特高压交流工程中，投运以来运行情况良好。同时在兼作支柱用高抗震性能特高压避雷器的基础上开发了用于 e 级污秽地区的特高压瓷外套避雷器，并在漳泽电厂送出配套特高压工程等变电站中应用（见图 6-4），投运以来运行情况良好。

图 6-3 运行中的兼作支柱用高抗震性能特高压瓷外套避雷器（d 级污秽等级）

图 6-4 运行中的高抗震性能特高压瓷外套避雷器（e 级污秽等级）

为了适应在高地震烈度、高污秽等级区域的特高压交流工程的建设，解决在高地震烈度、高污秽等级地区使用的特高压瓷外套避雷器生产制造的难度，2018 年 6 月中国电科院组织开展了特高压复合外套避雷器的研究，西电西避、南阳金冠研制出了可兼作支柱用高抗震性能特高压复合外套避雷器（d 级和 e 级污秽等级），适用于 1000kV 出线回路采用七元件设计方案和四元件设计方案。研制的 d 级污秽等级的复合外套避雷器（YH20W-828/1620W），2017 年 9 月在青州换流站配套 1000kV 交流工程中应用（见图 6-5），投运以来运行情况良好。

图 6-5　运行中兼作支柱用高抗震性能
特高压复合外套避雷器（d 级污秽等级）

综上所述，从 2005 年开始，在国家电网公司的组织下，经中国电科院和国内避雷器主流制造商的共同研究，通过近 20 年来不断对特高压避雷器的深入研究和工程应用，积累了丰富的特高压避雷器研发制造经验，解决了特高压避雷器研发和制造中的难题，创新开发出了 1000kV 特高压瓷外套避雷器、兼作支柱用高抗震性能 1000kV 特高压瓷外套避雷器及兼作支柱用高抗震性能特高压复合外套避雷器，适用于 1000kV 出线回路采用七元件设计方案和四元件设计方案和高地震烈度、高污秽等级地区使用，综合水平达到国际领先水平。

第二节　关　键　技　术

一、低残压、大通流容量电阻片制造技术

与常规避雷器用电阻片相比，低残压、大通流容量、高荷电率是特高压避雷器用电阻片的主要特点，其制造技术也是特高压避雷器关键技术之一。

随着电阻片配方和制造技术的进步，针对兼作支柱用高抗震性能特高压避雷器开发，国内主要制造商在成功研制特高压避雷器用大尺寸（直径为 128～136mm）环形金属氧化物电阻片的基础上，通过优化电阻片的配方和制造工艺，提高了电阻片的均一性，又研制出适用于兼作支柱用高抗震性能特高压避雷器用直径 105mm 饼状金属氧化物电阻片（主要技术参数见表 6-4），综合性能有了显著提高。

表 6-4　　　　　　　　　　　直径 105mm 的电阻片技术参数

项　　目	要求值	实际值
直流参考电压 U_{2mA}（kV）	—	4.88

续表

项　目	要求值	实际值
雷电冲击压比 U_{5kA}/U_{2mA}	1.45	1.41
操作冲击压比 U_{500A}/U_{2mA}	1.31	1.26
2ms 方波冲击电流耐受能力（A）	2200	3000
4/10μs 大电流冲击耐受能力（kA）	100	100
长期稳定性试验的荷电率（%，交流）	90	100

1. 电阻片的 2ms 方波冲击电流耐受

通过优化电阻片的制造工艺，提高了电阻片的均一性，以及通过改进电阻片的筛选方法提高批次电阻片的方波冲击电流的耐受能力，研制的电阻片 2ms 方波冲击电流耐受能力从 2200A 提高到 3000A，耐受能力提高了 36%，满足了特高压避雷器用电阻片 2ms 方波冲击电流耐受能力不小于 2200A 的要求，并且留有较大裕度。

2. 电阻片的雷电冲击残压比和操作冲击残压比

通过优化电阻片的制造工艺，提高电阻片的均一性，电阻片的雷电冲击残压比和操作冲击残压比均有一定程度的降低，典型的电阻片伏安特性曲线见图 6-6。雷电冲击压比（U_{5kA}/U_{2mA}）达到 1.41，比要求值低了 2.8%；操作冲击压比（U_{500A}/U_{2mA}）为 1.26，比要求值低了 4.0%。

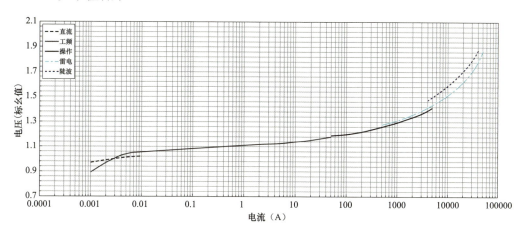

图 6-6　电阻片伏安特性曲线

3. 电阻片的荷电率

研发的特高压避雷器用电阻片的试验荷电率达到了 100%，1000h 加速老化试验的功率损耗之比约为 0.57，且单调递减，其性能能够保证标准型特高压避雷器的预期使用寿命，典型的加速老化试验曲线见图 6-7。此外，特高压避雷器用电阻片 1.1 倍额定电压下可耐受 2s，典型的工频耐受时间特性曲线见图 6-8。

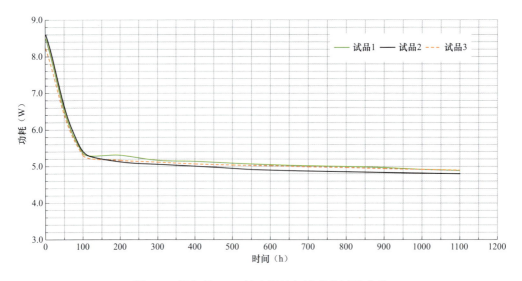

图 6-7　荷电率 100% 的电阻片加速老化试验曲线

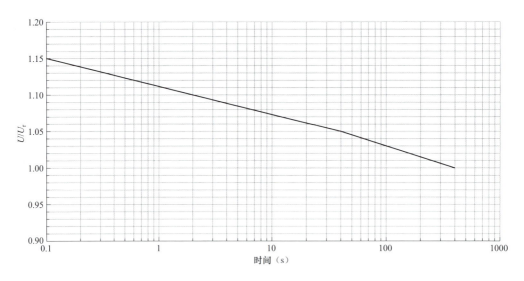

图 6-8　电阻片工频耐受时间特性曲线

4. 电阻片电容—温度特性及其电容—电压特性

理论上讲，电阻片电容量是受电阻片两端的电压及环境温度所影响的，而电阻片电容量的变化对避雷器的电压分布性能有着很大的影响，这将会影响避雷器的稳定运行。通过大量系统的研究，研制的电阻片在相同温度下，电阻片的电容量随电压的升高有所降低，但是在电阻片的工作电压区间，电阻片电容量基本稳定，在 2.25～3kV 电压范围内，电容量变化率仅为 0.05%～1.1%。研究结果同时也表明，在电阻片两端的电压不变的情况下，电阻片电容量随温度增高而增大。通常情况下，较大的电阻片电容是有利于特高压避雷器的电压分布性能的。

二、多柱并联电阻片柱的均流控制技术

为满足特高压避雷器低残压和高吸收能量的要求，特高压避雷器芯体采用四柱并联电阻片柱的结构。由于电阻片柱的电气参数不可能完全一致，因此当操作或雷电冲击电流作用在并联电阻片柱上时，流过各电阻片柱的电流也会因这些差异而不同（即电流分布不同），残压最低的电阻片柱分得更多的电流进而吸收比其他柱更多的能量。故电流在多柱电阻片之间的分配关系，是影响特高压避雷器的关键技术性能及其稳定运行的关键因素之一。特高压避雷器内部电阻片被分若干组，每组若干片。理想情况下，多柱并联的每一柱最好能具有完全相同的伏安特性曲线，以保障任何时刻都能绝对均匀分流。但实际操作电阻片配组时，往往是通过控制每柱电阻片的直流参考电压 U_{1mA} 值、雷电冲击残压 U_{5kA} 值和操作冲击残压 U_{500A} 值的偏差来实现尽可能的一致。电流分布不均匀系数用符号 β 来表示，$\beta=N\times I_{max}/I_{arr}$（$I_{arr}$ 为通过比例单元总电流峰值，I_{max} 为通过任意一柱的最大电流峰值，N 为并联柱数）。特高压避雷器的 β 应不大于1.1，β 值的确定需注意以下方面：

（1）与高幅值电流相比，小电流下电流在并联柱间更难均匀分担。这是由于电流遵循下面的公式：$I=CU^{\alpha}$，式中 C 是常数，α 是非线性系数。在冲击电流约为 100～1000A 范围内时，特高压电阻片的 α 为 50～60；但当电流更大时，特高压电阻片的 α 可能降低到 30 左右。因此，最大的 α 值在操作冲击的配合电流值范围内，电阻片柱在这个范围内的偏差表现为伏安特性曲线或多或少的平移。在电流幅值较高时，由 α 值减小，保证电流分担均匀比小电流时容易。因此，在每柱电流为 100～1000A 时测得的 β 值可以得出电流分布最大不均匀系数。

（2）β 值不受电流波形影响，因此试验采用的冲击电流波形为雷电冲击电流或操作冲击电流。

（3）严格控制特高压避雷器用电阻片参数分散性，将选用电阻片直流 2mA 参考电压、550A 操作冲击残压和 5.5kA 下的雷电冲击残压限定在一个较小的偏差范围内，并控制各并联的电阻片柱在上述电流值对应的参考电压和残压配组值限定在一个较小的偏差范围内，可有效控制电流分布不均匀系数。

通过以上措施，制造商生产的特高压避雷器均满足技术规范中电流分布不均匀系数小于 1.10 的规定，且将电流分布不均匀系数控制在 1.05 之内，典型的电流分布试验波形见图 6-9。

三、均压结构及电压分布控制技术

由于特高压避雷器元件多、高度高，其电压分布问题更加突出。电压分布不均匀将导致电压承担率最高处的电阻片荷电率最高，超出长期稳定性范围的高荷电率运行将会造成内部电阻片的局部过热和老化加速，使避雷器的寿命大大缩短。因此，必须

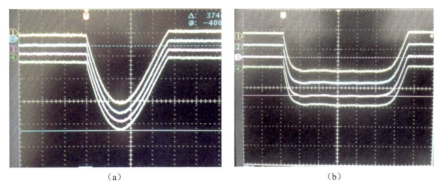

（a）　　　　　　　　　　　　　（b）

图 6-9　电流分布试验波形

（a）操作冲击电流试验波形；（b）方波冲击电流试验波形

采取合理的措施来改善特高压避雷器纵向电压分布，控制电阻片的运行荷电率。一般来说改善 MOA 的纵向电压分布方法主要有以下三种：①增大电阻片主电容；②在 MOA 顶端装设均压环；③在 MOA 内部电阻片柱旁加装并联均压电容器。三种方法的共同目的是减小避雷器对地杂散电容对电压分布的影响。一般来说电阻片的主电容较难调节，通常靠合适的均压环或使用内部均压电容来达到调整电压分布不均匀系数的目的。

通过对特高压避雷器电压分布的试验研究，确定采用顶端装设均压环和避雷器内部电阻片柱并联均压电容措施，来控制特高压避雷器纵向电压分布，以达到电压分布不均匀系数小于 1.15 的要求，其工频荷电率小于 90%，可保证产品的长期安全稳定运行。

电压分布不均匀系数有多种方法确定，伴随特高压避雷器研制的不断优化，先后研究出了先进的光纤电流法和无线测量法。光纤电流法应用光电转换原理，实现了避雷器高度方向电位各异的不同位置处的电阻片电流同时测量，降低了测量不确定度，同时具有很好的抗干扰能力。而无线测量法则进一步取消了测量引线，除了具有光纤电流法的优点外，还提高了测量效率。特高压避雷器多年的电压分布不均匀系数测量方法研究成果在 GB/T 11032《交流无间隙金属氧化物避雷器》中得到了应用。该标准附录 K 中规定了电压分布试验方法，试验是在避雷器持续运行电压下，用电流法测量避雷器中电阻片的电压分布，以确定避雷器中电阻片和带电体的杂散电容引起的电压分布不均匀系数，测量时分别在被测电阻片下端放置探头，探头尺寸应足够小，数量应不影响电阻片的电压分布。

由于采用了完善的电压分布测量方法，特高压瓷外套避雷器和特高压复合外套避雷器的电压分布不均匀系数得到了有效的控制，也明确了特高压避雷器的均压结构。

1. 特高压瓷外套避雷器

对特高压瓷外套避雷器的轴向电压分布进行试验测量（见图 6-10），测量结果考虑了杂散电容引起的最大电压分布不均匀系数和电阻片电容引起的电压分布不均匀系数，一种典型结构的特高压瓷外套避雷器最大电压分布不均匀系数为 1.066，对应的轴向电压分布实测曲线见图 6-11。

图 6-10　标准型瓷外套特高压避雷器电压分布试验

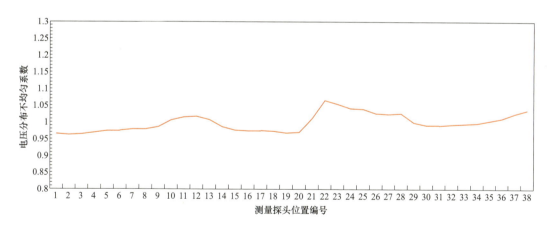

图 6-11　一种典型的特高压瓷外套避雷器轴向电压分布曲线

2．特高压复合外套避雷器

对特高压复合外套避雷器的轴向电压分布进行试验测量（见图 6-12），测量结果考虑了杂散电容引起的最大电压分布不均匀系数和电阻片电容引起的电压分布不均匀系数，一种典型结构的特高压复合外套避雷器最大电压分布不均匀系数为 1.058，对应的轴向电压分布实测曲线见图 6-13。

四、机械结构及抗震技术

1. 机械结构及抗震设计

兼作支柱用特高压瓷外套避雷器由 4 只避雷器元件、底座和均压环串联组成，避

图 6-12　特高压复合外套避雷器电压分布试验

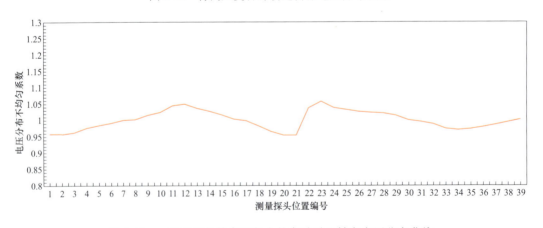

图 6-13　一种典型的特高压复合外套避雷器轴向电压分布曲线

雷器元件主要由瓷外套、内部并联电阻片柱、绝缘支撑杆、绝缘筒、端部盖板等组装而成，各部分之间以特定部件和工艺相连接，兼作支柱用特高压瓷外套避雷器的具体连接方式见图 6-14。抗震加强型瓷外套避雷器是在兼作支柱用特高压瓷外套避雷器的基础上在底座的下端法兰装设减震器（见图 6-15）。

特高压复合外套避雷器总体结构与特高压瓷外套避雷器相似，只是避雷器元件的外套由瓷外套换成了复合外套，具体连接方式见图 6-16。

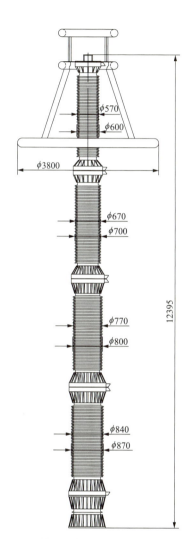

图 6-14 兼作支柱用特高压瓷外套避雷器
连接方式示意图

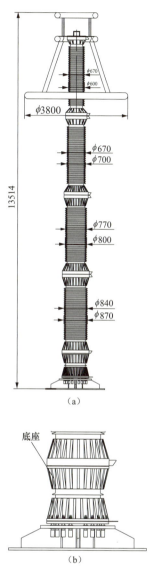

(a)

(b)

图 6-15 抗震加强型特高压瓷外套避雷器
连接方式示意图

（a）特高压避雷器安装；（b）减震器安装

特高压避雷器由于高度高、体积大，地震引起的顶部震动幅度也较大，必须重视其抗震问题。相关技术规范要求特高压避雷器应能耐受的地震烈度为 8 度，且需要考虑 1.4 倍支架放大系数。

按照使用场景的安装方式，特高压避雷器又分为常规避雷器和兼作支柱用避雷器两种。常规避雷器和兼作支柱用避雷器可用于出线回路采用"GIS 套管—CVT—支柱绝缘子—避雷器—支柱绝缘子—敞开式接地开关—高抗套管"的七元件设计方案；仅兼作支柱用避雷器适用于出线回路采用"GIS 套管—避雷器—CVT—高抗套管"的四

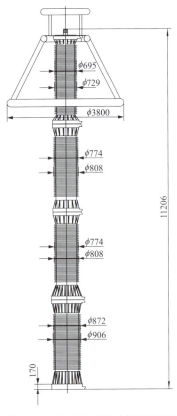

图 6-16　复合外套特高压避雷器
连接方式示意图

元件设计方案。

为满足特高压避雷器的机械强度和抗震要求，兼作支柱用瓷外套避雷器和复合外套避雷器采取了以下抗震技术措施：

（1）采用塔形等应力设计方法，即上部的避雷器元件采用内径小且壁薄的外套；下部的避雷器元件采用内径大且壁厚的外套。这样既减轻了上部避雷器元件的质量，增强了下部避雷器元件的机械强度，也提高了特高压避雷器的机械强度及抗震能力。

（2）对于抗震加强型瓷外套避雷器，在避雷器底部安装专门研究设计的减震装置，可有效减小最下节瓷套的根部应力。

（3）对于特高压瓷外套避雷器，通过改善大尺寸高强度瓷件的生产工艺、增大瓷套根部断面以减小其根部应力、采用大的端部胶装比等措施，来满足避雷器的机械及抗震性能要求。

（4）对于特高压复合外套避雷器，通过改善大尺寸高强度绝缘筒的绕制生产工艺、增大复合外套根部断面以减小其根部应力、采用大的端部胶装比等措施，来满足避雷器的机械及抗震性能要求。

2. 抗震试验

（1）兼作支柱用特高压瓷外套避雷器。

试验条件：试验中抗震试验振动台输入地震波为特高压标准时程波；抗震设防烈度为 8 度，50 年超越概率为 2%，加速度峰值为 0.3g；地震输入加速度应乘以支架动力放大系数 1.4；考虑到避雷器为轴对称结构，仅进行单水平向地震试验；管母线由质量为 300kg 的配重模拟。

一种典型兼作支柱用瓷外套避雷器的抗震试验见图 6-17。地震负载为 25% 的风荷载和试品最大应力的组合，试品的破坏应力为 50MPa，在 0.3g 水平加速度下进行抗震试验，试品强度的安全系数为 2.2，大于标准规定的安全系数 1.67 的要求，并有 31.7% 的裕度。

（2）抗震加强型特高压瓷外套避雷器。

试验条件：试验中抗震试验振动台输入地震波为特高压标准时程波；抗震设防烈度为 9 度，50 年超越概率为 2%，加速度峰值为 0.5g；地震输入加速度应乘以支架动力放大系数 1.4；考虑到避雷器为轴对称结构，仅进行单水平向地震试验；管母线由质量为 300kg 的配重模拟。

一种典型抗震加强型特高压瓷外套避雷器的抗震试验见图 6-18。地震负载为 25% 的风荷载和试件最大应力的组合，试品破坏应力为 50MPa，在 0.5g 水平加速度下进行抗震试验，试品强度的安全系数为 1.86，大于标准规定的安全系数 1.67 的要求，并有 11.4% 的裕度。

图 6-17　一种典型的兼作支柱用特高压瓷外套避雷器真型抗震试验

图 6-18　一种典型的抗震加强型瓷外套特高压避雷器真型抗震试验

（3）复合外套特高压避雷器。

试验条件：试验中抗震试验振动台输入地震波为特高压标准时程波；抗震设防烈度为 9 度，50 年超越概率为 2%，加速度峰值为 0.5g；地震输入加速度应乘以支架动力放大系数 1.4；考虑到避雷器为轴对称结构，仅进行单水平向地震试验；管母线由质量为 300kg 的配重模拟。

一种典型特高压复合外套避雷器抗震试验见图 6-19。地震负载为 25% 的风荷载和试件最大应力的组合，试品破坏应力为 115 MPa，在 0.5g 水平加速度下进行抗震试验，试品强度的安全系数为 3.04，大于标准规定的安全系数 1.67 的要求，并有 82.0% 的裕度。

图 6-19　一种典型的特高压复合外套避雷器真型抗震试验

第三节 关键组部件

一、低残压、大通流容量电阻片

电阻片是以氧化锌为主要原料，添加少量的 Bi_2O_3、Sb_2O_3、MnO_2、Cr_2O_3、Co_2O_3 等作为辅助成分，采用陶瓷烧结工艺制备而成的一种陶瓷体，其制造流程如图 6-20 所示。按配方将金属氧化物粉料混合（自动配料系统见图 6-21）、研磨到预定的粒径，干燥后压制成型，成型坯体经过 1100～1300℃的高温烧结，获得需要的致密度和均匀度的电阻片（电阻片烧成隧道炉见图 6-22）。

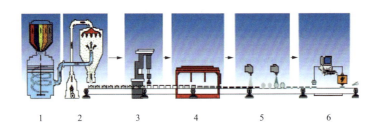

图 6-20　电阻片制造的流程

1—混合；2—喷雾干燥；3—成型；4—烧结；5—喷涂电极；6—测试

图 6-21　自动配料系统

图 6-22 电阻片烧成隧道炉

电阻片的电气、机械特性受配方组分、烧结等工艺过程影响。

电阻片侧面为绝缘层，特高压避雷器电阻片的绝缘层目前主要有无机玻璃釉、复合绝缘层（有机绝缘漆和陶瓷绝缘层的复合）两种，在避雷器各种电负荷下，其电绝缘特性没有显著区别。电阻片两端热喷涂有极薄的铝层作为电阻片的电极。

电阻片是特高压避雷器的核心部件，与常规避雷器用电阻片相比，低残压、大通流容量、高荷电率是特高压避雷器用电阻片的主要特点，其制造技术是特高压避雷器的关键技术之一。针对特高压避雷器用电阻片的特点，开展技术优化和科研攻关，提高电阻片的能量吸收能力（大容量）和老化特性（长寿命），降低电阻片的残压比（低残压）。

1. 电阻片 2ms 方波冲击耐受电流

采用稀土多元掺杂抑制晶粒尺寸，提高晶粒均匀性，采用 Fe、Li 离子掺杂侧面高阻层提升通流容量，优化电阻片的筛选方法，提高批次电阻片的方波冲击电流的耐受能力，研制的电阻片的 2ms 方波冲击电流耐受能力从 2200A 提高到 3000A，耐受能力提高了 36%。

2. 电阻片的雷电冲击残压比和操作冲击残压比

采用多元稀土掺杂抑制晶粒尺寸及增加晶界势垒高度来提高低场区参考电压，通过降低晶粒体电阻率来减低高场区残压及残压比，研制的电阻片雷电冲击压比（U_{5kA}/U_{2mA}）达到 1.41，比要求值低 2.8%；操作冲击压比（U_{500A}/U_{2mA}）为 1.26，比要求值低 4.0%。

3. 电阻片的荷电率

采用优化晶界老化特性及其一致性的老化荷电率调控技术，提高晶粒均匀性，研制的电阻片的试验荷电率达到了 100%，特高压避雷器在 1.1 倍额定电压下可耐受 2s。研制的电阻片成品见图 6-23、组装后的特高压避雷器芯体见图 6-24。

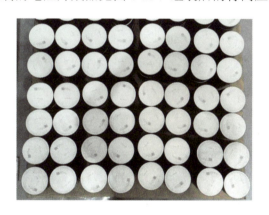

图 6-23　特高压避雷器电阻片成品

图 6-24　组装好的特高压避雷器芯体

二、大尺寸外套

1. 大尺寸瓷外套的制造

大尺寸瓷套的制造技术是特高压避雷器的制造难点之一。国内制造商通过生产 500～800kV 避雷器的高大瓷件，掌握了较多的大瓷套干法和湿法生产经验，瓷外套特高压避雷器的瓷套制造采用了两种工艺路线。特高压瓷外套避雷器的瓷套尺寸见图 6-25。

（1）瓷件的湿法生产工艺流程：配料→球磨→过筛除铁→榨泥→挤制→电干燥→成型→烘房→上釉上砂→装窑→焙烧→出窑→瓷检→切割研磨→胶装养护→性能试验→清理打胶→入库。

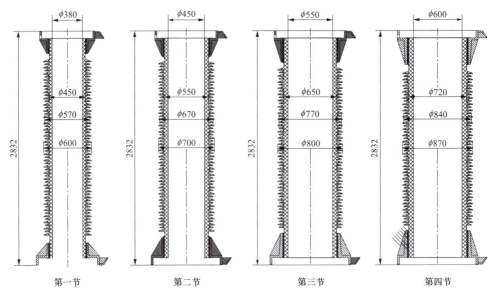

第一节　　　　第二节　　　　第三节　　　　第四节

图 6-25　瓷套外形尺寸

（2）瓷件的干法生产工艺流程：配料→球磨→过筛除铁→喷雾造粒→压坯→修坯→上釉上砂→装窑→焙烧→出窑→瓷检→切割研磨→胶装养护→性能试验→清理打胶→入库。

（3）制造大尺寸瓷套的关键难点包括：①瓷件高，导致成型过程中产生缺陷的概率较高；②瓷件高，壁厚大，瓷件质量大，导致瓷件在成型过程中底部压力较大，容易在干燥及烧成过程中产生开裂；③壁厚大、伞伸出大，导致在干燥及烧成过程中容易由于收缩不一致产生应力而造成掉伞。

（4）重点控制工艺环节。针对上述问题，通过研究改进了高强度电瓷配方和整体成型工艺，增加了大型专用设备，保证了瓷件的强度，并使瓷件全过程合格率达到了较高水平。在瓷件生产过程中需重点控制的工艺环节：

1）真空挤制：需严格控制泥段水分使之均匀；

2）成型修坯：采用全自动数控修坯机成型，控制成型水分，精确修坯放尺；

3）烘房干燥：采用蒸汽烘房干燥，控制等速干燥阶段相对湿度，确保出烘房水分适宜；

4）装窑：采用插棒和压盖的专用工装进行装烧固定，防止瓷件烧成变形；

5）烧窑：采用以煤气为燃烧介质的高速等温烧嘴车底窑进行焙烧，瓷件烧成出窑后抽样检测瓷质分析；

6）延长泥料陈腐时间（陈腐时间不低于 3 天），提高泥料的可塑性；

7）严格控制挤制泥段水分及偏差，防止真空室结露现象，提高泥段的均匀性；

8）调整练泥机真空室加泥量、挤制速度的控制，保证挤制质量；

9）严格控制干坯件出烘房水分，防止脱伞损失；

10）加强对数控修坯机的维护与监控，加强首件检查，确保修坯尺寸在公差范围之内。

（5）试验验证。通过采用上述工艺和措施生产出的瓷外套能够满足特高压瓷外套避雷器的性能需求。整体瓷套的弯曲破坏负荷不小于 60kN，1min 弯曲耐受负荷达到 40kN。典型的抗弯试验见图 6-26。

2. 大尺寸复合外套制造

大尺寸复合外套的制造技术是特高压复合外套避雷器的制造难点之一。国内制造商通过生产 500～800kV 避雷器大尺寸复合空心绝缘子，掌握了空心复合绝缘子的绝缘筒绕制和硅橡胶伞套成型生产经验。特高压复合外套避雷器的复合外套采用空心复合绝缘子的结构，其主要由绝缘管、金属法兰和外绝缘伞套组成，复合外套制造采用了模压成型的工艺路线。特高压复合外套避雷器的复合外套尺寸见图 6-27。

图 6-26　整体瓷套的抗弯试验

（1）复合外套的模压成型生产工艺流程：绝缘筒绕制→高温固化→机械加工→硅橡胶伞套模压成型→脱模→胶装法兰→性能试验→清理→入库。

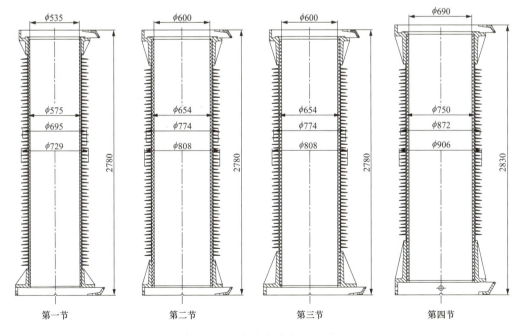

图 6-27　复合外套外形尺寸

（2）复合外套成型工艺包括：①绝缘管为单段环氧玻璃丝缠绕；②外绝缘采用高

温硫化硅橡胶材料；③外绝缘伞套采用整体注射成型工艺；④法兰采用铸铝合金材料；⑤法兰和绝缘管连接方式为特殊胶合剂胶装工艺。

（3）胶装结构。对于复合空心绝缘子，其胶装结构直接影响产品的机械性能及密封效果，胶装过程中，需要精确控制金属法兰内径和绝缘筒（已成型硅橡胶伞套）外径之间的胶装间隙，按照特定的胶装工艺灌注胶合剂，然后进行加热固化。该结构可充分发挥玻璃纤维筒强度大的优点，能很好适应避雷器的机械振动和弯曲应力负荷的动态、静态机械特性要求。

（4）密封结构。涉及避雷器密封特性的主要有两处：

1）密封 1 为复合外套主密封，绝缘管与法兰之间的密封设置于绝缘管端面，这是复合空心绝缘子的质量保证关键技术之一。

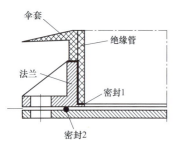

图 6-28　密封结构示意图

2）密封 2 为避雷器元件的端部密封，其性能由法兰端面、密封盖板和密封圈性能及其装配工艺共同决定，金属件的加工精度、密封槽的设计、密封圈的材质、装配时的密封圈的压缩量都是需要工艺验证并全数进行控制的。

特高压复合外套避雷器元件的密封结构示意图见图 6-28。

（5）外绝缘伞套成型工艺。采用整体注射、分段模压成型工艺，该工艺是通过专用的过渡工装将绝缘管置于成型模具中，将硅橡胶通过高温高压注射直接模压在绝缘管的外圆周上，通常采用分段模压完成。整体注射成型复合外套见图 6-29。

（6）试验验证。通过采用上述结构和工艺生产出的复合外套能够满足复合套特高压避雷器的性能需求。整体复合外套的弯曲破坏负荷不小于 60kN，1min 弯曲耐受负荷达到 40kN。抗弯试验见图 6-30。

图 6-29　整体注射成型复合外套

图 6-30　整体复合外套的抗弯试验

减震器将避雷器与设备支架连接（减震器外形见图 6-31），减震器围绕避雷器和支架的轴线对称布置，支撑垫块置于避雷器法兰底板和支架顶板的中心位置，支撑垫块承受避雷器及附件的重量，地震作用下作为支点发挥支撑作用（减震器结构见图 6-32）。当地震时减震器的外套与中心轴上下错动，内部铅芯发生剪切变形，耗散地震能量，达到减震的目的。

图 6-31　减震器外形图

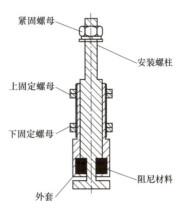

图 6-32　减震器结构

2. 减震器的安装及应用

减震器将避雷器法兰底板和支架顶板相连接（见图 6-33）。支撑垫块置于避雷器法兰底板和支架顶板之间。减震器穿过支架顶板的安装孔后，通过调节、紧固减震器的下、上紧固螺母，将减震器固定在支架上。减震器的安装螺柱穿过支架顶板和避雷器法兰底板后通过紧固螺母将避雷器法兰底板、支撑垫块和支架顶板固紧在一起。减震器能够保证特高压瓷外套避雷器在遭受设防地震烈度时仍保持正常使用状态，保障地震时特高压瓷外套避雷器的安全稳定运行。

抗震加强型特高压避雷器（d 级污秽等级）已应用到 1000kV 特高压交流输电工程长治站和上海庙—山东±800kV 特高压直流输变工程沂南换流站（见图 6-34），投运以来运行情况良好。

图 6-33　减震器安装图

图 6-34　运行中的抗震加强型兼作支柱用
特高压瓷外套避雷器（d 级污秽等级）

第七章 1000kV电容式电压互感器

电容式电压互感器（capacitor voltage transformers，CVT）是一种通过电容分压器分压，将一次电压分压成较低的中间电压，再通过中间变压器变换为标准规定的二次电压的电压互感器。1000kV电容式电压互感器将电网的高电压（$1000/\sqrt{3}\,kV$）变换成标准值的二次电压（$100/\sqrt{3}\,V$或100V），为计量、测量、保护和控制设备提供电网电压信息。

第一节 概 述

特高压CVT主要由电容分压器和电磁单元组成，电容分压器由高压电容C1和中压电容C2串联组成，电磁单元则由中间变压器、补偿电抗器、阻尼器等器件组成。电容分压器C1和C2都装在瓷套（或复合套）内，从外形上看是一个多节带瓷套（或复合套）的耦合电容器。电磁单元目前都将中间变压器、补偿电抗及所有附件装在一个铁壳箱体内，外形有圆形也有方形。

电容式电压互感器与电磁式电压互感器相比，其耐雷电冲击性能理论上更优越，可以降低雷电波的波头陡度，对变电站电气设备有一定的保护作用。电容式电压互感器是容性设备，在电力系统运行中避免了电磁式电压互感器与系统电容形成工频谐振和铁磁谐振的问题。电压越高，电容式电压互感器的制造成本比电磁式电压互感器降低越多，因而在高压和超高压电力系统中主要采用电容式电压互感器。

一、研制背景

1831年法拉第创立了电磁感应原理，1879年世界上第一台电压互感器开始应用。20世纪40年代，瑞典ABB公司（原ASEA公司）首先推出了电容式电压互感器，由于其技术经济优越，很快在全世界推广应用，到20世纪60年代后期已经广泛应用于72～750kV输电工程。

新中国成立时我国输变电设备制造业基础非常薄弱。20世纪50年代初开始摸索学习制造互感器，沈阳变压器厂 1953 年翻译了苏联的互感器图纸，开始建立仿苏产品系列，1956 年试制成功 220kV 油浸绝缘电压互感器，1958 年试制成功 220kV 油浸绝缘电流互感器。1958 年后开始在仿制的基础上自行设计，20 世纪 60 年代后，沈阳变压器研究所先后组织多次全国统一设计，形成了 0.5～220kV 各种规格的干式、浇注绝缘、油浸绝缘的电流互感器和电压互感器产品系列。随着我国互感器技术的发展，1963 年西安电力电容器厂研制成功我国第一台 110kV 和 220kV 电容式电压互感器，1970 年又研制成功 330kV 电容式电压互感器并应用于刘天关工程，1980 年研制成功 500kV 电容式电压互感器并应用于元锦辽海工程，2005 年研制成功 750kV 电容式电压互感器并应用于海拔 2000m 高原地区的西北 750kV 示范工程。近四十年来我国 CVT 技术在科研、设计、制造等方面不断发展，同时依托电网发展积累了大量 500、750kV 超高压工程经验，产品的性能参数和质量得到了大幅提升，为开展 1000kV 特高压 CVT 研制奠定了基础。

特高压 CVT 技术难度更大，涉及设备选型和技术参数研究、产品设计和理论分析计算、制造技术工艺的突破和制造装备水平的提升、试验设备和试验技术能力完善等各方面的问题。1000kV 特高压交流工程电压互感器可选用的类型有柱式结构电容式电压互感器、SF$_6$ 气体绝缘电磁式电压互感器、电子式电压互感器。苏联曾经建设运行的交流特高压变电站选择的电压互感器类型为柱式结构 CVT，电容分压器采用串联多节结构，电容量选择 2000pF，准确度为 1 级。日本新榛名特高压试验站电压互感器选择了电容分压式电子互感器，在运行过程中稳定性和可靠性不够理想。

我国在超高压工程经验和前期特高压技术研究成果的基础上，借鉴国外特高压技术研究成果及经验，特高压交流试验示范工程选择采用 1000kV 柱式 CVT 方案。与 750kV 及以下电压等级产品相比，特高压 CVT 研制难点主要包括：①如何兼顾 CVT 机械强度与局部放电水平要求、无线电干扰水平要求，进行中压出线的有效防护；②在均压环设计、耦合电容器内部结构设计、机械性能、绝缘性能、降低二次侧过电压以及暂态特性等方面需要开展大量研究；③为确保特高压 CVT 最主要性能的误差特性检测能够符合法定计量体系要求，需要对 1000kV 工频电压的量值溯源技术进行研究。

2005 年，经过特高压互感器选型研究和专家论证，确定了 1000kV 特高压 CVT 设备的主要技术参数和绝缘配合参数，明确了产品结构为非叠装式。2006 年组织召开 1000kV 特高压设备技术条件研讨会，增加了特高压 CVT 局部放电试验的内容，并对局部放电、无线电干扰、抗震能力等性能方面进行了研讨。2006 年我国西安西电电力电容器有限责任公司、桂林电力电容器有限责任公司、日新电机（无锡）有限公司和上海 MWB 互感器有限公司开展 1000kV 柱式 CVT 研制工作，2007 年通过了电力工业电气设备质量检验测试中心型式试验。为严格控制特高压 CVT 质量，确保试验示范工程一次投运成功，长期安全运行，2007 年在武汉特高压交流试验基地开展了 1000kV 电容式电压互感器样机的长期带电考核工作。

二、技术路线

特高压 CVT 研制以安全可靠为原则，坚持国内自主研发，产学研用联合攻关，通过对设备绝缘性能、耦合电容量、准确度性能、二次输出容量、结构形式及抗震能力等关键技术参数开展了一系列研究，确定了特高压 CVT 的技术路线。

（1）特高压 CVT 与其他设备相比，承担主绝缘的耦合电容分压器比较容易满足特高压系统绝缘性能要求，各制造厂研制的 1000kV 特高压 CVT 具有较大的绝缘裕度，技术条件中确定短时工频耐受电压为 1200kV/5min，雷电冲击和操作冲击试验电压为 2400/1800kV；从保证设备运行安全裕度考虑，1000kV CVT 干弧距离与 500kV CVT 干弧距离之比大于 2.0、与 765kV CVT 干弧距离之比大于 1.4，1000kV CVT 套管干弧距离规范要求不小于 7500mm。

（2）CVT 耦合电容器容量主要与二次绕组的数量、额定负荷、准确等级及邻近效应等因素有关；根据计算，耦合电容器采用额定容量 3300pF，CVT 二次绕组准确等级可达到 0.5 级、100VA 要求；采用额定容量 5000pF，可达到 0.2 级、100VA 要求；如果要求二次绕组的准确级和总负荷达到 0.2 级、250VA 以上时，则必须选用额定电容量为 10000～20000pF 的耦合电容器才能满足要求；特高压 CVT 二次输出总容量不超过 60VA，因此为满足特高压 CVT 高精度低负载的性能要求，特高压 CVT 耦合电容量规范为 5000pF。

（3）二次系统的容量需求对 CVT 额定容量的选取起着非常重要的作用，随着电子式电能表和微机保护的广泛应用，互感器二次输出容量要求越来越小。综合各方面因素并考虑留有较大裕度空间，对于功率因数为 1.0（负荷系列 I）的特高压 CVT，额定输出容量为 10/10/10/10VA，且准确度在 0%～100%额定负荷下满足要求；对于功率因数为 0.8（滞后）（负荷系列 II）的特高压 CVT，额定输出容量为 15/15/15/15VA，且准确度在 25%～100%额定负荷下满足要求。为满足关口计量要求，特高压 CVT 计量绕组的准确度要求为 0.2 级。

（4）1000kV CVT 结构设计主要包括电容分压器节数设计和整体结构设计，整体结构分叠装式（见图 7-1）和分体式（见图 7-2）；对应于 110、220、330、500、750kV 电压等级，我国电容分压器分别采用 1、2、3、3、4 节电容器单元，特高压 CVT 曾经研制出 3、4、5 节电容器单元的样机，为保证制造、运输和运维可靠性，技术条件规范采用 4 节或 5 节电容器单元；1000kV 柱式 CVT 的尺寸大、质量大，电磁单元一旦安装到基座上，现场检测和调试非常不方便，也会降低设备抗震性能，通过在结构设计上采取有效防范措施以提升 CVT 抗环境影响能力，特高压 CVT 规范采用分体式结构。

（5）提高电磁单元额定一次电压（耦合电容分压器中压臂额定工作电压，简称中压）对提升 CVT 误差特性有益，但是会增大电磁单元部件的体积和质量。在能够满足

图 7-1　叠装式 750kV CVT

图 7-2　分体式特高压 CVT

误差特性的情况下，应选择较低的额定中压水平，这与制造厂的设计水平和制造能力有关，特别是与电磁单元的中间变压器及补偿电抗的设计、结构、制造工艺有关；1000kV 特高压 CVT 制造厂最后选择的中压为 5～9kV，而 500kV 及其他电压等级 CVT 选择的中压多为 20kV 或 13kV。

特高压 CVT 研制期间，为具备设备试制生产和试验能力，国内主要生产企业对生产环境及试验环境进行了技术升级改造，形成了批量生产能力。在原材料方面，特高压 CVT 所有材料均采用国产，实现了完全的自主知识产权，自主化率和国产化率达到100%，我国完全掌握了特高压 CVT 研制核心技术。特高压 CVT 通过了型式试验和抗 8 度地震试验考核，具有绝缘水平高、机械强度高、准确度性能好、局部放电小、暂态响应快、无线电干扰水平低等特点，达到国际领先水平。

三、技术条件

1000kV 电容式电压互感器应满足 GB/T 24841《1000kV 交流系统用电容式电压互感器技术规范》的要求，基本技术参数见表 7-1。

表 7-1　　　　　　　　　　　特高压 CVT 基本技术参数

序号	项　　目	技术参数值
1	型式或型号	单相、户外、分体式
2	系统标称电压（kV）	1000

序号	项　目		技术参数值
3	设备最高电压 U_m（kV）		1100
4	额定频率（Hz）		50
5	额定一次电压 U_{1n}（kV）		$1000/\sqrt{3}$
6	额定中间电压（kV）		5~9
7	额定二次电压（kV）	主二次绕组	$0.1/\sqrt{3}$
		剩余电压绕组	0.1
8	额定电压比		$\dfrac{1000}{\sqrt{3}}/\dfrac{0.1}{\sqrt{3}}/\dfrac{0.1}{\sqrt{3}}/\dfrac{0.1}{\sqrt{3}}/0.1$ kV
9	级次组合		0.2/0.5（3P）/0.5（3P）/3P
	额定输出（VA）		15/15/15/15 或 10/10/10/10
	额定输出功率因数（$\cos\varphi$）		0.8 或 1
10	极性		减极性
11	额定电压因数及持续时间		1.2 倍、连续
			1.5 倍、30s
12	额定电容 C_n（pF）		5000
	实测电容与额定电容相对偏差不大于（%）		−5~+10
	组成电容器叠柱的任何两个单元的电容之比值偏差，应不超过其单元额定电压之比的倒数的百分数（%）		5
13	电容分压器温度系数（K^{-1}）		$\leqslant 2\times10^{-4}$
14	分压器绝缘水平	高压端雷电冲击耐受电压（kV，峰值）	2400
		高压端截波冲击耐受电压（kV，峰值）	2760
		高压端操作冲击耐受电压（kV 峰值，湿）	1800
		高压端 5min 工频耐受电压（kV，方均根值，干）	1200
		中压端对接地端 1min 工频耐受电压（kV）	4 倍额定中间电压
		低压端对接地端 1min 工频耐受电压（kV，方均根值）	10
	电磁单元绝缘水平	中间变压器 1min 工频耐受电压（kV，方均根值）	4 倍额定中间电压
		补偿电抗器 1min 工频耐受电压（kV，方均根值）	10
		中压回路接地端 1min 工频耐受电压（kV，方均根值）	3
		载波通信端子 1min 工频耐受电压（kV，方均根值）	3
		二次绕组之间及对地 1min 工频耐受电压（kV，方均根值）	3

续表

序号	项　目		技术参数值
15	电容分压器介质损耗因数 $\tan\delta$（%）	在 10kV 电压下	<0.12
		在 0.9～1.1 倍额定电压下	<0.08
16	在 $1.2U_\mathrm{m}/\sqrt{3}$ 电压下电容分压器局部放电水平（pC）		≤5
17	在 $1.1U_\mathrm{m}/\sqrt{3}$ 电压下无线电干扰电压（μV）		≤2500
	在 $1.1U_\mathrm{m}/\sqrt{3}$ 电压下户外晴天夜晚无可见电晕		无
18	传递过电压峰值限值（kV）		≤1.6
19	电磁单元温升限值（K）	顶层油	≤50
		绕组	≤60
		铁芯及其他金属件表面	≤50
20	电磁单元绝缘油	变压器油标号	25 或 45
		击穿电压不小于（kV）	≥40
		$\tan\delta$（90℃）不大于（%）	≤0.5
		含水量不大于（mg/L）	≤15
21	瞬变响应：高压端子在额定电压下发生短路时，带有 0%～100% 额定负荷（$\cos\varphi=1$ 时）的二次侧（剩余电压绕组除外）用于保护的绕组的电压应在额定频率的 1 个周波内降低到短路前电压峰值的百分数（%）；试验次数不少于 10 次		≤5
22	铁磁谐振特性	在 0.8、1.0、1.2 倍额定一次电压 U_pr 下且负载为 0 时，二次侧短路不少于 0.1s 后短路又突然消除，其二次电压峰值恢复到与正常值相差不大于 10% 的额定频率周波数及试验次数	0.8 ≤10 周波，10 次
			1.0 ≤10 周波，10 次
			1.2 ≤10 周波，10 次
		在 1.5 倍额定一次电压 U_pr 下且负载为 0 时，二次侧短路不少于 0.1s 后短路又突然消除，其二次电压回路铁磁谐振持续时间及试验次数	1.5 ≤2s，10 次
23	当一次施加三相平衡电压时，互感器三相组的剩余电压绕组联结成开口三角后剩余电压（V）		≤1
24	阻尼方式		速饱和电抗器
25	套管材质		瓷或复合
	伞裙结构		大小伞
	外绝缘最小爬电距离（乘以直径系数 K_ad）（mm）		$27500K_\mathrm{ad}$ 复合套：$K_\mathrm{ad}=0.413D_\mathrm{a}^{0.1547}$，瓷套：$K_\mathrm{ad}=0.265D_\mathrm{a}^{0.2322}$，$D_\mathrm{a}$ 为等效直径
	套管干弧距离（mm）		≥7500
	爬电距离/干弧距离		≤4.0
	整只弯曲负荷（kN）		≥23（瓷）≥20（复合）
26	污秽等级		d
27	CVT 总油量		≤600kg

四、研制历程

2005～2006 年，西安西电电力电容器有限责任公司（简称西容公司）、桂林电力电容器有限责任公司（简称桂容公司）、日新电机（无锡）有限公司（简称日新无锡公司）和上海 MWB 互感器有限公司（简称上海 MWB 公司）依托特高压交流试验示范工程，开展特高压 CVT 设备技术方案设计、试品图纸设计、样机制造和试验研究，样机设计从最初叠装式优化成分体式，有利于设备的生产、试验和性能提升。西容公司 2006 年 9 月研制生产出第一台产品样机，11 月在同济大学通过水平加速度 0.25g 抗震试验，12 月完成产品型式试验。桂容公司研制的 1000kV CVT 样机于 2006 年 12 月通过型式试验。日新无锡公司瓷套管设计从最初进口 3 节 NGK 瓷套优化成国产 5 节瓷套，研制的样机于 2006 年 12 月通过型式试验。上海 MWB 公司研制的 1000kV CVT 样机于 2007 年 4 月通过型式试验。

2007 年 10 月，西容公司、桂容公司和上海 MWB 公司研制的 1000kV CVT 样机在武汉特高压交流试验基地带电考核场进行了长达 1 年的带电考核（见图 7-3 和图 7-4），被考核的特高压 CVT 电气性能良好。2008 年，西容公司、桂容公司和上海 MWB 公司生产的特高压 CVT 分别首次应用在特高压交流试验示范工程南阳、长治、荆门变电站。

图 7-3　带电考核的特高压 CVT

2012 年，皖电东送淮南—上海特高压交流输电示范工程（简称皖电东送工程）全线采用同塔双回路架设，提出了 1000kV 出线路采用"GIS 套管—避雷器—CVT—高抗套管"的"四元件"设计方案。为满足 1000kV 出线回路"四元件"设计，西容、桂容和日新无锡公司优化了瓷套设计，提升了特高压 CVT 抗弯和抗震性能，改进后的产品在 2013 年 1 月通过了 0.2g 抗震试验，加装减震器后通过了 0.4g 抗震试验。

2013 年 3 月，西容公司完成了特高压 CVT 与避雷器联动抗震试验（见图 7-5），通过了 0.2g 抗震和 0.4g 减震联动试验。

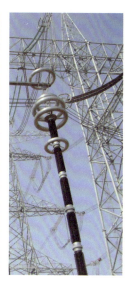

图 7-4　考核中的特高压 CVT（西容、桂容、MWB 公司产品）

2013 年 9 月，西容、桂容和日新无锡公司研制的高抗震特高压 CVT 成功应用于皖电东送工程，其中日新无锡公司生产的特高压 CVT 首次应用在浙北变电站。高抗震特高压 CVT 广泛应用在后续建设的特高压交流输电工程中（见图 7-6），投运以来运行情况良好。

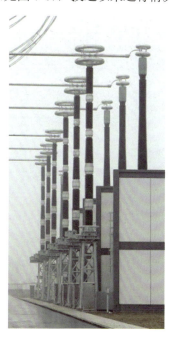

图 7-5　联动抗震试验图　　　　　　　　　图 7-6　兼作支柱用特高压 CVT

在特高压 CVT 研制过程中，中国电力科学研究院（原武汉高压研究院）也在积极开展 GIS 用 1000kV 特高压罐式 CVT 研究，罐式 CVT 属于自主创新设备，2009 年研制出首台 1000kV 罐式 CVT，同年 11 月样机通过全部型式试验项目。2012 年，特高压罐式 CVT 样机在武汉特高压交流试验基地进行长期带电考核；2013 年，特高压罐式 CVT 首次在皖电东送工程淮南变电站挂网试运行（见图 7-7），情况良好。

2015 年，为适应更高抗震要求地区的特高压工程需求，西容公司开展了特高压 CVT 复合化研究，2016 年 5 月通过了整柱复合套管 20kN 的抗弯试验，同时样机通过水平加速度 0.2g 抗震试验，0.5g 加装减震器的抗震试验。2016 年 10 月进行了产品型式试验，通过全部电气试验。2017 年 3 月完成复合套管特高压 CVT 和避雷器联动抗震试验，通过了 0.2g 抗震和 0.5g 减震试验（见图 7-8）。研制的可兼作支柱用高抗震性能特高压复合外套 CVT（见图 7-9），

图 7-7　应用于淮南变电站的特高压罐式 CVT

在 1000kV 潍坊变电站、临沂变电站及后续工程中得到应用，投运以来运行情况良好。

图 7-8　联合抗震试验

图 7-9　复合外套型 1000kV CVT

2016～2017 年，江苏思源赫兹互感器有限公司（简称思源公司）开展特高压 CVT 设备技术方案设计和样机制造，采用 5 节干法制作的高强瓷方案，机械强度高，有利于设备的生产、试验和运输。2017 年研制出高抗震 1000kV 瓷外套 CVT 样机，通过了型式试验和抗震试验。2019 年思源公司生产的特高压 CVT，首次应用在北京西—石家庄工程北京西变电站，目前已广泛应用于特高压工程中（见图 7-10 和图 7-11），投运以来运行情况良好。

图 7-10　应用于北京西变电站的特高压 CVT　　图 7-11　应用于长沙变电站的特高压 CVT

　　2017 年，为了适应在高地震烈度、高污秽等级区域的特高压交流工程的建设，解决在高地震烈度、高污秽等级地区使用的特高压瓷外套 CVT 生产制造的难度，日新无锡公司研制了可兼作支柱用高抗震性能特高压复合外套 CVT（见图 7-12），通过了 0.3g 抗震和 0.5g 减震试验，在山东—河北环网工程枣庄变电站及后续工程中得到应用（见图 7-13），投运以来运行情况良好。

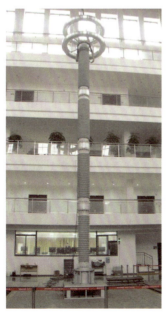

图 7-12　抗震试验图　　　　图 7-13　应用于枣庄变电站的复合套特高压 CVT

自特高压交流试验示范工程开始，特高压 CVT 设备应用越来越广泛，在各特高压工程中都有应用，截至 2023 年底，中国特高压交流工程已累计投运特高压 CVT 设备超过 600 台，设备运行情况良好，很好地适应了特高压工程建设的需求。

第二节 关 键 技 术

特高压 CVT 关键技术主要包括误差特性、铁磁谐振、暂态响应、局部放电、均压技术和抗震能力等。

一、误差特性

特高压 CVT 主要由电容分压器和电磁单元两部分组成，所以 CVT 整体的误差包含电容分压器的误差和电磁单元的误差。

电容分压器的误差对 CVT 整体误差的影响主要体现在分压器电容量大小、分压比误差、分压器中间电压，以及电容分压器高压电容 C1 和中压电容 C2 材料和结构的一致性。而电磁单元的误差主要由中间电压变压器和补偿电抗器性能决定。

当频率、温度变化时，CVT 回路阻抗会发生变化导致对误差的影响，当其他条件不变时，CVT 的误差与其所带负荷呈线性关系，负荷大误差就大，反之亦然。

除此之外，特高压 CVT 电压决定了其高度较大，杂散电容对误差的影响不能忽视。随着电压等级的提高，CVT 的高度随之增加，高压引线、周边物体及附近线路是否有运行电压等都会改变 CVT 的有效分压比，也就是邻近效应随电压等级提高而增强。通常影响 CVT 电容分压器的杂散电容包含电容分压器本体对地的杂散电容及高压端对本体的杂散电容。试验结果表明，在 750kV 及以上电压等级下，高压引线引起的电容分压器本体的杂散电容对 CVT 误差的影响大于 1×10^{-3}。

1000kV CVT 采用分体式结构，即电容分压器与电磁单元各为相互独立的部分，通过外部电气连接形成完整的 CVT，并且电磁单元中误差调节绕组引出至油箱外部，这样可以便于现场检测、误差调试及设备检修。在 CVT 生产制造完成后，其电容偏差和分压比偏差都已确定，对 CVT 来说，这种偏差带来的是一种固定误差，因此必须通过一些措施来消除这种固定误差。在 CVT 中，通过调节中间变压器一次绕组的匝数来改变中间变压器的变比，消除电容分压器分压比偏差带来的固定误差，通过调节补偿电抗器的匝数来改变中压回路的剩余电抗，消除电容偏差带来的固定误差，其原理图如图 7-14 所示。

变压器的变比为一次电压和二次电压之比，其等于一次绕组匝数和二次绕组匝数之比。在二次绕组匝数不变的情况下，通过增加或减少一次绕组匝数就可改变中间变压器的变比。当连接的调节绕组在铁芯中产生的磁通方向与主绕组相同时，相当于磁通增大，即一次匝数增加；当连接的调节绕组在铁芯中产生的磁通方向与主绕组相反时，相当于磁通减小，即一次匝数减少。这种关系是线性的，通过正接或反接调节绕组，就相当于主绕组与调节绕组的匝数加或减。

例如，当制造出来的电容分压器分压比 K_C 偏差为−2%时，当电容分压器施加电压 U_p 时，中间电压 $U_C=U_p/K_C$，即相当于中间电压增大，偏差约 2%，就造成二次电压增大，电压误差达到 2%左右。这就需要通过增加一次绕组匝数 2%左右，使中间变压器的变比增大，使二次电压降低 2%左右，使电压误差达到准确度 0.2 级的范围内。1000kV CVT 电磁单元中误差调节绕组引出至油箱外部，当现场误差测试需要进行误差调节时，可以方便地通过调节绕组的接线满足误差要求。

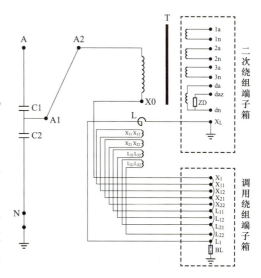

图 7-14 1000kV CVT 电气原理图

二、铁磁谐振

CVT 中压回路包含了电容及非线性电感（中间变压器），在系统合闸操作、二次侧短路又突然消除及其他暂态过电压等因素产生的过渡过程中，中间变压器铁芯快速饱和，磁链及励磁电流的关系呈非线性，在励磁电流及磁链中都会包含分次谐波分量，中间变压器励磁电感快速降低，且励磁电感以分次谐波频率变化，当回路的自振频率等于或接近这些分次谐波频率时，就能产生分次铁磁谐振。CVT 的铁磁谐振一般有电源频率的 1/3、1/5、1/7 次谐振，最常见的是 1/3 次铁磁谐振。CVT 的铁磁谐振，会导致中间变压器和补偿电抗器产生过电压，引起绕组击穿，甚至会产生非正常的保护信号而影响系统的正常运行。

为抑制铁磁谐振，CVT 一般在二次绕组并接阻尼器。1000kV CVT 采用以速饱和型阻尼器为主、电阻型阻尼器为辅的阻尼形式。在剩余电压绕组 da-dn 并接有速饱和型阻尼器，正常运行时，速饱和电抗器阻抗很高，谐振时，过电压导致电抗器铁芯快速饱和，阻抗急剧降低，从而消耗谐振能量，快速抑制铁磁谐振。为保障阻尼的可靠性，在二次绕组 1a-1n、2a-2n 和 3a-3n 上并接有电阻阻尼，其可以有效抑制低幅值的分次谐振。实际工程特高压 CVT，中间电压变压器的磁通密度取值宜不超过 0.6T，阻尼装置串联电阻取值范围在 5～10Ω 之间。可以将铁磁谐振过电压限制在 3.0 倍额定工作电压以下， 因此电容分压器的中压臂电容短时工频耐受水平选择额定电压峰值的 3～4 倍可保证工程应用的安全。

国家标准对 CVT 铁磁谐振规定：在 0.8、1.0、1.2 倍额定电压而负荷实际为零的情况下，CVT 的二次侧短路后又突然消除，其二次电压峰值应在额定频率的 10 个周波之内恢复到与短路前的正常值相差不大于 10%，而在 1.5 倍额定电压而负荷实际为零的情况下，其二次侧短路又突然消除，其铁磁谐振持续时间应不超过 2s。特高压 CVT 试验记录的波形如图 7-15 所示（图中上部为一次施加电压波形，中部为二次绕组电压波形，下部为二次绕组电流波形）。试验结果显示，其二次电压峰值恢复到与正常值相差不大于 10%的电压值的时间最大为 0.14s（最多 7 个周波），小于标准规定的 10 个周波要求，具有优良的抑制铁磁谐振能力。

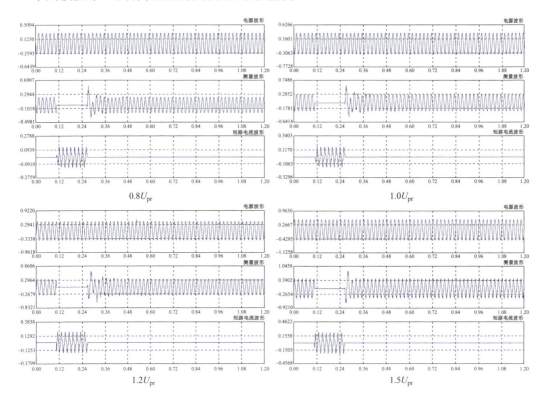

图 7-15 铁磁谐振试验波形

三、暂态响应

CVT 的暂态响应能反映当一次电压发生突然变化时，其二次的反应速度和能力。由于 CVT 含有电容、电感储能器件，而电容器电压和电感电流不能突变，这些器件在系统突然断电或者突然合闸时均有一个暂态过程，需要相应的时间响应。CVT 的暂态响应性能，会影响系统相关保护速度的时间，是 CVT 的主要性能指标之一。国家标准对特高压 CVT 的暂态响应性能有明确的规定：高压端子在额定电压下发生短路时，带有 0%～100%额定负荷（$\cos\varphi=1$ 时）的二次侧（剩余电压绕组除外）用于保护的绕组的电压应在额定频率的 1 个周波内降低到短路前电压峰值的 5%。

通过合理设计电抗器，使特高压 CVT 产品的电感与电容实现完全匹配，辅以高性能的速饱和电抗器型阻尼器，可有效改善电阻、电感和电容电路的瞬态响应时间。暂态响应试验可在完整的 CVT 上或在由电容器组成的等效电路上进行，1000kV CVT 暂态响应试验一般在等效电路上进行，在中压端子上施加额定中压，CVT 的二次端子上接有 25%（或 0%）与 100%的额定负荷，典型记录波形如图 7-16 所示（图中上部为一次电压波形，下部为二次电压波形），试验表明产品满足特高压保护要求。

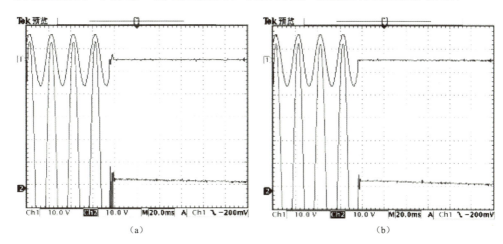

（a）　　　　　　　　　　　　　（b）

图 7-16　暂态响应特性试验记录波形

（a）100%的额定负荷；（b）25%的额定负荷

四、局部放电

电容分压器的局部放电是由于绝缘介质内电场分布不均匀造成的微弱放电，通常发生在电场比较集中的元件端部的极板边缘和元件引线片边缘，当真空浸渍处理工艺不良造成残留气泡或气隙，或含有杂质，或铝箔极板严重皱褶时，局部放电也可能在元件内部发生。影响特高压 CVT 产品局部放电性能的主要因素有电容元件场强的选取、电容元件结构设计和工艺过程控制。

电容元件采用 2 层聚丙烯膜和 1 层电容器纸作为极间绝缘介质，同时选用合适的压紧系数，以减小电容元件极板间的距离。铝箔采用激光切割工艺进行裁切以确保边缘光滑。元件引线片采用铝箔折边压接结构，以改善引线片边缘场强，降低元件沿面放电起始电压，提高复合绝缘介质的局部放电性能。电容芯子采用先进的真空干燥设备，通过全新干燥工艺及监控技术，可确保产品干燥充分，元件浸油完全，电容分压器局部放电水平低。特高压 CVT 产品可实现在 U_m 下的视在放电量不大于 10pC，在 $1.2U_m/\sqrt{3}$ 下的视在放电量不大于 5pC，满足特高压工程建设需要。

五、均压技术

电容分压器是 CVT 承受主绝缘的元件，其由多个电容元件串联而成，电压分布比较均匀。随着电压等级提高，电容分压器的高度增加，导致电容分压器的分压比受临近效应的影响增大，电容分压器顶部的高压端安装均压环，可以增大高压电极对电容分压器的本地电容，使高压端对地电容电流得到补偿从而改善 CVT 产品表面的电压分布，并降低产品在空气中发生电晕的风险。330kV 和 500kV 的 CVT 设备顶部安装一个均压环，765kV CVT 设备顶部安装两个均压环。

特高压 CVT 为改善电场分布及降低无线电干扰水平，通过反复设计、计算均压结构与参数，在机械性能参数与局部放电水平、无线电干扰水平要求之间进行优化处理。对电容分压器内部结构和外部结构进行优化，电容器内部扩张器尽量装配在瓷套法兰长度范围内，使瓷套内外电场分布保持一致；在每两节法兰连接处加装均压环（罩），改善外部电场分布及屏蔽连接螺栓；顶部装均压环，改善顶部的场强。

特高压交流试验示范工程 1000kV 特高压 CVT 均压环的结构、尺寸和局部放电、无线电干扰、端子拉力、地震耐受能力、机械强度、运行维护等参数相关。各制造厂主要根据电场计算来选择均压环的结构尺寸，计算表明，1000kV 特高压 CVT 可配置 4 个环结构的均压环（最大直径选择 1.6～2.0m、管径 160～200mm）满足无线电干扰电压不大于 2500μV 的要求。从皖电东送工程开始研制高抗震性能特高压 CVT，优化均压环结构，减少其质量和受风面积，提高设备抗震水平。

原均压环为四环结构，上部两环和下部两环通过垂直的铝管套装连接并可调整高度（见图 7-17），其质量为 210kg，受风面积为 1.95m^2。优化后均压环调整为两环结构（见图 7-18），其质量为 170kg，受风面积为 1.2m^2。优化后均压环支撑件采用钢制材料，标准件装配结构；适用于软导线、四分裂导线、管母金具等各种连接方式。在优化后的特高压 CVT 样机的型式试验中，无线电干扰不超过 1000μV，有效减少了电晕及无线电干扰水平，满足特高压设备环境相容性的要求。

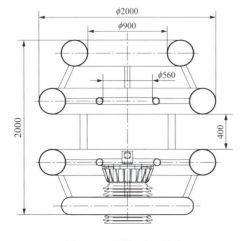

图 7-17　原均压环结构

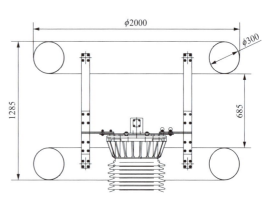

图 7-18　优化后均压环结构

六、抗震能力

由于 CVT 是细高产品，随着电压等级的提高，机械强度问题越来越突出，因此机械强度和抗震性能是首要研究内容。为保证强度，特高压 CVT 采用了高强度瓷套，并在整体设计上尽量减少上部电容器的质量，加强下部瓷套强度，提高产品的机械强度和抗震性能。特高压 CVT 研制初期，在武汉特高压交流试验基地挂网带电考核的特高压 CVT，仅验证了电气性能，对设备的抗震能力未做规定。特高压交流试验示范工程开工后，对产品提出了抗震能力具体要求，1000kV CVT 抗弯性能要求为耐受静态试验载荷 6000N，历时 1min，抗震能力为 0.2g，没有顶部附加载荷要求。1000kV CVT 用瓷套通过抗震性能验算选择合适的瓷套管，试品制成后用正弦共振拍波试验法考核其抗震性能。特高压交流试验示范工程 1000kV CVT 进行了地震台 0.2g 水平加速度正弦共振 5 拍波考核试验，安全系数大于 1.67，满足特高压交流试验示范工程需要。

从皖电东送工程开始，对特高压变电站要求进行三个方面的优化（见图 7-19）：
①高抗回路减小占地面积，GIS 套管至高抗套管之间的距离由原来的 56.75m 缩减至 20.5m；②高抗回路减少设备，由工程可研阶段 9 元件减少至 4 元件，因而要求 1000kV 避雷器和 1000kV CVT 兼具原设计中的棒形支柱绝缘子的功能；③要求提高变电站抗震等级，由原来的抗震设防部分不满足 8 度要求提高到全部满足，地震加速度峰值要达到 0.2~0.4g。以上技术要求对高抗回路中的 1000kV 避雷器和 1000kV CVT 瓷套的机械强度和可靠性提出了前所未有的高要求，1000kV CVT 瓷套抗弯且支撑高抗回路管母的同时，抗震能力达到 0.2g 以上。

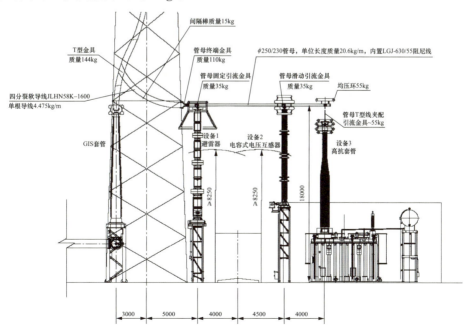

图 7-19　特高压交流 1000kV 变电站优化设计示意图

为达到皖电东送工程技术要求，特高压 CVT 用瓷套，要求整柱抗弯 23kN，耐受 1min。由于特高压 CVT 整柱瓷套高度达到了 10m 左右，质量达到几吨，在做弯曲破坏负荷试验时，瓷套存在破坏点不固定、破坏形式不固定的特点；在进行整柱破坏试验时，还可能发生瓷片飞溅的问题。这是国内外首次开展上述试验研究，技术人员总结了一套安全可靠、可操作性强的机械性能真型试验方法。试验时，从规定弯曲破坏负荷的 70%匀速平稳且无冲击地增加到规定值，保持 1min，然后以该速率升高至试品破坏（能观察到明显破坏现象或试验机械负荷指示值不再升高）为止，此时的负荷值为试品的实测弯曲破坏负荷。试验结果表明，特高压 CVT 用瓷套的实测弯曲破坏负荷值满足工程要求。

改进设计的瓷套通过了 23kN、耐受 1min 抗弯试验，1000kV CVT 通过了顶部配重 200kg（模拟管母质量）、地震台水平加速度 0.2g 人工合成波的抗震试验，以及 1000kV CVT 与 1000kV 避雷器地震台 0.2g 水平加速度联合抗震试验，安全系数均大于标准要求，满足实际工程需要。特高压 CVT 通过了 0.2g（不带减震器）及 0.4g（带减震器）的抗震试验（见图 7-20），通过了相同地震烈度的与避雷器联合抗震试验，能够满足 8 度（0.4g）抗地震要求。

图 7-20 特高压 CVT 地震台试验现场

第三节 产 品 设 计

特高压 CVT 设备采用非叠装式结构，即电容分压器与电磁装置是分开安装的结构形式。电容分压器由底座支撑，底座内装绝缘油，侧壁上分别引出电容分压器的中压端及低压端。电磁装置的油箱壁上有一个中压套管和一个二次出线盒，电磁装置的一次电压引出至中压套管，电磁装置的多个二次电压端子分别引出至二次出线盒。

电容分压器由多节电容器单元串联构成，顶上装有防止电晕的均压环及一次接线用线路端子。电容器单元外壳采用法兰浇铸式高强瓷套（或复合套），内装经高真空浸渍处理的芯子，芯子由若干只元件串联组成。元件由电容器纸、聚丙烯膜与铝箔电极卷绕压扁而成，元件引线片采用压接结构。瓷套内灌注一定压力的绝缘油，瓷套外部装有扩张器以补偿油体积随温度的变化。电磁装置由中间变压器、补偿电抗器及其保护装置、阻尼装置及中间接线板置于同一铁壳油箱内构成。油箱内充有绝缘油，使电磁装置中的部件使用安全可靠，并保护它们不受恶劣环境的影响。

一、电容器的元件

电容元件是电容器最基本的电容单元。CVT 的电容元件一般采用聚丙烯薄膜和电容器纸两种固体介质搭配而成，极板为铝箔。聚丙烯薄膜具有耐电强度高、介质损耗小等特点，是电力电容器中最常用的一种介质材料。电容器纸是电容器的传统介质材料，在电容器纸中含有大量相互重叠的扁平状纤维和空隙，还含有一定量的半纤维和木质素。纸的密度大，纸中纤维素的含量就多，其介电常数和介质损耗角正切值就高。电容器纸的介电常数高，浸渍性能和耐电弧能力较优，但其耐电强度较低，介质损耗角正切值大。由于 CVT 受温度变化影响会造成温度附加误差影响，因此需要其电容分压器有较小的电容温度系数，当温度变化时电容量变化在要求范围内，以保证准确级要求。聚丙烯薄膜具有负的电容温度系数，当温度增高时会引起电容减小；而电容器纸具有正的电容温度系数，当温度增高时会引起电容增大。因此采用聚丙烯薄膜和电容器纸两种固体介质搭配可以使电容温度系数尽可能小，减小温度变化带来的误差变化。

电容元件固体介质一般常用的搭配方式有两膜三纸（纸－膜－纸－膜－纸）、两膜两纸（纸－膜－纸－膜）、两膜一纸（膜－纸－膜）等。两膜三纸结构的电容温度系数大约为 $7×10^{-4}K^{-1}$，两膜一纸结构的电容温度系数大约为 $2×10^{-4}K^{-1}$。特高压电容分压器的元件采用两膜一纸的绝缘搭配形式（见图 7-21），使元件具有较高的耐电强度和较小的介质损耗角正切值。特高压 CVT 电容元件的设计场强较低，一般平均场强不超过 25kV/mm，小于材料许用场强，且每片元件在生产完成后均在耐压机上进行 4kV 直流耐压试验进行绝缘性能检验。

图 7-21 电容元件

二、电容器的芯子

电容器芯子由多个电容器元件串联并通过相关部件夹装或打包而成，早期特高压 CVT 产品的电容器元件之间的串联连接采用引线压接或引线焊接结构，通过技术改进，目前特高压 CVT 产品的电容元件之间的串联连接均采用引线压接结构。特高压 CVT 产品的电容芯子高度超过 1000mm，元件数量较多，由于重力的作用，上层元件的压紧系数要小于下层元件的压紧系数，所以采用多芯子串联，以均匀各个元件上的电压分配。

芯子生产主要分为夹装方式和打包方式。芯子采用夹装方式时（见图 7-22），芯子的最上面和最下面用金属构件、侧夹板采用酚醛纸板或层压板进行固定，保证电容芯子在装配、运输过程中不发生变形，确保产品电容量稳定可靠。芯子采用打包方式时，先将元件用聚丙烯打包带打包成多个小芯子，每个小芯子最上部和最下部元件放置绝缘纸板以防元件在打包过程中发生变形影响元件绝缘性能；芯子装入套管时，在芯子四周放置绝缘纸板加强固定，保证电容芯子在装配、运输过程中不发生变形。芯子生产过程中检测电容量和高度，控制电容芯子电容量偏差在±2%以内，也可确保各元件压紧系数一致，使元件浸渍良好。

图 7-22　芯子压装和叠装

三、电容器的套管

大尺寸瓷套（复合套）是特高压 CVT 设备最为关键的外绝缘部件。为满足特高压 CVT 需通过无减震装置下 0.2g 加速度、有减震装置下 0.4g 加速度的地震试验，国家电网公司于 2012 年召集包括醴陵华鑫电瓷科技股份有限公司、西安西电高压电瓷有限责任公司、中材高新材料股份有限公司等国内三家电器瓷套生产厂家，联合设备制造商开展国产瓷套的研制，研制成功的特高压 CVT 的瓷外套尺寸见图 7-23。在瓷套型特高压 CVT 通过高抗震性能试验并成功应用于特高压工程之后，特高压 CVT 设备制造商又联合江苏神马电力股份有限公司研制复合套型特高压 CVT，研制成功的特高压 CVT 的复合外套尺寸见图 7-24。

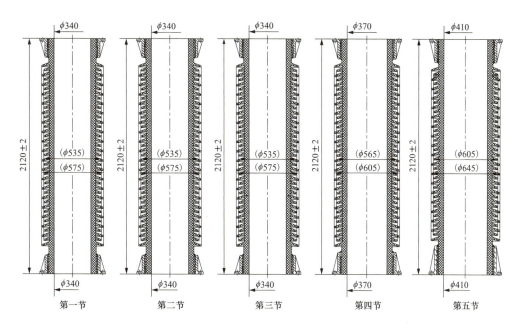

图 7-23　瓷外套外形尺寸

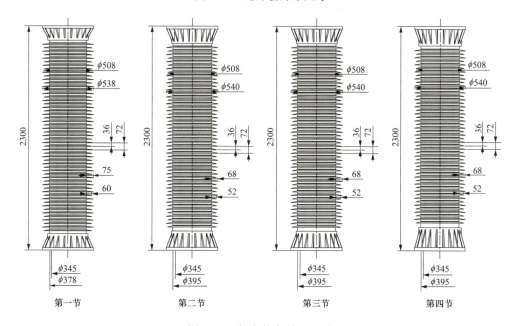

图 7-24　复合外套外形尺寸

瓷套型特高压 CVT 的瓷件制造采用了湿法或干法工艺路线，瓷件湿法生产工艺流程主要包括配料、制泥、修坯、烧成、研磨胶装、产品检验、包装入库；瓷件干法生产工艺流程主要包括配料、球磨、喷雾造粒、压坯、修坯、烧成、研磨胶装、产品检验、包装入库。复合套型特高压 CVT 的复合外套采用空心复合绝缘子的结构，其主要由绝缘管、金属法兰和外绝缘伞套组成，复合外套制造采用了模压成型的工艺路线，其生产工艺流程主要包括绝缘筒绕制、硅橡胶伞套模压成型、胶装法兰、产品检验、包装入库。

特高压 CVT 瓷套设计时，适当提高电瓷坯料配方中 Al_2O_3 含量及 $10\mu m$ 以下颗粒含量，控制并优化颗粒级配最优，以提高电瓷强度；根据不同弯矩，合理设计法兰厚度及胶装比，提高瓷套抗弯性能；增加和提高瓷件及法兰的设计尺寸、机械强度，从而提高整柱瓷套刚度，提高 CVT 的共振频率；根据每节瓷套抗弯应力设计抗弯截面，形成上小下大塔形结构，不仅降低了产品重心，而且减轻了质量，达到了提高抗震能力目的；整柱瓷套弯曲耐受负荷达到 23kN/min，试验见图 7-25。复合套设计时，总结前期试品的多次试验参数结果，提高了复合套壁厚和法兰胶装比，大幅提升了复合套抗弯抗震性能，整柱复合套弯曲耐受负荷达到 20kN/min，试验见图 7-26。

图 7-25　整柱瓷套的抗弯试验

图 7-26　整柱复合套的抗弯试验

四、中间变压器

特高压 CVT 电磁单元采用油浸式全密封结构，电磁单元包含中间变压器、补偿电抗器、阻尼器等器件，组装于金属油箱中，油箱内浸渍变压器油。电磁单元结构如图 7-27 所示。电磁单元上有以下设施：①油位观察窗：用于观察电磁单元内的油位；

②注油孔：用于现场对电磁单元进行补油或换油；③取油阀：用于现场对电磁单元进行取油样或放油。

特高压 CVT 结合二次输出的负荷及精度要求，中间变压器的一次电压设计选取5～9kV，采用 300VA 的低损耗铁芯，这样可留出极大的空间用于加强绝缘和选取更大截面的电磁线，同时也给误差调整留出了更大的带宽；中间变压器高压绕组使用漆包圆铜线，采用分段绝缘结构及阶梯形结构进行绕

图 7-27 特高压 CVT 电磁单元

制，绕组的层间电容大而对地电容较小，在冲击电压作用时的电压分布较好，且采用圆筒式结构可实现全自动绕制，工艺稳定性高；高低压绕组之间加接地静电屏，以阻断高低压绕组之间电容耦合通道，改善传递过电压；中间变压器的二次绕组使用扁铜线绕组，采用层式结构，扁铜线具有较大的截面以降低直流电阻，改善误差性能；中间电压变压器的铁芯选择性能优良硅钢材料，磁通密度取值不超过 0.6T，在 1.5 倍额定电压因数时磁密小于铁芯饱和密度 1.8T，以便阻尼铁磁谐振及限制过电压幅值，改善铁磁谐振抑制能力。

第四节 制 造 与 试 验

特高压 CVT 的制造包括电容分压器部分和电磁单元部分。电容分压器的制造工艺包括电容元件卷制、电容芯子压装、电容器装配、电容分压器真空浸渍工艺等；电磁单元的制造工艺包括线圈绕制（中间变压器一次绕组和二次绕组、补偿电抗器绕组、阻尼电抗器）、中间变压器和补偿电抗器装配、电磁单元装配、电磁单元真空浸渍工艺等。其制造的核心工艺是电容元件卷制工艺和电容分压器、电磁单元的真空浸渍工艺。特高压 CVT 试验在制造厂内分别对电容分压器和电磁单元进行相应的出厂试验项目，组装后再进行完整产品相关的试验项目。

针对特高压工程建设的技术要求，国内主要 CVT 制造企业纷纷进行技术改进，先后建成了先进的自动化生产线，我国电力电容器相关的生产装备、制造工艺及试验能力已跨入国际先进行列。

一、电容元件卷制

电容元件是 CVT 承受主要绝缘的关键零部件，需要在满足净化度、温度和湿度要求的净化间生产制造。在电容元件卷制过程中（包括芯子组装、原材料存储、绝缘件加工等），如果净化度不高，在元件内落有一定量的尘埃粒子，电容元件的绝缘强度将

会大大降低。

电容元件卷制净化间的洁净度的控制要求如下：①净化间温度为18～26℃、湿度为45%～65%，压力略高于室外压力；②电容元件作业区域（包括已拆包封的待卷材料的存放空间）的静态环境洁净度等级至少达到ISO等级6（相当于国家标准的1000级）；③绝缘件加工、芯子压装、引线和外包等芯子制作区域，静态环境洁净度等级至少应达到ISO等级7（相当于国家标准的10000级）。

电容元件卷制就是按照设计的介质和极板搭配，实现电容元件卷绕制造的过程。特高压CVT电容元件介质为膜—纸—膜搭配形式，极板为铝箔。极板分切的边缘质量会影响元件性能，采用激光高温熔断，断面不会产生锯齿状毛刺，可以改善局部放电性能。电容元件卷制质量包含是否符合设计参数、铝箔是否有严重皱纹、元件端部整齐度、元件端部是否有较严重的"S"形蜂窝状等。

图7-28　全自动卷绕机

特高压CVT电容元件在全自动卷绕机上完成卷制，全自动卷绕机（见图7-28）除人工上料外，卷绕过程实现智能化自动控制，卷绕过程中的材料实现恒张力控制，保证极板均匀平整，同时降低了由于人工接触或移动元件导致元件变形及材料污染的风险。

二、真空干燥与浸渍

CVT包括电容分压器和电磁单元两部分，两部分的真空干燥浸渍处理工艺不同，电容分压器真空干燥后注电容器油（PXE油、PEPE油或苄基甲苯），电磁单元真空干燥后注变压器油。真空干燥与浸渍的主要目的是最大限度地排除装置内部的水分、气体及杂质，满足CVT介质损耗、局部放电等有关性能指标的要求。

1. 电容分压器真空干燥浸渍处理工艺

特高压CVT电容分压器的真空干燥浸渍处理工艺分为群抽单注式和单抽单注式两种。

群抽单注式需将电容分压器放到具有抽真空和加热功能的真空罐中，在每一个电容分压器注油口安装用于注油的油槽或油杯，油杯只能连接一台电容分压器，油槽可同时连接多台电容分压器。抽真空时，所有电容分压器的真空度与罐体保持一致。注油时只需在真空条件下将处理好的绝缘油注入油槽或油杯中，绝缘油靠自身重力注入电容分压器中，并通过控制系统使油槽或油杯油位保持到一定高度，保证芯子内充满电容器油。该方法的优点如下：①每台产品注油口均与罐内空间相通，在真空环境下对每一台电容分压器的加热、脱水、脱气效果具有一致性；②注油是通过专用注油管路实现定点定向注油，可保证浸渍液的质量；③由于是定点注油，每台电容分压器注油的开始时间和注油量实现同步同量进行，保证了注油的一致性；④可以实现边注油边脱气，使注油、脱气和浸渍同步进行而互不干扰；⑤通过对油位的观察，保证产品整个浸渍过程及出罐后的油位可控。群抽单注式具有注油工艺简单、罐内产品各工序一致性好、油处理量较少且油品质容易保证的特点。

单抽单注式只需将整台电容分压器放到具有加热功能的加热烘箱内，箱内不需抽真空，只需进行必要的空气循环加热，然后将真空管路和注油管路分别直接与电容分压器密封连接，通过控制真空阀门实现真空和注油管路的开闭，实现单台电容分压器真空干燥、注油和浸渍。单抽单注式的优点如下：①由于不需要专门的真空罐体，使得泵组结构更加小巧和节能；②由于采用了烘箱加热的形式，加热过程采用热风循环的传导方式，热能的传递效率、温度的均匀性及热能的利用率高，大大降低了加热负荷和能量浪费；③由于注油管路完全封闭，原油利用率大幅提高；④整个注油、浸渍直至封口全过程，液体介质不会与大气接触。单抽单注式真空浸渍，不存在水、气及灰尘对电容分压器的影响，充分保证了整个浸渍过程的有效性和可靠性；同时，浸渍的全过程不会因油气化导致电容分压器或烘箱表面出现冷凝油的情况，减少了后续电容分压器表面清洗的工作量，也降低了油蒸气挥发对大气的污染。图 7-29 为全自动窑式真空浸渍设备。

图 7-29　全自动窑式真空浸渍设备

2. 电磁单元真空干燥浸渍处理工艺

特高压 CVT 电磁单元的真空干燥浸渍处理工艺一般分为"两步法"和"一步法"。

"两步法"真空干燥浸渍处理工艺是电磁单元先在真空罐内加热干燥、抽真空，干燥结束后出罐，在罐外注入合格的变压器油，注完变压器油后在罐外浸渍，注完油后还要进罐进行脱气。"两步法"即两次进真空罐进行处理。

"一步法"真空干燥浸渍处理工艺是电磁单元在真空处理前先装配好工艺盖，使电磁单元处于全密封状态。在工艺盖注油孔上安装抽真空和注油用的工装，电磁单元进罐或进窑后，将电磁单元的抽真空和注油工装上的抽真空管和注油管分别与真空罐或真空窑上的抽真空和注油管道相连，电磁单元在真空罐或真空窑内进行加热干燥、单台抽真空、单台注油，一次完成。

"两步法"工艺在大气条件下注油，"一步法"工艺在真空条件下注油。"一步法"工艺比"两步法"工艺先进，可以提高产品的浸渍效果，同时提高了产品质量。

三、出厂试验

1000kV CVT 的出厂试验包括电容分压器的单体试验、电磁单元的单体试验和整体成套试验。电容分压器的试验包括工频耐压试验、介损及电容量测量、局部放电试验；电磁单元的试验项目包括极性检查、接线端子耐压试验、空载试验、中频耐压试验、直流和绝缘电阻测量；整体成套试验项目包括准确度试验、铁磁谐振试验等。特高压 CVT 出厂试验方法及要求见表 7-2。

表 7-2　　　　　　　　　　　　特高压 CVT 出厂试验方法及要求

序号	试验项目	试验方法	评价标准
1	电容分压器外观检查，密封性检验	将电容分压器通体加热至 65℃，保持 8h	外观完好，产品无渗漏油现象
2	电容分压器高压端工频耐压试验（干试）	高压端对地外施规定工频电压，保持 5min；中压电容对地外施规定工频电压，保持 5min，无闪络或击穿	电容分压器上外施规定工频电压，保持规定时间，无闪络或击穿
3	电容分压器低压端工频耐压试验	低压端子与地之间应耐受工频电压 10kV，1min	无闪络、击穿
4	电容分压器局部放电	对电容分压器单元进行试验，将试验电压迅速升至预加电压，维持 60s，再迅速降至 $1.2U_m/\sqrt{3}$ 进行测量，记录起始电压和熄灭电压	$1.2U_m/\sqrt{3}$ 时不大于 5pC
5	电容分压器工频电容和 $\tan\delta$ 测量	用精密测量电桥分别在 10kV 和 U_{pr} 下测量电容分压器工频电容和 $\tan\delta$	10kV 下 $\tan\delta$ 不大于 0.1%；U_{pr} 下电容量与额定值偏差不超过 ±5%，$\tan\delta$ 不大于 0.1%
6	电磁单元端子标识检验	铭牌、标识、接线图、接地螺栓应符合要求	符合图纸要求
7	电磁单元外观检查，密封性检验	气压 0.2MPa，保持 8h	箱体无变形，无渗漏油，残压保持在 0.17MPa 以上
8	电磁单元绝缘电阻测量	用绝缘电阻表分别测试绕组之间及绕组对地绝缘电阻	绕组之间及地不小于 1000MΩ；补偿电抗器末端对地不小于 500MΩ
9	电磁单元的二次绕组、阻尼器直流电阻测试	用直流电阻表测试各绕组直流电阻	直流电阻值符合设计要求
10	电磁单元二次端子工频耐压试验	用自动耐压机分别测试绕组之间及绕组对地工频耐压	绕组之间及地施加 5kV，保持 1min，无闪络、击穿
11	电磁单元中压回路低压端子工频耐压试验	用自动耐压机测试中压回路低压端子工频耐压	电抗末端施加 10kV，保持 1min，无闪络、击穿
12	电磁单元感应耐压试验	用中频耐压装置从二次绕组施加电压	施加规定电压，保持规定时间，无闪络、击穿

序号	试验项目	试验方法	评价标准
13	电磁单元空载电流及损耗测量	在二次绕组上施加额定工频电压,测量空载电流和损耗	空载电流应小于 0.4A
14	铁磁谐振	在 0.8、1.0、1.2U_{pr} 下，二次电压峰值在 10 个周波之内恢复到与短路前峰值相差不大于 10%；1.5U_{pr} 下二次电压峰值在 2s 之内恢复到与短路前峰值相差不大于 10%	在 0.8、1.0、1.2、1.5U_{pr} 电压下，二次绕组各短路三次，电压波形符合要求
15	准确级试验	用标准电压互感器和互感器校验仪测量 CVT 各绕组准确度。在 0.02、0.05、0.8U_{pr} 下采用直接回路进行；在 1.0、1.2、1.5U_{pr} 下可采用等效回路进行	准确度试验应满足 0.2/0.5（3P）/0.5（3P）/3P 级要求
16	电磁单元绝缘油性能试验	CVT 电气试验结束后取样测试绝缘油耐压、损耗	击穿电压：不低于 55kV；$\tan\delta$（90℃）：不大于 0.5%

四、现场试验

1000kV CVT 是电网电能计量、电压监测和继电保护用的关键组成设备，1000kV CVT 现场试验是设备运行和维护工作中非常重要的环节，关系到特高压工程的电能流向准确评估和电网的安全可靠运行。

1. 交接试验

1000kV CVT 交接试验是设备完成现场安装、投运前的最后一道试验关，是检验设备能否投运的重要技术措施，是保证设备成功投运和安全运行的关键环节，交接试验项目包括电容分压器低压端对地的绝缘电阻测量、电容分压器的介损 $\tan\delta$ 和电容量测量、电容分压器的交流耐压试验、电容分压器渗漏油检查、电磁单元线圈部件的绕组直流电阻测量、电磁单元各部件的绝缘电阻测量、电磁单元各部件的连接检查、电磁单元的密封性检查、准确度（误差）测量、阻尼器检查等。特高压 CVT 现场交接试验方法及要求见表 7-3。

表 7-3　　　　　　　　　特高压 CVT 现场交接试验方法及要求

序号	试验项目	试验方法	评价标准
1	电容分压器低压端对地的绝缘电阻测量	使用 2500V 绝缘电阻表测量	不低于 1000MΩ
2	电容分压器的介损 $\tan\delta$ 和电容量测量	在 10kV 电压下测量每节电容分压器的 $\tan\delta$ 和电容量，中压臂电容应在额定电压下测量 $\tan\delta$ 和电容量	$\tan\delta$ 值不应大于 0.2%，每节电容及中压臂电容允许偏差应为额定值的 -5%～+10%
3	电容分压器的交流耐压试验	当怀疑绝缘有问题时，宜对电容分压器整体进行交流耐压试验，试验电压应为例行试验施加电压值的 80%，时间 1min	耐压试验前后的 $\tan\delta$ 和电容量测量结果不应有明显变化，无元件击穿
4	电容分压器渗漏油检查	目视观察法进行检查	无渗漏

序号	试验项目	试验方法	评价标准
5	电磁单元线圈部件的绕组直流电阻测量	中间变压器各绕组、补偿电抗器及阻尼器的直流电阻均应进行测量,其中中间变压器一次绕组和补偿电抗器绕组直流电阻可一并测量	中间变压器及补偿电抗器绕组直流电阻偏差不宜大于 10%,阻尼器直流电阻偏差不应大于 15%
6	电磁单元各部件的绝缘电阻测量	使用 2500V 绝缘电阻表测量	不应低于 1000MΩ
7	电磁单元各部件的连接检查	连接应符合设计要求,并应与铭牌标志相符	符合设计要求
8	电磁单元的密封性检查	目视观察法进行检查	无渗漏
9	准确度(误差)测量	应对每个二次绕组分别进行试验,除剩余绕组外,被检测绕组接入负荷应为 25%~100%额定负荷;当测量 0.2 级、0.5 级绕组时,应分别在 80%、100%和 105%的额定电压下进行;测量时的高压引线布置应与实际使用情况接近	准确度试验应满足 0.2/0.5(3P)/0.5(3P)/3P 级要求
10	阻尼器检查	阻尼器的励磁特性和检测方法可按制造厂的规定进行	符合设计要求

2. 现场误差试验

随着电压等级的提高,输送电能总量增大,CVT 计量失准或低水平误差标定会直接造成巨大的经济损失。特高压 CVT 现场误差试验难度明显加大,开展现场误差试验对特高压 CVT 进行高质量的量传,是保证电网电能计量准确的重要工作。

(1)离线状态下误差测试

现场特高压 CVT 在离线状态下的误差测试主要有差值法、电压系数测量法等,其中采用标准电压互感器的差值法被公认为是测量方法最可靠、测量结果最准确的手段,现场使用最为广泛,几乎覆盖所有电压等级电压互感器的现场误差测试。在现场采用 1000kV 电磁式标准电压互感器作为试验标准、采用差值法进行特高压 CVT 的误差(准确度)现场测试,试验线路见图 7-30。电压调节器、励磁变压器、高压电抗器等构成升压电源系统,标准电压互感器和 CVT 一次并联,二次绕组接规定的二次负荷(Z1、Z2、Z3),被检二次绕组(二次输出)的低压端对接,二次绕组高压端接入互感器测差仪(也称互感器校验仪)。测差仪平衡时的显示值称为示值误差,标准电压互感器的准确度等级高于被检电压互感器,并且其实际误差值不大于被检互感器误差限值的 1/5。特高压交流工程中被检 1000kV CVT 计量绕组的准确级为 0.2 级,要求标准电压互感器的准确级满足 0.05 级且实际误差(以检定证书上的数据为依据)不得大于 0.04%,否则要进行误差修正,如条件具备选择 0.02 级标准电压互感器则更优。

（2）运行状态下误差测试

在新建特高压变电站中，为优化设计，高抗回路用特高压 CVT 兼做支撑用，与其他设备的电气距离较近，1000kV CVT 与最近物体的距离不足 3m，不满足误差试验时的安全距离，无法开展离线状态下的误差测试；同时试验环境与实际运行情况有差别，而 CVT 的误差容易受到温度、频率、二次负荷及邻近效应的影响，使得离线状态下测得的误差与现场运行情况下的实际误差存在偏差。现场特高压 CVT 还需开展在运行状态下的误差测试。

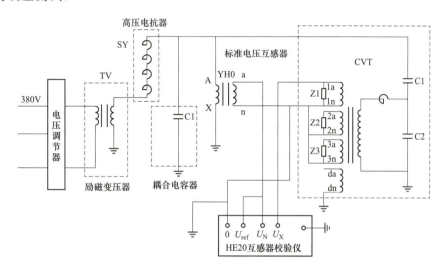

图 7-30 特高压 CVT 现场误差测试接线原理图

特高压变电站中，在 GIS 母线上和 1000kV 变压器侧配置了 1000kV 电磁式电压互感器（PT），根据工程实际情况，需要对在运行状态下的高抗回路出线侧 1000kV CVT 进行误差测量。高抗回路出线侧 1000kV CVT 误差在线测试方案实施的前提条件是：GIS 母线上和变压器侧电磁式电压互感器（PT）进行完整的现场交接试验，并有相应的误差数据，其 1a1n 绕组（计量绕组）供货技术要求是 0.2 级，实测值满足 0.1 级且误差数据稳定，可作为 CVT 运行状态误差测试的标准。特高压 CVT 误差在线测试采用电压互感器在线测试系统（见图 7-31），其中的保护隔离装置具有快速保护和高精度传变功能，传变精度 0.01 级；电压互感器校验仪准确级为 1 级。使用电压互感器校验仪对变压器侧 A、B、C 相 PT 和高抗回路出线侧 A、B、C 相 CVT 同时进行测试。当特高压 CVT 现场在线误差测试出现超差时，根据实测的误差值、交接试验的误差值、二次负荷、二次压降等数据，计算误差调整值；由 CVT 厂家现场服务人员在系统调试停电期间，对高抗回路出线侧 A、B、C 相 CVT 按照上述计算的误差调整值进行相应的误差调整，确保特高压 CVT 现场误差性能满足工程投运要求。

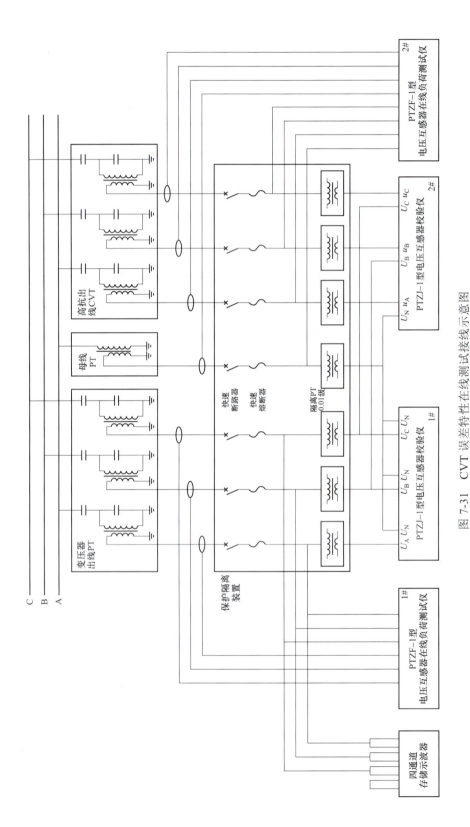

图 7-31 CVT 误差特性在线测试接线示意图

第八章　1000kV 支柱绝缘子

变电站用于支撑母线、隔离开关或串补装置平台等电力设备用的绝缘设备称为支柱绝缘子，作为各种电气设备支撑和绝缘的主体。在长期运行过程中，支柱绝缘子要承受导线张力、风力及短路电流电动力等作用，这些力垂直作用于支柱绝缘子轴线方向，造成弯曲负荷。对于隔离开关用支柱瓷绝缘子，因其以转动方式开闭触头，故瓷柱还要受到扭转力矩作用。此外，支柱绝缘子还受到电气设备重力、支柱元件自重，以及运行中可能发生的污秽、雷击、温度急变、地震等恶劣自然环境的作用。

本章将从基本情况、技术条件、关键技术、产品试验等方面，对特高压支柱绝缘子进行介绍。

第一节　概　　述

一、研制背景

早期国际上以德国罗森塔尔公司、日本 NGK 公司知多工厂、法国 SEDIVER 公司等为代表的主流生产商受限于当时的生产制造条件，仅能制造长 2m、最大杆径为 250mm、爬电比距为 20～25mm/kV、弯矩为 100kN·m 的单元件，而据此生产的全过程合格率大于 90% 的单柱式支柱瓷绝缘子只能运行在 a 级污秽等级环境下，且必须采用三角锥式结构支柱瓷绝缘子来解决单柱式支柱瓷绝缘子耐地震能力达不到要求这一难题。截至 2004 年底，国内仅能制造出结构高度为 6m、最小公称爬电比距为 25mm/kV、额定弯曲破坏负荷为 12.5kN、额定扭转破坏负荷为 8kN·m、单元件最大弯矩为 75kN·m 的单柱式支柱瓷绝缘子，且多采用湿法成形工艺，其制造水平落后于日本和欧美等先进国家。

特高压交流试验示范工程用 1000kV 级支柱瓷绝缘子与常规 500kV 工程用支柱绝缘子相比提出了更高的技术要求，突出表现在结构高度高、机械弯曲破坏负荷大、耐地震能力要求高等方面，需要开展一系列的科研攻关和生产制造能力提升研究。在海拔不高于 1000m 的使用条件下，要求 1000kV 级单柱式支柱瓷绝缘子的结构高度不小于 10m，支柱瓷绝缘子下元件额定弯矩 160kN·m；耐地震能力要求较高，满足 8 级烈度地震条件（即地面水平加速度 $3m/s^2$，地面垂直加速度 $1.5m/s^2$）下正常使用；外绝缘污秽等级为 c 级，即要求单柱式支柱瓷绝缘子在 $0.08mg/cm^2$ 试验盐密（SDD）、$0.5mg/cm^2$ 灰密（NSDD）下正常耐受 698kV 工频电压（有效值）。

高水平的支柱绝缘子主要体现在单元件的机械特性方面，特高压交流试验示范工程需要研制出单柱结构高度达 10m、额定弯曲破坏负荷不小于 16kN、扭转破坏负荷不小于 10kN·m 的支柱瓷外套绝缘子。将当时国内制造厂 2m 单元件的最大弯矩 75kN·m 提高到 160kN·m，无疑对国内电力装备支柱瓷绝缘子制造行业的生产装备及工艺技术、试验及检验设备等都提出了极高要求，同时面临着需要解决诸如大坯件成形、修坯、烧成、胶装等关键制造工艺，以及整柱支柱绝缘子弯曲扭转试验设备研发等一系列难题。

二、技术条件

经过特高压交流试验示范工程的成功实践，针对 1000kV 支柱绝缘子形成了一整套的技术要求和关键技术参数。

1. 尺寸特性

支柱绝缘子的尺寸特性规定包括结构高度、绝缘件的最大公称直径、公称爬电距离、安装结构及公差。绝缘子的尺寸按图样的规定检查，应特别注意影响互换性的尺寸。有关允许偏差规定为：当 $d \leqslant 300$ 时，允许偏差范围为 $\pm (0.04d+1.5)$ mm；当 $d > 300$ 时，允许偏差范围为 $\pm (0.025d+6)$ mm。其中 d 为被检尺寸，单位为 mm。其他公差的允许偏离见表 8-1。

表 8-1　　　　　　　　　　　其　他　公　差

类别		结构高度（mm）	上、下附件端面平行度（mm）	上、下附件安装孔中心圆轴线间最大偏差（mm）	轴线直线度（mm）	安装孔角度偏差（°）
母线、隔离开关用棒形支柱瓷绝缘子	元件	$1.5+0.001h$	$0.001h$	$2(1+0.001h)$	$1.5+0.006h$	1
	整柱	—		—		
串补平台用棒形支柱瓷绝缘子	元件	$0.001h$	$0.0005h$	$2(1+0.001h)$	$1.5+0.005h$	1
	整柱	柱间差≤5	$0.0005h$	5	$1.5+0.002h$	1

注　1. h 是以 mm 为单位的支柱绝缘子元件或整柱的高度。

2. 安装孔角度是指顺时针或逆时针方向。

3. 柱间差是指任意 2 柱支柱绝缘子整柱结构高度之间的差值。

2. 安装结构

安装结构要求规定为：安装螺孔中心距偏差不超过±0.5mm，安装光孔中心距偏差不超过±1mm，安装螺孔偏差按 GB/T 197《普通螺纹 公差》中等精度，安装光孔偏差按 GB/T 1800.1《产品几何技术规范（GPS）线性尺寸公差 ISO 代号体系 第 1 部分：公差、偏差和配合的基础》和 GB/T 1800.2《产品几何技术规范（GPS）线性尺寸公差 ISO 代号体系 第 2 部分：标准公差带代号和孔、轴的极限偏差表》中的 H16 级，螺孔的螺纹有效长度不小于公称螺纹直径。

3. 电气特性

支柱绝缘子的电气特性见表 8-2。

表 8-2 支柱绝缘子电气特性

标称电压（kV）	最高运行电压（kV）	干雷电冲击耐受电压（kV，峰值）	湿操作冲击耐受电压（kV，峰值）	1min湿工频耐受电压（kV，有效值）	无线电干扰电压（μV）
1000	1100	2400	1800	1100	≤500

注 无线电干扰试验仅适用于母线支柱绝缘子。在 700kV 电压、1MHz 频率下测量其无线电干扰电压。

4. 机械强度等级

单柱支柱绝缘子机械强度弯曲破坏负荷 16kN，扭转破坏负荷 10kN·m。

串补平台用棒形支柱瓷绝缘子，其抗压强度不小于 1200kN，其他绝缘子的拉伸或压缩机械强度不作规定。

5. 安装地点海拔

绝缘子在高于海拔 1000m 条件下使用时，其外绝缘特性应进行相应修正。

6. 人工污秽特性

绝缘子在给定的试验污秽度下，其耐受电压应不低于 $1.1 \times 1100/\sqrt{3}$ kV。

7. 可见电晕

在 $1.1 \times 1100/\sqrt{3}$ kV 电压下，户外晴天夜晚无可见电晕。

8. 金属附件

绝缘子法兰一般采用铸钢件或球墨铸铁件。电抗器支撑用支柱绝缘子应考虑采用非磁性金属附件。绝缘子各元件之间采用不锈钢或热镀锌螺栓连接，其强度等级应不小于 8.8 级。

9. 均压环

均压环应满足正常运行电压下不可见电晕和无线电干扰电压的要求。绝缘子均压环的材料使用铝合金，并具有足够的机械强度。均压环表面外观平整、光滑、无毛刺。

10. 抗震设防水平

支柱绝缘子至少应满足抗震设防水平为 8 级烈度（0.2～0.3）g 的要求。根据实际工程和产品特性，由供需双方协商产品地震试验的试验参数和试验方法。

1000kV 支撑母线用支柱绝缘子基本技术参数如表 8-3 所示。1000kV 支撑串补平台用支柱绝缘子基本技术参数如表 8-4 所示。

表 8-3　　　　　　　　　1000kV 支撑母线用支柱绝缘子基本技术参数

序号	名　称	单位	标准参数值
1	雷电冲击干耐受电压（峰值）	kV	≥2550
2	操作冲击湿耐受电压（峰值）		≥1800
3	工频湿耐受电压（有效值）		≥1100
4	人工污秽试验用盐密/灰密	mg/cm²	0.08/0.5
5	统一爬电比距	mm/kV	43.3
6	最小公称爬电距离	mm	27500
7	绝缘子高度	mm	10000
8	有效绝缘距离	mm	≥7700
9	爬电距离/干弧距离		≤4
10	在 $1.1 \times 1100/\sqrt{3}$ kV 电压下可见电晕		无可见电晕
11	在 700kV 电压、1MHz 频率下无线电干扰电压	μV	≤500
12	额定弯曲破坏负荷	kN	16
13	额定扭转破坏负荷	kN·m	10
14	伞间距 S 和伞伸出 P 之比		≥0.8
15	上、下附件端面平行度允许最大偏差	mm	$0.001h$
16	上、下附件安装孔中心圆轴线间最大偏差	mm	$2（1+0.001h）$
17	上、下附件安装孔角度最大偏差（顺时针或逆时针方向）	（°）	1
18	绝缘子高度允许偏差	mm	$1.5+0.001h$
19	轴线直线度	mm	$1.5+0.005h$
20	伞形		大小伞
21	制造工艺		等静压干法成型

注　h 是以 mm 表示的支柱绝缘子元件或整柱的高度。

表 8-4　　　　　　　　　1000kV 支撑串补平台用支柱绝缘子基本技术参数

序号	名　称	单位	标准参数值
1	雷电冲击干耐受电压（峰值）	kV	≥2550
2	操作冲击湿耐受电压（峰值）		≥1800
3	工频湿耐受电压（有效值）		≥1100
4	爬电距离/干弧距离		≤4
5	最小公称爬电距离	mm	30250

续表

序号	名　称	单位		标准参数值
6	整柱绝缘子高度	mm		10000
7	整柱干弧距离	mm		8100
8	整柱有效绝缘距离	mm		8000
9	在 $1.1 \times 1100/\sqrt{3}$ kV 电压下可见电晕			无可见电晕
10	在 700kV 电压、1MHz 频率下无线电干扰电压	μV		≤500
11	额定弯曲破坏负荷	kN		16
12	额定扭转破坏负荷	kN·m		10
13	整柱最小抗压强度	kN		1200
14	单节额定弯曲破坏负荷（正倒置）	kN		80
15	绝缘子高度允许偏差	mm	元件	$0.001h$
			整柱	柱间差≤5
16	上、下附件端面平行度允许最大偏差	mm	元件	$0.0005h$
			整柱	$0.0005h$
17	上、下附件安装孔中心圆轴线间最大偏差	mm	元件	$2（1+0.001h）$
			整柱	5
18	上、下附件安装孔角度最大偏差（顺时针或逆时针方向）	(°)	元件	1
			整柱	1
19	轴线直线度	(°)	元件	$1.5+0.005h$
			整柱	$1.5+0.002h$
20	支柱绝缘子外形尺寸	mm		上下等径
21	伞形			大小伞
22	制造工艺			等静压干法成型

注　h 是以 mm 表示的支柱绝缘子元件或整柱的高度。

三、研制过程

在研制特高压支柱绝缘子过程中，制造厂采用专有高强度瓷配方、先进的等静压干法成型工艺、大型制品配方和工艺优化，支柱绝缘子机械裕度大、分散性小、耐污性能好，并通过了 9 级烈度地震真型试验；采用大小均压环结构，有效地改善了绝缘子端部的电场强度；通过研制，掌握了大弯矩、高度为 2m 及以上大主体棒形产品设计及各项制造技术，同时也掌握了均压环优化技术和影响耐地震性能的关键因素。

依托特高压交流试验示范工程，国内瓷支柱绝缘子生产厂家成功地研制出了最大弯矩为 160kN·m 的 2m 单元件及由 5 个元件组成的结构高度 10m、最小公称爬电比距 25mm/kV、额定弯曲破坏负荷 16kN、额定扭转破坏负荷 10kN·m 的单柱式支柱瓷绝缘子（见图 8-1），达到国际领先水平。

图 8-1　特高压交流试验示范工程支撑母线支柱绝缘子

后续在长治变电站、承德变电站等特高压变电站扩建及串补站新建工程中也采用了相同规格的支柱绝缘子，用于母线和串补平台支撑，见图 8-2。

图 8-2　长治变电站 1000kV 支撑母线支柱绝缘子

此外，依托特高压交流试验示范工程扩建工程，国内瓷支柱绝缘子制造厂成功地研制出了最大弯矩为 160kN·m 的 2m 单元件及由 5 个元件组成的结构高度 10m、额定弯曲破坏负荷 16kN、额定扭转破坏负荷 10kN·m 的串补平台支撑用支柱绝缘子（见图 8-3），该产品对抗压、抗震都提出了更高要求，因此不同于传统支柱绝缘子锥形结构，串补平台支撑用支柱绝缘子采用了等径结构，整体产品的配合形位公差配合要求很高，并首次对瓷支柱绝缘子完成了工厂内 RTV 涂料喷涂。

图 8-3　特高压交流试验示范工程扩建工程支撑串补平台用支柱绝缘子

第二节　关 键 技 术

一、污秽外绝缘设计

支柱绝缘子的最小公称爬电比距为 25mm/kV，有效绝缘距离不小于 7.7m。其中，母线支柱绝缘子的结构高度在 10m 的水平，隔离开关支柱绝缘子的结构高度在 9.5～10m 的水平。伞形要求为大小伞。

采用 GB/T 4585《交流系统用高压绝缘子的人工污秽试验》规定的最大污耐压法，在离地高度为 3m 和 $NSDD$ 为 0.5mg/cm^2 的试验条件下，对结构高度 8.8m 的 1000kV 支柱瓷绝缘子进行人工污秽工频耐受电压试验，得出了污耐压与 SDD 的关系曲线。在考虑污秽度 $NSDD$ 按 CaSO$_4$ 浓度为 20% 修正和离地高度对其污秽耐受电压影响的前提下，首次采用污耐压法进行污秽外绝缘设计。建议在等值盐密（$ESDD$）为 0.1～0.25mg/cm^2、$NSDD$ 为 0.5mg/cm^2（c 级污秽等级）和考虑污秽物中 CaSO$_4$ 浓度按 20% 修正的工程要求下，其结构高度和爬电距离分别为 9.3～11.4m 和 31200～38300mm。

1000kV 支撑母线用支柱绝缘子通过了人工污秽试验，而 1000kV 支撑串补平台用支柱绝缘子等效直径更大，瓷支柱绝缘子在结构高度和爬电比距无法继续增加的情况下，涂覆防污闪涂料是一种较好的解决方案。

二、许用应力选取

根据 1000kV 户外棒形支柱绝缘子的结构要求，设计的产品总高 10m，单元件高

2m，产品抗弯强度为 16kN，考虑由于产品高度高、抗弯强度大的因素，设计时为使产品能充分保证强度的原则，故在设计时较大地增加主体杆径，使产品在受力时的应力较小，又较大地增加了产品的法兰高度，使产品的胶装比较大，从而使产品的设计裕度较大，更好地、更有效地保证了产品的机械性能。支柱绝缘子顶部和底部配有均压环，顶部均压环高 780mm，上环最大外径为 1m，下环最大外径为 2.44m，底部均压环高 280mm，环最大外径为 1.3m，既保证了支柱绝缘子的净绝缘距离，又使整柱棒形绝缘子在电网运行时电场分布均匀，更好地保证了支柱绝缘子运行的安全性。

1000kV 棒形支柱绝缘子在产品结构设计上有许多特点：支柱绝缘子高 10000mm，最小绝缘距离为 7880mm，由五节等高元件组成，采用大小伞、伞下无棱光伞结构（大小伞伸出之差 $P_1-P_2=18mm$），使伞间气隙距离较大，减少绝缘子运行中的电弧桥接概率，伞倾角 18°，爬电距离和间距之比 $L_d/d<5$，可避免局部电弧短接，该系列绝缘子伞形设计均符合 GB/T 26218.2《污秽条件下使用的高压绝缘子的选择和尺寸确定 第 2 部分：交流系统用瓷和玻璃绝缘子》的要求，绝缘子胶装比的最大取值在 0.68～0.73，其许用应力取值合理，产品结构合理。

1000kV 棒形支柱绝缘子采用多台阶结构设计，即在支柱绝缘子瓷件的轴线方向上使主体直径成为几个台阶，各元件在危险断面处的弯曲应力尽量相近，这样支柱绝缘子在受外力时其整柱上各部位的应力分布较均匀，能充分发挥整柱支柱绝缘子的抗弯破坏能力，避免支柱绝缘子在应力集中的情况下产生低值破坏。

三、提高机械弯曲强度

考虑到 10m 结构高度机械弯曲强度大，故在设计时增加了主体杆径和法兰高度，确定合理的胶装比，使其受力时应力较小，提高机械弯曲强度。同时，针对电瓷性能的特点，合理地选择和利用原料，进行电瓷配方设计。瓷绝缘子制造初期主要采用硅质骨料，铝质骨料不超过 20%，1999 年原料配方中逐渐增加铝质骨料的含量，至 2023 年铝质骨料在瓷质中含量已经超过 45%。这一过程伴随着电力建设对支柱绝缘子机械强度和绝缘水平要求的不断提高而发展。

四、伞形设计

国际上为了解决 1000kV 支柱瓷绝缘子顶部弯曲负荷达到 20kN、弯矩达到 145kN·m 的下部元件难以制造和耐地震能力差这一问题，通常采用双柱并列式或三角锥式两种结构运行方式。不同于国际上惯用的变通性做法，我国自主设计制造的弯矩达到 160kN·m 的支柱瓷绝缘子，综合考虑国内支柱瓷绝缘子的设备制造能力、技术水平和试验能力、单柱绝缘子机械弯曲和扭转破坏负荷试验验证，以及 8 度烈度地震区耐地震计算和真型抗地震试验结果，最终在特高压交流输电工程中采用了单柱式结构运行方式，至今运行情况良好。

　　伞形设计方面，考虑了伞裙造型、结构高度、伞的外形和外形参数后对特高压交流输电工程用支柱绝缘子进行了外形设计，考虑耐污性能，最终采取了大小交替伞的伞形结构设计，使得支柱绝缘子在严重受潮下耐污秽特性优良，其积污随直径增加而减少，污闪电压随直径增加而降低，有效契合了"工业型""农业型"等不同环境要求，试验结果证明其外形设计合理。

五、坯件成形工艺

　　因等静压干法成型工艺较湿法成形工艺工序简单、机械化程度高、生产周期短、尺寸和形位公差偏差小、机械强度分散性小、产品性能稳定、产品合格率高，故采用等静压干法成形工艺制造坯件。干法的工艺程序包含原料检测、配料、球磨、过筛除铁、喷雾干燥、压坯、修坯、坯检、上釉上砂、烧成、瓷检、切割研磨、温度循环试验、胶装、养护、四向弯曲试验、涂抹防水胶、检查包装。等静压干法可生产直径为630mm、最大伞径为385～420mm、整体单元件为2.5m的1000kV支柱绝缘子，可挤制出 ϕ500mm×2800mm、质量约1700kg的泥坯，且水分均匀、密度好、变形度小。

　　产品研制主要对等静压压坯和真空压制成型致密度开展了深入研究，成型采用数控修坯机，如图8-4所示。由于毛坯既高又粗，修坯难度较大，修坯水分要控制在一定范围内，以避免修坯水分不合适，造成收缩失控，致使产品尺寸超差。由于产品高，要避免操作中产品卡出裂痕。坯件上架时，制作了专用卡具，避免了产品缺陷发生。

图 8-4　等静压干法成型工序

采用数控修坯机对高度大于 10m、直径为 630mm 的 1000kV 支柱绝缘子毛坯进行修坯，比 500kV 支柱瓷绝缘子成型难度更大。故针对大坯件重新设计制作陶瓷修坯刀，控制修坯水分，避免因修坯水分不合适而造成坯件收缩，导致支柱绝缘子的结构高度、最大公称直径、最小公称爬电距离、安装结构和公差超过允许偏差。根据产品图样，进行了陶瓷修坯刀的研制。完成了陶瓷修坯刀和模具的设计；完成了陶瓷修坯刀制造工艺的制定；对陶瓷修坯刀的烧成曲线进行了修订；完成了陶瓷修坯刀的制作，为 1000kV 棒形支柱瓷绝缘子的成功研制提供了保证。

六、烧成工艺

为防止瓷件在焙烧过程中变形弯曲采用了吊烧工艺，如图 8-5 所示。在吊烧过程中，由于受到自身重力的影响，瓷件上部处在张应力下焙烧，上端拉应力远大于 500kV 产品，易产生掉头、变形不合格品。下部处在自由状态下焙烧，元件上部应力取值应比下部低，故在设计时每节元件上部应力取值应小于 43MPa，从应力取值上确保支柱绝缘子的机械强度。

图 8-5　装窑烧成工序

为了减少大型坯件在烘房脱伞损失和因干燥带来的开裂问题，采取了一定的防范措施，并制定合理的干燥工艺。开展了烧成曲线的研究；焙烧采用专用碳化硅窑具。由于窑具限制，耐火垫下部用小于坯件直径耐火砖，上部用四半圆砖拼成耐火垫，并在上部均匀撒上石英砂，再放一层陶瓷垫，在垫上撒上一层石英砂并调整平面度，进行逐只装车。装窑时，主体杆径相差大的坯件不能装在同一个窑次烧成。为了确保产品焙烧不炸裂，特在原曲线基础上进行了调整，其他均按原规定曲线执行。由于该产品细而高且本身质量大，为了保证产品的直线度，依据该产品结构，设计制造了配套窑具，两批投产的产品出窑检查后，没有一只产品变形损失，对敲碎后的瓷块开展孔隙性试验，无染色渗透现象，瓷件烧结程度良好。

七、均压环设计

由于受大地和高压母线分布电容的影响，交流 1000kV 棒形支柱绝缘子母线侧的电场畸变比较严重，很可能在工频工作条件下发生电晕和放电现象；如靠近母线侧法兰附近的伞裙，承受着比中部伞裙高 3～5 倍的电场强度，合理配置均压环可以有效改善绝缘子的电场分布。

最终工程用支柱绝缘子采用了大、小均压环结构设计，其中小均压环形成的低场强区，有效改善了母线侧绝缘子伞裙、杆体与上法兰处连接处电场分布；大均压环形成的低场强区，既对母线侧起到良好的均压作用，又使小均压环外侧电场得到有效的屏蔽，改善母线侧电场分布，防止绝缘子法兰及连接件电晕，可以使棒形支柱绝缘子在实际运行时电场和电压分布变得较均匀，减少电晕放电或提高沿面闪络电压，提高了支柱绝缘子的运行可靠性。同时进一步针对均压环直径、截面直径和下沉深度进行了优化，结合以往经验选定低于 1500V/mm 的电场强度设计要求，自主设计的支柱绝缘子均压环在研究性试验和实际工程运行中，均取得了满意的结果。

第三节　产　品　试　验

支柱瓷绝缘子的试验通常包括型式试验、抽样试验和逐个试验。为控制特高压支柱绝缘子的可靠性，除按 GB/T 8287.1《标称电压高于 1000V 系统用户内和户外支柱绝缘子　第 1 部分：瓷或玻璃绝缘子的试验》完成试验外，还结合特高压工程特点，提出了与 500kV 常规工程和常规试验技术不同的特殊要求，并制定了 GB/T 24839《1000kV 交流系统用支柱绝缘子技术规范》。

型式试验方面，特高压支柱瓷绝缘子增加了无线电干扰及可见电晕试验、人工污秽耐受试验及镀锌层试验。抽样试验方面，特高压支柱瓷绝缘子的试验项目与常规电压等级产品相同，其中机械弯曲破坏试验必须在整柱产品上开展，不得采用元件加延长杆的方式代替，且特高压产品在抽样比例方面大大增加，GB/T 8287.1 的 3.4.1 条款规定常规电压等级支柱瓷绝缘子单批抽样的批量不封顶，因此抽样数量较少。GB/T 24839 的 6.2.7 条款规定特高压支柱瓷绝缘子每批的批量最多为 50 柱，每 50 柱抽取 2 柱+2 只。常规电压等级支柱绝缘子抽样数量如表 8-5 所示。特高压支柱绝缘子抽样数量如表 8-6 所示。

表 8-5 常规电压等级支柱绝缘子抽样数量

批量	抽样数量
≤100	按协议
100<N≤500	1%
500<N	$4+\dfrac{1.5N}{1000}$

注 如果该百分数或算得的数不是整数，则应选取比其大的下一个整数。

表 8-6 特高压支柱绝缘子抽样数量

批量	抽样数量	
	第一组	第二组
≤15	1	1
16～25	2	1
26～50	2	2

逐个试验方面，特高压支柱绝缘子增加了瓷件组部件的超声波探伤试验和打击试验，成品增加了逐个冷热试验，具体变化如下：

（1）瓷件超声波探伤试验。超声波探测是一种有效的无损检测方法，一般采用 A 型脉冲回波超声波探伤仪。探测内部缺陷的工作原理大致为：超声波（纵波）从探头发出并回收，脉冲波进入试品后，试品材料若为均质的，声波沿一定方向以恒定速度向前传播；若途中遇到声阻抗有差异的界面时，这种界面可能是结构内的裂纹、分层和孔洞，也可能是试品外表面与空气的界面。部分声能被反射，反射程度取决于界面两侧声阻抗差异的大小，瓷件与空气的界面上，声能几乎可全部反射（端面形成的底波），通过检测和分析反射脉冲信号的幅度、位置等信息，可以确定内部缺陷的存在及其大小和位置。通过测量入射声波和接收声波之间的传播时间可以得知反射点距入射点的距离。超声波探伤仪应有足够的功率，标称的探测深度应不小于被测试品的高度，工作频率应为 1M～5MHz，仪器有足够的灵敏度和调节精度。进行超声波探伤的场地应没有高频电磁场、强烈振动和腐蚀性气体。瓷件的超声探测试验如图 8-6 所示。

（2）瓷件打击试验。打击试验是剔除内部结构缺陷——机械强度低的瓷件的有效方法之一。当瓷件受外部冲击负荷的作用时，内部将产生一个冲击应力，如果瓷件因内部缺陷而强度很低，就可以在冲击应力作用下而断裂，达到除去不合格品的目的。通常该试验只作为抽样试验项目使用，对特高压支柱绝缘子，需要逐个对瓷件的每个伞进行打击，方法是用木榔头（加适当的力）自上而下依次翻转 120°重复打击一次。瓷件的打击试验如图 8-7 所示。

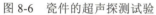

图 8-6　瓷件的超声探测试验　　　　　　　图 8-7　瓷件的打击试验

（3）逐个冷热试验。为剔除瓷件制造中的缺陷产品，增加了对胶装前的瓷件进行逐个温度循环的冷热试验，温差为 50K，冷、热水中各停留 30min，循环 1 次。

（4）逐个抗弯负荷由标准中规定的 50%提高到 60%。

第九章　串联补偿装置

串联补偿装置是指将电容器组串接于输电线路中，并配有金属氧化物限压器（metal oxide varistor，MOV）、火花间隙、旁路开关、隔离开关、控制保护系统等辅助设备的成套装置，简称串补装置。输电线路的极限输送功率与线路的电抗成反比，通过在线路中加装串联电容器，可降低线路等效电抗，从而有效提高线路的稳定极限和输送功率。因此，串补装置被广泛应用于大容量、远距离交流输电系统。

我国能源资源与需求呈逆向分布，提高电网大容量、远距离输电能力非常必要，为了充分发挥每个特高压交流通道的输送能力，在长距离特高压交流输电通道加装串补装置进一步提高其输电能力是合理的选择。

本章主要介绍了特高压串补装置的特点和研制历程，特高压串补装置的技术条件、成套设计、核心组部件、现场安装和试验及工程应用等内容。

第一节　概　　述

一、研制历程

串补装置在输电系统中的应用具有较长的历史，1928 年美国纽约电力和照明公司在 33kV 线路上首先应用了串补装置。到 20 世纪 40 年代，日本、瑞典、苏联等国也在 3～35kV 配电网中推广应用串补装置。1950 年瑞典在斯塔德福森（Stadsforsen）到哈尔斯卑格（Hallsberg）长 480km 的 220kV 线路上建设了第一个 220kV 串联电容补偿站，补偿度为 20%，使线路输送容量提高了 25%。1968 年串补装置开始用于 500kV 输电系统。20 世纪 80 年代巴西在 1000km 长的 765kV 线路上共装设 5 套串补装置，补偿度分别达 40% 和 50%。90 年代加拿大魁北克省的 735kV 系统中分别装设了 17 套串补装置。美国在 1979 年研究采用金属氧化物限压器（MOV）作为串补装置的过电压保护，使串联电容器在线路故障后接入时间大大缩短，从而充分发挥了串补装置提高系统暂态稳定的作用。

中国 1954 年在黑龙江鸡西到密山线路上投运了第一套国产 35kV 串补装置。1966 年在新安江水电站至杭州的线路上投运第一套国产 220kV 串补装置，以合理分配并联线路间的潮流；1972 年刘家峡至关中 330kV 输电线路上投运了补偿度为 30% 的串补装置，使线路输送容量提高了 20%，后因种种原因，这两套串补装置都退出运行。20 世纪 90 年代以来，华东、东北、华北、华中、南方等电网开始使用串补装置，目前 500kV 电网已有多套串补装置投入运行，如阳城电厂至江苏 500kV 输电工程串补装置、大同电厂至房山 500kV 输电工程串补装置、内蒙古至京津唐电网 500kV 输电工程沽源串补装置等。至 2006 年，500kV 串补装置已经实现了国产化。目前，国际上超高压串补装置的主要制造商包括瑞典 ABB（现为日立能源）、德国西门子和中国的中电普瑞科技有限公司（简称普瑞科技）。

在我国特高压电网建设之初，国际上串补技术应用的最高电压等级为 750kV，串补技术应用于特高压电网史无前例。特高压系统参数要求高，特高压串补装置研制难度极大。同时，串补技术应用过程中，亟需解决一系列关键技术问题，包括应用串补装置对系统特性影响及对策；串补装置关键技术参数的优化选取；各主要部件之间的协调配合；控制保护和测量系统的强抗电磁干扰能力；串补平台的抗震设计及电磁环境控制；超大容量电容器组的设计和保护；串补装置火花间隙的通流能力及动作可靠性；限压器的压力释放能力和均流性能；旁路开关的快速操作和开合能力；旁路隔离开关的转换电流开合能力；阻尼装置、光纤柱、电流互感器的结构设计等。

串补装置是特高压交流输电工程的重大关键设备，成功研发、应用特高压串补技术及装置对于推动特高压输电技术发展具有重要意义。在广泛调研、论证的基础上，结合 500kV 串补装置国产化研制经验，针对特高压串补装置各关键部件的技术要求，国家电网公司确定了自主研发、设计、制造特高压串补装置的创新方针和技术路线。2009 年国家电网公司设立了特高压串补科技项目，开始启动特高压串补关键技术研究。2010 年 6 月 20 日，特高压交流试验示范工程扩建工程建设启动工作会议召开，特高压串补装置研制工作正式启动。2011 年 6 月 16 日，特高压交流试验示范工程扩建工程首个串补平台在南阳变电站开始吊装；2011 年 9 月 16 日，南阳变电站（长南 I 线、南荆 I 线）和长治变电站（长南 I 线）全部串补设备到达现场。在顺利完成试验调试、带电投切、人工接地短路试验、大负荷试验后，世界上首套特高压串补装置于 2011 年 12 月 16 日正式投入运行。2016 年 7 月 31 日，锡盟—山东特高压交流输变电工程承德（隆化）特高压串补站投入运行，该串补站是世界上首个投入运行的特高压串补站。

截至 2023 年底，中国特高压交流工程累计投运特高压串补装置 5 套。

二、技术条件

特高压串补装置需要攻克的关键技术和研制的核心组部件多，运行可靠性要求高，研发工作极具挑战性。

特高压串补装置的关键技术主要包括装置成套设计和核心组部件两个方面，其中成套设计决定应用的技术经济性，指引核心组部件关键技术攻关方向，因此应首先攻关成套设计关键技术。经过深入研究，根据点对网、送端电源互联、网对网三类基本系统模型，分析了通道的输送能力与输电距离和补偿度的关系，提出了典型系统中串补装置的一般适用条件，研究确定了特高压串补电容器的额定电流及其过负荷能力，提出了特高压串补装置系统适用条件、额定参数选取原则、过电压保护控制措施及技术规范，形成了完善的成套设计方案。

在核心组部件研制方面，以系统需求为导向、以工程应用为目的，确定了主要技术指标，分析解决了各组部件关键技术，统筹开展各组部件的研制工作，研制出特高压串补装置用旁路开关、旁路隔离开关、金属氧化物限压器（MOV）、火花间隙、阻尼装置、光纤柱、电流互感器、控制保护、支撑平台等。针对各核心组部件的特殊技术要求和高性能指标，制定了相应的特殊试验项目和方法，配套研制了特高压串补真型试验平台等试验装置开展试验研究，对设备主要技术指标进行了验证。

特高压串补装置技术参数如表 9-1～表 9-13 所示。

表 9-1 特高压串补装置基本参数一览表

名称	南荆Ⅰ线 南阳变电站（单段）	长南Ⅰ线 南阳变电站	长南Ⅰ线 长治变电站	锡廊Ⅰ、Ⅱ线 隆化串补站（单段）
装置数	1（共 2 段）	1	1	2（共 4 段）
额定容量（Mvar）	1144	1500	1500	1500
额定容抗（Ω）	14.77	19.38	19.38	19.38
串补度（%）	20	20	20	20.65
额定电流（A，方均根值）	5080	5080	5080	5080
额定电压（kV，方均根值）	75.0	98.4	98.4	98.4
MOV 容量（MJ/相）	70	83	83	82

表 9-2 特高压串补装置电容器基本参数一览表

名称	南荆Ⅰ线 南荆线（单段）	长南Ⅰ线 南阳变电站	长南Ⅰ线 长治变电站	锡廊Ⅰ、Ⅱ线 隆化串补站（单段）
额定电流（A，方均根值）	5080	5080	5080	5080
额定阻抗（Ω/相）	14.77	19.38	19.38	19.38
电容器电容（μF）	215.5	164.3	164.3	164.3
三相额定容量（Mvar）	1144	1500	1500	1500
额定电压（kV，方均根值）	75.0	98.4	98.4	98.4
8h（间隔 12h）过电流（A，方均根值）	5588	5588	5588	5588

续表

名称	南荆Ⅰ线 南荆线（单段）	长南Ⅰ线 南阳变电站	长南Ⅰ线 长治变电站	锡廊Ⅰ、Ⅱ线 隆化串补站（单段）
30min（间隔6h）过电流 （A，方均根值）	6096	6096	6096	6096
10min（间隔2h）过电流 （A，方均根值）	6858	6858	6858	6858
10s过电流（A，方均根值）	7620	7620	7620	7620
瞬时电压耐受能力（kV，峰值）	9144	9144	9144	9144

表 9-3　　　　　　　　　特高压串补装置 MOV 基本参数一览表

序号	名　　称		技术参数 （南荆线单段/承德串补站 单段/其他）
1	额定电压（kV，方均根值）		130.1/169.7/169.7
2	保护水平（标幺值）		2.3
3	MOV 最大连续运行电压（kV）		91/118/118
4	MOV 允许能耗水平（MJ/相）		70/82/83
5	MOV 备用单元数（支）		3
6	MOV 外套耐压水平（kV）	BIL	550（峰值）
		1min　50Hz，干态	230（方均根值）
		10s　50Hz，湿态	230（方均根值）
7	每个 MOV 封装单元中 MOV 阀片的并联柱数（柱）		4
8	每个 MOV 封装单元中 MOV 阀片每柱的串联片数（片）		23/30/30
9	MOV 电阻片的尺寸、规格	直径（mm）	75
		高度（mm）	36
		质量（kg）	0.8
10	MOV 阀片的能量额定吸收能力（J/cm^3）		240
11	环境 40℃时安装的 MOV 单元中阀片允许最大温升（K）		100
12	工频的最小参考电压（kV）/单元		130/169/169（8mA）
13	MOV 单元操作波放电特性	残压（kV）	<219/<285/<285
		电流（A）	400
		波形（μs）	30/80
14	电流分配不均衡度（%）	MOV 单元内并联柱体间	10
		工厂内匹配的 MOV 单元间	10
15	MOV 单元压力释放能力（kA，方均根值）		63
16	MOV 单元规格	高度（mm）	1750/2100/2100
		封装表面漏电距离（mm）	≥4300/≥5000/≥5000
17	年泄漏率（Pa·L/s）		<6.65×10^{-5}
18	局部放电量（pC）		10

表 9-4   特高压串补装置阻尼装置基本参数一览表

序号	名　称	技术参数 （南荆线单段/其他）
1	额定电感（mH/相）	1.276/1.683
2	额定电阻（Ω/相）	3.5/4.5
3	工频耐受电压（kV，方均根值）	230/325
4	MOV 参考电压（kV，方均根值）	20.2/23.5
5	热容量（MJ）	15/21
6	电容器组放电峰值电流（kA）	≤100
7	电容器组放电电流频率（Hz）	300
8	故障电流和电容器放电电流承载能力（kA）	170
9	阻尼率（起始前后两个峰值倒数之比）	≤0.5
10	电抗器额定损耗（W/相）	≤159000/≤210000
11	电抗器额定电流（A）	6300
12	电抗器热稳定电流（kA，2s）	63
13	电抗器动稳定电流（kA）	170
14	设计自振频率（标幺值）	6.0

表 9-5   特高压串补装置火花间隙基本参数一览表

序号	名　称	技术参数
1	控制间隙不动作，间隙的工频放电电压（保护水平的标幺值）间隙放电可调节范围（全部电容器额定电压的标幺值）	1.15 1.0～3.0
2	在强制触发电路动作时主间隙可靠点火的最小电容器组的电压（kV）及间隙设定值的百分比（%）	135/65
3	允许偏差（%）	5
4	故障电流通流能力（kA，方均根值）和持续时间（s）	63/0.5
5	最大故障电流条件下两次维修之间的放电次数（次）	25
6	间隙击穿时延（ms）	≤1

表 9-6   特高压串补装置旁路开关基本参数一览表

序号	名　称	技术参数
1	额定电压（kV，方均根值）	1100
2	额定持续电流（A，方均根值）	6300
3	额定开断电流（kA，方均根值）	10
4	额定 2s 短时电流耐受能力（kA，方均根值）	63
5	故障电流和电容器放电电流综合承载能力（关合电流）(kA，峰值)	160

序号	名　称	技术参数
6	断口间试验电压： 　雷电冲击（kV，峰值） 操作冲击（湿态）： 　工频（kV，方均根值） 对地绝缘水平： 　雷电冲击（kV，峰值） 　操作冲击（湿态）（kV，峰值） 　工频（kV，方均根值）	1050 460 2400 1800 1100
7	机械特性参数： 　固有合闸（旁路）时间（ms） 　固有分闸时间（ms） 　固有合—分时间（ms） 　启动充储能时间（s） 　合闸、分闸不同期时间（ms）	≤35 ≤100 ≤100 15 合闸≤5、分闸≤3
8	操作循环	C-0.3s-OC-3min-OC
9	套管对地放电电弧长度（mm）	≥7500
10	套管对地爬电距离（mm） 断口爬电距离（mm）	≥27500 ≥7500
11	需要检修的操作次数（保护水平电压下旁路操作）（次）	24
12	需要检修的合—分操作次数（次）	2000
13	空载操作次数（次）	5000
14	合闸线圈： 　线圈数 　串联或并联 　旁路开关合闸的最低电压	2 并联 30% of U_{dc}
15	分闸线圈： 　线圈数 　串联或并联 　旁路开关分闸的最低电压	2 并联 30% of U_{dc}
16	耐地震能力（安全系数≥1.67） 　水平加速度 　垂直加速度	0.3g 0.15g

表 9-7　　　　　　特高压串补装置旁路隔离开关基本参数一览表

序号	名　称	技术参数
一	隔离开关结构与形式	
1	结构形式或型号	三柱水平旋转式
	接地开关	不接地
2	操作方式	分相操作
	电动或手动	电动并可手动
	电动机电压（V）	AC 380/220
	控制电压（V）	AC 220

序号	名　　称		技术参数
二	额定参数		
1	额定电压（kV）		1100
2	额定频率（Hz）		50
3	额定电流（A）		6300
4	主回路电阻（μΩ）		≤100
5	温升试验电流（A）		1.1×6300
6	额定工频1min耐受电压（kV）	断口	740＋315
		对地	1100
	额定雷电冲击耐受电压峰值（kV，1.2/50μs）	断口	1675+450
		对地	2550
	额定操作冲击耐受电压峰值（kV，250/2500μs）	断口	1175+450
		对地	1800
7	额定短时耐受电流及持续时间（kA/s）	隔离开关	63/2
8	额定峰值耐受电流（kA）		160
9	开合母线转换电流能力	转换电流（A）	6300
		恢复电压（V）	7000
		开断次数（次）	100
10	分闸时间（s）		≤45
11	合闸时间（s）		≤45
12	分闸平均速度（m/s）		≥0.28
13	合闸平均速度（m/s）		≥0.28
14	机械稳定性		3000次
15	辅助和控制回路短时工频耐受电压（kV）		2
16	无线电干扰电压（μV）		≤500
17	接线端子静态机械负荷	水平纵向（N）	5000
		水平横向（N）	4000
		垂直（N）	5000
		静态安全系数	2.75
		动态安全系数	1.7
18	支柱绝缘子	爬电距离（mm）	≥27500
		干弧距离（mm）	≥7500
		S/P	≥0.9
		抗弯性能（kN）	≥16

续表

序号	名　称	技术参数
19	耐地震能力（安全系数≥1.67） 水平加速度 垂直加速度	 0.3g 0.15g

表 9-8　　　　　　　　　特高压串补装置串联隔离开关基本参数一览表

序号	名　称		技术参数
一	隔离开关结构形式		
1	结构形式或型号		三柱水平旋转式
	接地开关		双接地
2	操作方式		分相操作
	电动或手动		电动并可手动
	电动机电压（V）		AC 380/220
	控制电压（V）		AC 220
二	接地开关操动机构		
1	操作方式		分相操作
	电动或手动		电动并可手动
	电动机电压（V）		AC 380/220
	控制电压（V）		AC 220
2	备用辅助触点（对）	隔离开关	10
		接地开关	8
三	额定参数		
1	额定电压（kV）		1100
2	额定频率（Hz）		50
3	额定电流（A）		6300
4	主回路电阻（μΩ）		≤100
5	温升试验电流（A）		1.1×6300
6	额定工频 1min 耐受电压（kV）	断口	1100+635
		对地	1100
	额定雷电冲击耐受电压峰值（kV，1.2/50μs）	断口	2400+900
		对地	2550
	额定操作冲击耐受电压峰值（kV，250/2500μs）	断口	1675+900
		对地	1800
7	额定短时耐受电流及持续时间（kA/s）	隔离开关	63/2
		接地开关	63/2
8	额定峰值耐受电流（kA）		160

序号	名　称			技术参数
9	开合小电容电流（A）			2
10	开合小电感电流（A）			1
11	接地开关开合感应电流能力	电磁感应	感性电流（A）	80
			感应电压（kV）	2
		静电感应	容性电流（A）	1.6
			感应电压（kV）	8
12	分闸时间（s）			≤45
13	合闸时间（s）			≤45
14	分闸平均速度（m/s）			≥0.28
15	合闸平均速度（m/s）			≥0.28
16	机械稳定性			3000 次
17	辅助和控制回路短时工频耐受电压（kV）			2
18	无线电干扰电压（μV）			≤500
19	接线端子静态机械负荷		水平纵向（N）	5000
			水平横向（N）	4000
			垂直（N）	5000
			静态安全系数	2.75
			动态安全系数	1.7
20	支柱绝缘子		爬电距离（mm）	≥27500
			干弧距离（mm）	≥7500
			S/P	≥0.9
			抗弯力（kN）	≥16
21	耐地震能力（安全系数不小于1.67） 水平加速度 垂直加速度			0.3g 0.15g

表 9-9　　　　　　　特高压串补装置支撑平台基本参数一览表

序号	名　称	技术参数
1	平台主要材料及其表面处理	合金钢 Q345-B，热镀锌
2	平台尺寸（m×m）	27×12.5
3	平台的荷重（t）	≤100
4	平台对地最小高度（m）	11.47
5	平台上连接导线材料与规格	铝镁 6063，管母：ϕ 250/230 等
6	平台上设备对平台的绝缘水平	详见表 9-13 绝缘配合
7	电容器支架的绝缘水平（kV）	123
8	平台支撑基础的最大允许安装偏差（mm）	基础高度±2

表 9-10 特高压串补装置支柱绝缘子基本参数一览表

序号	名　　称	技术参数
1	额定电压（kV，方均根值）	1100
2	试验电压： 　雷电冲击（kV，峰值） 　操作冲击（kV，峰值） 　工频（kV，方均根值）	2550 1800 1100
3	爬电距离（mm）	≥27500
4	电晕及无线电干扰（μV）	≤500
5	抗弯强度（kN·m）	120
6	抗扭强度（kN·m）	10
7	耐地震能力（安全系数≥1.67） 　水平加速度 　垂直加速度	0.3g 0.15g
8	结构高度（m）	10
9	绝缘子数量（柱/平台）	14

表 9-11 特高压串联补偿装置光纤柱基本参数一览表

项　　目		技术参数
绝缘性能	额定工频耐受电压（湿试）（kV，方均根值）	1100
	操作冲击耐受电压（kV，峰值）	1800
	雷电冲击耐受电压（kV，峰值）	2550
光纤性能	可用率（%）	≥90
	光损（在850nm波长下测量）（dB）	≤1
机械性能	额定机械负荷（kN）	15
电场强度	金具表面（kV/mm）	≤1.5
	绝缘材料表面（kV/mm）	≤0.6
其他要求	光纤数量（根）	≥24
	安装尺寸（m）	10.8

表 9-12 特高压串联补偿装置电流互感器基本参数一览表

序号	项　　目	技术参数	备注
1	额定电流比（A/A）	5000/1	—
2	额定频率（Hz）	50	
3	额定负荷（VA）	5	功率因数0.8，滞后
4	准确级	0.2/5P30	
5	温升限值（K）	75	

序号	项 目		技术参数	备注
6	短时（1s）热稳定电流（kA）		63	
7	额定连续热电流（A）		7500	
8	动稳定电流（kA）		158	
9	一次绕组额定绝缘水平（kV）	设备最高电压（U_m）	3.6	
		额定短时工频耐受电压	30	
		额定雷电冲击耐受电压	60	
10	二次绕组额定工频耐受电压（kV）		3	
11	二次绕组匝间绝缘耐受电压（kV）		4.5	
12	铁芯数		2	
13	绕组数		2	

表 9-13　　　　　　　　　特高压串联补偿装置绝缘水平汇总表

设备	电压等级（kV，方均根值）	工频耐受电压1min干（kV，方均根值）	雷电冲击耐受电压水平（kV，峰值）	最小空气间隙（mm）	最小爬电距离（mm）
串补平台—地面	1100	1100	2400	—	27500
低压母线—串补平台	12	35	75	200	300
高压母线—串补平台	170	325	750	1100	4263
火花间隙高压侧—串补平台	72.5	140	325	500	2132
阻尼装置—串补平台	170	325	750	1100	4263
MOV 瓷套外绝缘	170	325	750	1100	4263
MOV 底座支持绝缘子—串补平台	12	35	75	200	300
旁路开关断口	170	325	750	1100	4263
旁路开关断口—串补平台	1100	1100	2400	—	27500
电容器底部框架—串补平台	123	185	450	650	2398
电容器组框架间	12	35	75	160	533

第二节　成　套　设　计

一、系统集成

1. 特高压串补装置的一般性适用条件

串补装置主要用来提高长距离输电通道的输送能力。从原理和应用经验来看，长距离输电线路在合适的位置安装适量的串补装置对于提高线路的输送能力和系统的暂态稳定性有明显效果，且经济效益显著。

输电通道的输送能力与送受端的网络结构、输电线路类型、线路长度等多种因素有关。在针对电网规划开展应用研究之前，可以根据典型系统开展一般适用条件的基础研究，以取得需要安装串补装置的一般系统条件，并以此作为规划电网是否需要安装串补装置的初步筛选条件。

根据特高压电网特点可建立三类典型系统模型，即点对网送电模式、送端电源互联送电模式及网对网送电模式。在特高压典型输电系统中分析通道的输送能力和输电距离与串补度的关系，是分析各类特高压输电典型系统中串补装置的一般性适用条件和确定串补度的简捷方法。

通过分析研究，最终归纳了特高压串补装置的一般性适用条件，可作为规划特高压电网是否需要安装串补装置的初步筛选条件，如表 9-14 所示。

表 9-14 典型电网中特高压串补装置的一般性适用条件

送电结构	通道/回路数（个/回）	考虑安装串补装置的线路长度（km）
点对网	1/2	≥220
送端互联	2/4	≥250
网对网	1/2	≥250
	2/4	≥400

2. 特高压串补装置额定参数

（1）特高压串补装置补偿度。

以特高压交流试验示范工程为例，考虑到功率波动和必要的运行裕度等因素，要求安装串补装置后的输送能力大于 5400MW。经计算，长治—南阳—荆门输电线路在不同串补度下的输电能力（2011 年）见表 9-15。

表 9-15 不同串补度下输电能力比较

补偿度	输电能力（MW）	补偿度	输电能力（MW）
无串补	4480	40%	5600
30%	5380	50%	5850

可以看出，串补度为 40% 的情况下，线路的输电能力可达到并略超过 5400MW，而串补度提高到 50% 时，线路输电能力提高的幅度并不大，串补度降低为 30% 时输电能力低于 5400MW，综合考虑线路的输电能力需求和串补装置的投资，确定加装补偿度为 40% 的串补装置。

（2）特高压串补电容器组额定电流。

选取额定电流需首先明确串联电容器组处于接入状态下和被旁路状态下的连续电流、故障电流和摇摆电流的大小。图 9-1 中举例说明了这几个电流及其相应的时间周期，串补装置应能满足通过上述电流的要求。

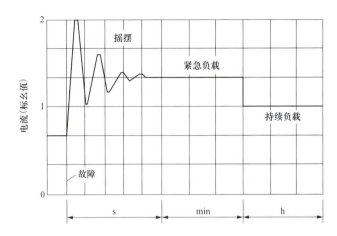

图 9-1　系统发生故障过程典型的电流—时间周期（未给出故障电流）

国内超高压串补装置普遍基于线路热稳定电流选择额定电流，由于特高压线路热稳定电流达到 6～7kA，按该方法确定串补装置额定电流将造成容量过度冗余，且过多的电容元件对串补装置的可靠性不利，因此提出以下原则以确定串补装置电容器组额定电流及过负荷能力：

1）根据近远景电网规划，按照 GB 38755《电力系统安全稳定导则》等要求进行系统潮流和稳定计算，确定串补装置的正常输送功率，以及电力系统故障、异常时串补装置的紧急输送功率。

2）电容器组的额定电流应大于最大正常功率输送所需的电流值。在此基础上，合理利用电容器的过负荷能力适应故障、异常时紧急功率输送的需要。

特高压工程单回线采用 $8 \times 500 mm^2$ 导线时，其热稳定电流达 6.1kA（温度为 40℃，对应的线路输送功率为 10400～10600MVA）。综合考虑运行方式、故障、摇摆电流等因素，串补装置电容器组的额定电流选择为 5.08kA。采用上述额定电流参数条件下：

1）长期稳态运行电流 5.08kA，单回线串补装置输送能力约 8700MW，大于正常方式及检修方式下线路长期运行条件下的电流，且有较大裕度。

2）8h 过载电流 5.59kA（1.1 倍额定电流），单回线串补装置输送能力约 9500MW。若系统故障后稳态运行电流介于 5.08～5.59kA 之间，应在 8h 内采取措施降低电流至 5.08kA 以下。

3）2h 过载电流 6.10kA（1.2 倍额定电流），与线路热稳定电流相当，单回线串补装置输送能力约 10400MW。可满足正常方式下线路"N-2"故障线路通流能力要求；检修方式下需根据故障后线路电流不超热稳定电流的约束适当降低线路潮流，串补装置可满足检修方式下线路"N-1"故障通流能力要求。若系统故障后稳态运行电流介于5.59～6.10kA 之间，应在 2h 内采取措施降低电流至 5.08kA 以下。

3. 特高压串补装置主回路结构

串联电容器组是串补装置的核心设备，用于补偿线路电抗。金属氧化物限压器

（metal oxide varistors，MOV）是为了保护串联电容器组而设置，MOV 并联到电容器组两端，用于限制电容器组两端出现的过电压。为了防止 MOV 在线路故障时因吸收能量过大而损坏或爆炸，在其两端并联火花间隙，作为 MOV 的快速保护单元。旁路开关用于控制电容器组是否接入线路，另外，在电力系统发生故障时，为了防止故障电流流经 MOV 及火花间隙时间过长，控制器会发出合旁路开关命令。在发生严重故障时或设备工作不正常的情况下，旁路开关将电容器组旁路。阻尼装置用于限制在火花间隙动作或旁路开关合闸时电容器组放电电流的幅值和频率，以确保串联电容器组、旁路开关、火花间隙的安全运行。

　　与 500kV 串补装置主回路结构相比，特高压串补装置主回路采用了电容器组双 H 型桥式并联和阻尼装置双支路并联结构，如图 9-2 所示。特高压串补装置电容器台数多、容量大，单 H 桥差流不能满足保护灵敏度的要求，因此，特高压串补装置内熔丝电容器组采用了双 H 型，如图 9-3 所示，即双 H 型桥式差流的不平衡保护方式。特高压串补装置用阻尼装置容量大，单台设备的造价高、尺寸大，为降低成本和节约平台空间，特高压串补装置用阻尼装置采用了两台设备双支路并联结构。

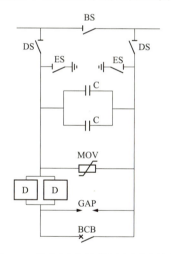

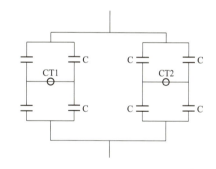

图 9-2　特高压串补装置主回路结构　　　　图 9-3　双 H 型桥式差流保护接线方式

BS—旁路隔离开关；DS—串联隔离开关；ES—接地开关；

C—串联电容器组；MOV—金属氧化物限压器；

D—阻尼装置；GAP—火花间隙；BCB—旁路开关

二、过电压保护及其绝缘配合

　　特高压串补装置是采用 MOV 为主的过电压保护措施，并配合以控制触发火花间隙、旁路开关、阻尼装置，原理电路结构如图 9-4 所示。其中，MOV 为串补装置的过电压主保护；必要时将火花间隙旁路以避免 MOV 能耗持续上升超过其承受能力；旁路开关为火花间隙熄弧提供条件，同时和隔离开关配合实现串补装置投退操作；阻尼装置起到限制放电电流大小并加速放电电流衰减的作用。MOV 为被动保护，固定并联在电容器组两端；触发火花间隙为主动保护，由串补装置的控制保护系统控制其触发导通，其典型保护动作逻辑如图 9-5 所示，通常以 MOV 电流及能耗作为判断量，当检测到二者之一超过保护动作定值时，即发出命令触发火花间隙，同时命令旁路开关关合，将串补装置电容器组旁路。火花间隙通常在旁路开关闭合前导通，旁路开关闭合后火花间隙两端电压不能支持电弧燃烧，因而很快熄弧，再经过一定时间后火花间隙绝缘恢复，为串补装置重新投入创造条件。

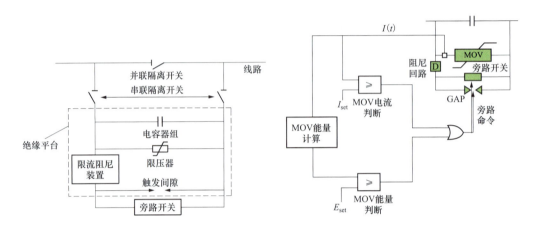

图 9-4　典型串补装置简化接线示意图　　图 9-5　典型串补装置过电压保护逻辑示意图

这种保护措施下典型的保护水平通常介于 2.0～2.5（标幺值）之间，这种措施及保护水平对于特高压串补装置来说仍具有很好的适应性和经济性，因而特高压串补装置沿用了这种类型的过电压防护措施。

三、特高压串补装置对电网电磁暂态特性影响

1. 特高压串补装置对稳态沿线电压分布的影响

特高压线路装设串补装置后，线路沿线电压分布主要与串补装置在线路上的安装位置、串补装置和线路高抗的相对位置及线路输送潮流等因素有关。

与高抗布置在串补装置线路侧相比，当高抗布置在串补装置母线侧时，线路轻载情况下（容性无功流过串补装置），串补装置对线路侧电压的降低作用更明显，减少了线路中间电压过高的趋势；线路重载情况下（感性无功流过串补装置），在串补装置母线侧的高抗的分流作用减小了串补装置上流过的电流，降低了串补装置两端电压差，有利于电压控制和无功平衡。因此，采取高抗在串补装置母线侧布置方式，无论线路是重载还是轻载，均可以改善沿线电压分布，使母线电压不至于被限制得过低。

另外，与串补装置集中布置在线路一侧相比，将串补装置分别装设在两侧，串补

装置两侧的电压差相对较小，有利于抑制线路重载方式下串补装置线路侧的电压。但将串补装置布置在线路两侧通常会增加建设和运行成本，因此仅当串补装置额定电压较高时将串补装置布置在线路两侧。

2. 特高压串补装置对线路工频过电压的影响

特高压线路装设串补装置后，主要从以下几个方面影响工频过电压：

（1）串补装置对电源电势的影响。串补装置补偿了线路部分电抗，相当于缩短了线路长度，这就使得在相同输送潮流下送电端电源电势比无串补装置时要低，对降低工频过电压是有利的。

（2）串补装置对接地系数的影响。线路发生单相接地故障后，若串补装置不旁路，由于串补装置的存在，补偿了线路部分串联电抗，降低了线路正序电抗，从而导致接地系数增加，可能会增加单相接地甩负荷引起的工频过电压。实际运行中，对于单相接地甩负荷故障条件下，当判断为单相永久接地故障、线路两侧三相断路器跳闸时，命令串补装置三相旁路开关闭合，将三相串补装置旁路，因此串补装置只是在较短时间内（一般小于 50ms），对单相接地甩负荷操作过电压产生了一定的影响，而对操作过电压后的工频过电压是没有作用的。

（3）串补装置对沿线电压分布的影响。加装串补装置的线路一般采取串补装置位于高抗线路侧的布置方式，以改善串补装置线路的沿线电压分布特性。当线路发生甩负荷后，形成线路空载的情况，此时容性无功流过串补装置，因此串补装置对线路侧电压有降低作用，但容性电流较小，作用并不明显。

综上所述，串补装置主要影响甩负荷前电源电势，从而影响甩负荷引起的工频过电压水平，因此与线路两端电网结构及串补装置的布置方式有关。

以特高压交流试验示范工程为例，上述因素对长南Ⅰ线和南荆Ⅰ线加装串补装置后的工频过电压水平影响不大，线路发生无故障和单相接地故障甩负荷时，断路器母线侧、断路器线路侧及串补装置线路侧工频过电压最高分别为 1.07、1.31 和 1.31（标幺值），与串补装置旁路条件下的过电压水平基本相当，均满足过电压限制要求。

3. 特高压串补装置对线路潜供电流的影响

当安装串补装置线路上发生单相接地故障时，若流过串补装置的短路电流较小，MOV 电流和能耗均比较小，火花间隙及旁路开关均没有进入旁路状态，串联电容器没有被旁路，电容器上的残余电荷将通过由串补装置、高压电抗器、短路点弧道电阻组成的低频振荡回路（如图 9-6 所示）放电，其振荡频率数赫兹，故障点潜供电流幅值可达几十到几百安培，且衰减很慢、过零点次数少，延长了潜供电弧熄灭的时间，对单相重合闸不利。

特高压线路装设串补装置后，若不采取措施，潜供电流自然熄灭时间延长，可能无法满足 1s 单相重合闸要求；采取了线路保护联动串补装置的措施后，可实现在线路断路器开断前迅速旁路串补装置，可确保满足 1s 单相重合闸的要求。

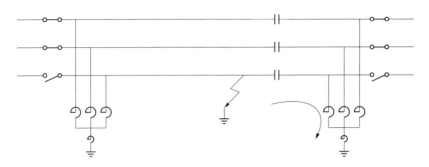

图 9-6　串补系统单相接地时的低频振荡回路示意图

4. 特高压串补装置对线路断路器暂态恢复电压的影响

在线路断路器清除短路故障且断路器灭弧后，首先出现在弧隙的具有瞬态特性的电压称为瞬态恢复电压。对于串补线路，线路上发生短路故障时，若流过串补装置的短路电流很大，则串联电容器组很快被旁路（串补装置火花间隙动作、旁路开关闭合），线路断路器的瞬态恢复电压与无串补装置时接近；若短路点距离串补装置较远或小方式运行时，串补装置的火花间隙可能不动作，串联电容器组没有被旁路，由于电容器残压的作用，线路断路器跳闸瞬间其断口恢复电压会提高，可能影响断路器正常开断。

例如，仿真计算中荆门变电站附近发生单相接地故障时，故障点距离南阳变电站特高压串补装置较远，串补装置火花间隙不动作，南阳特高压断路器开断过程中的瞬态恢复电压峰值达到 2407kV，超出了标准规定的反向开断要求值 2245kV。为了限制断路器的恢复电压，可以采取线路断路器和串联电容器组通过火花间隙快速旁路的联动措施，将故障相串补装置旁路，此时南阳变电站特高压断路器瞬态恢复电压峰值降为 1946kV，满足开断要求。

5. 特高压串补装置对线路操作过电压的影响

在特高压线路应用串补装置时，需要计算、校核在特高压线路两侧进行合空线操作、单相重合闸操作时，串补装置旁路或不旁路情况下，过电压是否在允许范围内；需要计算、校核接地故障过电压、故障清除过电压、甩负荷分闸过电压情况下，过电压是否在允许范围内。目前已经投入运行的特高压交流长治、南阳、承德串补工程，过电压均在允许范围内。

实际运行与操作中，为减小合空线操作对串联电容器组的冲击，在合闸操作前，一般会要求串补装置旁路开关闭合，将串补装置旁路；线路发生单相接地故障的重合闸过程中，为了加速潜供电流暂态分量的衰减，一般采取线路断路器和串补装置快速旁路开关联动的措施，将故障相串补装置旁路。因此特高压线路装设串补装置后，对线路合闸、重合闸操作过电压影响较小。

6. 合空载变压器的谐振过电压

特高压线路装设串补装置后，当由 1000kV 侧操作特高压空载变压器时，串补装置对线路电抗的部分补偿会略改变系统的自振频率，但变化不大；因此若系统本身不存在谐振频率，则串补装置不会引起合空载变压器谐振问题。以特高压交流试验示范工程为例，通过对串补装置旁路与串补装置投入两种情况进行频率扫描分析，得出在串补装置旁路方式下的系统自振频率为 146、350Hz 和 490Hz；而串补装置投入时，系统自振频率为 146、352Hz 和 491Hz，差别为 1～2Hz。因此，串补装置对合空载变压器谐振过电压的影响较小。

7. 特高压串补系统次同步谐振问题分析

当次同步电流在同步发电机内建立起旋转磁场，以 $2\pi(f_e-f)$ 的相对角速度围绕转子旋转时，转子将受到一个频率为 $(f-f_e)$ 的交变力矩。如果 $(f-f_e)$ 等于或非常接近发电机组轴系的任一自振频率时，就可能发生电气—机械共振的现象，即次同步谐振（subsynchronous resonance，SSR）。大型多级汽轮发电机组轴系在低于额定频率范围内一般有 4～5 个自振频率，故容易发生 SSR。发生 SSR 后果严重，能在短时内将发电机轴扭断，即使谐振较轻，也会显著消耗轴的机械寿命。在特高压输电系统装设串补装置时，需要在设计阶段开展 SSR 问题分析，避免引发 SSR 的风险。

四、特高压串补装置电场分布控制

特高压串补装置结构复杂，分设备众多，设备尺寸大，由于各个设备间杂散电容的作用，电位分布不均匀，如果设备表面场强超过电晕起始场强，就会产生电晕放电，导致起晕、闪络、产生电磁干扰等恶劣后果。为了抑制串补装置产生电晕放电，满足特高压变电站的安全运行及站内作业环境的要求，需要对串补装置的电场分布进行分析和控制，使其满足串补装置围栏外离地 1.5m 处的电场强度一般不高于 10kV/m，局部区域可高于 10kV/m 但不超过 15kV/m 的技术指标要求。

在电场分布控制方面，特高压串补装置有如下特点：

（1）特高压串补装置额定电压高、额定电流大，因此对平台周边及围栏处的电场影响比 500kV 串补装置更大，平台上设备布局、围栏对平台的距离、平台上护栏形式、围栏及均压环形式均需要特殊考虑，以满足装置安全运行和人员的安全防护；

（2）特高压串补装置容量大、电容器台数多，单相串补平台上电容器台数达到了近千台，是 500kV 串补装置的 3～4 倍，而电容器接线形式复杂、边角较多，容易形成放电点，是电场分布控制的重点；

（3）特高压串补装置火花间隙和阻尼装置体积大，尤其是火花间隙，对地高度达到了 20 多米，是平台上最高的设备，超出其他设备屏蔽范围，且火花间隙上棱线和尖角较多，发生电晕的可能性相对较大，需要进行特别设计。

针对上述特点，采用三维有限元计算方法对特高压串补平台上设备及其围栏附近的电位、电场分布进行了分析，通过对平台上的电容器、火花间隙、阻尼装置等设备合理布局、特殊设计，使得各部分电场分布比较均匀，满足了场强控制的要求。

五、电磁兼容

串补装置不同于常规的电气设备，其主要的电气设备均位于高压平台上，因此测量系统和火花间隙触发系统均位于高压平台上，并通过光纤与地面控制保护系统通信。高压平台上电磁环境非常恶劣，当输电线路上发生故障时，串补装置有可能被其保护装置（包括火花间隙和旁路开关）旁路，串补装置瞬间将流过很大的暂态电流，平台、低压母线不再是等电位的，会在低压母线和平台之间产生幅值很高、频率高达百兆赫兹的暂态过电压，进而会通过信号与控制系统的电气传导、平台接地金属构件和网格、空间电磁场等途径，在串补二次系统中产生频率从工频到百兆赫兹的宽频带瞬态电磁骚扰。如果平台上的绝缘和隔离设计不合理，绝缘就有可能在暂态电压作用下被击穿；如果平台上的测量系统和火花间隙触发系统屏蔽设计不当，就有可能在强电磁环境下发生功能紊乱或被损坏。在串补装置投入或退出时，需要操作串联隔离开关，这种工况同样会在平台上产生很高的暂态过电压，并通过公共阻抗、空间电场和磁场耦合到二次系统，同样影响一次系统和二次系统的可靠运行。

针对特高压串补装置的特点，需要对其电磁兼容设计提出更高的要求，并需要开展特殊设计和试验验证，这是因为：

（1）特高压串补装置的可靠性要求更高。特高压串补装置的可靠性指标要求达到99.5%，而一般超高压串补装置可靠性指标为 99%，可靠性指标要求明显提高，是由于特高压串补装置所在的特高压线路更加重要，特高压串补装置提高功率传输作用更加明显，以特高压交流试验示范工程为例，加装串补装置后提高线路输送容量1000MW以上，一旦串补装置由于电磁兼容问题而退出运行，就会对电网的安全稳定运行，特别是功率输送造成很大影响。

（2）特高压串补装置所处的电磁环境更加恶劣。一方面特高压串补装置容量远高于超高压串补装置，当运行中的串补装置被旁路时，平台上将出现高达几十千安甚至几百千安的暂态电流，进而产生幅值为几十千伏甚至几百千伏、频率高达百兆赫兹的暂态过电压，其电磁干扰强度较超高压串补装置同等工况时更高；另一方面，特高压串补装置平台面积很大，且特高压线路的空载电流也比超高压线路更大，在操作特高压串补装置的串联隔离开关时，会出现更高的暂态过电压，产生更明显的电弧干扰（见图9-7），平台上设备所处的电磁环境比超高压串补装置更加严酷。

图9-7 串联隔离开关操作时的电弧放电现象

（3）特高压串补平台设备电磁兼容设计

无现成的标准和试验方法。特高压串补平台上的测量系统、火花间隙触发系统需要针对特高压的特点进行特殊设计，需要高于 1000kV 地面控制保护设备的设计标准，需要增加特殊试验进行验证，以确保其功能、性能满足技术要求。

　　基于以上原因，为了满足特高压串补装置的电磁兼容要求，在设计特高压串补平台上的测量系统和火花间隙触发系统时，采取了比超高压系统更高、更完善的屏蔽、隔离等抗干扰措施，采用了抗干扰等级更高的元器件，并通过优化平台设备布局、缩短二次电缆在平台上的布线长度等方式，提高设备的电磁兼容能力。

第三节　核心组部件

一、基本组成

　　特高压串补装置接线示意图如图 9-8 所示，其核心组部件包括串联电容器组、金属氧化物限压器、火花间隙、旁路开关、阻尼装置、旁路隔离开关、串联隔离开关、光纤柱、电流互感器、控制保护系统等。

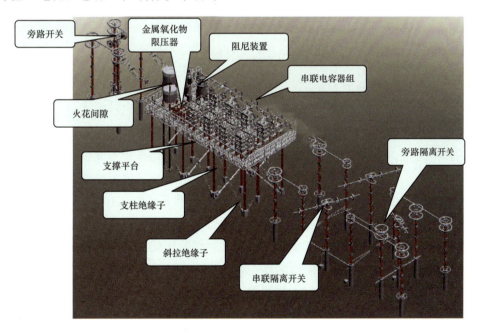

图 9-8　特高压串补装置接线示意图

二、支撑平台

　　串补平台系统主要由平台本体、平台上设备、平台下支柱绝缘子和斜拉绝缘子等组成。特高压串补平台采用成熟的 H 型钢连接的主次梁结构，主梁与次梁垂直分布组装而成。支撑系统采用柔性阻尼结构，由支柱绝缘子支撑串补平台及平台上的设备，支柱绝缘子与地面及串补平台的连接均为仿生球形节点，支柱绝缘子之间配置斜拉绝缘子，图 9-9 为特高压串补平台结构及仿生球形节点连接示意图。

特高压串补平台采用了紧凑型布置，优化了设备的布置方案，压减了串补平台的面积与高度，不仅降低了工程造价，还提高了平台的抗震性能。

图 9-9　特高压串补平台结构及仿生球形节点连接示意图

1. 平台上设备布置设计

电容器组的布置设计上采用了双 H 桥并联的接线方式，这种方式将单桥电容器的额定电流降低了一半，有效受力面积增加了一倍，有利于串补平台的均匀受力及支撑结构的材料选型。由于额定电流的降低，回路中导体的选择相对简便，导体可塑性相对加强，可加工成能起到一定均压效果的形状。单台连线采用带绝缘皮的镀锡软铜绞线，连接美观、接线整洁。双 H 桥电容器组布置示意图如图 9-10 所示。

考虑到特高压电网系统电压对设备电晕的影响，而金属氧化物限压器单元本体均压效果较差，也不便于装设均压装置，因此在布置的优化过程中，将通常布置在串补平台边缘的金属氧化物限压器向内转移，并改变母线的连接方式，使周边设备及母线对金属氧化物限压器形成自然均压的效果，降低了 MOV 运行时设备表面的电场强度和起晕电压。

设计中将火花间隙处于高、低母线高度以上的连接导线全部采用管型母线，利用管型母线的均压作用对火花间隙的均压效果进行补充。

特高压串补阻尼装置采用了电抗器并联 MOV 串电阻方案。MOV 与电阻封装于绝缘外套中，与电抗器并联连接，也是串补平台上较高的设备。除按照特高压电网系统对电晕的要求采用均压措施以外，设计中采用了一种平层并联式连接方式，如图 9-11 所示，由两台具有良好均流特性的阻尼电抗器平层并联，大大降低了产品制作工艺要求，也为运输、安装提供了便利。

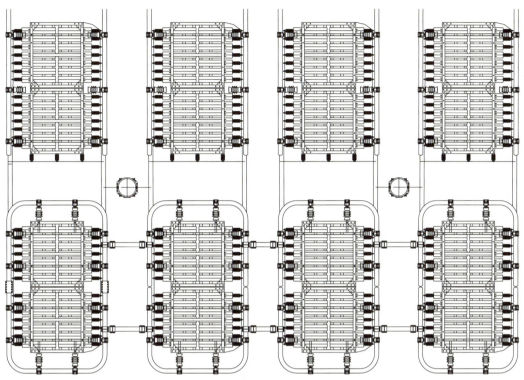

图 9-10 双 H 桥电容器组布置示意图

2. 平台抗震设计

串补平台系统为杆系结构空间体系，为钢结构平台，平台结构不完全对称，平台上荷载分布不均匀，且串补平台主要承载的是以电容器组为主的各种高压电气设备，是一种头重脚轻的结构，地震作用对这类结构影响较大。另外，串补平台主要支撑及抗侧力体系是由脆性材料高强瓷绝缘子和近似脆性材料的复合绝缘子构成，由于脆性材料在破坏前没有塑性变形的过程，这类材料构件组成的结构抗震能力较弱。正是由于平台系统的材料多样性、材料性质的不确定性、结构连接方式的综合性及受力状态的复杂性等，给串补平台抗震设计带来了一定困难。

设计中首先利用仿真分析软件的动力分析功能对特高压串补平台进行有限元建模分析及地震加速度反应谱分析，真实模拟了平台在各种工况下的受力情况，得到了平台本体及支撑体系受力计算结果。据此，提出了特高压串补平台抗震要求，即在地震及其持续波的作用下，可以保证串补装置正常运行，安全系数达到 1.67。平台强度设计按冰雪荷载、风荷载、地震作用（提高一度设防或罕遇）进行组合。

特高压串补平台的抗震设计需要重点考虑以下方面：

（1）特高压串补平台总质量通常超过 100t，是 500kV 串补平台总质量的近 4 倍，

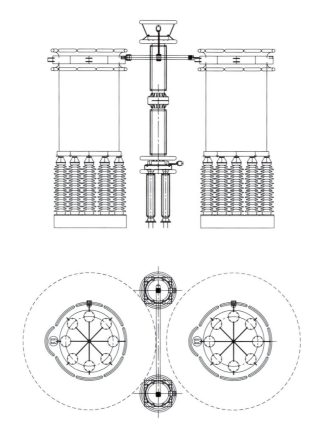

图 9-11　平层并联式连接的阻尼装置布置示意图

而且特高压串补平台上的电容器、MOV 等设备的数量远远大于 500kV 常规串补平台，电抗器、火花间隙等的质量也大于 500kV 常规串补装置用设备，这导致了特高压串补平台荷载巨大。因此，特高压串补平台在抗震方面的设计难度要远高于 500kV 常规串补平台，需进行全面的工况计算以提出合理的抗震设计，保证串补装置的安全运行。

（2）特高压串补平台最大尺寸约为 27m×12.5m（长×宽），面积达 337.5m^2，与通常 500kV 串补装置相比，平台面积增大了近 4 倍，风雪等自然环境因素对平台抗震性能的考验更为严峻。针对此特点，要对平台结构进行自重荷载、风荷载和冰雪荷载的组合计算，来模拟平台各种工况下的受力。

（3）特高压串补平台高度近 12m，是 500kV 串补平台高度的 2 倍左右，平台系统为典型的"头重脚轻"，主要靠支柱绝缘子支撑，且支柱绝缘子高强瓷材质为脆性材料，因此，要着重考虑支柱绝缘子在地震作用下的受力情况。在 8 度罕遇地震组合下通过采取屈曲分析法，对支柱绝缘子的典型柱破坏后的静力工况进行安全核算。

针对以上特点，通过对建立的有限元模型进行模态分析和地震加速度反应谱分析，以及对分析数据进行处理，提出了现阶段在特高压串补项目中实施的平台设计方案，既满足工程抗震要求又最大限度降低了平台的工程造价。

三、串联电容器组

串联电容器组的总容量由补偿容抗、最大负荷电流及短时过载能力确定。因要经常承受线路持续性过负荷和通过短路电流时引起的过电压，对串联电容器的要求比并联电容器要高，要满足过负荷能力要求并通过相关试验项目。

1. 特高压串补装置用电容器组设计及接线方式

电容器组的接线方式和构架结构首先要考虑单台电容器外壳的耐爆水平，其次要满足保护的可靠性和灵敏性要求。特高压串补装置用电容器组设计及接线方式如下：

（1）内熔丝方案。单元采用侧卧方式，分多层双排侧卧排列，每相电容器单元接线为先并后串，采用双 H 型接线；每相平台布置多个（典型为 8 个）电容器组塔架，每个塔架为六层双排分布；装置的进出线设在塔架顶部，每两个塔架的底部引出端子接不平衡电流互感器。

（2）无熔丝方案。单元采用侧卧方式，分多层双排侧卧排列，每相电容器单元接线为先串后并，采用双支路差流接线；每相平台布置多个（典型为 4 个）电容器组塔架，每个塔架为六层双排分布；装置的进线设在塔架顶部，出线设在塔架底部，出线侧接不平衡电流互感器。

2. 特高压串联电容器保护

串联电容器保护的任务是：在单台电容器内部元件发生击穿、其健全元件过电压在安全值范围之内、吸收能量不足以引起外壳爆裂前动作，切除故障元件，停运有故障元件的电容器或有故障电容器的电容器组。电容器保护按保护对象可分为单台电容器内部故障保护、电容器组故障保护和电容器装置保护三大类。

（1）特高压串联电容器熔丝保护。

图 9-12 为电容器采用的熔丝保护优选方案图，横坐标为电容器额定电压，纵坐标

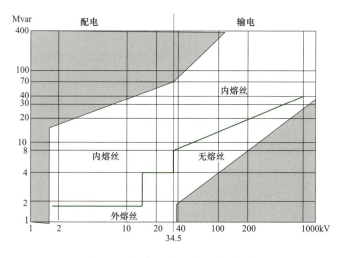

图 9-12　电容器熔丝保护优选方案

为电容器组单相总容量，可在实际工程中参考选用熔丝保护方案。

由图 9-12 可见，绿色折线以上的非阴影区为内熔丝电容器的适用范围，绿色折线以下的非阴影区以电压为 34.5kV 的蓝色线为界，34.5kV 以下电压等级及绿色折线所示容量以下的电容器宜采用外熔丝保护，34.5kV 以上电压等级及绿色折线所示容量以下宜采用无熔丝电容器。例如，长南 I 线南阳变电站串补装置单相总容量为 500Mvar，额定电压为 98.4kV，因此选用了内熔丝电容器。

（2）特高压串联电容器不平衡保护。

特高压串联电容器台数多、容量大，单桥差流已不能满足保护灵敏度的要求。单桥和双桥结构发生同样数量的元件击穿引起的电容过电压倍数基本相等，但单桥故障不平衡电流大约只有双桥的一半，即双桥接线的保护灵敏度是单桥的两倍。因此，特高压串补内熔丝电容器组采用了双 H 型桥式差流的不平衡保护，如图 9-3 所示（如有必要也可采用三 H 型桥式）。

在内熔丝电容器组不平衡保护整定方面，考虑到初始不平衡值的影响，当初始不平衡值接近报警动作值的 50% 时，首先应先采取措施校正或消除电容器组和系统产生的初始不平衡值至允许水平。对于采用 H 型式的接线方式，为严格控制各臂电容之差，在配平时要求其初始不平衡电流与该 H 桥总电流的比值不超过 0.02%，且不得超过不平衡报警值的 1/3。同时，通过选择可靠的保护接线方式和电容器组的一次接线方式，在保持元件允许过电压倍数不变的情况下有效提高整定值才能更好地兼顾保护的灵敏性和可靠性。

3. 型式试验

电容器单元的主要型式试验项目包括端子与外壳间雷电冲击电压试验、端子与外壳间交流电压试验、老化试验、冷工作状态试验、放电电流试验、热稳定试验、内熔丝试验（仅适用于内熔丝电容器）等。

四、火花间隙

火花间隙是串补装置的重要保护设备，其主要作用是在需要时能够快速动作，起到保护金属氧化物限压器（MOV）和电容器组的作用，目前串补装置主要采用的是控制触发型火花间隙。火花间隙是一个强、弱电紧密结合的复杂系统，其可靠性对串补装置和系统的稳定运行至关重要。特高压串补装置用火花间隙与超高压串补装置用火花间隙相比，额定电压更高、通流容量更大，对绝缘恢复性能提出了更高要求，且面临更为复杂的电磁环境。

1. 基本要求

（1）火花间隙的整体结构方案。特高压串补装置用火花间隙需要适用于最大额定电压为 120kV 的电容器组，远高于超高压串补装置的电容器组额定电压（一般为 80kV 以下）。

（2）火花间隙的电流承载能力。火花间隙的短时耐受电流为 63kA，峰值耐受电流为 170kA。

（3）火花间隙的绝缘恢复性能。在耐受电流提高后，火花间隙还应保证足够强度的绝缘恢复性能，确保在线路重合闸后串补装置重投入时火花间隙不会自击穿。

（4）火花间隙的可靠触发。火花间隙布置于敞开的串补平台上，在操作隔离开关等情况下，电磁干扰更为严重，应确保火花间隙不误动、不拒动。

2. 主体方案

火花间隙是一个强、弱电紧密结合的复杂系统，包括主间隙和触发控制系统两个部分。主间隙由闪络电极和续流电极及封装电极的间隙外壳构成，具有强大的电流通流能力和快速的绝缘恢复性能；触发控制系统位于主间隙下方，由触发控制电路和密封间隙等设备组成的触发回路构成，具有快速的触发响应速度和稳定的触发放电性能。为满足额定电压的要求，可采用双主间隙串联结构和三主间隙串联结构两种形式。特高压串补装置中采用了双主间隙串联结构形式的火花间隙，其工作原理如图 9-13 所示。

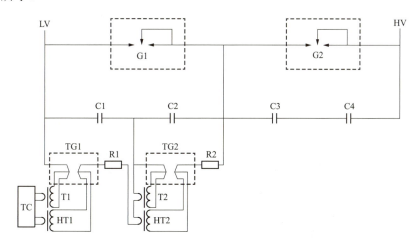

图 9-13　双主间隙串联结构火花间隙工作原理图

HV—高压端；LV—低压端；G1/G2—主间隙；C1～C4—均压电容器；TG1/TG2—密封间隙；

R1/R2—限流电阻器；T1/T2—脉冲变压器；HT1/HT2—高绝缘脉冲变压器；TC—触发控制箱

3. 主间隙及其试验

双主间隙结构的火花间隙中每个主间隙承受的工作电压由超高压串补装置用火花间隙的 40kV 增加到 60kV，通流能力要求达到 63kA/0.5s、170kA（峰值），因此主间隙的本体结构、电极结构与超高压串补装置用主间隙有明显差异。

（1）主间隙结构。

火花间隙安装在特高压串补平台上，平台高度约 12m，在进行主间隙结构设计时，综合考虑了火花间隙的抗风、抗震及防电晕等因素。主间隙的外形及尺寸如图 9-14

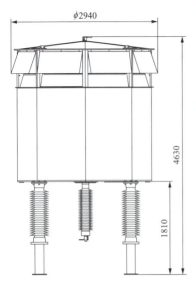

图 9-14　主间隙外形及尺寸图

所示。

（2）主间隙电极。

主间隙由闪络间隙和续流间隙构成，其中闪络间隙是主间隙中的放电起始间隙，在没有触发的情况下，闪络间隙在最大可能承受的过电压下不会自放电。续流间隙是专门设置的电弧燃烧通道。当闪络间隙放电后，电弧迅速转移到续流间隙，确保了闪络间隙不受损伤，保证了闪络间隙具有稳定的自放电电压。

为满足主间隙电极表面电场的设计要求，通过对电极表面电场分布仿真分析和校核，最终确定了合理的电极结构。

电极材料选用了强度高、耐烧蚀的石墨，并对电极本体进行了特殊设计，利用电流自身电动力使电弧在电极表面快速移动，防止电极局部烧损，提高了火花间隙的通流能力，延长了电极的使用寿命。

（3）试验验证。

1）主间隙通流能力试验。

主间隙通流能力试验内容包括：①故障电流试验：63kA/0.2s/5 次，63kA/0.5s/1 次，试验电流的第一个峰值为 170kA；②放电电流试验：170kA（峰值）/1500Hz/20 次。试验后主间隙各部位完好，图 9-15 是主间隙进行 63kA/0.2s 故障电流试验时的照片。

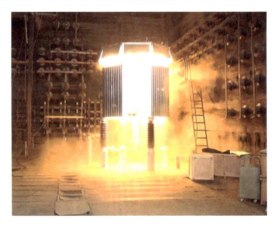

图 9-15　主间隙进行 63kA/0.2s 故障电流试验

2）主间隙恢复电压试验。

为验证火花间隙在线路带串补装置重合闸时是否击穿，需要对主间隙的绝缘恢复性能进行试验。试验时，主间隙通过一次故障电流，断流一定时间后，在主间隙上施加一定的电压（通常为额定电压的 1.8 倍），主间隙应能耐受该电压。主间隙的绝缘恢复试验结果如表 9-16 所示。

表 9-16 主间隙的绝缘恢复性能

故障电流（kA）	故障电流持续时间（ms）	间隔时间（ms）	工频恢复电压（标幺值）
63	60	650	1.4
63	50	650	1.7
50	60	650	2.2

试验结果表明，火花间隙在通过故障电流 50kA/60ms，间隔 650ms 后，能够耐受过电压为 2.2（标幺值），即系统故障电流低于 50kA 时，火花间隙满足线路带串补装置重合闸时不击穿的要求。

4. 触发控制系统及其试验

火花间隙触发控制系统是整个间隙系统的重要组成部分，安装在主间隙的下方。与 500kV 串补装置用火花间隙触发控制系统相比，各部件的电压等级均明显提高，并且其工作的电磁环境更加恶劣。

（1）密封间隙。

密封间隙是间隙触发控制系统的重要部件之一。根据特高压串补装置用火花间隙触发控制系统的工作原理及其特性，密封间隙需要满足下述要求：

1）密封间隙应具有稳定的自放电电压；

2）密封间隙在交流电压下触发放电时，不应存在极性效应；

3）密封间隙的可靠触发放电电压应低于 1.8（标幺值）；

4）密封间隙的工作环境温度为 -40～40℃；

5）密封间隙的间隙距离可以根据需求进行调节。

密封间隙除了具有可靠的密封结构外，还采用了高低压电极同时点火的结构，有效地消除了单电极点火结构的密封间隙触发放电的极性效应，确保了火花间隙在两种极性下的最低触发放电电压均满足使用要求，密封间隙外形照片如图 9-16 所示。

（2）触发控制电路。

火花间隙触发控制电路的工作原理如下：在线路正常运行时，触发控制电路对触发用储能电容器进行充电并监控。当储能电容器的电压低于下限时，电容器充电，当电压高于上限时停止充电。当线路出现故障而需要间隙触发放电时，位于地面的串补控制保护设备将向火花间隙发出触发间隙的指令，触发控制模块通过光纤接收

图 9-16 密封间隙

到指令后，触发电路对此时的间隙电压进行判断，如果间隙电压低于 1.8（标幺值），则触发控制模块不发出点火脉冲；如果间隙电压达到或超过了 1.8（标幺值），则触发控制模块立即发出点火脉冲，使密封间隙放电，完成对火花间隙的触发任务。触发控制电路具有在线监测功能，包括监测控制箱内储能电容器的欠压、过压情况，以及间隙均压系统工作是否正常等。

（3）触发控制箱。

触发控制箱采用两面开门设计，正面布置了两套回路的电源模块、触发控制模块及储能电容器等，背面布置了两套回路的隔离变压器。特高压串补平台上的电磁环境异常复杂，火花间隙需要具备良好的抗电磁干扰性能。因此专门对火花间隙控制箱进行了抗电磁干扰设计，采取了滤波、隔离、限压、屏蔽、等电位连接及优化布线等措施。

（4）触发控制系统的试验。

密封间隙的主要试验项目包括外绝缘试验、自放电电压试验、可靠触发放电电压试验、环境影响试验等。触发控制箱的主要试验项目包括基本性能试验、绝缘性能试验、环境条件影响试验、电磁兼容性能试验、机械性能试验、连续通电稳定性试验等。

触发控制系统达到了 GB/T 24833《1000kV 变电站监控系统技术规范》及 DL/Z 713《500kV 变电所保护和控制设备抗扰度要求》规定的最高级别要求。另外，还通过了特高压串补真型试验平台拉合隔离开关等特殊电磁干扰试验。

五、金属氧化物限压器

金属氧化物限压器（MOV，简称限压器），是以氧化锌电阻片为核心限压元件的大容量过电压限制设备，是串联电容器组的基本过电压保护设备。限压器的应用既可将电容器组的过电压限制在规定的最高水平以内，同时又能在系统接地故障清除后，在绝大多数情况下使串联电容器组和线路一起立即投入运行，极大地降低了串补装置被旁路的概率。

由于串补装置用限压器限制的是工频过电压，电流大、持续时间长、能耗巨大，需要多个限压器单元并联运行。为了满足串补平台安装、运维的需要，限压器单元数量不宜过多，因此单元内部也采用多个电阻片柱并联结构。在串补平台上，为串联电容器组提供直接过电压保护的限压器实际上是由数十柱甚至上百柱非线性电阻片柱并联组成的限压器组。限压器研制和生产的难度主要是电阻片的配组，使其在限压过程中流过各非线性电阻片柱的电流尽可能一致。

1. 基本要求

特高压串补装置用限压器的基本参数要求如下：

（1）限压器的保护水平：约 2.3（标幺值）；

（2）限压器大电流压力释放能力：63kA；

（3）限压器的电流分布系数：小于1.1。

2. 外绝缘结构

特高压串补装置用限压器外绝缘结构有瓷套和复合套两种形式，即瓷套限压器和复合套限压器。其中，瓷套限压器有单节式瓷套限压器和两节式瓷套限压器两种结构方案。

单节式瓷套限压器、两节式瓷套限压器、复合套限压器这三种结构的限压器均能满足工程需求，可以根据具体特高压工程的特点择优选用，在特高压交流试验示范工程中采用了单节式瓷套限压器。三种结构对比如下：

（1）两节式瓷套限压器，在两节瓷套串联后比同等绝缘距离的单节式瓷套限压器或复合套限压器的高度略高、质量略大。

（2）两节式瓷套限压器在特高压串补平台上的布置会比单节式瓷套限压器及复合套限压器零乱。

（3）两节式瓷套限压器需要在两个瓷套的中间法兰处进行电气连接，使得限压器成为上下两层，在限压器配片时，需要对每层单独进行配片，虽然便于生产组装，但是增加了配片的难度。

（4）单节式瓷套限压器和复合套限压器均需要对限压器外套和整体结构进行重新设计。

（5）复合套限压器与瓷套限压器相比，具有质量轻、耐污秽性能及防爆性能好等优点。

（6）复合套限压器与单节式瓷套限压器相比，二者性能基本一致，但在平台面积受限时，复合套限压器的安装容量更大。

（7）复合套限压器的复合绝缘外套为有机材料，存在材料老化性能尚不明确的问题。

3. 限压器芯体设计

特高压串补装置用限压器额定电压增高后其高度明显增加，这将严重影响限压器单元的压力释放能力，而限压器单元的大电流压力释放能力要求达到63kA/0.2s，为了确保限压器单元满足压力释放能力高的要求，对限压器的芯体、绝缘外套结构等进行了改进。

特高压串补装置用限压器内部仍然采用超高压串补装置用限压器的结构形式，即4个或5个电阻片柱并联的结构，每个电阻片柱由环氧引拔棒及其他结构件进行固定。

由于每个电阻片柱串联的电阻片数量最多可达到40片，因此整个芯体较长，在芯体设计时对电阻片柱采用了分段结构，以便于生产组装。组装后的整个电阻片柱中间不设强制等电位连接点。

4. 氧化锌电阻片的质量控制

限压器的核心元件是非线性氧化锌电阻片。为满足能耗的要求，每套特高压串补装置限压器需要的电阻片数量达 7000 多片，是 500kV 串补装置用限压器电阻片的 3 倍以上，运行中任何一个电阻片损坏，都将使限压器故障，严重影响整个串补装置的可靠性。因此，要求限压器单元及其电阻片具有更高的质量稳定性。为确保限压器的可靠性，必须确保每个电阻片的质量。为此采取了以下质量控制特殊措施：

（1）在一定时间内集中生产特高压串补装置用电阻片，并且采取严格的工艺措施控制每个电阻片的生产。

（2）优中选优，制定了严格的电阻片挑选原则。对电阻片能量耐受的筛选试验方法和筛选基准进行了研究，提出了严格的筛选基准和筛选试验方法。每批电阻片均进行 $300J/cm^3$ 的重复能量耐受抽检试验，通过试验后再进行进一步的严格筛选，优选出质量可靠的电阻片。

5. 限压器的均流

限压器具有良好的非线性伏安特性。特高压串补装置限压器容量大、电阻片柱并联个数多，电阻片柱间的伏安特性一致性要求更高。为防止因分流不均而造成限压器损坏，需要采用特殊的均流措施，对电阻片柱进行专门的配组，使各电阻片柱电流尽可能均匀，能耗尽量一致。为了确保特高压串补装置用限压器的安全、可靠运行，特高压串补装置用限压器的电流分布系数需要优于 1.05，为了达到特高压串补装置用限压器的均流要求，采取了以下措施：

（1）优化了均流配片方法，采取了对整相限压器电阻片统一配片的措施。

（2）搭建了适合特高压串补装置用限压器的分流试验回路，对限压器分流性能进行了充分的试验验证。

采取以上措施后，特高压串补工程中每相限压器的电流分布系数均不大于 1.05。

6. 型式试验

限压器的主要型式试验项目包括残压试验、操作冲击残压试验、泄漏试验、参考电压试验、局部放电试验、电流分布试验、加速老化试验、能量耐受试验、重复能量耐受试验、能量耐受和工频电压稳定性试验、短路试验等。

六、旁路开关

特高压串补装置用旁路开关用于投入和退出串补装置，尤其是在线路或串补装置故障等紧急情况下快速退出串补装置，是串补装置的关键控制和保护设备。旁路开关使用条件特殊，在中国应用特高压串补技术之前，国内外均没有现成产品可供选用。

1. 基本要求

（1）绝缘水平。

旁路开关安装在地面上，对地绝缘承受系统电压，所以对地额定电压及绝缘水平选择与特高压系统相同或略高。旁路开关断口与电容器组并联，断口持续运行电压为电容器组额定电压，所以断口额定电压（线电压）选为电容器组额定电压（相电压）

的 $\sqrt{3}$ 倍，并保留适当裕度以考虑电容器组较长时间过负荷情况。旁路开关断口暂时过电压为串补装置限压器保护水平，断口工频耐受电压选为电容器组极限电压，并保留了适当裕度。旁路开关断口额定电压和工频耐受电压调整到 GB/T 11022《高压交流开关设备和控制设备标准的共用技术要求》规定绝缘水平的更高一级标准值。绝缘水平要求详见表 9-6。

（2）机械操作要求。

旁路开关要能快速合闸旁路电容器组，要求合闸时间越短越好。旁路开关投入电容器组过程中如果出现线路故障或串补装置损坏等紧急情况，要能快速合闸旁路电容器组，要求分合时间越短越好。旁路开关在串补线路故障后快速旁路电容器组，线路开关清除故障后要能快速重投电容器组以提高系统稳定性，要求能够快速自动重分闸。由此确定旁路开关操作顺序为 C-0.3s-OC-180s-OC（C 代表一次合闸操作，OC 代表分闸操作后立即进行合闸操作）。机械操作要求详见表 9-6。

（3）开断和关合条件。

旁路开关将线路电流从旁路回路转移至电容器组回路称为投入电容器组。额定重投入电流是旁路开关在额定重投入电压下能够从旁路回路转移至电容器组回路的工频电流有效值，应该不低于电容器组额定电流，并考虑可能出现的过电流情况。额定重投入电压是旁路开关在开断额定重投入电流时能够耐受并不发生重击穿的暂态恢复电压峰值。额定重投入电压波形一般是通过系统研究来确定的，推荐"1-cos"波形，第一峰值时间 5.6ms 时可满足 100%的 50Hz 系统应用，第一峰值时间 6.7ms 时可满足 95%的 50Hz 系统应用。

旁路开关将线路电流从电容器组回路转移至旁路开关回路称为旁路电容器组。额定旁路关合电流是线路故障情况下电容器组被充电到串补过电压保护器保护水平时，旁路开关所能关合的电流峰值，由电容器组放电电流分量和线路工频故障电流分量两部分组成。有关技术参数详见表 9-6。

2. 整体结构

旁路开关对地绝缘水平为 1100kV 等级，通常支柱瓷套有效绝缘距离不小于 7.7m，结构高度不低于 10m。旁路开关支柱瓷套底部法兰距地面最小净距 4.5m 或满足地面 1.5m 高处场强不大于 10kV/m，支柱瓷套下方支架对地高度一般不低于 7m。旁路开关接线端子额定静负载力水平 4000N，垂直 2500N，负载力很大。旁路开关要求高速机械操作。所以，旁路开关整体结构的机械强度和稳定性有很高的要求。

旁路开关采用了 T 型整体结构，如图 9-17 所示。旁路开关采用 252kV 双断口灭弧室，每个断口额定电压 126kV，采用 5 节支持瓷套，灭弧室和支柱绝缘子均采用高强瓷套。

3. 额定通流能力设计

旁路开关额定电流 6300A，由于瓷套灭弧室内部空间有限，导电截面较小，而且

图 9-17　特高压串补装置旁路开关

瓷套灭弧室散热不好，所以为了提高额定通流能力，主要采用了以下方法：

（1）灭弧室并联分流支路。灭弧室并联分流支路，分流支路触头先于灭弧室（3±1）ms分闸，后于灭弧室（2±1）ms合闸，利用连接花键与灭弧室触头实现同向运动。分流支路触头较灭弧室后合先开，没有开断和关合要求，结构简单，通流能力强。灭弧室通流能力3465A，分流支路通流能力4000A时，通过调整分流支路回路电阻可以调节与灭弧室的电流分配，温升试验证实能够满足额定通流能力要求。

（2）优化大额定电流灭弧室。选用已有5500A大额定电流灭弧室为原型，对其进行提高额定通流能力优化设计。通过加大动静触头的接触面积，增加静侧触头支持件外径和静触头壁厚，最终实现了旁路开关的额定通流能力。

4. 开断和关合能力设计

特高压串补装置用旁路开关要求重投入电流10kA，恢复电压为390kV，峰值时间为6.7ms，开断条件类似常规电容器组，但开断电流更大，恢复电压上升更快，并且不允许出现重击穿，对开断提出了很高的要求。

旁路开关分闸速度越快，其介质恢复速度就越快，但是最短燃弧时间就越短，恢复电压施加就越早，所以要求分闸过程中开距快速增大，使得介质恢复速度始终高于恢复电压上升速度，以保证不发生重击穿。由于目前开关开断过程的介质恢复和触头间隙击穿仿真技术水平有限，所以通过不同燃弧时间条件下，开断过程不同时刻开距对应的最大电场强度和击穿场强经验值来分析判断是否会发生重击穿，为重投入能力设计提供依据。经综合分析，分闸速度选为6m/s左右。

特高压旁路开关要求在430kV下关合160kA、300Hz的旁路关合电流，关合条件类似常规关合电容器组涌流，但电流幅值更高、频率更低，对触头耐烧蚀能力提出了很高的要求。旁路开关的关合能力设计关键在于提高合闸速度，减小预击穿时间，采用优质CuW材料提高弧触头的耐电弧烧蚀性能。经综合考虑，合闸速度选为6m/s左右。

5. 机械特性设计

旁路开关机械特性设计，主要是考虑高速操作及开断和关合要求，实现高速平稳的机械操作，主要采取了如下方法：

（1）采用大功率操动机构提高操作速度，通过速动电磁铁缩短启动时间。

（2）操动机构分合闸输出倒置，提高旁路开关合闸速度。常规断路器操动机构分闸功大，分闸速度快，将常规断路器操动机构的合、分闸输出倒置用于旁路开关，利用操动机构的分闸操作实现旁路开关的合闸，大幅提高旁路开关的合闸速度。例如，旁路开关最初为正向传动，机构活塞杆向上运动（机构合闸），灭弧室合闸，机构活塞杆向下运动（机构分闸），灭弧室分闸，旁路开关合闸时间最少为 45ms，不能满足技术要求。采用操动机构分合闸输出倒置，即机构活塞杆向上运动灭弧室分闸，机构活塞杆向下运动灭弧室合闸，旁路开关合闸时间最少达到了 30ms，满足了技术要求。修改前后的旁路开关传动方式如图 9-18、图 9-19 所示。

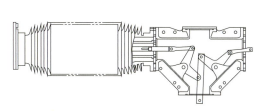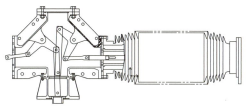

图 9-18　修改传动前的传动结构　　　　图 9-19　修改传动后的传动结构

（3）通过对旁路开关传动质量、传动和导向结构等的分析，减轻了绝缘拉杆质量，优化了传动角度和导向结构，从而提高了操作速度。

6. 型式试验

旁路开关的主要型式试验项目包括关合电流试验、重投入电流试验、短时耐受电流和峰值耐受电流试验、无线电干扰电压试验、主回路绝缘试验、主回路电阻测量、温升试验、密封试验、机械寿命试验、防雨试验、SF_6 气体湿度测定、噪声水平测量、辅助和控制回路的绝缘试验、端子静负载试验、机构箱的防护等级试验、抗震性能试验等。

七、旁路隔离开关

特高压串补装置用旁路隔离开关用于辅助投入和退出串补装置，是串补装置中的重要控制设备，使用条件特殊，在中国应用特高压串补技术之前，国内外均没有现成产品可供选用。

1. 基本要求

（1）绝缘水平。

旁路隔离开关安装在地面上，对地绝缘承受系统电压，所以对地额定电压及绝缘水平应选与特高压系统相同或略高。

旁路隔离开关断口与电容器组并联，断口绝缘承受电容器组电压。电容器组持续运行电压为额定电压，但是电容器组运行过程中可能出现过负荷，过负荷允许水平为：

8h 过电流允许值为 $1.1I_N$；30min 过电流允许值为 $1.35I_N$；10min 过电流允许值为 $1.5I_N$。系统故障时电容器组两端将会产生过电压，限压器用来限制此过电压。限压器动作前和动作过程中出现在电容器组两端的最高电压峰值称为限压器的保护水平，用 U_{PL} 表示。$U_{PL}/\sqrt{2}$ 称为电容器组的极限电压，通常为额定电压的 2.3 倍左右，电容器组被设计为能多次耐受峰值不超过 U_{PL} 的暂时过电压。

　　旁路隔离开关断口持续运行电压为电容器组额定电压，所以断口额定电压（线电压）应选为电容器组额定电压（相电压）乘以 $\sqrt{3}$，并保留适当裕度以满足电容器组较长时间的过负荷情况需要。旁路隔离开关断口暂时过电压峰值为限压器保护水平，所以断口工频耐受电压应选为电容器组极限电压，并保留适当裕度。旁路隔离开关断口额定电压和工频耐受电压均调整到 GB/T 11022—2020《高压交流开关设备和控制设备标准的共用技术要求》规定的绝缘水平的下一级更高标准值，如表 9-7 所示。

　　（2）转换电流开合要求。

　　旁路隔离开关在辅助投入和退出电容器组过程中，要实现线路负荷电流在线路和旁路开关支路之间的转换。由于旁路开关支路阻尼装置的存在，旁路隔离开关开合转换电流过程中断口有暂态恢复电压，需具备在一定转换电压下开合转换电流的能力，图 9-20 为开断过程恢复电压波形。旁路隔离开关转换电流开合参数为：转换电压为 7000V，转换电流为 6300A，开合次数为 100 次 C-O 操作循环。

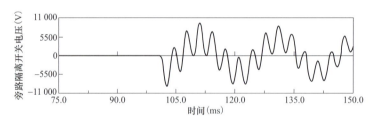

图 9-20　转换电流开断过程恢复电压波形

　　2. 总体结构

　　旁路隔离开关采用户外敞开式结构，对地绝缘水平为 1100kV 等级，通常支柱绝缘子有效绝缘距离不小于 7.7m，结构高度不低于 10m。旁路隔离开关支柱绝缘子法兰距地面最小净距 4.5m 或满足地面 1.5m 高处场强不大于 10kV/m，通常支柱绝缘子下方支架对地高度不低于 7m。旁路隔离开关接线端子额定静负载力水平纵向 5000N，水平横向 4000N，垂直 5000N，端子负载力很大。所以旁路隔离开关对整体结构的机械强度和稳定性要求很高。

　　旁路隔离开关总体结构形式可以选择单柱垂直断口、双柱水平断口和三柱水平断口三种。三柱水平断口隔离开关具有三个垂直布置的绝缘支柱，中间绝缘支柱的顶部安装主导电杆，主导电杆水平旋转形成两个相互串联的水平断口，可采用翻转式触头结构，即主导电杆先在水平面转动，当动触头进入静触座后，翻转机构带动主导电杆在轴向自转，动触头与静触指可靠接触。三柱水平旋转翻转式隔离开关操作力小，可有效降低操动结构操作功，对支柱绝缘子操作冲击力小，触头导电能力及环境适应性强，是超高压站主要采用的结构形式，所以特高压旁路隔离开关采用了该结构形式。

根据绝缘要求，旁路隔离开关设计每柱由 5 个支柱绝缘子组成，总高 10500mm，550kV 断口绝缘距离 4550mm。为均匀电场分布，降低无线电干扰及电晕噪声，旁路隔离开关在顶端设计了均压环。

3. 开合转换电流设计

按照现行国内外隔离开关产品标准，常规敞开式隔离开关转换电流开合能力为转换电压 400V，转换电流 1600A，不能满足特高压串补装置用旁路隔离开关的使用需求。提高隔离开关转换电流开合能力的常规方法是拉长电弧来提高熄弧能力，并采用弧触头引弧以减轻电弧烧蚀的危害，但是提高的转换电流开合能力有限，而且会产生严重的敞开空气电弧，对开关及周围设备安全运行造成影响，难以满足特高压串补装置用旁路隔离开关的高转换电流开合要求。因此，特高压串补装置用旁路隔离开关采用了一种大幅度提高敞开式隔离开关转换电流开合能力的新方法，通过给隔离开关加装辅助真空断路器，用主导电杆操作开合转换电流，能够大幅度提高转换电流开合能力，图 9-21 为此方法的原理示意图。

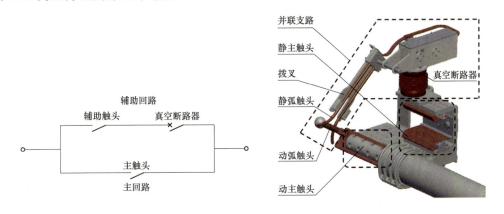

图 9-21　提高转换电流开合能力的方法原理

4. 型式试验

特高压串补装置用旁路隔离开关主要型式试验项目包括转换电流开合试验、动热稳定试验、端子静态机械负载试验、机械寿命试验、温升试验、绝缘试验、破冰试验等。

八、阻尼装置

特高压串补装置用阻尼装置用于限制电容器组放电电流的幅值和频率，避免电容器组放电电流对电容器组、保护间隙和旁路开关等造成损害，并迅速泄放电容器组残余电荷，避免残余电荷电压对线路断路器恢复电压及潜供电弧等产生影响，是串补装置中重要的保护设备，需要根据串补装置及所在电网的具体情况设计。

1. 基本要求

特高压串补装置用阻尼装置由阻尼电抗器和阻尼电阻器两部分并联组成，原理如

图 9-22 阻尼装置原理图

图 9-22 所示。阻尼电抗器用来限制电容器组放电电流幅值和频率。阻尼电阻器包含线性电阻和 MOV 两部分，MOV 用来在电容器组放电过程中瞬时投入线性电阻来吸收电容器组放电能量，可以减少线路短路电流流过线性电阻的时间，减小线性电阻热容量，提高其可靠性。

特高压串补装置用阻尼装置基本要求如下：

（1）阻尼装置应能长期通过线路额定电流，要求额定电流不小于 6.3kA。

（2）阻尼装置应能将电容器组放电电流限制在电容器、旁路开关和保护间隙的耐受能力范围内，要求限制电容器组放电电流峰值小于 120kA，频率低于 1000Hz。

（3）阻尼装置应能在 6ms 内将电容器组放电电压衰减至 20%以下，以减小电容器组残余电压对线路断路器恢复电压和潜供电弧的影响。

（4）考虑线路重合闸需要，阻尼装置应能连续两次耐受电容器组放电和线路短路电流作用。

（5）电容器组阻尼放电频率应避免与 $6n\pm1$（$n\geq1$）次谐波发生谐振。

（6）阻尼电抗器电感值不宜过大，以降低旁路隔离开关开断转换电流时的恢复电压。

实际应用中，需要根据上述技术要求，通过系统仿真计算确定阻尼装置主要技术参数。

2. 阻尼电阻器设计

阻尼电阻器中 MOV 部分由氧化锌阀片串并联组成，线性电阻部分由陶瓷电阻片串并联组成，基本电气原理如图 9-23 所示。

阻尼电阻器 MOV 部分采用多柱氧化锌阀片并联，由于氧化锌阀片伏安特性的高度非线性，柱间伏安特性的微小偏差即可导致柱间电流分布极不均匀，严重影响 MOV 技术性能和可靠性。由于各柱氧化锌阀片串联数较少，不能通过伏安特性的高、低压搭配实现柱间伏安特性非常接近，完全解决多柱并联时的均流问题。阻尼电阻器采用了给各柱氧化锌阀片串联电阻的均流方法。从线性电阻部分抽出一部分陶瓷电阻片与各柱氧化锌阀片串联，氧化锌阀片柱大电流导通时呈现低电阻，此时与其串联

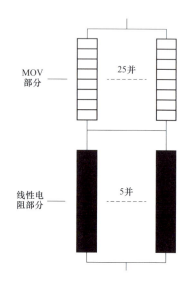

图 9-23 阻尼电阻器基本电气原理图

的电阻可使各柱电阻接近，从而使各柱电流均匀分布。

阻尼电阻器内部 MOV 部分为多柱并联结构，如果每柱氧化锌阀片采用独立结构，并联后形成 MOV 部分芯体，则 MOV 部分芯体数过多，会导致阻尼电阻器尺寸增大、质量增加，给生产和使用带来不便。阻尼电阻器采用了一种金属短接片结构，利用金属短接片将多柱氧化锌阀片等电位部分连接在一起引出，将多柱氧化锌阀片由电气结构上的并联变为安装结构上的串联，然后再与 1 柱线性电阻串联，组成 1 个阻尼电阻器芯体，2 或 3 个阻尼电阻器芯体并联后封装到绝缘外套中，由此大幅度减少了阻尼电阻器芯体数和复合外套数。

陶瓷电阻片表面凹凸不平，喷铝电极很薄，压缩变形量很少，所以电阻片容易接触不充分出现通流不均导致技术性能下降甚至损坏。阻尼电阻器在陶瓷电阻片间加装了铜网垫片。铜网较软，并且是良导电体和导热体，压紧时会产生形变使上下接触面接触充分，并且有利于散热。

在阻尼电阻器设计的基础上，考虑串补平台布置及接线需要，设计每相阻尼电阻器由两台并联组成。单台阻尼电阻器外形如图 9-24 所示，由上下 2 个单元串联组成，每个单元封装在一个外套里，充干燥氮气并严格密封。

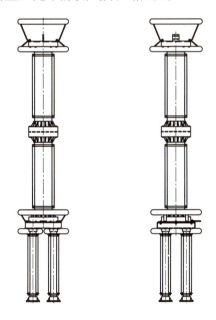

图 9-24　单台阻尼电阻器外形图

3. 阻尼电抗器设计

阻尼电抗器采用干式空心电抗器，当每相采用单台时，串补平台荷载过于集中，所以设计每相采用两台阻尼电抗器并联，单台阻尼电抗器外形如图 9-25 所示。

对阻尼电抗器表面电场分布按照不超过 15kV/cm 进行控制，在阻尼电抗器顶部加装 $\phi60$ 电晕环时表面最大场强已经能满足要求，实际加装了 $\phi100$ 电晕环，保证了最

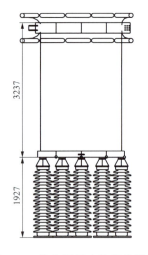

图 9-25　单台阻尼电抗器外形图

大场强满足要求，并有足够裕度。

4．型式试验

阻尼电阻器和阻尼电抗器分别进行型式试验验证。其中阻尼电阻器的主要型式试验项目包括直流参考电压及泄漏电流测量、工频参考电压测量、阀片方波冲击电流试验、阀片大电流冲击耐受电流试验、持续运行电压下阻性泄漏电流测量、局部放电试验、多柱 MOV 电流分布不均匀系数测量、外套外绝缘耐受电压试验、密封性能试验、压力释放电流测量、机械性能试验、湿气浸入试验、散热特性试验、放电电流及能量耐受试验等；阻尼电抗器的主要型式试验项目包括电阻测量、电抗测量、损耗测量、匝间放电耐压试验、匝间雷电冲击试验、温升试验、声级测定等。

九、光纤柱

光纤柱是特高压串补装置的重要设备之一。光纤柱悬挂安装在与线路相同电位的串补平台下方，是串补平台上有关设备与地面进行信息传递及光能量传输的唯一通道。光纤柱将长期承受系统的正常工作电压和各种过电压，其绝缘水平与平台支柱绝缘子一致。

国际上只有少数几家公司能够提供串补装置用光纤柱产品，且存在内置光纤数量有限、价格昂贵、交货时间无法保障等缺点。中国电力科学研究院有限公司为国产 220、500kV 串补装置提供过光纤柱产品。在中国应用特高压串补技术之前，国内外均没有现成产品可供选用，更没有工程应用经验。

1．基本要求

特高压串补装置用光纤柱悬挂安装在串补平台下方，与串补平台的支柱绝缘子并联，其运行电压与特高压线路相同。因此，要求特高压串补装置用光纤柱的绝缘水平与特高压线路绝缘子相同。光纤柱主要承受自身重量，与线路绝缘子相比，光纤柱基本上不承受机械拉伸负荷。

光损是衡量光纤柱性能的关键指标之一。光损值过大会影响地面控制保护与串补平台上相关设备的信息发送和接收，还会造成激光送能系统因能量损失过大而无法正常传输能量。在光纤柱的设计、生产、运输等过程中需要采取适当措施，尽量减小光纤的光损。

特高压串补装置用光纤柱除了应满足晴天夜晚无可见电晕的要求外，对许用电场强度也提出了较高的要求，避免对串补装置周边电磁环境产生不利影响。由于光纤柱外绝缘采用有机复合绝缘材料，对绝缘材料表面特别是硅橡胶与金具结合处的电场强度也提出了要求，以免高电场对光纤柱的绝缘材料造成电侵蚀。

主要技术指标见表 9-11。

2. 结构设计

目前已知的由国外厂家供货的串补装置用光纤柱产品，采用了在环氧引拔棒表面刻槽埋入光纤后覆以硅橡胶外绝缘的工艺。特高压串补装置用光纤柱的结构延用国产超高压串补装置用光纤柱的结构形式，主要由有机复合空心绝缘子、光纤及光纤附件、连接金具等组成，采用将光纤置于空心绝缘子内并在其内部填充绝缘膏脂的工艺结构。

与在环氧引拔棒表面刻槽埋入光纤的结构相比较，国产光纤柱有以下优点：

（1）光纤柱内部光纤的数量仅受空心绝缘子的环氧引拔管内径的限制，光纤数可达上百根，而环氧引拔棒表面刻槽埋入光纤的数量有限；

（2）环氧引拔管内部填充绝缘膏脂，绝缘性能优异。而环氧引拔棒表面刻槽埋入光纤的形式由于绝缘界面复杂，且经试验证明，其绝缘性能比较低。

特高压串补装置用光纤柱的安装尺寸达到了 10.8m，光纤柱结构如图 9-26 所示。光纤置于空心绝缘子内，从绝缘子两端经过连接金具，再经波纹管引出。光纤在空心绝缘子内部处于自由松弛状态，使光纤在运输和安装过程中，以及热胀冷缩的变化中，避免由于应力影响而增大光损甚至断裂。

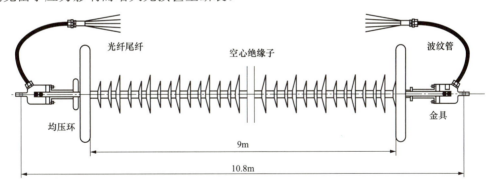

图 9-26 光纤柱结构示意图

3. 绝缘设计

（1）外绝缘设计。特高压串补装置用光纤柱的外绝缘按照海拔 1000m 及以下使用条件进行设计。光纤柱的安装尺寸依据平台高度确定，长度为 10.8m，电弧距离可达9m 以上，大于平台支柱绝缘子的电弧距离。光纤柱运行环境的污秽等级为Ⅲ级，爬电距离应不小于 27.5m。

（2）内绝缘设计。光纤柱空心绝缘子内部除光纤外的空间，采用绝缘膏脂填充。绝缘膏脂具有一定的电气强度，在光纤柱运行环境下理化性能稳定，且不凝固。在生产过程中，采用了成熟的灌注工艺，确保排出空心绝缘子内部的空气，使光纤柱在正常运行过程中内部不产生局部放电。

4. 光路设计

光纤柱的光损主要包括本征损耗、转接损耗和附加损耗三种。固有损耗是光纤的固有特性，是不可避免的，特高压串补工程中采用的光纤类型为 62.5μm 芯径的多模光纤，其本征损耗一般为 3.5dB/km；转接损耗产生于多段光纤转接或熔接的过程中；附加损耗主要是光纤柱在加工或安装过程中内部光纤受到弯曲、扭转或挤压等应力产生的损耗。

光纤柱在设计过程中，所有的光纤都是完整的，未经过熔接或转接，避免产生转接损耗。在所有的光纤与金具有接触的环节都进行了特殊设计，尽量减少光纤的附加损耗。

光纤柱的试品在型式试验前后都进行了光损的测量，光损的测量也是光纤柱出厂试验的一项重要内容，试验结果表明特高压串补装置用光纤柱最大光损不超过 0.6dB，小于光损阈值。

5. 机械强度

特高压串补装置用光纤柱的空心绝缘子主体采用高强度环氧引拔管。环氧引拔管与端部金具采用压接工艺连接。空心绝缘子是管状结构，而线路用复合绝缘子是棒形结构，环氧引拔管与金具的压接强度比线路用复合绝缘子弱，所以特高压串补装置用光纤柱的机械强度（主要指拉伸方向的机械强度）不如线路用复合绝缘子。特高压串补装置用光纤柱采用悬挂方式吊装在串补平台下方，只承受光纤柱的自重和 1kN 以内的安装预应力的作用，与线路用复合绝缘子承受输电线路几百千牛的作用力相比，受力小很多。由于光纤柱的机械负荷远小于线路用绝缘子，所以确定光纤柱额定机械负荷为 15kN，约为光纤柱自重的 10 倍。

6. 密封性能的检验

参照 GB/T 19519《架空线路绝缘子 标称电压高于 1000V 交流系统用悬垂和耐张复合绝缘子 定义、试验方法及接收准则》规定的界面和金属附件连接区试验方法，制定检验密封性能的试验方案。光纤柱试品需先进行额定机械负荷试验、温度循环试验和密封性能试验（也称水煮试验），并在密封性能试验后 48h 内进行陡波冲击电压试验。在所有这些试验前及陡波试验后分别进行工频闪络电压试验。试验结束后，光纤柱试品外观无损伤、无渗出物；在陡波试验过程中，放电均发生在外部电极之间，没有发生内部击穿；工频闪络电压降低不超过 10%，所有试验顺利通过。试验证明，光纤柱具有可靠的密封性能。

7. 电场分布控制

对特高压串补装置用光纤柱的场强设计要求是，光纤柱金具上的最大场强不超过 1.5kV/mm，硅橡胶表面最大场强不超过 0.6kV/mm。

光纤柱安装在平台一侧靠外，高压端金具位于平台边沿大约 600mm，钢格板下方 300mm 的位置，有必要加装电晕屏蔽环（或称均压环）控制端部场强，避免高压端金具及硅橡胶等产生电晕或电腐蚀。设计时考虑了一个大环和一个小环搭配的结构。应用情况表明，光纤柱高、低压端金具最大场强及硅橡胶表面最大场强均不超过限值。

8. 定型试验

光纤柱的定型试验项目包括型式试验、抽样试验和逐个试验三个部分，其中主要型式试验项目包括湿工频耐受电压试验、雷电冲击耐受电压试验、操作冲击耐受电压试验、额定机械负荷耐受试验、温度循环试验、密封性能试验、陡波冲击电压试验、光损测量等。

十、电流互感器

电流互感器是特高压串补装置的重要设备之一，为串补装置的控制保护提供电流监测信号。

1. 基本要求

特高压串补装置电流波动范围大，易产生过电压，电磁环境复杂，部分设备还需要电流互感器供电，对电流互感器的要求与传统电流互感器不同。特高压串补装置用电流互感器是一种母线式电流互感器，需要满足特高压串补装置对电流互感器绝缘等级和准确度的要求，避免特高压串补平台强电磁干扰对电流互感器的影响，能够给串补装置上的部分设备供电等。技术指标见表 9-12。

2. 结构设计

串补装置用电流互感器采用穿心式，一次绕组为平台低压母线。特高压串补装置的低压母线外径为 250mm，为了便于现场安装，穿心式电流互感器的预留窗口要求不低于 290mm。

目前串补装置用互感器一般采用环氧浇注和金属外壳两种结构。为了便于电流互感器的安装和更换，电流互感器采用本体和外绝缘分离设计。

互感器本体主要由二次绕组、外绝缘和外壳等构成。互感器外壳与穿心母线之间采用硅橡胶绝缘。铁芯为环形卷铁芯，二次绕组为圆铜漆包线，分多层密绕在铁芯上，根据额定电流比选择匝数。绕组与铁芯之间采用绝缘纸和聚四氟乙烯带绝缘，绕组层间采用聚四氟乙烯带绝缘。互感器外壳采用铸铝结构，既作为二次绕组的容器，也作为二次绕组的屏蔽。两个独立的二次绕组置于同一外壳内，绕组与外壳之间采用环氧浇注。浇注的环氧起到二次绕组与外壳绝缘的作用，同时固定二次绕组的位置。外壳底部留有二次接线盒，内有两组二次接线端子。

外绝缘采用硅橡胶材料制成，具有良好的绝缘性能，柔韧性好，生产工艺简单，便于安装和更换。

3. 绝缘设计

电流互感器的外绝缘选用硅橡胶绝缘材料，采用高温态硅橡胶一次注射成型工艺制成。电流互感器在串补装置正常运行过程中，一次绕组（母线）与二次绕组和外壳之间电压为零，因此可以认为是低压互感器，不用考虑局部放电的问题。但是当串补装置投入或退出时，外绝缘可能承受暂态过电压的作用。特高压串补装置电流互感器的绝缘设计指标为：最高运行电压为 3.6kV（方均根值），额定工频耐受电压 30/18kV（干/湿），雷电冲击耐受电压为 60kV（峰值）。

4. 二次绕组设计

线路正常运行时，线路电流一般远小于额定电流，此时电流互感器的误差一般都会比额定电流下的误差大。为了保证测量精度，电流互感器需要满足 0.2 级及以上的准确级要求；当线路发生故障时，线路短路电流往往是线路额定电流的数十倍，甚至几十倍。电流互感器在这种情况下要避免过饱和，以保证测量精度。此时，电流互感器需要具有 5P30 的保护级。

通过电流互感器的二次绕组的设计，既要使电流互感器在 30 倍额定电流下铁芯不饱和，同时要避免在较小的长期运行电流下产生较大误差。

5. 热特性

电流互感器的热特性包括两个方面的要求：①电流互感器在长期工作时的发热特性，可以通过额定连续热电流和温升限值来衡量；②电流互感器的短时电流热稳定性，可以通过短时热稳定电流来衡量。电流互感器通过额定连续热电流的温升可以通过试验取得，短时热稳定电流造成的电流互感器温升可以通过计算模拟。经验证，两种温升均不超过允许值。

6. 电磁屏蔽

电流互感器采用铸铝外壳，对二次绕组能起到良好的屏蔽作用。铸铝外壳沿二次绕组绕线方向留有 1mm 的缝隙，未形成闭合回路。这防止了铸铝外壳在工频磁场的作用下形成涡流，在起到良好的屏蔽电磁干扰作用的同时，不会对正常的一次电流磁场造成干扰。

7. 机械强度

由于电流互感器外壳采用铸铝结构，内部采用环氧树脂浇注。整体具有很高的机械强度，地震、覆冰、风力等自然环境条件对其结构完整性不构成威胁。

电流互感器的动稳定特性要求是当一次绕组施加额定动稳定电流（峰值）时，电流互感器能承受电磁力的作用，无电损伤或机械损伤。

8. 型式试验

特高压串补装置用电流互感器的型式试验按照 GB 20840.2《互感器　第 2 部分：电流互感器的补充技术要求》的相关内容执行。

十一、控制保护系统

1. 主要功能

（1）控制功能。串补装置投入或退出的操作具有手动和自动两种方式，当采用自动方式时，串补装置可按照预定的自动流程投入或退出，实现串补装置的接地、隔离、旁路、运行等状态的自动转换。串补装置的主要控制功能包括：采集开关量并向远方发送，遥信变位优先传送；直接采集电压、电流、频率，测量有功功率、无功功率和功率因数并向远方传送；接收、返校并执行遥控命令；接收、执行校时命令；与 GPS 对时；模块可自诊断和自恢复；主机具备接入打印机打印数据的功能（非即时打印）；装置可自调并可监视通信信道；可记录 SOE 并向远方发送；装置的所有动作、报警信息均可通过通信网络上报监控主机，装置的所有整定值均可在监控主机上进行设置。

（2）保护功能。为保证特高压串补装置保护配置的可靠性，保护系统按照完全双重化的设计思想，由完全独立的两套保护系统组成，以确保串补装置的运行安全。串补装置保护的配置原理以保护全部串补平台设备为基础，兼顾系统的安全可靠运行，同时考虑各保护之间保护范围的重叠与覆盖。对于各类保护而言，保护配置应考虑主保护与直接或间接后备保护相结合。保护配置主要包括：电容器过负荷保护、电容器不平衡保护、SSR 保护、MOV 过电流保护、MOV 能量保护、MOV 温度保护、MOV 不平衡保护、火花间隙自触发保护、火花间隙拒触发保护、火花间隙延迟触发保护、线路联动串补保护、平台闪络保护、旁路开关合闸/分闸失灵保护、旁路开关三相不一致保护、电厂 SSR 联动串补保护、线路电流监视告警、旁路开关 SF_6 压力低/闭锁告警、控制回路断线告警、旁路开关位置不明确告警。特高压串补装置主要保护配置如图 9-27 所示。

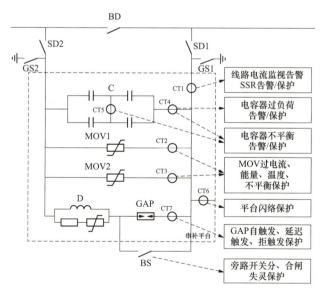

图 9-27　特高压串补装置主要保护配置图

串补装置控制保护系统的动作出口主要有合旁路开关、分旁路开关、触发火花间隙、跳线路两侧断路器、启动录波、产生动作事件报告、点亮信号灯和光字牌。

（3）微机防误操作闭锁功能。串补装置的防误闭锁功能由站内"五防"系统实现。

"五防"系统与站内计算机监控系统统一考虑。串补装置控制保护系统应与站内计算机监控系统通信，将串补装置一次设备相关信息上送站内计算机监控系统做"五防"逻辑判断，完成对串补装置的遥控及就地操作防误闭锁，并配置相应锁具。旁路开关、旁路隔离开关及其接地开关、串联隔离开关及其接地开关的操作应有防误闭锁，平台、网门、爬梯、接地开关应有防误联锁。

2. 主要控制逻辑

串补装置控制逻辑包括两大类：

（1）隔离开关、旁路开关操作的"五防"逻辑。如图 9-28 所示串补装置操作"五防"逻辑示意图，主要考虑设备之间的"五防"电气闭锁，闭锁范围除了常规的隔离开关、旁路开关外，还包括梯子和网门。其中线路接地开关 1 和线路接地开关 2 的操作"五防"逻辑会依据各工程中的实际情况不同而变化，故未列出。

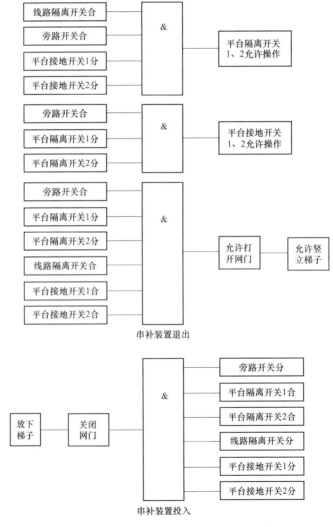

图 9-28　串补装置操作"五防"逻辑示意图

（2）串补装置操作实现逻辑。如图 9-29 所示串补装置操作实现逻辑示意图，主要考虑满足隔离开关、旁路开关操作要求的一些其他条件，如远方/就地选择、是否解闭锁、设备状态是否满足、操作命令是否预置成功等。

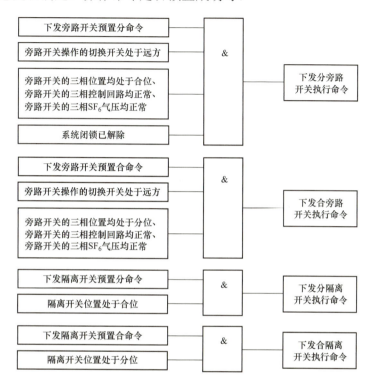

图 9-29　串补装置操作实现逻辑示意图

3. 主要保护策略及整定

（1）串联电容器组保护。

串联电容器组保护包括过电压保护、过负荷保护及不平衡保护。特高压串补装置额定电流为 5080A，该额定值是串补装置控制保护系统定值整定计算的基础。

1）串联电容器组过电压保护。MOV 是限制电容器组过电压的主保护，火花间隙是 MOV 和电容器组的后备保护。串补线路区外故障时，仅由 MOV 限制电容器过电压，火花间隙和旁路开关不动作；串补线路区内故障时，火花间隙和旁路开关可以动作，将电容器和 MOV 退出运行。据此原则，按照最大系统故障电流运行方式下串补装置线路出口侧三相短路故障确定串补装置电容器组的过电压水平为 2.3 倍额定电压；此定值由系统及 MOV 特性决定，无需运维人员整定。

2）串联电容器组过负荷保护。当电容器电流达到 1.05 倍额定电流时，延时 10s 过负荷告警启动；电容器电流降至 1.05 倍额定电流以下时延时复归。电容器过负荷保护反映电容器的热量积累过程，该保护定值固化在主程序中，无需运维人员整定，电容器过负荷保护动作曲线见图 9-30。特高压串补装置过负荷保护动作后，合三相旁路开关并启动暂时闭锁，15min 延时到自动重投串补装置。60min 内重投次数超过 3 次，则闭锁重投并启动永久闭锁。

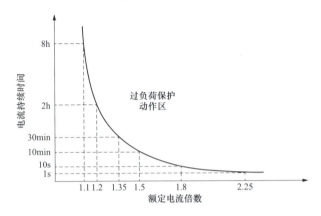

图 9-30　电容器组过负荷保护特性曲线

3）电容器不平衡电流保护。特高压串补装置每组每相均为双 H 桥差接线，每组电容器组不平衡电流互感器（CT）均为 2 个。电容器不平衡保护包括告警、低值保护和高值保护共 3 组不同的定值及延时水平，其动作曲线见图 9-31。不平衡保护启动定值一般按照电容器组额定电流的 10% 整定；不平衡告警、不平衡低值保护、不平衡高值保护定值分别按照电容器故障元件相邻元件承受 1.2～1.3、1.3～1.5、1.4～1.6 倍过电压水平整定；不平衡告警和不平衡低值保护动作折线斜率分别由不平衡告警保护定值、不平衡低值保护定值决定。以上各参数均由电容器生产厂家提供。

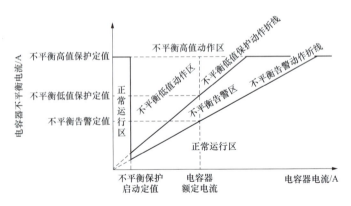

图 9-31　电容器组不平衡保护动作曲线

（2）MOV 保护。

特高压串补线路出现区内故障时，由 MOV 作为主保护限制串联电容器组两端的过电压。在 MOV 达到其所能承受的能量之前触发火花间隙并闭合旁路开关，以阻止 MOV 吸收更多能量，避免 MOV 装置受损。由于特高压线路短路容量和 MOV 吸收能量较超高压工程大得多，故特高压串补装置取消超高压串补装置配置的 MOV 故障保护，取而代之以 MOV 温度保护和不平衡保护，因此特高压串补装置 MOV 保护包括过电流保护、能量保护、温度保护和不平衡保护。

1）MOV 过电流保护。超高压串补装置 MOV 过电流保护定值按照可靠躲过串补线路区外故障，流过 MOV 的最大电流来整定。特高压串补装置 MOV 过电流保护定值按超高压串补装置的 1.18 倍裕度计算，定值为两组 MOV 电流之和。保护定值与具体工程相关，例如，根据系统仿真计算长南Ⅰ线 MOV 过电流保护定值均为 19.5kA，南荆Ⅰ线 MOV 过电流保护值均为 22kA。

2）MOV 能量保护。短路电流受运行方式、故障类型等因素影响，线路区内故障时可能不足以使串补装置 MOV 过电流保护动作，此时若 MOV 的能量累积接近其承受能力时，可由 MOV 能量保护动作，提前触发火花间隙并闭合旁路开关。

特高压串补装置 MOV 能量保护分为低能量保护和高能量保护两段。超高压串补装置 MOV 低能量保护定值按照可靠躲过线路区外故障流过串补装置 MOV 的最大能量整定，特高压工程 MOV 低能量保护定值按超高压工程的 1.06 倍裕度来计算。MOV 低能量保护动作后串补装置暂时闭锁，经"线路故障重投串补时间"延时后自动重投。超高压串补装置 MOV 高能量保护定值按照可靠躲过线路区内故障流过串补装置 MOV 的最大能量整定，特高压串补装置 MOV 高能量保护定值按超高压工程的 1.2 倍裕度来计算，MOV 高能量保护动作后串补装置永久闭锁。

3）MOV 温度保护。为防止 MOV 温度值升至超过其承受能力而设置 MOV 温度保护，在 MOV 温度达到其承受能力之前触发火花间隙，同时合旁路开关并启动暂时闭锁，以阻止其进一步吸收能量引起温度继续升高，当 MOV 温度降至允许值后允许串补装置重投。特高压串补装置 MOV 温度保护定值为 110℃，MOV 温度保护动作旁路允许重投定值为 70℃。MOV 温度测量在环境温度补偿的基础上进行。

4）MOV 不平衡保护。将特高压串补装置 MOV 分为两组，通过检测两组 MOV 电流的分布判断 MOV 的工作状况，当两组 MOV 电流不平衡度超过定值则触发火花间隙，启动永久闭锁，特高压串补装置 MOV 不平衡度定值为 30%。

（3）火花间隙保护。

火花间隙相关保护包括火花间隙自触发保护、火花间隙延迟触发保护和火花间隙拒触发保护。正常情况下，串补装置控制保护系统发出火花间隙触发命令后，1～2ms 内火花间隙可靠触发。若火花间隙系统发生故障：①当串补装置控制保护系统未发出火花间隙触发命令但火花间隙回路有电流时，火花间隙自触发保护动作，合对应相旁路开关并启动暂时闭锁，1s 后串补装置自动重投，若 60min 内重投次数超过 2 次则启动永久闭锁；②当串补装置控制保护系统的火花间隙触发命令发出后火花间隙回路 20～90ms 内才有电流，则火花间隙延迟触发保护动作，合三相旁路开关并启动永久闭锁；③当串补装置控制保护系统火花间隙触发命令发出后火花间隙回路 90ms 内一直无电流，则火花间隙拒触发保护动作，合三相旁路开关并启动永久闭锁。

（4）平台闪络保护。

平台闪络保护监测平台上设备与平台的绝缘情况，当任意一相平台闪络电流大于保护定值，经延时发出旁路开关三相合闸命令并启动永久闭锁。根据串补工程经验，特高压串补平台闪络保护定值按照平台闪络额定电流的 0.15 倍整定，特高压串补平台闪络变比均为 5000:1，则平台闪络保护定值均为 750A，测量得到电流，取工频分量计算。根据超高压串补经验，特高压串补平台闪络保护延时均为 0.2s。

（5）旁路开关保护。

旁路开关保护分为合闸失灵保护、分闸失灵保护和三相不一致保护。

1）合闸失灵保护。串补装置控制保护装置监测其发出的合旁路开关命令，并通过检测开关的位置和旁路开关并联支路上的电流来判别旁路开关是否合闸失灵。合闸失灵保护动作后，发出合三相旁路开关命令并启动永久闭锁，同时发出联跳线路命令。根据超高压串补经验，断路器合闸失灵保护延时定值均取为 0.2s。对于集中布置的两段串补装置，单段串补装置旁路开关合闸失灵可联跳另一段，目前工程应用中暂未投入该功能。

2）分闸失灵保护。串补装置控制保护装置监测其发出的分旁路开关命令，通过检测开关的位置来判别开关是否分闸失灵。分闸失灵动作后，发出合三相旁路开关命令并启动永久闭锁。根据超高压串补经验，特高压串补装置旁路开关分闸失灵保护延时定值均暂设为 0.2s，目前工程应用中旁路开关分闸失灵保护暂时退出。

3）三相不一致保护。串补装置控制保护装置和旁路开关本体汇控柜均配置三相不一致保护功能，当监测到旁路开关三相位置不一致时，经延时后合三相旁路开关，整定原则为可靠躲过线路单相故障时串补装置重投时间。特高压串补装置使用就地汇控柜的三相不一致保护功能，延时设为 2s，串补装置的三相不一致保护功能退出。

（6）线路电流监视。

特高压串补装置重投期间，若线路电流过大则应闭锁重投功能。根据仿真计算，串补线路区外故障后最大摇摆电流为 7600A，考虑 1.1 倍的可靠系数，线路电流监视告警定值为 8360A，线路电流监视告警延时按串补经验值设为 0.2s，告警期间暂时闭锁串补装置重投。

（7）双系统掉电保护。

特高压电网系统保护（如线路保护、变压器保护等）的后备保护不反应串补装置的故障，因此不能作为串补装置的后备保护。当串补系统两套保护装置均发生直流电源丢失时，若线路或串补装置发生故障，串补装置将无任何保护措施。因此不同于常规的元件保护（如线路保护、变压器保护等），串补装置配置特有的双系统掉电保护，该保护功能硬件电源取自旁路开关操作电源。当两套串补保护装置电源丢失时，直接将旁路开关三相合闸（串补装置退出运行）。

（8）SSR 保护。

输电线路加装串补装置后给电网带来的低频振荡现象较显著，可采用 SSR 保护来避免。若检测到系统有低频谐波存在，2s 后合旁路开关，60s 后重投串补装置，60min 内重投次数超过 3 次则启动永久闭锁。目前工程应用中该保护功能暂时退出。

特高压串补装置投运至今，经历数次特高压线路人工接地短路试验和线路运行中故障工况，串补装置控制保护系统正确动作率达 100%，历经数次特高压系统大负荷运行和数次迎峰度夏、迎峰度冬等极端恶劣气象条件的考验，未发生任何影响特高压电网运行的异常或事故，充分说明了特高压串补装置保护配置、逻辑、定值整定的科学合理性。

4. 控制保护系统功能试验验证

（1）动模试验。动模试验是通过建立的特高压电网动态模拟实际的物理模型，在物理模型上模拟各种典型的系统或设备故障，根据控制保护系统的动作情况，以验证其动作行为和性能的正确性。

（2）常规型式试验。常规型式试验项目按照 DL/T 478《继电保护和安全自动装置通用技术条件》进行。

（3）平台测量箱的大电流试验。测试平台测量箱的工频磁场屏蔽效果，测试大故障电流情况下测量回路的精度，检验测量箱的电流互感器取能回路在大电流冲击情况下的性能等。

（4）平台测量箱的高电压电场试验。测试平台测量箱的电场屏蔽效果，测试高电压情况下测量回路的抗干扰能力，检验平台测量箱的绝缘性能等。

（5）控制保护系统与火花间隙的整体试验。控制保护系统应与火花间隙进行整体性试验。火花间隙的型式试验，控制保护系统也要参与进来，用以验证整个间隙组件动作的正确性。

（6）实时仿真试验。根据特高压工程的系统参数和接线方式，建立 RTDS 试验系统模型。其中，特高压串补装置的 RTDS 试验模型如图 9-32 所示。

特高压串补装置控制保护系统实时仿真试验以特高压交流试验示范工程为依托，充分考虑了特高压串补线路的实际运行工况，完成了对特高压串补装置控制保护系统各种常规和复杂工况的详细量化测试。整个试验系统地验证了特高压串补装置控制保护逻辑的合理性和有效性，验证了特高压串补装置控制保护系统响应各种异常工况的实时性

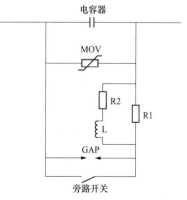

图 9-32　特高压串补装置
的 RTDS 试验模型

和可靠性。

第四节 试 验 与 安 装

一、真型试验

特高压串补装置在国内和国际范围内均无先例可循，研制经验缺乏，而特高压系统的电晕、绝缘、污秽及电磁兼容等技术难题加大了特高压串补装置的研制难度。为确保特高压串补装置的工程技术方案安全可靠，规避技术风险，验证并优化设计方案，切实保障特高压交流试验示范工程扩建工程进度，确定针对特高压串补装置开展真型试验验证。

1. 串补平台真型试验模型

特高压串补装置平台真型试验模型采用1:1的单相特高压串补平台真型模型，尺寸约为27m（长）×12.5m（宽）×21m（最高点），可以在其上开展单相平台带电试验研究工作，进行特高压串补平台对地雷电冲击耐受试验、特高压串补平台对地操作冲击耐受试验、特高压串补平台对地工频耐压试验、单柱支柱绝缘子及斜拉绝缘子污秽试验及场强测量与分析等试验研究与测量计算，通过试验与测量等手段获得的数据和结论与仿真计算的结果互为验证、互为补充。串补平台真型试验模型是研究、解决特高压串补平台绝缘、电晕、场强、绝缘子耐污秽能力、电磁兼容等一系列技术难题的重要实验装置。

2010年7月31日，串补平台真型试验模型在位于中国电力科学研究院有限公司昌平院区的国家电网公司特高压直流试验基地成功吊装。2010年8月16日，串补平台真型试验模型的电容器组、火花间隙、金属氧化物限压器、阻尼装置及电流互感器等核心组部件全部完成安装，如图9-33所示。

2. 试验内容

（1）串补平台绝缘试验。

特高压串补平台的绝缘水平按交流1000kV等级设备的绝缘水平考虑，即操作冲击耐受电压为1800kV，雷电冲击耐受电压为2400kV，短时工频耐受电压为1100kV。根据串补平台的绝缘水平，进行以下三项试验。

1）操作冲击电压试验。

试验设备：特高压直流试验基地户外场的7.2MV/480kJ冲击电压发生器。

试验方法：参照GB/T 16927.1《高电压

图9-33 特高压串补装置平台真型试验模型

试验技术 第一部分：一般试验要求》规定的试验方法和要求，采用标准电压波形的操作冲击电压波，施加到串补平台真型模型与地之间进行试验。操作冲击分为耐受电压试验和 50%放电电压试验。

耐受电压试验步骤及试验判据：分别施加正、负极性的 1800kV 操作冲击电压各 15 次，如果每个极性的闪络电压次数不多于 2 次，则认为试验通过。每次施加的试验电压应经过气象条件修正，校正到标准气象条件下。

50%放电电压试验步骤：采用 30～40 次升降法进行 50%放电电压试验，求取 50%放电电压值，并校正到标准气象条件下。试验电压极性为正极性。

2）雷电冲击耐受电压试验。

试验设备：特高压直流试验基地户外场的 7.2MV/480kJ 冲击电压发生器。

试验方法：参照 GB/T 16927.1《高电压试验技术 第 1 部分：一般试验要求》规定的试验方法和要求，采用雷电冲击电压波，施加到串补平台真型模型与地之间进行耐受电压试验。

试验步骤及判据：分别施加正、负极性的 2400kV 雷电冲击电压各 15 次，如果每个极性的闪络电压次数不多于 2 次，则认为试验通过。每次施加的试验电压应经过气象条件修正，校正到标准气象条件下。

3）短时工频耐受电压试验。

试验设备：移动式串联谐振试验装置，可根据试验电压要求进行搭配组装。

试验方法：参照 GB/T 16927.1《高电压试验技术 第 1 部分：一般试验要求》规定的试验方法和要求，将串联谐振试验装置产生的接近工频的试验电压施加到串补平台真型模型与地之间进行耐受电压试验。

试验步骤及判据：试验电压由 0kV 开始平稳地升高至 1100kV，保持 5min，然后迅速地降到 0kV。如果试验过程中没有发生闪络或破坏性放电，则认为试验通过。施加的试验电压应经过气象条件修正，校正到标准气象条件下。

（2）串补平台电晕观测试验。

试验设备：移动式串联谐振试验装置，或交流 1000kV 工频污秽试验电源。

试验方法：试验须在天黑后进行，以便观测电晕放电情况。

试验步骤及判据：交流试验电压应施加到串补平台真型模型（包括平台上的设备）与地之间。试验时将试验电压由 0kV 开始逐渐升高至 $1.1 \times 1100/\sqrt{3}$ kV，如无可见电晕产生，则继续将电压升高至可见电晕起始，保持 5min 后，逐步降低电压至可见电晕熄灭。分别记录电晕起始电压和电晕熄灭电压。以上过程重复进行 5 次，并将记录到的电晕起始电压和电晕熄灭电压分别取平均值，作为最终试验结果。如果试验得到的电晕熄灭电压高于 $1.1 \times 1100/\sqrt{3}$ kV，则认为试验通过。

（3）串补平台周围电场测量试验。

试验设备：移动式串联谐振试验装置，或交流 1000kV 工频污秽试验电源。

试验方法：将交流试验电压施加到串补平台真型模型（包括平台上的设备）与地之间，试验电压为 $1100/\sqrt{3}$ kV。在距离串补平台适当的距离范围内，选数个测量点用交流场强仪测量地面场强。根据仿真计算结果，以理论计算场强 11kV/m 处作为起始测量位置，测出 10～15kV/m 的场强分布地带。

3. 试验情况

2010 年 8 月 5 日，特高压串补平台真型试验模型初步建成时即进行了首次操作冲击电压和雷电冲击电压试验。2010 年 8 月 16 日，特高压串补平台真型试验模型上设备安装完毕后，重复进行了操作冲击放电试验，1800kV 操作冲击和 2550kV 雷电冲击耐受，15 次均通过，未发生闪络。其后，又陆续开展了串补平台周围电场测量试验、串补平台电晕观测试验、平台测量系统和间隙电磁兼容试验、绝缘子耐污秽能力试验等，这些试验结果为优化设计方案、保障特高压交流试验示范工程的顺利投运与安全可靠运行提供了重要的技术支撑。

二、特殊试验

由于特高压串补装置的各项参数较超高压串补大幅提高，对串补装置各设备参数提出了更高要求。由于特高压串补装置可靠性要求比超高压串补装置高很多，部分设备的某些性能参数远高于超高压串补装置，这些性能参数需要进行特殊试验验证。

1. 火花间隙故障电流试验

火花间隙故障电流试验用于测试火花间隙耐受故障电流的能力。试验电流的幅值应为通过间隙的最大工频故障电流有效值，特高压串补装置要求该值为 63kA（方均根值），施加电流持续时间为 0.5s，电流第一个波峰峰值应为动稳定电流 170kA（峰值）。试验次数要求 1 次，或者按照 I^2t 等效 63kA、0.2s，5 次。

2. 火花间隙放电电流试验

火花间隙放电电流试验用于测试火花间隙在通过电容器组放电电流时的结构稳定性。特高压串补装置用火花间隙动稳定电流为 170kA（峰值）。与故障电流试验不同的是，该动稳定电流的频率应与电容器组放电电流频率一致，约为 1500Hz，要求重复试验 20 次。

3. 火花间隙恢复电压试验

火花间隙恢复电压性能试验指间隙在通过一定时间的故障电流后绝缘的恢复性能。一般表示为间隙断流一定时间后能够承受的电压，即间隙的绝缘恢复电压，或者表示为间隙断流后能够承受某电压所需的时间。一般要求间隙在通过额定故障电流后，间隔 500ms 后，间隙应至少能耐受 1.8 倍的间隙运行电压。

火花间隙恢复电压的要求适用于线路单相故障带串补装置重合闸的工况，具体的试验参数与用户的要求有关。通过试验验证，特高压串补装置火花间隙的恢复电压可以达到：

（1）通过故障电流 63kA，持续时间 60ms，间隔 650ms 后，恢复电压为 1.2（标幺值）；

（2）通过故障电流 63kA，持续时间 50ms，间隔 650ms 后，恢复电压为 1.5（标幺值）；

（3）通过故障电流 50kA，持续时间 60ms，间隔 650ms 后，恢复电压为 1.8（标幺值）。

4. 火花间隙控制箱抗电磁干扰试验

由于串补平台上设备众多，串补装置在投入或运行的过程中，平台上电磁环境十分复杂。火花间隙触发控制箱必须通过电磁兼容试验的考核。在特高压串补装置火花间隙研制过程中，触发控制箱进行了全面的电磁兼容试验，达到了 GB/T 17626《电磁兼容　试验和测量技术》系列标准、GB/T 24833《1000kV 变电站监控系统技术规范》及 DL/Z 713《500kV 变电所保护和控制设备抗扰度要求》规定的最高级别要求。为了加大考核力度，控制箱通过了检验测试中心试验设备最大输出能力下的一系列电磁兼容试验。另外，为了模拟实际运行工况，控制箱还通过了特高压串补真型试验平台拉合隔离开关等特殊电磁干扰试验。

5. 限压器均流性能试验

试验针对抽取的 40 柱、每柱 10 片组成的缩小型限压器组进行。配片时按照电流分布最大不均匀程度分配。试验过程中施加规定波形的电流，分别测量柱间、并联限压器单元间的电流分布不均匀系数。试验结果表明，限压器的柱间、单元间电流分布不均匀系数均满足特高压串补装置的要求。

6. 光纤柱陡波冲击电压试验

由于光纤柱的主体部分是空心绝缘子。为了从严考核光纤柱的密封性能，参考 GB/T 19519《架空线路绝缘子　标称电压高于 1000V 交流系统用悬垂和耐张复合绝缘子 定义、试验方法及接收准则》中关于界面连接区的试验内容，在光纤柱的型式试验中增加了陡波冲击电压试验。在陡波冲击电压试验之前，光纤柱需要依次通过额定机械负荷耐受试验、温度循环试验和密封性能试验的考核，并在额定机械负荷耐受试验前及陡波冲击电压试验后进行工频闪络电压试验，陡波冲击电压试验后的工频闪络电压应不低于额定机械负荷耐受试验前工频闪络电压的 90%。

7. 特高压旁路隔离开关转换电流开合试验

特高压旁路隔离开关转换电流开合试验条件特殊，试验参数远高于常规隔离开关，无现成标准可供指导，参考 GB 1985《高压交流隔离开关和接地开关》及 GB/T 24837《1100kV 高压交流隔离开关和接地开关》确定了试验电压为 7kV，试验电流为 6.3kA。试验采用发电机直接试验，试验方式为 100 次单合、单分试验，单分试验在单合试验后进行。

8. 特高压旁路隔离开关破冰试验

特高压旁路隔离开关设备总高达 18m（含支架），较常规隔离开关增设了转换电流开合辅助装置，机械配合更为复杂，因此破冰验证对于长期稳定运行非常重要。根据 20mm 覆冰的要求，选择漠河大兴安岭 220kV 变电站进行试验，环境温度为–26～–9℃。试验前后测试主回路电阻、机械特性、触头动作时序。试验程序：浇水覆冰达到 20mm，经过 4h 老化进行隔离开关合闸或分闸操作，再次浇水覆冰达到 20mm，经过 4h 老化后进行隔离开关分闸或合闸操作。

9. 特高压旁路开关旁路关合电流试验

旁路关合电流试验要求高电压、大容量电容器组进行大电流、高频放电，旁路关合电流试验参数如表 9-17 所示。

表 9-17　　　　　　　　　　　旁路关合电流试验参数

额定旁路关合电流峰值（kA）	电容器组放电电流峰值（kA）	额定关合电压峰值（kV）	额定关合电流频率（Hz）	阻尼系数
160	120	430	1600	＞0.5

10. 阻尼电阻器 MOV 部分电流分布试验

为了验证阻尼电阻器 MOV 部分多柱氧化锌阀片并联时的电流分布性能，进行电流分布试验。试品采用阻尼电阻器 1 个单元的 15 柱氧化锌阀片。将 15 柱氧化锌阀片平均分成 3 组，每组 5 柱氧化锌阀片并联。先分别对每组施加一冲击电流，测量通过每柱氧化锌阀片的电流，计算各组内最大电流分布不均匀系数；然后将以上 3 组并联，对其施加一冲击电流，测量通过每组的电流，计算各组间最大电流分布不均匀系数，要求组内和组间电流分布不均匀系数合计不超过 1.05。

11. 电容器极间工频电压试验

该试验为了测试电容器能够耐受在厂家规定的最高极限电压之上的过电压能力。试验分为两种：①对电容器极间施加 1.35 倍电容器最高极限电压，持续时间 300～500ms，3 次；②对电容器极间施加 1.15 倍电容器最高极限电压，持续时间 10s，1 次。

三、现场平台吊装

特高压串补装置平台为地面拼装、高空安装，吊装设备质量较重，安全风险高，串补平台由支柱绝缘子支撑，调整精度要求高，需要一套行之有效的安装技术方法。

1. 主要施工方案

特高压串补装置设备现场安装施工流程见图 9-34。

2. 操作要点

（1）串补平台支撑绝缘子数量多、承重大，需要严格控制各支柱绝缘子间的高度与垂直、水平位置的误差。

（2）在支柱绝缘子安装过程中，为避免支柱绝缘子在吊装过程中折断力超过产品要求，支柱绝缘子以 2+3 分段形式吊装。

（3）将下球窝金具安装到已组装好的 3 节支柱绝缘子下法兰上，用尼龙吊带把下部 3 节支柱绝缘子吊装到基础上，用 M16×110mm 的临时固定螺栓把绝缘子固定到地脚螺栓的球头上。紧固力矩应符合产品技术要求，同时测量支柱绝缘子的垂直度，偏差不大于 10mm。

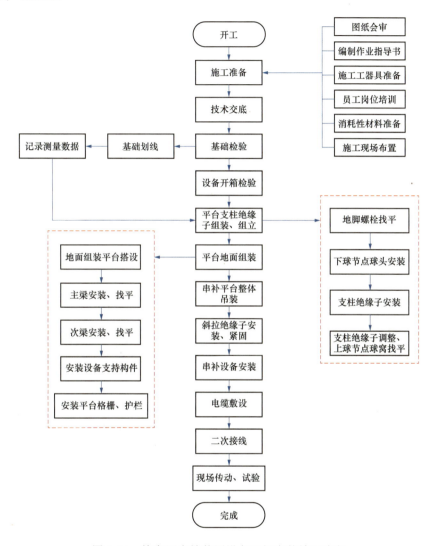

图 9-34　特高压串补装置设备现场安装施工流程

（4）支柱绝缘子安装就位后，用全站仪检查测量各支柱绝缘子顶部中心间距，用水平仪检查各绝缘子标高，应在同一水平面上，其误差不得超标，并调整好垂直度。安装完成后应对支柱绝缘子采取防护措施，防止安装时碰伤绝缘子。

3．吊装步骤

（1）将 300t 起重机分别停靠在平台两侧约 12.5m 空地，支撑平稳牢固。每台起重机采用 4 点吊装，吊点距离平台两端约 3m 及 10m。

（2）起吊过程应保证缓慢、平稳，同时起重机司机应注意观察车载电脑载荷显示，确保两台起重机应基本受力相同。

（3）平台整体吊至高于绝缘子顶部 500mm 左右后停止，缓慢平移至支柱绝缘子上方。此过程中平台距离两侧起重机先近后远（作业半径由 14m 变为 12m，再变为 13m），需起重机进行先仰臂、后爬臂作业，以保证吊钩基本垂直，严禁此过程中起重机进行收臂、出臂调整。

（4）平台一端缓缓下落，通过安装在平台底部的无线监控摄像头和使用高空作业车在平台外观察，来提高平台主梁上的球头与支柱绝缘子的球窝安装精准度。

（5）让球头放置在球接点上，收紧所有的临时拉线，逐个安装好提前组装好的斜拉绝缘子，斜拉绝缘子不应紧固。

（6）调整完成后，重新测量平台的水平、支柱绝缘子的垂直，平台的上平面水平最大偏差值应小于 10mm；每根支柱绝缘子上下中心圆轴线间最大偏移差应小于 10mm，且全部支柱绝缘子不得朝一个方向倾斜。

图 9-35 为特高压串补装置平台上设备吊装场景。

图 9-35　特高压串补装置平台上设备吊装

第五节　工　程　应　用

2011 年 12 月，世界首套特高压串补装置在特高压交流试验示范工程扩建工程中投入运行，技术指标和功能均达到了预期目标，实现了特高压交流试验示范工程 500 万 kW 大容量输电能力的目标，标志着中国在世界上率先掌握了特高压串补核心技术，并取得了显著的经济效益与社会效益。2016 年 7 月 31 日，锡盟—山东特高压交流输变电工程承德特高压串补站投入运行，承德（隆化）串补站是世界上首个投入运行的特高压串补站。

截至 2022 年底，特高压串补工程总体情况一览表如表 9-18 所示。串补站及其串补装置设备及相关试验场景见图 9-36～图 9-49。

表 9-18　　　　　　　　　　截至 2022 年底特高压串补工程总体情况一览表

名称	南荆Ⅰ线 南荆线（单段）	长南Ⅰ线 南阳变电站	长南Ⅰ线 长治变电站	锡廊Ⅰ、Ⅱ线 隆化串补站（单段）
装置数	1（2 段）	1	1	2（共 4 段）
额定容量（Mvar）	1144	1500	1500	1500
串补度（%）	20	20	20	20.65
额定电流（A，方均根值）	5080	5080	5080	5080
投运年	2011 年	2011 年	2011 年	2016 年

图 9-36　特高压串补装置电容器组

图 9-37　特高压串补装置限压器

图 9-38　特高压串补装置火花间隙

图 9-39　特高压串补装置隔离开关

图 9-40　特高压串补装置阻尼装置

图 9-41　特高压串补平台上的光纤柱

图 9-42　特高压串补装置支柱绝缘子和斜拉绝缘子

图 9-43　特高压串补装置电流互感器

图 9-44　特高压串补平台测量箱和平台检修电源箱

图 9-45　南阳变电站特高压串补装置

图 9-46　长治变电站特高压串补装置

图 9-47　承德（隆化）特高压串补站

图 9-48　人工接地短路试验

图 9-49　人工接地短路试验时火花间隙放电瞬间

第十章 1000kV 继电保护装置

继电保护装置是反应电力系统中电气设备的故障或不正常状态并动作于断路器跳闸或发出信号的一种自动装置，能够迅速、有选择性、自动地将故障设备从电力系统中切除（减负荷）或者发出警告信号，以确保电力系统非故障部分的正常运行。19 世纪末，熔断器作为最早的继电保护装置开始应用。20 世纪初随着电力系统的发展，继电器开始广泛应用，继电保护装置硬件由电磁型逐步向整流型、晶体管型和集成电路型发展，直到当前的微机型。国际上微机继电保护起源于 20 世纪 60 年代中后期，我国 20 世纪 70 年代末开始计算机继电保护技术的研究，90 年代进入微机保护时代。保护原理方面，19 世纪末建立了过电流保护原理，1908 年提出差动保护，1910 年出现电流方向保护，1923 年出现距离保护，1927 年出现高频保护，现在普遍应用的继电保护原理在 20 世纪 20 年代末基本上都已建立，至今仍然应用在电力系统继电保护领域。针对 1000kV 特高压系统特性给继电保护带来的新难题，我国通过技术攻关成功研制了全套数字保护设备，达到国际领先水平。

中国特高压交流输电工程从首个工程（1000kV 晋东南—南阳—荆门特高压交流试验示范工程）开始，所应用的继电保护装置全部为自主研发制造（国产化率 100%）。本章从特高压系统继电保护装置的研发历程、原理和关键技术、配置方案、工程应用等方面，对 1000kV 线路保护、变压器保护、电抗器保护、母线保护，以及 110kV 电容器保护、电抗器保护、母线保护等进行介绍。

第一节 概 述

特高压交流试验示范工程起于山西晋东南（长治）变电站，经河南南阳开关站，止于湖北荆门变电站。全线单回路架设，全长 640km，连接华北和华中两大电网。特高压线路采用八分裂导线，与超高压系统相比，线路分布电容更大，故障时暂态电容电流增加约 4 倍，严重影响了差动保护的灵敏度；特高压输电系统线路的电流谐波丰富且衰减缓慢，导致对谐波敏感的变压器差动保护的动作速度受影响；特高压变压器采用了主体变压器、调压补偿变压器分体布置的方式，导致差动保护灵敏度不足。

国内产学研用各方面联合，以特高压交流试验示范工程为原型，根据系统实际参数搭建系统模型，建立了能够模拟特高压交流试验示范工程的动态模拟系统，针对1000kV 系统给继电保护带来的新难题开展技术研究及攻关，取得了原理性的突破。针对特高压线路暂态电容电流大、影响差动保护动作速度和灵敏度的问题，提出基于时域补偿算法的暂态电容电流补偿方案。该方案可以实现对暂态电容电流的有效补偿，大大提高了区内故障尤其是高阻接地故障时线路保护的灵敏度和动作速度；提出"主变整体大差动+调压补偿变小差动"保护配置方案，提出基于新型涌流识别原理的变压器差动保护算法等一系列特高压线路及元件保护算法和针对性配置方案，解决了特高压变压器内部匝间故障灵敏度不足等问题。2006 年 12 月 18 日～2007 年 2 月 5 日完成了 5 个厂家（南瑞继保公司、北京四方公司、国电南自公司、许继电气公司、深圳南瑞公司）的线路保护（含远跳过电压装置）、变压器保护、电抗器保护等装置的摸底试验。2008 年 4 月 8 日～2008 年 5 月 16 日针对前期问题对工程招标采购的装置进行了第二次试验。2008 年 9 月进行 1000kV 系统稳态过电压保护的动模及静模试验。特高压交流试验示范工程一次设备继电保护配置原则：线路保护配置一套差动保护、一套距离保护，双重化配置稳态过电压保护、变压器保护、电抗器保护、母差保护，单套断路器保护。2009 年 1 月 6 日，特高压交流试验示范工程正式投运，国内制造商研发的各类型保护装置有力保障了工程的安全稳定运行。

随着后续特高压交流工程建设，特高压一次系统结构和设备有了进一步发展，先后出现了特高压串补装置、同塔双回线路、特高压有载调压变压器、特高压 GIL 管廊输电工程、可控高抗等，系统电气特征的不同给继电保护等二次设备研制带来新的课题。十几年来保护设备也进行了相应的改进与提升，完全满足了特高压系统发展需求，保护设备进行了标准化的设计，我国研制的"六统一"特高压保护装置已成功安全稳定运行多年。从 2016 年锡盟—胜利 1000kV 特高压交流工程开始，保护设备生产厂家由原来的的五家增加到六家，增加了国电南瑞南京控制系统有限公司。

2010 年 12 月特高压交流试验示范工程扩建工程获得国家核准，首次在商用特高压输电线路上应用了串联补偿技术。线路接入串补装置后，改变了线路阻抗均匀分布的特性，颠覆了常规线路继电保护，特别是距离保护的理论基础。在特高压交流试验示范工程继电保护技术研究成果的基础上，结合特高压独特的电气特征和 500kV 含串补线路继电保护技术，采用适用于串补线路的复合特性记忆阻抗方法，确保各种故障条件下距离保护的方向正确判别，同时采用正向补偿整定技术，简化整定，同时确保距离保护不发生超越动作。相关技术不依赖串补装置的动作特性，整定简单，方便运行维护。北京四方公司和南瑞继保公司针对串补装置对线路保护的影响进行了研究，中国电科院建立了带串补模型的动模系统开展系列研究工作，并对线路保护做了动模试验测试工作，确定了线路保护采用两套差动保护作为主保护的原则。特高压交流试验示范工程扩建工程投运以来，经历了多次故障考验，保护均正确动作。

2011 年 9 月，皖电东送淮南—上海特高压交流输电示范工程核准，这是世界上首个同塔双回路特高压交流输电工程，同时在皖南变电站首次应用有载调压特高压变压器。2012 年开展了同塔双回路特高压线路互感对保护影响、有载调压变压器保护配置的研究，经过针对性的技术研究攻关，成功研制出适用于特高压同塔双回输电线路、有载调压变压器的保护装置，特高压交流工程继电保护原理和配置方式得到了进一步的扩展和完善。

2016 年 1 月，1000kV 淮南—南京—上海工程苏通长江大跨越工程方案变更为以特高压 GIL 管廊穿越长江。在架空线路与 GIL 混合的线路中，GIL 设备内部如发生绝缘击穿，故障点的精确定位、重合闸策略、感应电流抑制等，与单纯架空线路存在较大差异，带来了新的挑战。相关单位积极搭建系统模型，创新提出"全线大差+GIL 小差"保护配置方案，并研发感应电流快速释放装置，在工程中得到成功应用。

2018 年 11 月，张北至雄安特高压交流工程核准，张北变电站首次应用一组特高压可控并联电抗器。可控高抗的电抗值可以调整，有利于重载时无功平衡和空载时降低工频过电压，但是也带来了电抗容量的变化影响线路保护补偿算法、控制绕组故障短路电流在多数情况下小于额定电流、容量调节对一次保护的影响等新的技术问题。中国电科院组织厂家进行保护原理改进研究及试验验证，在理论分析和大量 RTDS 实验的基础上提出了解决方案：大差动保护方案取控制绕组和一次绕组首端电流组成分相差动保护，作为可控高抗内部故障主保护；控制绕组零序电流保护侧重于控制绕组的接地故障保护和匝间故障保护；容错复判自适应可控高抗匝间保护、控制绕组零序电流保护第一时限强合控制绕组的旁路开关、第二时限跳一次侧断路器，以减少一次侧断路器不必要的跳闸。特高压可控并联电抗器示意图如图 10-1 所示。

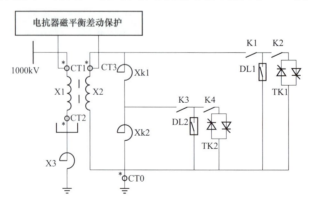

图 10-1 特高压可控并联电抗器示意图

2017 年国家电网公司颁布了 Q/GDW 11661《1000kV 继电保护及辅助装置标准化设计规范》，各类保护装置随着特高压发展经历了非标准化版本到"六统一"标准化版本（设备的输入输出、压板设置、装置端子、通信接口类型和数量、报告和定值的统一），六个生产厂家的产品通过全面试验验证，确定了各厂家的不同类型保护装置的版本和型号。

第二节 母 线 保 护

一、背景

电力系统对连续供电的严格要求，要求母线发生短路故障时不影响变电站的连续供电，母线发生短路并伴随断路器失灵时也要求将停电的范围缩减到最小。为满足上述要求，推荐采用 3/2 断路器接线方式，即两个支路共用三个断路器。该接线方式具有一系列优点，当一组母线发生短路故障时，母线保护动作后只跳开与该组母线相连接的所有断路器，不会导致任何支路停电；在任一断路器检修时也不影响支路的连续供电，不需要复杂的倒闸操作，减少了一次回路发生误操作的可能性。

特高压母线采用 3/2 断路器接线方式，配置应用于该接线方式的母线保护装置。这种主接线方式一般没有三相母线 PT，母线保护装置只接入边断路器的三相 CT，配置差动保护功能、失灵经母差跳闸功能及 CT 断线判别功能。

二、保护原理及关键技术

1. 差动保护功能

母线差动保护包含母线大差元件及各母线小差元件。母线大差元件是指除母线联络断路器（母联或分段）外所有支路电流所构成的差动元件。某段母线的小差元件是指该段母线上所连接的所有支路（包括母联或分段）电流所构成的差动元件。母线大差元件用于判别母线区内和区外故障，小差元件用于故障母线的选择。对于 3/2 断路器接线方式来说，因为各断路器固定连接在母线上，不存在通过母线隔离开关切换运行母线的情况，且差动保护的保护范围只有一段母线，所以母线大差元件及母线小差元件相同。

母线大差元件及母线小差元件采用差动电流及制动电流进行逻辑运算，其中差动电流为所有支路电流的相量和，制动电流为所有支路电流的幅值和。差动元件动作判据为：

$$\left|\sum_{j=1}^{m} I_j\right| > I_{cdzd}$$

$$\left|\sum_{j=1}^{m} I_j\right| > K \sum_{j=1}^{m} \left|I_j\right|$$

式中，K 为比率制动系数；I_j 为第 j 个连接元件的电流；I_{cdzd} 为差动电流启动定值，比例差动元件动作特性曲线如图 10-2 所示。

413

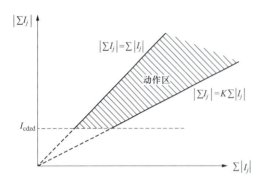

图 10-2　比例差动元件动作特性曲线

此外，为防止在母线近端发生区外故障时 CT 严重饱和，造成差动保护误动，差动保护还需要设置 CT 饱和检测元件，用以判别差动电流是否由区外故障导致 CT 饱和引起，如果是则闭锁差动保护出口，否则开放保护出口。

差动保护只有满足以下四个条件才会动作出口：

（1）差动电流大于差动电流启动定值；

（2）差动电流与制动电流的比值大于比率制动定值；

（3）CT 饱和检测元件开放保护出口；

（4）CT 断线检测元件开放保护出口。

2. 失灵经母差跳闸功能

母线保护装置与 3/2 断路器接线方式边断路器的断路器失灵保护装置配合，完成失灵保护的联跳功能。当母线所连接的某断路器失灵时，该断路器所对应的断路器失灵保护装置的失灵保护动作接点提供给母线保护装置。母线保护装置检测到此接点动作时，经 50ms 固定延时联跳母线的各个连接元件。由于 3/2 断路器接线方式的母线一般没有三相母线 PT，所以母线保护装置无电压闭锁逻辑，为防止失灵接点误碰或直流电源异常时，失灵经母差跳闸误出口，所以为失灵经母差跳闸功能增加了灵敏的不经整定的失灵扰动电流判据。

3. CT 断线判别功能

为防止 CT 二次回路异常引起差动保护误动作，母线保护装置配置有 CT 断线判别功能，该功能基于差动电流进行逻辑运算，一般配置报警段及闭锁段。当差动电流大于 CT 断线异常定值时，母线保护装置报 CT 异常报警，不闭锁差动保护功能；当差动电流大于 CT 断线闭锁定值时，母线保护装置报 CT 断线报警，闭锁差动保护功能。

上述 CT 断线判别功能需要设置一定的延时确认时间，以保证可靠性，避免对差动保护功能的误闭锁。3/2 断路器接线方式的母线保护装置因为无电压闭锁逻辑，在发生重负荷支路 CT 二次回路异常时，CT 断线判别功能可能来不及闭锁差动保护功能而导致差动保护误动作，所以需要具备 CT 断线快速识别判据，该判据在差动电流的基础上，增加了对各支路电流变化趋势的分析，以识别是母线故障还是 CT 二次回路异常。

4. CT 饱和判别元件

在母线近端发生区外故障时，所有电源支路的电流均流向故障支路，可能造成故障支路 CT 饱和。在发生 CT 饱和时，CT 二次侧电流波形畸变（严重时可能接近于零），不能正确反应一次侧电流。为防止母线区外故障时 CT 饱和而引起差动保护误动作，所以在母线差动保护中需要设置 CT 饱和检测元件。应用于特高压母线保护装置的 CT

饱和检测方法有以下两种：

（1）异步法（时差法）。因为电流互感器铁芯磁链不能突变，磁链的大小正比于电流互感器二次电流的积分，所以在故障发生后磁链需要一定时间的积累，电流互感器不会立刻进入饱和，在这段时间内二次电流能够正确反映一次侧的电流。因为 CT 具有上述传变特性，所以在发生母线区外故障时，故障发生的初始瞬间差动电流接近于 0，差动元件不满足动作条件，在 CT 饱和后差动电流变大，差动元件满足动作条件，这说明差动元件动作时刻与实际故障发生时刻是不同步的；在母线区内故障时，因为差动电流是故障电流的实际反映，所以差动元件动作时刻与实际故障发生时刻是同步的。异步法充分利用了母线区外故障和区内故障时差流出现时刻的不同，有效防止 CT 饱和引起的差流导致保护误动，而且区内故障和一般转换性故障（故障由母线区外转至区内）时动作速度很快。

（2）谐波法：这种原理利用了 CT 饱和时差流波形畸变和每周波存在线性传变区等特点，根据差流中谐波分量的波形特征检测 CT 是否发生饱和，以有效防止 CT 饱和引起的差流导致保护误动，而且在区外故障 CT 饱和后发生同名相转换性故障的极端情况下仍能快速切除母线故障。

三、保护配置方案

特高压母线保护的具体功能配置包括差动保护、边断路器失灵经母线保护跳闸、CT 断线判别功能。

母线保护装置的配置方案如图 10-3 所示。

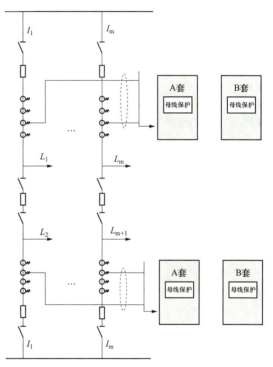

图 10-3　3/2 断路器接线母线保护配置方案

第三节　变 压 器 保 护

一、背景

1. 特高压变压器结构

特高压变压器是特高压电网的重要主设备之一，确保其安全稳定运行至关重要。特高压变压器容量大，电压等级高，结构复杂，呈现新的故障和励磁涌流特性，对继电保护提出了更高的要求。

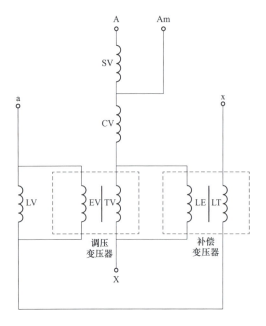

图 10-4 特高压变压器原理示意图（天威保变产品）

基于特高压变压器容量、体积及绝缘等多方面原因，采用分体布置的主体变压器、调压补偿变压器的特殊接线方式，原理示意图如图 10-4 所示。主体变压器由三台单相三绕组自耦变压器组成，绕组采用 YNynd11 接线方式。调压绕组 TV 与主变压器公共绕组 CV 串联，其电压和极性随着档位变化而变化；调压变压器的高压绕组（励磁绕组）EV 与主变压器低压绕组 LV 并联，主变压器为其提供励磁。补偿绕组 LT 与变压器低压绕组 LV 串联，其端电压通过铁芯电磁耦合，随着档位变化而改变，实现对低压绕组端口电压的补偿；补偿变压器的低压绕组（励磁绕组）LE 与调压绕组 TV 并联，调压变压器为其提供励磁。

特高压变压器无载调压和有载调压均采用中性点调压方式。虽然可能会出现低压绕组电压偏移的现象，但特高压变压器内部采用了电压负反馈回路，由调压变压器中的补偿绕组实现低压绕组电压补偿功能，使得低压侧电压在调压过程中基本不受影响。实际运行中，调压侧电压调节幅度不超过 ±5% 时，能保证低压侧电压变化小于 1%。

调压补偿变压器与主体变压器通过硬铜母线连接，当调压补偿变压器故障时可以切除，主体变压器仍然可以单独运行。调压补偿变压器由共用一个油箱的调压器和低压电压补偿器两部分构成。这两部分从物理结构上讲，都是一个小容量的 Yy 接线变压器。特高压变压器调压方式与常规变压器不同，调节的是公共绕组靠近中性点侧的匝数。此种调压方式在调节主变压器中压侧电压时，同时会影响低压侧电压，为了保持调节过程中低压侧电压的稳定，需要通过增加低压补偿绕组引入负反馈电压达到稳定低压侧电压的目的。1000kV 单相变压器如图 10-5 所示。

2. 电压大幅度变化的调压变压器

调压变压器及补偿变压器在不同分接头下具有不同的电气参数。调压变压器各侧绕组在不同抽头下的额定电压、电流值如表 10-1 所示。补偿变压器各侧绕组在

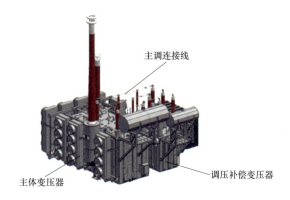

图 10-5 1000kV 单相变压器

不同抽头下额定电压、电流值如表 10-2 所示。

表 10-1　　　　调压变压器各侧绕组在不同抽头下的额定电压、电流值

档位	分接头位置（%）	调压绕组电压（kV）	调压绕组电流（A）	励磁绕组电压（kV）	励磁绕组电流（A）	容量（MVA）	变比
1	5	27887	1505	104909	400	41.96	3.76
2	3.75	21159	1538	106130	307	32.58	5.02
3	2.5	14272	1574	107379	209	22.44	7.52
4	1.25	7221	1611	108658	107	11.63	15.05
5	0	0	1650	109968	0	0	—
6	−1.25	7397	1690	111310	112	12.47	15.05
7	−2.5	14977	1733	112685	230	25.92	7.52
8	−3.75	22747	1778	114095	355	40.50	5.02
9	−5	30713	1826	115540	485	56.04	3.76

表 10-2　　　　补偿变压器各侧绕组在不同抽头下额定电压、电流值

档位	分接头位置（%）	补偿绕组电压（kV）	补偿绕组电流（A）	励磁绕组电压（kV）	励磁绕组电流（A）	容量（MVA）	变比
1	5	27887	551	5017	3038	15.37	5.56
2	3.75	21159	551	3806	3038	11.66	5.56
3	2.5	14272	551	2567	3038	7.86	5.56
4	1.25	7221	551	1299	3038	3.98	5.56
5	0	0	551	0	3037	0.00	5.56
6	−1.25	7397	551	1331	3037	4.08	5.56
7	−2.5	14977	551	2694	3037	8.25	5.56
8	−3.75	22747	551	4092	3036	12.53	5.56
9	−5	30713	551	5525	3036	16.92	5.56

从以上数据可以看出，档位从小到大的调整过程中：

（1）调压变压器的变比变化较大，调压绕组电压和励磁绕组电流从正向最大到零后再到反向最大；

（2）补偿变压器的变比不变，励磁绕组电压和补偿绕组电压从正向最大到零再到反向最大；

（3）补偿后的低压侧电压恒定不变；

（4）调整到中间档位时，相当于自耦变压器中性点不经调压补偿直接接地运行。

3. 恒磁通与变磁通

不同厂家、不同时期生产的调压补偿变压器接线方式有所差异，分为恒磁通模式和变磁通模式两种接线方式。两种模式下的绕组接线和 CT 安装位置示意图如图 10-6、图 10-7 所示。

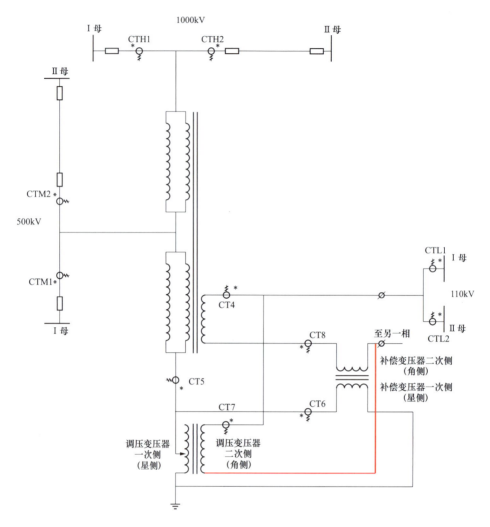

图 10-6 1000kV 变压器保护接线及 CT 配置示意图（恒磁通）

4. 有载调压和无载调压

特高压变压器通过调压变压器进行调压，无载调压和有载调压两种调压方式档位数目不同，因此对保护及运行的差异也有一定影响。

无载调压方式通常只有 9 档，中间档位为 5 档。变压器不支持带负荷调压，每次调压需要停运变压器，调整变压器档位及保护定值后再投入运行。变压器退出过程中保护允许退出。

有载调压变压器具有更多的档位选择，最高可以达到 21 档连续调压，调节过程中变压器不停运。整个调档过程中保护不允许退出。

5. 电压等级和主接线

与常规变压器有所不同，特高压变压器高压侧为 1000kV，中压侧为 500kV，低压侧为 110kV，高、中压侧都是 3/2 断路器接线方式，低压侧配置母线失灵保护。

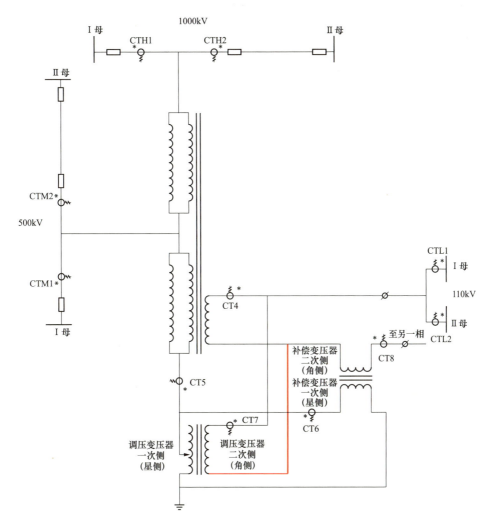

图 10-7 1000kV 变压器保护接线及 CT 配置示意图（变磁通）

二、保护原理及关键技术

1. 主变压器加调压补偿变压器的配置模式

特高压变压器的调压方式是典型的通过小容量变压器调节大容量变压器的方式，当大容量变压器电压发生较小变化时，小容量的变压器的电压将发生很大的变化。

这种连接方式下，调压变压器和补偿变压器绕组匝数占整个变压器的绕组匝数相对较少，两者匝间电压相对于主变压器来说也很小，在调压变压器或补偿变压器发生轻微匝间故障情况下，折算到整个变压器来说会更加轻微，保护范围为整个变压器的差动保护很难在这种情况下动作。

因此对于这种主变压器+调压变压器+补偿变压器的变压器连接方式，为了提高其区内匝间故障时的灵敏度，必须为调压变压器和补偿变压器单独配置差动保护（采用独立装置，不配置差动速断保护），用来弥补调压补偿变压器匝间故障情况下主体变压器差动保护灵敏度不足。

另外，由于调压变压器和补偿变压器二次绕组的接入，主变压器低压侧不再是简单的三角环接线方式，因此无法配置小区差动保护。

2. 特殊的保护功能构成

对于灵敏度问题，单纯降低保护定值会降低保护区外故障等各种系统扰动情况下保护的可靠性，故障分量差动保护不受负荷电流影响，可以提高保护灵敏度。

对于高中压侧，系统接线均为 3/2 断路器接线，因此主变压器保护均需要接入双 CT；对于低压侧，可能有双分支接入，同时还需配置母线失灵联跳功能。

3. 调压补偿变压器多定值区设置

特高压变压器的调压范围为−5%～5%，调压变压器的调压范围非常大，在整个调压过程中，绕组中的电流会出现反向的情况。

考虑一套定值不能适应所有档位情况，经计算和实验，采用多套定值区，每套定值区对应一个档位区间。另外，调档过程中补偿变压器的变比不变，调档过程不会引起补偿变压器差流，补偿变压器保护采用一套定值区。

4. 电流极性自适应调整技术

调压变压器的调档结构比较特殊，其实际分接头只有档位的一半，如现场有 9 档，但分接头只有 5 个位置，通过一个正反调压切换开关来调整接入主变压器的绕组极性。这就导致调档过程中调压变压器的电流可能反向，正反调压切换开关相当于改变了 CT 所在套管与绕组同名端的相对位置，由"绕组头"变成"绕组尾"。

对于 9 档的变压器，极性开关正极时，由下而上 1～5 档，中压侧电压依次降低 1.25%，

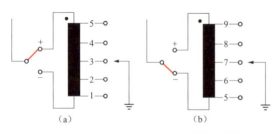

图 10-8 1000kV 变压器调压变压器调档结构

（a）调档结构 1；（b）调档结构 2

1 档时为 105%U_N。极性开关负极时，由下而上 6～9 档，中压侧电压依次降低 1.25%，9 档时为 95%U_N。中间档位时，调压变压器相当于被短路，主变压器的公共绕组末端直接接地。1000kV 变压器调压变压器调档结构如图 10-8 所示。

从以上分析可以看出，固定的 CT 极性接入无法满足差动保护要求，保护装置需要根据实际档位自适应地调整差动保护所使用的 CT 极性。

此外，不同时期工程的 CT 配置方式不同。早期特高压工程补偿变压器的二次绕组未配置独立 CT，而是使用主变压器低压绕组电流和调压变压器的二次电流求矢量和计算出的。导致 CT6 和 CT7 同时应用于调压变压器和补偿变压器，此种情况无论 CT 如何设置极性，均会导致调压变压器或补偿变压器有一方极性不能满足，因此也需要装置对其极性进行特殊处理。特高压交流试验示范工程 1000kV 变压器调压补偿

变压器 CT 配置图如图 10-9 所示。

在图 10-9（a）接线方式下，调压变压器差动角侧电流来自 CT7，星侧电流来自 CT5+CT6。在图 10-9（b）接线方式下，补偿变压器差动一次电流来自 CT6，二次电流来自 CT4+CT7。

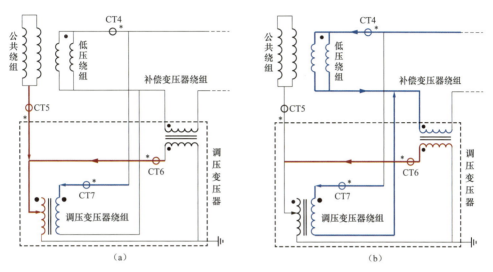

图 10-9　特高压交流试验示范工程 1000kV 变压器调压补偿变压器 CT 配置图

（a）CT7 正接，CT5、CT6 反接；（b）CT4、CT6、CT7 正接

对于后期工程，补偿变压器二次侧会额外增加一个 CT8（如图 10-6 和图 10-7 所示），使用 CT8 用于补偿变压器差动计算，因此不同模式的调压补偿变压器装置无须因此问题进行极性调整，但是档位翻转造成的极性问题仍需装置内部处理。

5. 差动动作曲线自适应调整技术

主体变压器和补偿变压器与常规变压器相同，调档过程中变比变化很小，其调压抽头改变的匝数相对于变压器总匝数来说基本可以忽略，因此调压过程中对主体变压器和补偿变压器的保护影响不大。

但有载调压对调压变压器保护影响很大，集中体现在有载调压过程中的定值切换问题。对于调压变压器来说，档位变化时如不切换适当的定值，则会出现由于调压过程中匝比变化太大，出现不平衡差流导致保护误动作的情况。

针对此问题，可采用两种方案：

第一种方案是在调压过程中退出调压变压器保护。调压变压器保护的配置是弥补调压变压器小匝间短路时主体变压器差动保护灵敏度不足，退出调压变压器保护只是暂时降低了灵敏度，此时非电量的瓦斯保护可作为调压变压器小匝间短路的主保护。

第二种方案是对调压变压器保护进行有条件的保留，即通过降低灵敏度来解决误动问题。工程实施中给调压变压器差动保护增加一个不灵敏定值，调压过程中退出原有的灵敏定值，投入不灵敏定值，适当抬高动作定值和动作特性曲线，以防止保护误动作。

三、保护配置方案

基于上述技术的特高压变压器使用主变压器+调压变压器、补偿变压器的连接方式，为调压变压器和补偿变压器单独配置差动保护以提高灵敏度。因此，完整的特高压变压器保护包括特高压主变压器电气量保护、特高压主变压器非电量保护、调压补偿变压器电气量保护、调压补偿变压器非电量保护四个部分，下面仅对电气量部分进行说明。

1. 主变压器保护配置

主变压器为分相自耦变压器，高中压侧采用 3/2 接线，低压侧双分支。主保护及后备保护配置与常见的 500kV 变压器保护相近，但取消了低压侧小区差动，增加了低压侧失灵联跳。具体的保护配置及 CT 接线图如图 10-10 所示。各差动保护安装位置

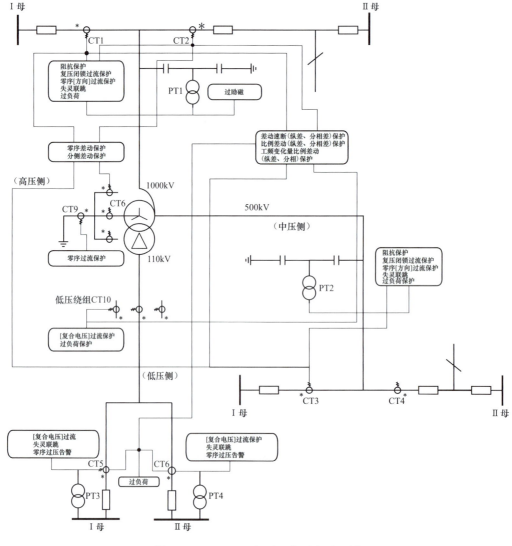

图 10-10　1000kV 变压器典型应用配置

如图 10-11 所示。各种差动保护可以反应的故障类型如表 10-3 所示。主变压器保护功能配置表如表 10-4 所示。

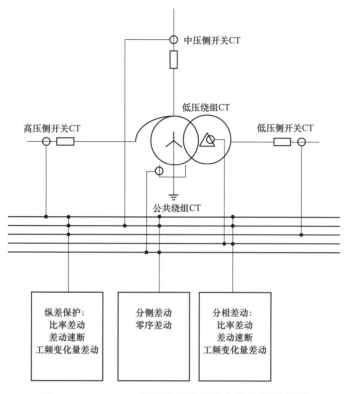

图 10-11　1000kV 变压器差动保护安装位置示意图

表 10-3　　　　　　　　　各种差动保护可以反应的故障类型

保护内容	反应的故障类型
纵差保护 （目前广泛使用比率差动保护）	基于变压器磁平衡原理,可以反应变压器各侧开关之间的相间故障、接地故障及匝间故障
分侧差动及零序差动	基于电流基尔霍夫定律的电平衡,可以反应自耦变压器高压侧、中压侧开关到公共绕组之间的各种相间故障、接地故障
分相差动	基于变压器磁平衡原理,可以反应高压侧、中压侧开关到低压绕组之间的各种相间故障、接地故障及匝间故障

表 10-4　　　　　　　　　主变压器保护功能配置表

	保护类型	段数	每段时限数	备注
主保护	纵差动速断保护	/	/	由高、中压侧开关 CT,低压侧外附（开关）CT 组成纵差保护；采用综合的励磁涌流判别原理
	纵差比率差动保护	/	/	
	纵差变化量差动保护	/	/	
	分相差动速断保护	/	/	由高、中压侧开关 CT,低压侧套管（绕组）CT 组成分相差动保护；采用综合的励磁涌流判别原理
	分相比率差动保护	/	/	
	分相变化量差动保护	/	/	

	保护类型	段数	每段时限数	备注
主保护	分侧差动保护	/	/	由高、中压侧开关 CT，公共绕组套管 CT 组成
高压侧后备保护	相间阻抗保护	Ⅰ	2/Ⅰ	偏移阻抗圆，阻抗灵敏角为 80°
	接地阻抗保护	Ⅰ	2/Ⅰ	偏移阻抗圆，阻抗灵敏角为 80°
	复压闭锁过流保护	Ⅰ	1/Ⅰ	经各侧低电压和负序电压闭锁
	零序（方向）过流保护	Ⅰ、Ⅱ	1/Ⅰ、1/Ⅱ	Ⅰ段固定带方向，方向指向母线；Ⅱ段不带方向
	定时限过励磁告警	Ⅰ	1/Ⅰ	基准电压采用高压侧额定相电压（铭牌电压），固定投入
	反时限过励磁	共 7 段	每段一个时限	基准电压采用高压侧额定相电压（铭牌电压）；反时限特性固定投入，可选择跳闸或告警
	失灵联跳变压器各侧断路器	Ⅰ	1/Ⅰ	高压侧断路器失灵保护动作接点开入后，经灵敏的、不需整定的电流元件并带 50 ms 延时后跳变压器各侧断路器
	过负荷	Ⅰ	1/Ⅰ	告警，固定投入；电流定值取 1.1 倍的高压侧额定电流，时间定值 10s
中压侧后备保护	相间阻抗保护	Ⅰ	2/Ⅰ	偏移阻抗圆，阻抗灵敏角为 80°
	接地阻抗保护	Ⅰ	2/Ⅰ	偏移阻抗圆，阻抗灵敏角为 80°
	复压闭锁过流保护	Ⅰ	1/Ⅰ	经各侧低电压和负序电压闭锁
	零序（方向）过流保护	Ⅰ、Ⅱ	2/Ⅰ、2/Ⅱ	Ⅰ段固定带方向，方向指向母线；Ⅱ段不带方向
	失灵联跳变压器各侧断路器	Ⅰ	1/Ⅰ	中压侧断路器失灵保护动作接点开入后，经灵敏的、不需整定的电流元件并带 50ms 延时后跳变压器各侧断路器
	过负荷	Ⅰ	1/Ⅰ	告警，固定投入；电流定值取 1.1 倍的中压侧额定电流，时间定值 10s
低压绕组后备保护	过流保护	Ⅰ	2/Ⅰ	采用低压侧套管（绕组）CT 电流
	复压闭锁过流保护	Ⅰ	2/Ⅰ	
	过负荷	Ⅰ	1/Ⅰ	告警，固定投入；电流定值取 1.1 倍的低压侧额定电流，时间定值 10s
低压 1 分支后备保护	过流保护	Ⅰ	2/Ⅰ	采用低压 1 分支开关 CT 电流
	复压闭锁过流保护	Ⅰ	2/Ⅰ	
	失灵联跳变压器各侧断路器	Ⅰ	1/Ⅰ	低压 1 分支断路器失灵保护动作接点开入后，经灵敏的、不需整定的电流元件并带 50 ms 延时后跳变压器各侧断路器
	零序过压告警	Ⅰ	1/Ⅰ	固定取自产零压，定值固定取 70V，时间定值 10s
	过负荷	Ⅰ	1/Ⅰ	告警，固定投入，取低压 1 分支和低压 2 分支和电流；电流定值取 1.1 倍的低压侧额定电流，时间定值 10s

续表

	保护类型	段数	每段时限数	备注
低压 2 分支后备保护	过流保护	I	2/I	采用低压 2 分支开关 CT 电流
	复压闭锁过流保护	I	2/I	
	失灵联跳变压器各侧断路器	I	1/I	低压 2 分支断路器失灵保护动作接点开入后，经灵敏的、不需整定的电流元件并带 50 ms 延时后跳变压器各侧断路器
	零序过压告警	I	1/I	固定取自产零压，定值固定取 70V，时间定值 10s
公共绕组保护	零序过流保护	I	1/I	自产零流和外接零流"或"门判别；固定投入，可选跳闸或告警
	过负荷	I	1/I	告警，固定投入；电流定值取 1.1 倍的公共绕组额定电流，时间定值 10s

注　2/I、1/II 表示该保护配置有 I、II 两段，其中 I 段带 2 个时限、II 段带 1 个时限，其余类推。

2. 调压补偿变压器保护配置

调压变压器和补偿变压器保护虽然保护对象是独立的，但因为共用部分 CT，且为了方便组屏和现场维护，二者通常集中在同一个机箱中。仅配置差动保护作为主保护，不配置差动速断及后备保护。为提高保护灵敏度，也可以配置故障分量保护。其中，对于有载调压变压器，调压变压器可配置一段不灵敏的差动保护。

调压补偿变压器支持的定值区数目多于常规变压器，通常每个档位需要一个独立的定值区。调压补偿变压器保护功能配置表如表 10-5 所示。

表 10-5　　　　　　　调压补偿变压器保护功能配置表

	保护类型	段数	每段时限数	备注
主保护	调压变分相比率差动保护	/	/	由公共绕组 CT、补偿变压器星侧 CT 及调压变压器角侧 CT 构成分相差动保护；采用综合的励磁涌流判别原理
	调压变分相变化量差动保护	/	/	
	补偿变分相比率差动保护	/	/	由补偿变压器星侧 CT 及补偿变压器角侧 CT 构成分相差动保护；采用综合的励磁涌流判别原理
	补偿变分相变化量差动保护	/	/	

第四节　线　路　保　护

一、背景

1000kV 特高压输电线路传输容量大，输电线路长，单位电感电阻比大，相比超高压输电线路，单位长度的阻抗下降，线路阻抗角明显增大，分布电容增大。针对特高压系统的特殊电气特征和要求，以 500～750kV 继电保护运行经验为基础，研制出特高压线路继电保护与控制装置，2009 年首次成功应用于特高压交流试验示范工程。随着后续特高压工程建设，特高压串补装置、同塔双回特高压线路、特高压 GIL、可控高抗先后接入特高压系统，给特高压输电线路的保护带来新的需求和挑战。串补装置接入改变了特高压线路的均匀性，同塔双回路引入了双回路线间的互感和跨线故障，可控高抗接入改变了特高压线路的电容电流分布，GIL+架空线路改变了特高压线路形式及相应的故障判别和保护策略。针对这些新情况、新问题，特高压线路保护技术不断创新发展。

1. 特高压电容电流分布影响

1000kV 特高压输电线路的分布电容增大，线路较长，电压等级高，线路充电容性电流较 500、750kV 线路明显增加，线路容抗及电容电流典型值如表 10-6 所示。

表 10-6 各电压等级线路容抗和电容电流值

线路电压（kV）	正序容抗（Ω/100km）	零序容抗（Ω/100km）	电容电流有效值（A）
500	2590	3790	111
750	2330	3424	186
1000	2269	3525	255

由于特高压输电线路对地及相间分布电容均增大，故障切除后由健全相的感应电压产生的潜供电流将会导致自动重合闸过程中二次灭弧时间的延迟。在特高压线路上，高补偿度的并联电抗器的接入大大削弱了线路分布电容的作用，线路的稳态电容电流值大大下降。但实际上在空载合闸、区外故障及切除、重合闸等暂态过程中，暂态电容电流将要增加数倍，将使线路两端的电流电压波形发生严重畸变。短路发生后，由于电容影响，电流、电压波形发生了严重畸变，两端电流有较大的偏移，电容电流的存在将影响到分相差动保护的灵敏度，必须研究对暂态电容电流的有效处理方法。

2. 串补装置接入特高压线路

串补装置的存在破坏了特高压输电线路阻抗的均匀性，因其为一个集中的容抗，使电压、电流的相位关系发生了变化，从根本上使得基于线路阻抗分布均匀性的保护原理不再完全适用。同时，由于串补装置可能运行在不同的方式下，而线路保护装置无法感知其运行状态，从而对传统保护的工作产生了很大影响。

（1）电压反向。

当故障点与 PT 安装位置分别位于串补电容的两侧时，可能会发生电压反向。以图 10-12 单回串补线路等值系统示意图分析"电压反向"的两种情况。

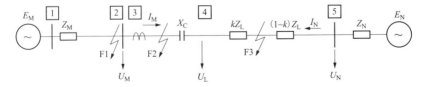

图 10-12 单回串补线路等值系统示意图

情况一：故障点位于串补装置的线路侧，PT 安装于串补装置的母线侧。

图 10-12 中，在本线路 F3 点发生三相短路，PT 所采集电压为 U_M，同时满足 $kX_L < X_C < X_M + kX_L$，故障电流 $\dot{I}_M$ 仍滞后 $\dot{E}_M$，但 $\dot{U}_M$ 的相位与 $\dot{E}_M$ 相反，即发生了"电压反向"。

情况二：故障点位于串补装置的母线侧，PT 安装于串补装置的线路侧。

图 10-12 中，在本线路 F2 点或背后母线或邻线出口 F1 点发生三相短路，PT 所采集电压为 U_L，电压 $\dot{U}_L$ 的相位与 $\dot{E}_N$ 相反，即发生了"电压反向"。

（2）电流反向。

特高压串补线路虽然输送功率大，但受端系统容量更大，可能会出现电容器的容抗大于背后系统等效电源的阻抗。此种在串补出口短路时系统送出容性的短路电流，称之为"电流反向"。如图 10-12 所示在线路 F3 点发生三相短路，当 $X_C > X_M + kX_L$ 时，故障电流 $\dot{I}_M$ 超前 $\dot{E}_M$，即发生了"电流反向"。

（3）方向继电器的影响。

反映故障分量的负序、零序方向继电器的正确工作取决于从故障点看出的保护背后等值电源阻抗的性质。当正向故障且线路保护接入 PT 位置的背后等值电源阻抗有可能为容性时，其对策是在电压回路上进行电压补偿，消除串补电容的影响。当正向故障且线路保护接入 PT 位置的背后等值电源阻抗不可能为容性时，方向继电器都能正确动作。

以零序方向元件为例，如图 10-12 所示的系统图在 F3 点发生不对称接地故障。假设该串补电容背后直接与中性点接地变压器相连，其系统零序网络中，则在 $X_C > X_{M0}$（X_{M0} 为背后系统零序阻抗）时正向故障，由于测量阻抗 $Z_{0s} = X_{M0} - X_C$ 呈容性，零序功率方向继电器会拒动，从而影响方向继电器。

3. 同塔双回线路的影响

特高压同杆并架双回线路不但同一回线路相间存在互感，而且双回线路之间也有互感存在。双回线路间零序互感对线路保护影响较大。同塔双回线路的零序互感系数较大，接地故障时故障电压不仅取决于本线路电流，而且还受相邻线路零序电流的影响，从而双回线路的接地距离保护的测量阻抗会产生较大的误差，影响两侧接地距离保护的动作范围，可能造成保护误动或拒动。对于相间距离保护来说，其测量阻抗不受零序互感的影响，即在本线路发生多相故障时，相间阻抗继电器能正确测量阻抗。

特高压同塔的两回线路装设在同一杆塔上，线间的距离较近，与单回线路相比，其故障的主要特点是可能有跨线故障。当发生跨线故障时，单相重合闸方式可能会重合于跨线永久故障，虽然对于各回线路而言，仍然体现为单相故障，但对于整个电力系统来说，则与重合于多相故障无异，这对系统的冲击很大。通常又将跨线故障分为非同名相和同名相跨线故障。当发生瞬时跨线故障时（以ⅠAⅡB跨线故障为例），由于特高压线路传输功率较大，当一回线路单相重合闸后，另一回线路后重合，可能存在较大的零序不平衡电流导致先合线路达到传统线路的零序加速门槛而误动。

4. 可控高抗接入对保护的影响

对于安装有并联电抗器的输电线路，由于并联电抗器已经补偿了部分电容电流，因此在做差动保护时，需补偿的电容电流为计算的电容电流减去并联电抗器电流，提高了差动保护的灵敏度。上述补偿方法基于保护装置采集的系统电压、正序容抗及电抗器参数进行计算，对于电抗器参数固定的场合具有较好的补偿效果。在固定并联高抗线路中，线路保护求出各个电容的电流后，即可求得线路各相的电容电流，因此计算的电容电流对于正常运行、空载合闸和区外故障切除等情况下的电容电流稳态分量和暂态分量都能给予较好的补偿。但可控电抗器容量在运行中实时调节变化，会造成线路上差动电流变化，通过整定电抗器定值的方式已经不再适用。

5. GIL 混合线路的影响

在特高压输电通道中采用 GIL，输送距离长、容量大，GIL 位于输电线路中部，工频电压耐受水平高，可靠性要求大幅提升。一旦特高压 GIL 内部发生绝缘击穿，线路必须停运并不得重合闸，同时采取措施抑制感应电流以避免故障扩大，与常规特高压线路保护配置存在较大差异。

二、保护原理及关键技术

1. 一般保护原理

特高压输电线路中一般配置分相电流差动和零序电流差动为主体的快速主保护，以及由三段式相间和接地距离及多个零序方向过流构成的全套后备保护。

（1）电流差动保护。

电流差动保护基于基尔霍夫电流定律，原理简单，动作可靠，是超、特高压输电线路常用的主保护。差动保护实际应用中又包括稳态分相差动保护、零序差动保护和变化量分相差动保护三种，三者相互配合，能够保证不同类型故障下均能可靠动作。

稳态分相差动元件的动作方程为：

$$\begin{cases} I_{CD\phi} > K_{R1} \times I_{R\phi} \\ I_{CD\phi} > I_{mk1} \end{cases} \quad (\phi = A、B、C)$$

式中，$I_{CD\phi}$ 为差动电流；$I_{R\phi}$ 为制动电流；K_{R1} 为分相稳态差动的比率制动系数；I_{mk1} 为分相稳态差动门槛。

零序差动元件的动作方程为：

$$\begin{cases} I_{CD0} > K_{R2} \times I_{R0} \\ I_{CD0} > I_{mk2} \end{cases}$$

式中，I_{CD0} 为零序差动电流；I_{R0} 为零序制动电流；K_{R2} 为零序差动的比率制动系数；I_{mk2} 为零序差动门槛。

变化量分相差动元件的动作方程为：

$$\begin{cases} \Delta I_{CD\phi} > K_{R3} \times \Delta I_{R\phi} \\ \Delta I_{CD\phi} > I_{mk3} \end{cases} (\phi = A、B、C)$$

式中，$\Delta I_{CD\phi}$ 为变化量差流；$\Delta I_{R\phi}$ 为变化量制动电流；K_{R3} 为分相变化量差动的比率制动系数；I_{mk3} 为分相变化量差动门槛。

差动保护为了防止电容电流造成保护误动，一般采取提高定值和对电容电流进行补偿的措施。

（2）距离保护。

距离元件是线路保护中最常用的元件之一。单侧的距离元件可构成后备距离保护，通过通道配合的双端距离元件可以构成纵联主保护。

距离元件根据故障后测量阻抗的大小和角度判别故障点位置。对于相间短路，测量阻抗的基本计算公式为：

$$Z_k = \frac{U_{\phi\phi}}{I_{\phi\phi}}(\phi\phi = AB、BC、CA)$$

对于单相接地故障，测量阻抗的基本计算公式为：

$$Z_k = \frac{U_{\phi}}{I_{\phi} + k \times (3I_0)}(\phi = A、B、C)$$

式中，k 为线路零序补偿系数，由输电线路的零序阻抗和正序阻抗决定。

对于金属性故障，上述公式能够正确测量故障点到保护安装点的距离（阻抗），实际故障时必须考虑过渡电阻的影响。

实际继电保护装置中，距离继电器的动作范围一般为一个圆或其他封闭曲线，如常用的方向圆动作特性方程为

$$\left| Z_k - \frac{1}{2} Z_{set} \right| \leqslant \left| \frac{1}{2} Z_{set} \right|$$

其中 Z_{set} 为距离整定值，该方程对应的动作特性如图 10-13 所示。

方向圆阻抗继电器动作特性经过原点，在出口处故障时并不是一个理想的继电器。为了解决出口短路稳态问题，采用正序电压极化或者让极化电压带记忆，动作方程如下

$$-90° < \text{Arg} \frac{Z_K - Z_{ZD}}{-(Z_S + Z_K)e^{j\delta}} < 90°$$

测量阻抗 Z_K 在阻抗复数平面上的动作特性是以整定 Z_{ZD} 至 $-Z_S$ 系统阻抗连线为直径的圆，动作特性

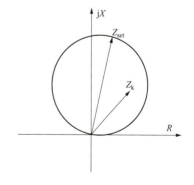

图 10-13 方向圆阻抗距离
继电器动作特性

包含原点表明正向出口经或不经过渡电阻故障时都能正确动作，并不表示反方向故障时会误动作；反方向故障时的动作特性必须以反方向故障为前提导出，测量阻抗 $-Z_K$ 在阻抗复数平面上的动作特性是以 Z_{ZD} 与 Z'_S 系统阻抗连线为直径的圆。正方向和反方向的阻抗继电器动作特性如图 10-14 所示。

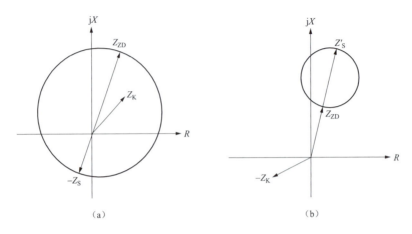

图 10-14　阻抗偏移圆动作特性

（a）正方向故障时偏移圆动作特性；（b）反方向故障时的上抛圆动作特性

采用多边形动作特性的距离保护，如图 10-15 所示。各段距离元件分别计算 X 分量的电抗值和 R 分量的电阻值。

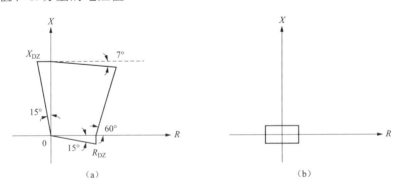

图 10-15　距离元件的动作特性

（a）多边形特性；（b）小矩形特性

图中，X_{DZ} 为阻抗定值折算到 X 的电抗分量；R_{DZ} 按躲正常过负荷情况下的负荷阻抗整定，可满足长、短线路的不同要求，提高了短线路允许过渡电阻的能力，以及长线路避越负荷阻抗的能力；选择的多边形上边下倾角（如图 10-15 中的 7°下倾角），可提高躲区外故障情况下的防超越能力。

对于三段式相间距离保护的电抗 X_{DZ}，分别为相间距离 I 段、相间距离 II 段和相间距离 III 段阻抗定值的折算电抗分量。

对于三段式接地距离保护的电抗 X_{DZ}，分别为接地距离 I 段、接地距离 II 段和接地距离 III 段阻抗定值的折算电抗分量。

在重合或手合时，阻抗动作特性在图 10-15（a）的基础上，再叠加上一个包括坐标原点的小矩形特性，如图 10-15（b）所示，称为阻抗偏移特性动作区，以保证 PT 在线路侧时也能可靠切除出口故障。在三相短路时，距离 III 段也采用偏移特性。小矩形动作区的 X、R 取值见表 10-7。

表 10-7　　　　　　　　　　　　　小矩形动作区的 X、R 取值

X 取值	取 $X_{DZ}/2$ 与 $\dfrac{2.5}{I_n}\Omega$（I_n=1A、5A）两者中的最小值
R 取值	8 倍上述 X 取值与 $R_{DZ}/4$ 两者中小者的最小值

实际继电保护装置中，有的通过测量阻抗，有的将阻抗值比较转换为等效的电压比较，具体实现方法包括幅值比较和相位比较两种方式。

（3）零序方向过流保护。

特高压线路零序电流保护是反应输电线路一端零序电流的保护。一般通过零序方向继电器实现，零序方向继电器是基于故障后电流电压零序分量的相位关系或零序功率的幅值进行故障点方向判别的元件，用于有零序电流的不对称故障。该方向元件有一灵敏角，当零序电压超前零序电流的角度在灵敏角±90°范围内时，认为是反方向，反之认为是正方向。一般通过零序方向继电器或者零序功率的幅值比较方式实现。其动作特性如图 10-16 阴影部分所示。

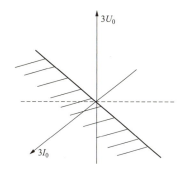

图 10-16　零序方向继电器动作范围

按零序电压、零序电流的相位比较方式实现时，测量零序电压和零序电流的夹角，满足下面动作方程则动作，反之不动作。

$$-190°<\arg\frac{\dot{U}_0}{\dot{I}_0}<-10°$$

将零序分量角度差范围的识别转换为零序功率正负的识别，则按零序功率的幅值比较方式实现，即

$$P_0 = 3U_0 \times 3I_0 \cos(\varphi - \varphi_1)$$

式中，$\varphi = \arg\dot{U}_0 / \dot{I}_0$，$\varphi_1$ 为线路零序阻抗角。

零序方向元件包含零序正方向元件 F_{0+} 和零序反方向元件 F_{0-}。

当 P_0 大于零时，即判别为反方向故障，F_{0-} 动作；当 P_0 小于零时，即判别为正方向故障，F_{0+} 动作。

实际继电保护装置中的零序方向有一定的动作门槛，当零序功率和零序电流达到一定量值时才动作，且零序反方向元件的灵敏度一般高于零序正方向元件。

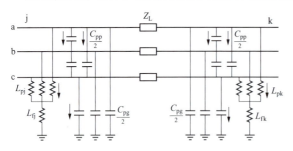

图 10-17　1000kV 特高压线路等效电路图

2. 电容电流补偿关键技术

（1）基于时域补偿算法的暂态电容电流补偿。

1000kV 特高压线路等效电路图如图 10-17 所示。

在做差动计算时，需补偿的电容电流为计算的电容电流减去并联电抗器电流 i_L。对于两侧均带高抗的线路，以 A 相为例，差动保护中两侧需补偿的电容电流为

$$\begin{cases} i_{cj}^{a}{}'(t) = i_{cj}^{a}(t) - i_{Lj}^{a}(t) \\ i_{ck}^{a}{}'(t) = i_{ck}^{a}(t) - i_{Lk}^{a}(t) \end{cases}$$

式中：$i_{cj}^{a}(t)$、$i_{Lj}^{a}(t)$ 分别为 j 端计算的对地电容电流与电感电流；$i_{ck}^{a}(t)$、$i_{Lk}^{a}(t)$ 分别为 k 端计算的对地电容电流与电感电流；$i_{cj}^{a}{}'(t)$、$i_{ck}^{a}{}'(t)$ 为差动保护中 j 端、k 端需补偿的电容电流。

基于时域电容电流补偿的差动算法可以对暂态电容电流实现有效补偿，使动作门槛大大降低，而无须像稳态补偿判据必须通过高低定值不同的两套辅助判据来提高反应过渡电阻能力，从而大大提高了区内故障，特别是高阻接地故障的灵敏度和动作速度。

（2）采用分布参数模型的暂态电容电流补偿（贝瑞隆方程）。

高压长距离输电线路长、分布电容增大，利用分布参数模型实现差动和距离等的测量元件。先假设长线路是均匀线路，任意两点的电压、电流满足输电线路方程。考虑两侧电流规定的正方向后，可得到两侧电压电流值。将两侧保护所测量的电流折算到同一点，在该点做差动保护计算。

采用分布线路参数模型后，当线路故障时，保护根据分布参数计算的动作电流和制动电流如图 10-18 所示。

由图 10-18 可见，区外故障时，差动电流（I_D）远远小于制动电流（I_B），保护可靠不动作；区内故障时，差动电流（I_D）大于制动电流（I_B），保护能可靠动作。

以上分析适合于三相对称线路，对于不对称系统，仍然可以转换为对称分量予以计算，测试表明，基于分布参数计算的差动保护，故障相可很好地满足动作条件，而非故障相与正常运行时一致，差动电流远远小于制动电流不会动作。

3. 串补接入的关键技术

当继电保护应用于具有串联电容补偿的特高压线路及邻近的线路上时，需对欠范围距离继电器、工频变化量阻抗继电器、超范围阻抗继电器和零序方向继电器进行改

进优化。

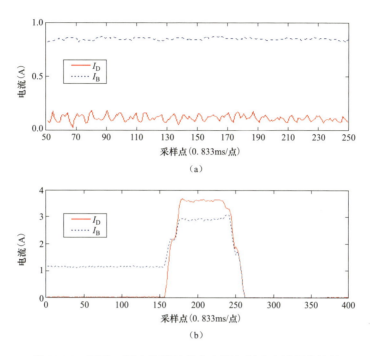

图 10-18 区外、区内故障时差动电流与制动电流幅值比较

（a）区外故障；（b）区内故障

（1）防止正向故障时欠范围阻抗超越（正向带串补电容）。

如图 10-19 所示，当保护的正向含有串补电容时，若发生区外电容器后故障，按常规整定的欠范围距离保护（距离 Ⅰ 段、工频变化量阻抗）会因串补电容使测量阻抗变小，导致保护超越。

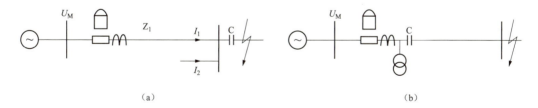

图 10-19 正向区外故障时，Ⅰ段阻抗超越

装置中设置了"正向 MOV 击穿电压定值"U_{plzd}，根据流过保护安装处的电流 I_1 和"正向 MOV 击穿电压定值"实时缩小距离 Ⅰ 段的保护范围。距离 Ⅰ 段的定值仍按本线路阻抗的 70%～85%整定（不含电容）。

含有串补装置的系统发生故障时，工频变化量阻抗判据中与无串补系统相比电压变化量增加了 U_{pl}，U_{pl} 为 MOV 的保护级电压。

（2）防止反向经电容短路故障时失去方向性（反向带串补电容）。

当反向经电容短路时，对于欠范围的工频变化量阻抗继电器，当整定值较小时，可能误动。为此保护装置设置了一个超范围的工频变化量阻抗继电器，其定值为"超范围变化量阻抗"，整定至对侧电源系统阻抗，反向经电容短路时该继电器不会误动。这两个上抛圆特性的继电器按"与"门输出，防止了反向故障的误动。

对于稳态阻抗保护，装置设置了两个记忆时间不同的阻抗继电器，在正向故障时这两个阻抗继电器同时动作，而在反向故障时，两者动作不一致，通过这两个继电器的先后动作逻辑来闭锁稳态距离保护，防止反向经电容短路故障稳态阻抗继电器失去方向性。

（3）零序方向继电器。

当发生正向不对称接地故障时，如背后的零序等效阻抗为容性时，常规的零序方向继电器会判为反方向故障，如图 10-20 所示。

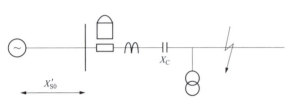

图 10-20　不对称故障示意图

当系统零序阻抗 $X'_{S0} < X_C$ 时，发生了零序电压反向，应对零序电压进行补偿，补偿的方法是取 $U'_0 = U_0 - I_0 \times jX_{0com}$。为此保护设置了"零序方向补偿阻抗 X_{0com}"。由于线路零序阻抗远大于正序阻抗，这样的补偿也仅补偿了线路的一小部分，反向故障不会失去方向性。

4. 同塔双回线路的关键技术

同塔双回线路运行时，零序互感对接地距离继电器会产生影响，影响到保护的测量距离。对于零序互感影响主要考虑如下：①对欠范围的距离保护，需要防止在某些运行工况下保护范围超越；②对超范围的距离保护，需要防止在某些运行工况下可能无法可靠切除本回线的故障；③对于后备欠范围距离保护定值整定时需要将定值缩短，超范围的距离保护需要确保区内故障保护可靠动作。

为了避免特高压串补同塔双回线路使用单相重合闸可能重合于跨线瞬时故障，零序加速同时切除双回线的问题，特高压线路串补保护在应用于同塔双回线路的保护装置取消重合于故障的零序后加速保护，保留零序手合加速的功能，避免跨线瞬时故障误跳的问题，对系统稳定具有重要意义。同时形成了具体跳闸方式如下：①保护在一次整组内，严格选跳故障相，两相故障时应选跳两相且不应闭锁重合闸；②修改加速逻辑以及非全相再故障闭重逻辑，以避开该线瞬时故障后邻线发生故障时误跳该回线的问题；③两相及以上故障闭重的开入量设置改为三相故障闭重。跳闸实现的前提是保护需要有正确的选相能力。

5. 可控高抗接入的关键技术

特高压输电线路采用可控高抗后，电抗器容量在运行中实时调节变化，通过整定电抗器定值的方式已经不再适用，无论是稳态补偿方式还是时序暂态补偿方式都将影响差动保护的动作特性。张北变电站工程中采用将线路两侧高抗的首端电流接入保护装置，对高抗电流进行动态实时补偿，解决差流偏差问题。

6. GIL 混合线路的关键技术

（1）单相重合闸的限制及保护策略。

特高压 GIL 混合输电线路在架空线路部分发生单相接地故障时，故障相线路断路器能正常启用单相重合闸功能。为避免特高压 GIL 内部故障时单相重合闸对特高压 GIL 造成故障扩大，一旦继电保护判出 GIL 内部故障时则启动三相跳闸不重合。

针对特高压 GIL 输电线路配置"大差动+小差动"方案，GIL 段故障时小差动保护动作经过光纤接口远传装置实现线路的三跳并闭重，非 GIL 段故障时大差动保护实现故障选相动作和单相重合闸功能。

（2）抑制感应电流、电压的关键措施。

GIL 内部绝缘子发生沿面闪络或内部击穿故障时，绝缘子上放电通道的绝缘不可恢复。虽然故障回路三相跳开，但由于同塔双回架空线路之间耦合作用强，故障点可能长时间流过感应电流，造成 GIL 故障后的损坏程度加重。

因此在每回特高压 GIL 两端均配置感应电流快速释放装置，采用快速接地开关原理，GIL 内部故障后，保护动作跳开线路两侧断路器，感应电流快速释放装置自动合上以旁路感应电流，GIL 故障点电流熄灭，该方案在苏通 GIL 综合管廊工程中得到了成功应用。

三、保护配置方案

1. 特高压线路保护的配置

特高压输电线路继电保护装置以电流差动为主的快速主保护，由工频变化量距离元件构成的快速 I 段保护，由三段式相间和接地距离及多个零序方向过流构成的全套后备保护，保护装置可分相出口，配置过电压保护装置或线路保护集成过电压保护功能。由断路器保护实现自动重合闸功能。保护配置表如表 10-8 所示。

表 10-8 特高压线路保护配置

类别	序号	保护功能	备注
必配功能	1	纵联电流差动保护	适用于同杆双回线路
	2	接地和相间距离保护	3 段
	3	零序过流保护	2 段
	4	重合闸	断路器保护实现
选配功能	1	零序反时限过流保护	
	2	过电压及远方跳闸保护	
	3	3/2 断路器接线	

特高压线路保护与普通超高压线路保护配置并无差异，与一般高压、超高压线路

相比，特高压保护装置要有更高的独立性、更大的冗余度，保护功能区别在应用于同杆并架线路的保护装置取消重合于故障的零序后加速保护，保留零序手合加速的功能。

断路器保护按断路器配置，实现断路器失灵保护和自动重合闸功能。对于 3/2 接线，当出线带刀闸时，需配置短引线保护（当出线配有 CT，且线路保护采用线路 CT 时，则短引线保护改为 T 区保护）。

对于特高压输电线路要求双重配置的能快速切除各种故障的主保护，两套主保护必须从电流互感器、电压互感器交流输入、直流电源、保护屏到跳闸线圈完全独立。

2. 特高压串补线路保护的配置

对特高压串补线路，与特高压一般线路保护相比，同样配置全线速动主保护以及完备的后备保护，线路保护配置双重化的线路纵联电流差动保护，每套纵联电流差动保护应包含完整的主保护和后备保护功能，配置过电压保护装置或线路保护集成过电压保护功能。保护具体配置如表 10-9 所示。

表 10-9 含串补的特高压线路保护配置

类别	序号	保护功能	备注
必配功能	1	纵联电流差动保护	适用于同杆双回线路
	2	接地和相间距离保护	3 段
	3	零序过流保护	2 段
	4	重合闸	断路器保护实现
选配功能	1	零序反时限过流保护	
	2	过电压及远方跳闸保护	
	3	3/2 断路器接线	特高压串补线路一般采用 3/2 断路器接线
	4	串补功能	适用于串补线路

3. 可控高抗接入的特高压线路保护配置

可控高抗接入后改变了特高压输电线路的电容电流分布，在适用于可控高抗的特高压线路保护中增加可控高抗电流的接入进行电容电流的动态补偿。该特高压线路保护与普通特高压线路保护配置及功能并无差异，仅电流采集差异，保护配置同表 3-2。

4. 特高压 GIL 混合线路保护配置

对于特高压 GIL+架空混合线路，线路两端配置全线速动主保护以及完备的后备保护，线路保护配置双重化的线路纵联电流差动保护，每套纵联电流差动保护应包含完整的主保护和后备保护功能，配置过电压保护装置或线路保护集成过电压保护功能。断路器保护按断路器配置，实现断路器失灵保护和自动重合闸功能。

GIL 段故障多属永久性故障，为避免二次冲击，在 GIL 故障后应实现三相永跳。配置于特高压 GIL 线路两端的保护不能精准区分架空线与 GIL 故障，因此 GIL 段需要单独配置保护以精确判断 GIL 段发生内部故障，为后续的感应电流释放装置的自动合闸提供辅助信息。特高压全线配置差动保护，GIL 引接站增加配置 GIL 段线路差动保护，即形成"大差动+小差动"保护配置方案。GIL 段的保护与特高压线路保护配置并无差异，保护功能在使用中只投入纵联电流差动保护且三跳闭重，GIL 段的保护通过远跳装置来实现 GIL 保护动作后跳闸信号的可靠远传及可靠跳闸。

保护具体配置如表 10-10 所示。特高压 GIL 输电线路保护配置示意图如图 10-21 所示。

表 10-10　　　　　含 GIL 的特高压线路两端保护配置

类别	序号	基础型号功能	备注
必配功能	1	纵联电流差动保护	适用于同杆双回线路，大差
	2	接地和相间距离保护	3 段
	3	零序过流保护	2 段
	4	重合闸	断路器保护实现
选配功能	1	零序反时限过流保护	
	2	过电压及远方跳闸保护	
	3	3/2 断路器接线	特高压串补线路一般采用 3/2 断路器接线
GIL 段	1	差动保护	GIL 段主保护，小差

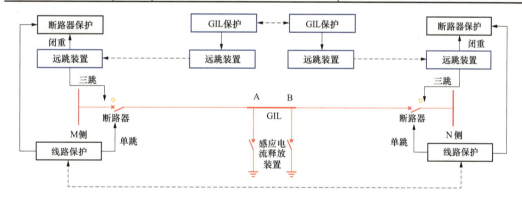

图 10-21　特高压 GIL 输电线路保护配置示意图

第五节　并联电抗器保护

一、固定式特高压并联电抗器保护

1. 背景

特高压远距离输电线路电容效应较为突出，为此需装设并联电抗器以补偿电容电流，同时限制系统的操作过电压和重合闸时的潜供电流。特高压电抗器损耗低、品质因数高，暂态过程中的非周期分量衰减时间常数长，对继电保护"四性"要求高。

2. 保护原理及关键技术

（1）纵联差动保护。

为防止高压并联电抗器内部线圈及其引出线单相接地或瞬时性两相接地故障，配置纵联差动保护。比率纵差保护由差动速断、比率差动组成，电流取自电抗器首尾端CT。比率差动保护具有CT饱和闭锁和CT异常闭锁功能，CT饱和闭锁功能固定投入，而CT异常闭锁功能通过控制字投退。比率差动的制动电流一般采用只选取末端电流的算法，内部故障时保护具有很高的灵敏度。

（2）匝间保护。

匝间保护采用主电抗器自产零序电流、电抗器安装处的自产零序电压组成的零序功率方向继电器。电抗器内部匝间短路时，零序电压超前零序电流，此时零序电抗的测量值为系统的零序电抗；电抗器外部（系统）故障时，零序电压滞后零序电流，此时零序电抗的测量值为电抗器的零序阻抗；由此可利用电抗器零序电流和电抗器安装处零序电压的相位关系来区分电抗器匝间短路、内部接地故障和电抗器外部故障。

在线路非全相运行、带线路空充电抗器、线路发生接地故障跳闸后再重合、线路两侧断路器跳开后的LC振荡、开关非同期、区外故障及非全相伴随系统振荡时，为了提高匝间保护的可靠性，增加各电气量的突变量判据和稳态量判据作为辅助判据，在保证匝间保护灵敏性的同时，大大提高了匝间保护抗区外故障的可靠性。

为了保证匝间保护的可靠运行，设有CT异常和PT异常检测元件。当CT或者PT异常时，退出匝间保护。

3. 保护配置方案

特高压并联电抗器装设下述保护：

（1）油浸式并联本体电抗器配置瓦斯保护。重瓦斯保护应动作于跳闸；轻瓦斯保护宜动作于信号，需要时可动作于跳闸。

（2）纵联差动保护。当并联电抗器内部及其引出线的相间短路和单相接地短路时，动作于跳闸。

（3）过电流保护。作为差动保护的后备保护。

（4）匝间短路保护。差动保护不反应电抗器匝间短路，而单相电抗器的故障大部分为匝间短路，所以除瓦斯保护外，应装设匝间保护，作为电抗器匝间短路和部分绕组单相接地的保护。

（5）过负荷保护。在某些情况下，电源电压可能升高而引起电抗器过负荷。

（6）中性点电抗器装设过电流保护和瓦斯保护，对外部系统因三相不对称等原因引起的过负荷可装设过负荷保护。

并联电抗器如无专用断路器而直接连接于特高压线路上，则并联电抗器保护装置动作后，除进行线路本侧断路器跳闸外，尚需配置远方跳闸装置，使线路对侧断路器跳闸。特高压高抗保护配置图如图 10-22 所示。特高压高抗保护配置表如表 10-11 所示。

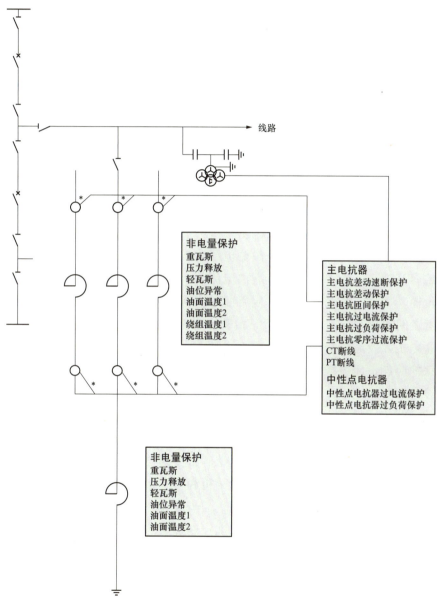

图 10-22　特高压高抗保护配置图

表 10-11　　　　　　　　　　特高压高抗保护配置表

类别	序号	功能描述	段数及时限
主保护	1	主电抗差动速断	—
	2	主电抗差动保护	—
	3	主电抗匝间保护	—

类别	序号	功能描述	段数及时限
主保护	4	CT断线闭锁差动保护	—
后备保护	5	主电抗过电流保护	I段1时限
	6	主电抗零序过流保护	I段1时限
	7	主电抗过负荷保护	I段1时限
	8	中性点电抗器过电流保护	I段1时限
	9	中性点电抗器过负荷保护	I段1时限

二、可控式特高压并联电抗器保护

1. 背景

固定高压并联电抗器的容量无法调节，在系统潮流变化大时难以及时有效控制电压，在一定程度上限制了线路的输送能力。可控高抗作为一种柔性交流输电系统装置，可以通过改变电抗值来动态补偿输电线路的容性无功功率，有效抑制特高压输电线路的容升效应、操作过电压、潜供电流等，降低线路损耗，提高电压稳定水平及线路传输功率，在特高压电网中应用前景广阔，是解决特高压系统限制过电压和无功平衡之间矛盾的方法。2020年三相额定容量600Mvar、三级容量可调的特高压可控并联电抗器及其保护装置已经研制成功并在张北变电站示范应用。特高压可控电抗器保护应能适应可控电抗器暂态、稳态调节过程，并能对电抗器区内的各类故障有足够灵敏度。

2. 保护原理及关键技术

（1）磁平衡差动保护。

特高压分级式可控高抗的气隙磁路及铁芯特性都与普通变压器不同，漏抗非常大，可正常运行在二次绕组短路的工况。理论分析和仿真计算发现，分级式可控高压并联电抗器装设磁平衡矢量差动保护是可行的。其一次和二次绕组具有磁的耦合关系，尽管漏抗很大，但其网侧一次绕组电流与二次控制绕组的电流仍满足变比关系，满足差动平衡的条件，因此可以采用一次侧、二次侧的首端电流构成磁平衡保护。

特高压可控高抗配置磁平衡矢量差动保护，作为分级式高压并联电抗器内部故障主保护，侧重于反应控制绕组（即二次绕组）和网侧绕组（即一次绕组）的匝间故障。保护具有明确的选择性，即保护动作则说明一定发生了内部故障，因此动作于直接跳一次侧断路器。

磁平衡矢量差动保护功能包含磁平衡差动速断保护及比率制动差动保护。为了确保电抗器在空投或外部故障切除时磁平衡差动保护的可靠性，比率制动差动保护具有三相式二次谐波制动性能。为了防止电抗器饱和后，励磁电流的增大影响磁平衡差动保护动作，采用差动电流的五次谐波与基波的比值作为闭锁判据。

差动保护具有完善的电流互感器 CT 直流饱和判断和 CT 异常判断功能。其中 CT 饱和闭锁固定投入，CT 断线闭锁磁平衡差动保护通过控制字设定。电抗器是一个负载性元件，在空投及区外故障或其他区外扰动的暂态过程中，流经电抗器的工频电流不会很大，不足以使 CT 饱和而导致差动保护误动，但此时电抗器电流中的直流分量可能很大而且衰减缓慢，直流成分容易引发 CT 的直流饱和，为此设有完善的 CT 饱和检测功能以防磁平衡矢量差动保护误动。

（2）电抗器二次自产零序过流保护。

电抗器二次自产零序过流保护也可称为零压闭锁高灵敏零流保护，作为高抗内部故障后备保护，侧重于其他保护灵敏度不够的二次绕组、负载电抗器以及一次绕组的小匝比匝间短路。高抗首端零序电压在高抗内部故障时较小、区外故障时较大，因此设定一次零序电压大于整定值时闭锁保护，此外，PT 断线或三相无压或 CT 异常时闭锁该保护。

二次自产零序过流保护的跳闸段设一段两时限，第一时限经 T_1 延时出口，一般作用于合二次侧的旁路断路器；第二时限经 T_2 延时出口，一般作用于跳开一次侧断路器。另外设一段不经零压闭锁的二次自产零序过流告警段，当二次自产零序电流大于定值时，延时发告警信号。

（3）电抗器二次侧外接零序过流保护。

电抗器二次侧外接零序过流保护，可作为整个二次系统接地故障的快速保护，电流取自电抗器二次侧接地点处安装的零序 CT0。具有天然的选择性，可反应二次绕组内部、负载电抗器内部以及二次端子到控制系统电缆的接地故障，而在区外故障以及其他不对称异常运行工况下可靠不动作。

二次侧外接零序过流保护设一段两时限，第一时限经 T_1 延时出口，一般作用于合二次侧的旁路断路器；第二时限经 T_2 延时出口，一般作用于跳开一次侧断路器。

（4）电抗器二次控制绕组过流保护。

电抗器二次控制绕组过流保护，可作为控制绕组侧各种故障的后备保护，电流取自电抗器二次控制绕组处 CT3。

二次控制绕组过流保护的跳闸段设一段两时限，第一时限经 T_1 延时出口，一般作用于合二次侧的旁路断路器；第二时限经 T_2 延时出口，一般作用于跳开一次侧断路器。

3. 保护配置方案

特高压可控电抗器配有主保护和后备保护，1000kV 张北变电站工程中，可控并联电抗器采用了固定高抗作为备用相的技术方案，保护要求同时具备兼顾正常运行工况和备用相投入的适应性，针对电抗器可能的故障情况保护配置如下：

（1）主电抗器纵联差动保护：取自 CT1、CT2。保护范围为主电抗器一次绕组故障。动作于跳一次侧断路器。

（2）主电抗器零差保护：取自 CT1、CT2 的自产零序。保护范围为主电抗器高压侧绕组接地故障。动作于跳一次侧断路器。

（3）磁平衡差动保护：取自 CT1、CT3。保护范围为主电抗器区内的全部主要短路故障类型，包括匝间故障、电抗器高压侧接地和相间故障。动作于跳一次侧断路器。当某相为备用相投入时退出该相大差保护，以电抗器本体保护作为该相故障的主保护。

（4）主电抗器匝间保护：取自 CT1、CT2 及电抗器高压侧 PT。保护范围为主电抗器高、低压侧绕组的匝间故障，为大差保护的补充。第一时限合二次侧旁路断路器，第二时限跳一次侧断路器。

（5）主电抗器过流保护：取自 CT1，为电抗器内部故障的后备保护。延时动作于跳一次侧断路器。

（6）主电抗器零序过流保护：取自 CT1 自产零序电流，为电抗器内部故障的后备保护。延时动作于跳一次侧断路器。

（7）中性点电抗器过流保护：取自 CT2 自产零序电流，为中性点电抗器保护。延时动作于跳一次侧断路器。

（8）控制绕组自产零序过流保护：取自 CT3。为二次侧控制绕组故障后备保护。第一时限合二次侧旁路断路器，第二时限跳一次侧断路器。当某相为备用相投入时退出控制绕组自产零序电流保护。

（9）控制绕组外接零序过流保护：取自 CT0，为整个二次侧控制绕组接地故障后备保护。第一时限合二次侧旁路断路器，第二时限跳一次侧断路器。

（10）控制绕组过电流保护：取自 CT3，为二次侧控制绕组故障后备保护。第一时限合二次侧旁路断路器，第二时限跳一次侧断路器。

（11）备用相投入（备用相为固定高抗不存在二次侧控制绕组，容量均固定为100%）的运行方式：此运行方式下非备用相的二次侧控制绕组等同于 100% 匝间故障。对磁平衡差动保护进行可分相投退的改造，备用相磁平衡差动退出；退出控制绕组自产零序电流保护；增加控制绕组过电流保护，作为控制绕组故障的后备保护。

特高压分级式可控高抗保护用 CT 配置图如图 10-23 所示。特高压可控高抗保护配置表如表 10-12 所示。

表 10-12 特高压可控高抗保护配置表

故障类型	主保护	后备保护
主电抗器接地故障	高压侧纵差保护、高压侧零差保护、大差保护（备用相退出）	主电抗器零序过流保护
主电抗器相间短路故障	高压侧差动保护、大差保护（备用相退出）	主电抗器过流保护
主电抗器匝间短路故障	主电抗匝间保护、大差保护（备用相退出）、本体非电量保护	主电抗器过流保护

续表

故障类型	主保护	后备保护
主电抗器三相不对称故障引起的中性点电抗器过流		中性点电抗器过流保护
二次侧控制绕组相间短路故障	大差保护（备用相退出）	控制绕组过流保护
二次侧控制绕组接地故障	大差保护（备用相退出）	二次侧自产零序过流保护（备用相退出），二次侧外接零序过流保护
二次侧控制绕组匝间短路故障	主电抗匝间保护、大差保护（备用相退出）、本体非电量保护	二次侧自产零序过流保护（备用相退出），控制绕组过流保护

注　1. 由于采用固定高抗作为备用相，当出现备用相替代某一相分级可控高抗的工况时，其他相固定 100% 容量运行。备用相由于无控制绕组无电流引出，造成保护装置采集的控制绕组电流缺相。此时备用相大差保护应退出运行，正常相大差保护可正常运行。另外，保护会计算出自产零序电流，幅值为控制绕组的额定电流。因此，二次侧自产零序过流保护需退出运行。

　　2. 控制绕组外接零序过流保护，取自 CT0，与新增替代相固定高抗无关，可继续投入运行，作为控制绕组接点故障的后备保护。

　　3. 备用相运行时，由于另外两相可控高抗二次侧处于短路运行状态，二次电压很低，远远低于控制绕组绝缘水平，不考虑此时控制绕组发生匝间故障的可能。

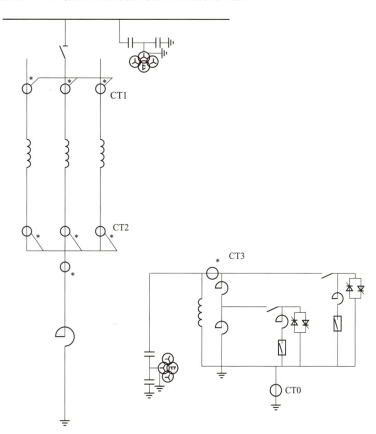

图 10-23　特高压分级式可控高抗保护用 CT 配置图

第六节　110kV 系 统 保 护

一、背景

特高压变电站的主变压器低压侧设置低容和低抗等无功补偿装置。特高压系统需要的无功补偿容量大，若采用传统的 35kV 或 66kV 电压等级，当低压侧系统发生故障时，低压侧设备的故障电流会很大（达到几千安），从而造成无功设备支路的断路器制造难度较大。综合考虑各种情况，1000kV 变电站低压侧系统采用 110kV 电压等级。同时考虑到特高压站内 110kV 母线发生故障的可能性较小，因此 110kV 系统的接线方式一般采用单母线或单母线分段。该接线方式具有简单清晰、设备少、操作方便及便于扩建的优点。

特高压变电站 110kV 采用中性点不接地系统。我国目前各电压等级变电站的主变压器低压侧绕组均是三角形接线，没有中性点，不接地，已经积累了工程设计、运行和继电保护等方面的经验；当中性点不接地系统发生单相接地故障时，允许 2h 不退出运行，便于故障查找，因而减少了断路器的跳闸次数。

考虑低容和低抗需要频繁进行投切操作，后期工程采用了负荷开关代替出口断路器，大幅提高了无功设备支路开关的电寿命（负荷开关投切可达 5000 次），减少了日常维护和检修的成本。但无功设备支路没有设置出口断路器，若无功设备发生短路事故需要由 110kV 进线主断路器来切断，造成整个 110kV 单母线均有停电的风险，因此 110kV 设备继电保护跳闸及失灵方案需要特殊配置。

二、保护原理及关键技术

1. 110kV 电容器保护

特高压变电站 110kV 并联电容器的特点是：电压等级高（最高运行电压为 126kV）、单组容量大（最高运行电压 126kV 下的输出容性无功达 210Mvar）、回路电流大（在 110kV 下达到 1102A）、单台容量大（大于 400kvar）、电容器台数多、串并联数多、并联台数不小于 5 台。传统超高压变电站设计、运行经验成熟的双星型接线不能满足特高压变电站的要求，需采用单星型接线。为了确保运行安全可靠、提高保护动作灵敏度，采用每相双桥差接线方案，即通过减少单桥臂上电容器串联数目来提高不平衡定值，在保证灵敏度的同时也提高了不平衡保护的抗干扰能力。

并联电容器组过流保护按照系统最小运行方式下电容器端部发生两相短路时具有足够的灵敏度来整定，并能可靠避开电容器组的合闸涌流。由于特高压站低压并联电容器组采用单星型接线，实际运行经验表明，电容器组投入时的励磁涌流不超过 1.8 倍额定电流。过流保护按照 1.5 倍额定电流整定，需可靠避开电容器组的合闸涌流时间。

并联电容器组的不平衡保护可分为中性点不平衡电流保护和桥差不平衡电流保护、开口三角保护、电压差动保护，一般根据电容器组容量差别和灵敏度等要求来选择不同的保护方式。特高压变电站并联电容器组采用双桥差不平衡电流保护方式。电容器组内部故障时，电容器组三相之间、同一相的桥臂之间或桥臂分支之间因电容量分布不均产生电压或电流不平衡，保护装置利用这些不平衡电气量而动作将整组电容器切除，由于动作原理是故障支路与非故障支路之间的电流产生不平衡而动作，所以称为不平衡电流保护。

2. 110kV 电抗器保护

特高压站 110kV 并联电抗器采用干式空心电抗器，三相品字形布置，采用单星形接线，中性点不接地，与 66kV 及以下电压等级的低压并联电抗器完全一致。配置的主要保护为电流速断保护和过流保护（带延时）。电流速断定值要避开电抗器投入时的励磁涌流，特高压变电站的实际运行经验表明，电抗器投入时的励磁涌流不超过 1.5 倍额定电流，因此按照规程 5～7 倍额定电流进行整定，同时还要保证在系统最小运行方式下电抗器端部故障时有足够的灵敏度。过流保护定值按照电抗器的额定电流整定，一般取 1.5～2 倍的可靠系数，需可靠避开电抗器投入时的励磁涌流时间。规程对低压并联电抗器过流 II 段定值灵敏度校核的原则无明确要求，实际工程中一般按系统最小运行方式下电抗器进线端两相金属性短路进行校核，灵敏度不小于 1.5。

3. 110kV 母线保护

与 500kV 和 220kV 主变压器低压侧设备不同，1000kV 主变压器低压侧 110kV 母线配置有独立的母差及失灵保护。为了与主变压器差动保护范围配合，主变压器支路母差 CT 布置在进线断路器的主变压器侧，无功补偿设备及站用变压器支路 CT 均布置在母线侧。

（1）差动保护。

1）比率制动式电流差动保护原理。保护装置的稳态判据采用常规比率制动原理。母线在正常工作或其保护范围外部故障时所有流入及流出母线的电流之和为零（差动电流为零），而在内部故障情况下所有流入及流出母线的电流之和不再为零（差动电流不为零）。基于这个前提，差动保护可以正确地区分母线内部和外部故障。

2）虚拟比相式电流突变量保护原理。为了加快差动保护的动作速度，提高重负荷、高阻接地及系统功角摆开时常规比率制动式差动保护的灵敏度，保护装置采用了快速虚拟比相式电流突变量保护，该保护和常规比率制动原理配合使用。

3）电压闭锁。保护装置设置了电压闭锁组件。保护装置电压闭锁采用复合电压闭锁，它由低电压和负序电压判据组成，其中任一判据满足动作条件即开放该段母线的电压闭锁组件。低电压闭锁判据采用线电压。差动电压闭锁开放逻辑如图 10-24 所示。

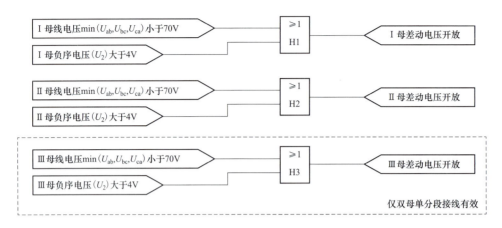

图 10-24　差动电压闭锁开放逻辑

4) CT 饱和判别。为防止母线保护在母线近端发生区外故障时，由于 CT 严重饱和形成的差动电流而引起母线保护误动作，根据 CT 饱和发生后二次电流波形的特点，保护装置设置了 CT 饱和检测组件，用来区分区外 CT 饱和与母线区内故障。

（2）失灵保护。

由于负荷开关的故障电流切断能力较小，母线失灵保护据此配置为小电流失灵保护和大电流失灵保护。小电流失灵为负荷开关/站用变压器断路器失灵，由电容器保护、电抗器保护小电流故障跳闸或站用变压器保护跳闸，同时解除电压闭锁，经母差保护出口，切除该母线连接主变压器的主分支断路器。大电流失灵为主分支断路器失灵，由电容器保护、电抗器保护大电流故障跳闸启动，同时解除电压闭锁，动作后经母差出口，断开连接主变压器的主分支断路器，同时启动主变压器失灵保护断开三侧开关。

母差保护动作后启动大电流失灵保护，同时解除电压闭锁，动作行为与主分支断路器失灵一致。由于母差保护和失灵保护均为同一台保护装置完成，装置无母差失灵开入硬接点，失灵接点由软逻辑实现，并且不可投退。

三、保护配置方案

1. 110kV 电容器保护

110kV 电容器保护配置如表 10-13 所示。

表 10-13　　　　　　　　　110kV 电容器保护配置

序号	保护功能	段数及时限	备注
1	过流保护	Ⅰ 段 1 时限，Ⅱ 段 1 时限	
2	零序过流保护	Ⅰ 段 1 时限，Ⅱ 段 1 时限	
3	不平衡保护	不平衡电压、不平衡电流各 Ⅰ 段 1 时限	
4	非电量保护	/	

续表

序号	保护功能	段数及时限	备注
5	过电压保护	Ⅰ段1时限	
6	低电压保护	Ⅰ段1时限	
7	大电流闭锁功能	/	
8	闭锁电压无功控制（VQC）功能	/	任一保护动作发生闭锁 VQC 功能

2. 110kV 电抗器保护

110kV 电抗器保护配置如表 10-14 所示。

表 10-14　　　　　　　　　　110kV 电抗器保护配置

序号	保护功能	段数及时限	备注
1	过流保护	Ⅰ段1时限，Ⅱ段1时限	
2	零序过流保护	Ⅰ段1时限，Ⅱ段1时限	
3	过负荷	Ⅰ段1时限	
4	非电量保护	/	

3. 110kV 母线保护

110kV 母线保护配置如表 10-15 所示。

表 10-15　　　　　　　　　　110kV 母线保护配置表

序号	保护功能	备注
1	差动保护	
2	失灵保护	
3	CT 断线判别功能	/
4	PT 断线判别功能	/

第七节　工　程　应　用

一、创新成果

我国特高压二次设备设计与制造坚持走自主创新技术路线，在大量成熟的 750kV 及以下二次设备运行经验的基础上，攻克了特高压设备特有的技术难点，攻克了基础理论、高可靠设计及试验验证方法难题，最终成功研制了可靠性、功能、性能均满足特高压高标准、高要求的二次设备。

特高压交流输电系统的分布电容大、线路阻抗小、相间耦合作用强，电磁暂态过程十分复杂，呈现新的电气特性，与常规电压等级工程有着明显区别。为此，根据工程设计方案，基于对暂态电容电流、高频分量、非周期分量等电气特征量的仿真分析，研发了保护新原理和新算法，优化完善系统设计，改进硬件结构、处理技术及加工工艺，提高装置采样精度、抗干扰性能和可靠性，解决了保护动作快速性和可靠性、分布电容电流特别是暂态电容电流对保护的影响、高频分量特别是非整次谐波对保护的影响、短路过程中衰减缓慢的非周期分量对保护的影响、特高压变压器保护配置、特高压变压器励磁涌流的影响、电抗器保护匝间短路灵敏度、串补装置联动线路保护及二次系统的电磁兼容性能等一系列关键技术难题。特高压交流工程继电保护设备在运行中表现良好，作为保障特高压系统的第一道防线，发挥了重要作用。

1. 母线保护

母线保护的创新成果如下：

（1）提出了快速识别支路 CT 断线并闭锁母差保护的方法，能准确识别系统负荷变化或系统故障，解决了重负荷支路 CT 断线情况下差动保护误动的问题。

（2）提出了比率制动系数自动切换的方法，在母差保护抗饱和性能不降低的前提下，避免了分布电容电流特别是暂态电容电流对差动保护动作灵敏度的影响。

2. 变压器保护

（1）技术原理。

传统变压器保护的涌流制动原理主要以二次谐波制动为主：①先采用或门制动或两相制动，到一定时间转为按相闭锁；②先降低二次谐波制动的门槛，随着时间的变化逐渐增高。这两类方法的缺点是预先设定了一个经验值，因此不可靠，增加了误动的概率，同时动作速度没有明显的提高。

特高压变压器保护的励磁涌流综合考虑了涌流和故障的特征，构造一个基于故障电流的直流分量、基波、二次谐波、额定电流的隶属函数。这四个量既包含涌流的特征也包含故障的特征。当涌流特征明显时，加强闭锁。当故障特征明显时，则加快动作，兼顾了可靠性和速动性。在空充时，严酷情况下常规涌流闭锁方案可能误动，而特高压变压器励磁涌流识别原理则可靠不误动，动作情况比较见图 10-25。

有效防止变压器外部故障及其切除过程中保护的误动，是现场运行面临的迫切问题之一。国外保护通常采用固定延时的方法来躲开此暂态过程，不利于故障的快速切除。特高压变压器保护自动识别故障点的转换，区分外部故障的发生，根据故障的严重程度智能地调整保护的出口时间。当差动特性从制动区至动作区时，动作时限根据差流自适应调整，差动电流越大则延时越短，差动电流越小则延时越长。提出了主变压器+调压变压器+补偿变压器的变压器连接方式，有效提升了调压补偿变压器故障的灵敏度。提出了调压补偿变压器多定值区设置的方案，每套定值区对应一个档位，这样对应关系非常明确，现场不会因为档位变化导致误动。提出了调压补偿变压器电流极性自适应调整技术，解决了调压补偿变压器过零档极性反向的问题，软件自适应

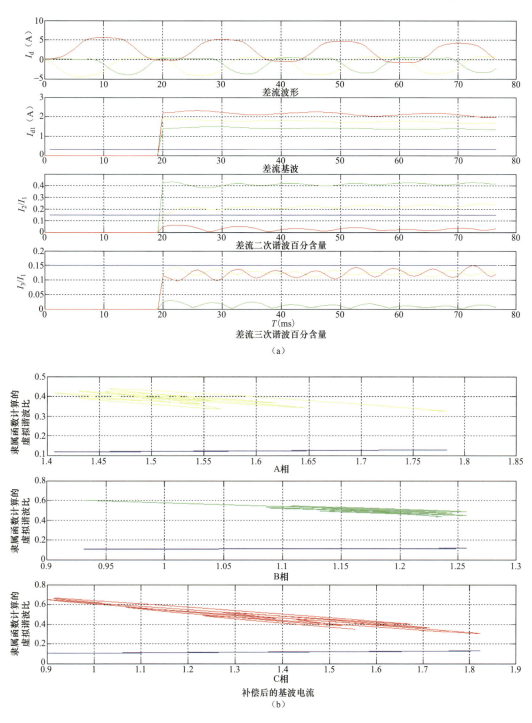

图 10-25　变压器涌流闭锁

（a）常规涌流闭锁方案（误动）；（b）特高压变压器涌流闭锁（可靠不误动）

调整，回路无需改动。提出了差动动作曲线自适应调整技术，增加了不灵敏段差动，

449

对于不灵敏差动保护调档过程中应适当抬高动作定值和动作特性曲线，解决了有载调压过程中调压补偿变压器档位不匹配的问题。

（2）创新成果。

1）根据 1000kV 单相自耦变压器保护的结构和 CT 配置特点，提出了多差动综合配置方案，实现对变压器绕组内部和引线故障的全面保护，各种差动保护在功能和性能上发挥各自的优势，互相弥补，差动保护的可靠性得以大大提高，同时提高了接地故障和匝间故障检测的灵敏度。Y 侧分侧差动保护主要保护高中压侧绕组和引线的接地和相间故障，对于匝间故障和靠近中性点附近的接地故障及高阻接地故障，则由单相分相差动保护来实现。保留传统的纵差动保护，其保护范围包括变压器本体和引线所有故障，并且对调压变压器和补偿变压器也起一定的保护作用。

2）励磁涌流是导致变压器保护误动的主要原因，一直是变压器差动保护的关键技术。针对目前变压器保护励磁涌流判别方法存在的诸多问题，提出基于多维空间的分相闭锁的变压器励磁涌流判别方法（直流分量、基波、二次谐波、额定电流）。同时还根据二次谐波的趋势来区分故障和涌流。

3．线路保护

特高压线路保护的创新成果如下：

（1）针对特高压输电线路暂态电容影响，提出了基于时域补偿算法的暂态电容电流补偿方案，实现对暂态电容电流的有效补偿，大大提高了区内故障尤其是高阻接地故障的灵敏度和动作速度。

（2）针对特高压串补线路，提出了防止正向故障时欠范围阻抗超越、防止反向经电容短路故障时失去方向性和零序方向继电器补偿的策略，增加了相关串补定值实现串补功能与常规功能的自主切换，避免了串补接入引起电压反向、电流反向和方向继电器的影响，提升了串补输电线路继电保护的"四性"。

（3）提出了特高压串补同塔双回线零序加速策略，解决了特高压串补同塔双回线单相重合闸可能会重合于跨线瞬时故障导致零序后加速误动的问题，避免跨线瞬时故障误跳的问题，对系统的稳定具有重要的意义。

（4）针对特高压 GIL 管廊混合输电线路，提出了"大差+小差"线路保护方案，在 GIL 段配置标准化保护装置实现小差，将保护安装于 GIL 段两侧，GIL 段故障小差保护三跳并闭重，通过光纤接口远跳装置实现断路器三跳和闭锁重合闸。线路两端配置标准的线路保护，大差保护实现故障选相动作和非 GIL 段故障单相重合闸功能保证了架空线段故障线路保护单跳单重，提升了特高压 GIL 管廊混合输电线路的第一道防线力量。

（5）针对特高压 GIL 管廊混合输电线路，若感应电流、电压对于故障的 GIL 存在影响，提出了配置感应电流释放装置和感应电流释放装置自动控制装置的方案，根据大差+小差的动作结果、线路两侧断路器跳开位置、线路和 GIL 两侧的采样量等信息实现 GIL 两端感应电流快速释放装置自动控制装置在 GIL 故障断路器跳开后自动合闸感应电流快速释放装置，完成感应电流的释放，提升系统的安全性。

4. 电抗器保护

（1）技术原理。

采用容错复判自适应匝间保护，对零序电压进行了自适应补偿，保证了保护灵敏度。匝间保护零序功率方向元件的动作方程为：

$$0°<\text{Arg}\left(\frac{3\dot{U}_0+K\times Z\times 3\dot{I}_{02}}{3\dot{I}_{02}}\right)<180° \tag{10-1}$$

式中：$3\dot{U}_0$、$3\dot{I}_{02}$ 分别为电抗器安装处 PT 的自产零压和电抗器末端 CT 的自产零序电流；Z 为电抗器的零序阻抗（如有接地电抗器，则包括接地电抗器的零序阻抗）；K 为自适应补偿系数，取 $0\sim0.8$。

根据电抗器设备特点，研制了末端制动的综合比率制动纵差保护，保护可靠性高。比率制动差动保护的动作方程为：

$$\left.\begin{array}{ll} I_{dz}>K_{ID1}\times I_{zd}+I_{CD} & I_{zd}<I_{B1} \\ I_{dz}>K_{ID2}\times(I_{zd}-I_{B1})+K_{ID1}\times I_{B1}+I_{CD} & I_{B1}<I_{zd}<I_{B2} \\ I_{dz}>K_{ID3}\times(I_{zd}-I_{B2})+K_{ID2}\times(I_{B2}-I_{B1})+K_{ID1}\times I_{B1}+I_{CD} & I_{B2}<I_{zd} \end{array}\right\} \tag{10-2}$$

其中：I_{zd} 为制动电流，K_{ID1}、K_{ID2}、K_{ID3} 分别为各段的比率制动斜率，其中 K_{ID1} 和 K_{ID3} 装置内部固定为 0.2 和 0.6，K_{ID2} 内部固定为 0.4。I_{B1}、I_{B2} 均为拐点电流，其中 I_{B1} 在装置内部固定为 $0.5I_{r2ln}$，I_{B2} 在装置内部固定为 $1.0I_{r2ln}$，I_{CD} 为差动启动电流定值。

（2）创新成果。

1）提出了容错复判自适应匝间保护，解决了多年来电抗器保护正确动作率偏低问题，解决了非全相期间电抗器匝间保护的可靠性问题。

2）提出了末端制动的综合比率制动纵差保护，兼顾了保护可靠性和灵敏度。

3）提出了特高压可控高抗磁平衡差动保护和综合零序电流保护方法，提出了适应备用相的继电保护方案，解决了区外故障强扰动与区内弱故障特征的继电保护可靠性难题。

二、产品成熟性

特高压工程继电保护设备的国产化率为 100%，设备知识产权的自主化率也为 100%。自 2009 年 1 月 6 日特高压交流试验示范工程投运至今，随着特高压工程规模化建设，继电保护大量应用且多次正确动作，技术已经成熟，保障了特高压电网安全。依托工程实践，中国全面掌握了特高压交流输电系统继电保护核心技术，成功研制了代表国际最高水平的全套继电保护设备，开发了国际最高水平的继电保护实验验证平台，率先建立了特高压交流输电继电保护技术标准体系。

产品质量检验及可靠性保障措施主要包括原材料及配件进厂检验、自动化生产线检验、单板出厂试验、装置出厂试验、型式试验、专业检测等工艺流程。

自特高压交流试验示范工程以来，截至 2022 年 5 月共计安装并投入运行各类 1000kV 继电保护装置 1306 套。具体见表 10-16。

表 10-16　　　　　　1000kV 特高压交流工程继电保护套数统计

保护名称	变压器保护	线路保护	母线保护	高抗保护	断路器保护	过电压及远跳保护	短引线保护	串补保护	合计
数量（套）	138	309	141	164	384	140	18	14	1306

据不完全统计，2016 年 3 月～2022 年 5 月，在工程调试和运行阶段各类继电保护装置共计动作 431 次，正确动作率 100%。具体统计见表 10-17。

表 10-17　　　　　　1000kV 特高压交流工程继电保护动作统计

保护名称	变压器保护	线路保护	母线保护	高抗保护	断路器保护	重合闸	过电压及远跳保护	串补保护	合计
动作次数（次）	14	206	38	4	72	93	2	2	431
正动率（%）	100	100	100	100	100	100	100	100	100

三、主要设备厂家及装置型号

1. 特高压交流试验示范工程阶段

（1）参加摸底试验的保护厂家及装置型号见表 10-18～表 10-20。

表 10-18　　　　　　线路保护型号和生产厂家

装置类型	产品型号	生产厂家
线路电流差动保护	CSC-103	北京四方继保自动化股份有限公司
	PSL603U	国电南京自动化股份有限公司
	RCS-931	南京南瑞继保电气有限公司
	WXH-803A	许继电气股份有限公司
	PRS753	深圳南瑞继保电气股份有限公司
线路纵联距离保护	CSC-101S	北京四方继保自动化股份有限公司
	PSL602U	国电南京自动化股份有限公司
	RCS-902	南京南瑞继保电气有限公司
	WXH-802A	许继电气股份有限公司
	PRS702	深圳南瑞继保电气股份有限公司

表 10-19 电抗器保护型号和生产厂家

装置类型	产品型号	生产厂家
电抗器保护	CSC-330	北京四方继保自动化股份有限公司
	SGR751	国电南京自动化股份有限公司
	RCS-917	南京南瑞继保电气有限公司
	WKB-801A	许继电气股份有限公司
	PRS-747	深圳南瑞继保电气股份有限公司

表 10-20 变压器保护型号和生产厂家

装置类型	产品型号	生产厂家
变压器保护	CSC-326	北京四方继保自动化股份有限公司
	SGT752	国电南京自动化股份有限公司
	SGT756	国电南京自动化股份有限公司
	RCS-978	南京南瑞继保电气有限公司
	WBH-801A	许继电气股份有限公司
	PRS-778	深圳南瑞继保电气股份有限公司

（2）应用于试验示范工程的保护装置见表 10-21～表 10-26。

表 10-21 纵联差动保护参试装置列表

生产厂家	装置型号	软件版本	装置校验码	程序时间
北京四方继保自动化股份有限公司	CSC-103	V1.22T	3F42 71C0/	2008.05
南京南瑞继保电气有限公司	RCS-931	V4.00	E0B3	2008-04-03 10:50

表 10-22 高频距离保护参试装置列表

生产厂家	装置型号	软件版本	装置校验码	程序时间
北京四方继保自动化股份有限公司	CSC-101S	V1.22T	A5L6 9ADF	2008.05
南京南瑞继保电气有限公司	RCS-902	V4.00	B26A	2008-04-03 10:48

注 本次试验中高频距离保护装置的通道均采用多命令方式。

表 10-23 电抗器保护参试装置列表

生产厂家	装置型号	软件版本	验证吗	程序时间
许继电气股份有限公司	WKB-801A	V1.93/V1.00/V1.00	B869/B7B7/9E8B	/
深圳南瑞科技有限公司	PRS-747	V2.4.13/ V1.01	0F45/18E4	2007.11.06

表 10-24　　　　　　　　　　变压器保护参试装置列表

装置类型	生产厂家	装置型号	软件版本	装置校验码
变压器保护（主变压器）	国电南京自动化股份有限公司	SGT752	1.02	8A00
		SGT756	2 版	50EF
	南京南瑞继保电气有限公司	RCS-978HB	3.03	保护板、管理板：F6903D76/12FB0AA0
变压器保护（调压变压器及补偿变压器）	国电南京自动化股份有限公司	SGT752T	1 版	80F0
		SGT756T	2.00	50EF
	南京南瑞继保电气有限公司	RCS-978C3	3.04	4A515F50/20C5CEA5

表 10-25　　　　　　　　　　断路器保护参试装置列表

装置类型	生产厂家	装置型号	软件版本	装置校验码
断路器失灵保护及自动重合闸装置	南京南瑞继保电气有限公司	RCS-921A	2.00	0DE9 20071018 19:42

表 10-26　　　　　　　　　　稳态过电压装置列表

生产厂家	装置型号	软件版本	软件校验码	变电站
北京四方继保自动化股份有限公司	CSC-125H	V1.00JD	ED1E	晋东南
	CSC-125H	V1.00NY	4639	南阳
	CSC-125H	V1.00JM	1E69	荆门
南京南瑞继保电气有限公司	RCS-925DM	V2.00	6B07	晋东南
	RCS-925DMM	V2.00	4EDE	南阳
	RCS-925DM	V2.00	D552	荆门

2. "六统一"后保护型号和版本

2017 年继电保护装置"六统一"后，1000kV 特高压交流工程"六统一"继电保护装置型号统计见表 10-27。特高压交流试验示范工程继电保护装置动模试验见图 10-26。皖电东送工程继电保护装置动模试验见图 10-27。

表 10-27　　　　　1000kV 特高压交流工程"六统一"继电保护装置型号统计

厂家名称		线路保护	变压器保护	电抗器保护	母线保护	断路器保护	短引线保护
南瑞继保	型号	PCS-931AU-G-RYK	PCS-978T10-G	PCS-917A-G	PCS-915C-G	PCS-921A-G	PCS-922A-G
	版本	V4.00	V4.00	V4.00	V3.00	V4.00	V4.00
北京四方	型号	CSC-103AU-G-RYK	CSC-326T10-G	CSC-330A-G	CSC-150C-G	CSC-121A-G	CSC-123A-G
	版本	V2.00	V2.00	V2.00	V2.00	V2.00	V2.00
国电南自	型号	PSL-603UAU-G-RYK	SGT-756T10-G	SGR-751-G	SGB-750C-G	PSL-632UA-G	PSL-608UA-G
	版本	V3.20	V3.40	V3.02	V4.00	V3.20	V3.20

续表

厂家名称		线路保护	变压器保护	电抗器保护	母线保护	断路器保护	短引线保护
许继电气	型号	WXH-803AU-G-RYK	WBH-801T10-G	WKB-801A-G	WMH-801C-G	WDLK-862A-G	WYH-881A-G
	版本	V1.00	V2.00	V2.00	V2.00	V3.00	V3.00
南瑞科技	型号	NSR-303AU-G-RYK	NSR-378T10-G	NSR-377A-G	NSR-371C-G	NSR-321A-G	NSR-324A-G
	版本	V2.00	V2.00	V2.01	V1.31	V2.11	V2.11
长园深瑞	型号	PRS-753NAU-G-RYK	PRS-778T10-G	PRS-747A-G	BP-2CC-G	PRS-721A-G	PRS-722A-G
	版本	V1.10	V1.00	V1.10	V1.10	V1.10	V1.10

图 10-26　特高压交流试验示范工程继电保护装置动模试验

图 10-27　皖电东送工程继电保护装置动模试验

第十一章 110kV无功补偿装置

1000kV输电线路充电功率大约是500kV输电线路的4～5倍，需要通过合理配置线路高压并联电抗器和主变压器三次侧110kV无功补偿设备（包括110kV电抗器和电容器组），在线路传输功率变化时通过投切110kV无功补偿设备来保持无功平衡，满足运行电压要求。根据中国特高压电网建设的需要而研发的110kV电抗器和电容器组，在工程中得到了广泛、成功的应用，特高压工程用110kV无功补偿装置如图11-1所示。本章从基本情况、技术条件、关键技术、关键组部件等方面，对110kV电抗器和电容器组进行介绍。

图11-1 特高压工程用110kV无功补偿装置

第一节 110kV电抗器

特高压主变压器三次侧的110kV电抗器与超高压及以下电压等级变压器三次侧电抗器相比，电压更高，容量更大，技术要求更复杂。其中并联电抗器是接入特高压主变压器110kV低压母线上的大容量电感线圈，用来进行系统无功调节，解决电网无功功率过剩和电压偏高的问题；串联电抗器与电容器组串联组成的成套装置，用于抑制电网中高次谐波电流和限制合闸电流。110kV 并联电抗器如图 11-2 所示。

图 11-2　110kV 并联电抗器

一、概况

干式空心电抗器具有电感线性度高、结构简单、安装方便、基本免维护、经济性好等优点，得到了广泛应用。干式空心电抗器最初是由加拿大传奇公司（Trench）在 20 世纪 60 年代发明并应用，通过 20 世纪 70～80 年代的技术发展及 90 年代的技术改进，干式空心电抗器设计制造技术趋于成熟，如今空心电抗器以其良好的性能、高性价比、灵活的应用场合、低廉的运行保养成本，在交直流特高压输电、静态无功补偿、滤波、限流和负荷潮流控制等领域，已经逐步替代传统的铁芯式电抗器和油浸式电抗器。我国在引进、消化国外技术的基础上，根据工程需要，于 2006～2008 年分别成功研制 750kV 线路用 40Mvar/66kV 干式空心并联电抗器、1000kV 线路用 240Mvar/110kV 干式空心电抗器。干式空心电抗器的结构如图 11-3 所示，其由多个同轴包封并联而成。每个包封由两个或多个绕组并联而成，包封与包封之间留有气道，便于散热；气道之间由分布均匀的撑条隔开，起到固定的作用；铝制的星形支架位于电抗器包封顶部和底部，电抗器包封首末端的绕组出线焊接在星形支架的接线臂上，起到电气连接的作用，同时星形支架起着支撑、紧固电抗器的作用。

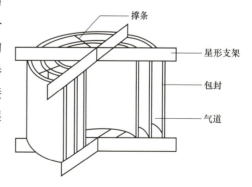

图 11-3　干式空心电抗器结构

二、技术条件

特高压工程所用的并联电抗器有以下两大特点：①容量大，每相电抗器容量为 80Mvar，大容量带来的问题是空心电抗器产生的磁场强度高，金属件涡流损耗大，可能会引起温升超过允许值；②电压等级高，特

457

高压系统用 110kV 并联电抗器的最高运行电压可达到 115kV，而国内以前生产的低压侧并联电抗器最高工作电压为 72.5kV。较高的工作电压使得电抗器匝间绝缘、表面绝缘难度增大，须采取相应的措施控制匝间电压；为防止单体电抗器高度、体积过大，采用两节串联方式。特高压工程用 110kV 并联电抗器的主要技术参数见表 11-1。

表 11-1 110kV 并联电抗器主要技术参数

项目名称	要求值
额定相电压（kV）	$105/\sqrt{3}$
设备连续最高工作电压（kV）	115
额定频率（Hz）	50
额定相容量（kvar）	40000×2
额定相电流（A）	1320
额定电感（mH）	73.1×2
电感值误差（%）	≤±2
直流电阻（Ω，75℃下）	0.043×2
绕组平均温升（K，在 $115/\sqrt{3}$ kV 下）	≤60
绕组热点温升（K，在 $115/\sqrt{3}$ kV 下）	≤70
额定电流、额定频率下声级水平［dB（A）］	≤62
线圈雷电全波冲击耐受电压（kV，峰值）	650
线圈雷电截波冲击耐受电压（kV，峰值）	715

1. 容量

低压并联电抗器组的补偿容量，一般按变压器容量的 30% 设计，为 900Mvar，电抗器按 4 组配置，取整后得出每组电抗器容量为 240Mvar，单相为 80Mvar。

2. 电压

低压并联电抗器的额定电压和最高运行电压宜经计算确定，交流特高压三次侧系统电压定为 110kV，最高运行电压为 126kV。110kV 并联电抗器额定端电压为 $105/\sqrt{3}$ kV，最高工作电压为 $115/\sqrt{3}$ kV，单相额定容量为 2×40Mvar。

3. 布置形式

低压并联电抗器采用分体布置，既解决了叠装布置带来的漏磁叠加影响和金属辅件温升的问题，又解决了叠装布置带来的电抗器高度增加抗震设计的难题。同时电抗器分体布置采用一字形或品字形布置，通过合理控制电抗器间距，满足电抗器电感偏差要求，保证特高压线路安全稳定运行。

4. 串联电抗率

在工程设计中，电容器组电抗率一般按 5%～6% 和 12%～13% 的组合形式选取。电抗率选取 5%～6% 时可以避免 5 次及以上谐波放大，电抗率选取 12%～13% 可以限制 3 次及以上谐波放大。串联电抗器电流 5% 和 12% 的组合，主要有以下优点：①经济，由于串联电抗器是要抵消电容器的容量的，电抗率越高越不经济，因此电容器装置的串联电抗器只要系统允许，就应尽可能配低电抗率；②电容器组投运时的过渡过程短，过电压、过电流衰减快；③小电抗率运行可靠性高，由于过渡过程衰减快，因此小电抗受过电压、过电流的破坏作用较小，从而使运行可靠性比大电抗率电抗器高，可避免多组低电抗率电容器装置投运时引发谐振。

三、关键技术

1. 导线绝缘控制技术

特高压工程用 110kV 并联电抗器容量大、电流大，如采用传统的单丝绕制工艺，线圈数将达数百个，任何一个线圈的工艺偏差都将影响其他线圈，因此质量控制极难。为解决这个难题，经过反复研究验证，最终确定了采用导线全换位的绝缘编织扁线工艺。为了保证电抗器的绝缘性能，绕组导线采用绝缘耐热等级为 H 级的换位线，虽然干式空心电抗器绕组电压及匝间电压一般不超过百伏，但为保证特高压系统用产品长期可靠运行，对电抗器匝间绝缘提出了较高要求，并逐一通过严格的试验检验。试验要求导线工频耐受电压为数千伏，冲击耐受电压大于数十千伏。因此，保证了电抗器在运行中不会因过电压而损伤绝缘，造成电抗器损坏。这样就达到了提高电抗器运行可靠性的目的。换位线由若干根单丝线换位绞合而成，每根单丝线包覆绝缘耐热等级为 H 级的聚酰亚胺绝缘膜，换位线的绕包绝缘为包覆不少于 3 层 H 级聚酰亚胺绝缘膜，提高了电抗器的耐电强度和绝缘耐热等级。由于采用换位线，电抗器绕组各个包封层仅有一层导线，从而彻底消除了因多层单丝线层间电压可能带来的安全隐患，提高了产品质量。

为了保证特高压电抗器的产品质量，研制及生产中通过严格的质量控制和试验验证，严格控制绕制电抗器用导线的质量。质量控制所采取的主要措施如下：

（1）在导线的生产、使用过程中进行质量控制。

针对特高压产品所用的换位导线，专门制定相应的技术条件，用以规范导线的生产工艺和技术指标，提高导线质量，使导线一致性好。换位导线在出厂前需按技术条件中规定的要求进行绝缘外形尺寸、工频击穿电压试验、工频耐压试验、单丝线直流电阻试验、绝缘电阻试验等项目的试验检查。发货时需将上述试验报告及产品合格证随同产品一同提供，以备导线验收时使用。对导线的各个生产工序由质量管理人员按照技术条件和相应的标准进行全程监督管理，以保证产品质量。另外，换位导线在每层使用前应由检验人员对导线的型号、外形尺寸进行重新核实，确认无误后通知相关施工人员使用。施工人员绕制完毕后由试验人员依据技术条件的要求对换位导线进行工序间试验。绕组制造完成后，还应对整体进行绝缘试验。

（2）导线加工过程增加探伤工序。

除雨水引起的绝缘热老化加速和绝缘局部放电引起电抗器损坏外，一系列的实验研究表明，绕组导体本身的质量缺陷，如夹含杂质、金属重皮、毛刺等，随着长时间的运行过程逐步对绝缘造成伤害而引起内绝缘故障。金属毛刺或翘皮可以破坏匝间绝缘、层间绝缘，造成电场畸变，破坏电场的均匀性，使绝缘易产生局部放电，从而降低局部区域绝缘材料的寿命。较严重的导体缺损和体积较大的内部杂质引起局部温升过高，加速绝缘劣化，并显著破坏机械强度。在反复的热胀冷缩过程中和长期的电磁振动中出现疲劳后容易开断，一旦发生导线断裂，会使附近其他并联导线的电流密度加大，温升提高，最终导致绝缘材料快速老化。特别是导线断开之初间隙较小时，有可能在断口出现反复放电拉弧的现象，直接烧坏导线的绝缘。这类缺陷虽然偶尔出现，但性质恶劣、危害很大，并且在导线的高速度拔丝过程和绝缘包绕过程中难以及时被发现。为解决导线内部杂质等质量问题，在导线包绕绝缘之前，进行导线拉丝过程中实施连续的无损探伤，及时发现存在于导线内部及外表面的各种缺陷，并及时去除存在缺陷的导线，最大限度地保证电抗器用导线的质量，这是保证电抗器质量的基础，也是保证电抗器质量的重要措施之一。

（3）导线加工过程采用冷焊工艺。

对于直径为 2.0～5.0mm 的绕组导线，碰焊焊接质量很难保证，而且绕组施工过程中导线焊接质量检测也是难题，通常很难保证没有虚焊现象。为此，在导线加工过程中需要连接导线时，应采用冷焊工艺。冷焊的原理是利用专用机械装置将两段金属压接到一起，使两段金属的晶粒相互交错，从而使两段金属融为一体。由于冷焊装置为纯粹的机械装置，不用电源，压力控制稳定一致有保证，不受外界因素干扰，因而冷焊质量比较可靠。导线加工过程中焊接质量是否可靠，由二次探伤来检验。至于绕组绕制过程中，因不便探伤检查，则不允许导线焊接，所有绕组均采用定尺的计米线，绕组导线采用一根连续导线一次性绕完。

2. 绕组均流和温升控制技术

通常在正常工作条件下，合格的干式空心电抗器产品各绕组电流按设计分配分布，各绕组温升也基本按设计分布，这时，绝缘上的温度控制在允许值之内。因此，电抗器的绝缘性能是很好的，电气强度很高，绝缘裕度较大，一般不会出现绝缘故障。但若绕组均流不佳，造成有的绕组过电流而使该绕组过热，当发生绕组过电流较大时，很容易发生电抗器因绕组过热而损坏绝缘，导致匝间故障，造成电抗器损坏。为防止这类故障的发生，在特高压系统用干式空心电抗器的研制生产中采取了有效控制措施，具体如下：

（1）特高压系统使用的低压侧并联电抗器由于容量大、电流大，由十几个包封组成。电抗器是圆筒形结构，各层同轴布置，因此各绕组层的半径由内向外是逐渐增大的。为了保证各层的电感值相同，不同包封需要选用不同长度和线规的导线，通过优化计算，努力减小涡流损耗，通过特殊的排布，降低匝间电压，使不同包封导线中的电流密度尽可能按设计要求分布，从而使不同包封的温升与设计计算值间的差别尽可能小。否则导线中实际流过的电流就有可能会偏离设计值，从而造成个别电流过大的绕组层温度过高而损伤绝缘。

（2）在设计正确的前提下，制作是否始终严格按设计进行是保证批量产品质量的关键。例如，如果制作与设计有偏差，可能导致导线中实际流过的电流偏离设计值，进而导致不同包封的温升与设计计算值差别很大，严重时高于技术要求。由于110kV并联电抗器的容量大，所以包封多，制作中控制绕组电流不出现严重偏离设计值对保证电抗器质量尤为重要，难度也相对很大。

（3）按照试验规则，仅对一台产品进行型式试验即可。但特高压系统用110kV干式空心并联电抗器和备用电抗器的研制、生产中，采用了先试制一台电抗器样机，经严格试验并通过后再进行批量生产的方式，批量生产产品抽选4台电抗器进行温升试验，必须全部试验合格，该批产品才算合格，而且不仅温升要满足要求，还要求4台电抗器线圈的平均温升和热点温升与设计计算值无明显偏差，并规定不允许采用绕组调匝的方法来改变导线的电流分布。

110kV干式空心并联电抗器在1.1倍额定持续电流下的平均温升不会超过55K，热点温升不超过72K。对于F级绝缘，热点温升一般允许达到115K，因此具有相当大的裕度。设计时将产品的直流损耗、杂散损耗及吊架损耗都考虑在内，通过计算各导线层的损耗，调整电流分布，同时考虑工艺施工水平，保证在最高运行电压下的平均温升小于55K，热点温升小于72K，绕组间温差不大于10K。温升限值与F级耐热等级允许的温升限值115K相比有很大的裕度。

充分考虑设计裕度，保证产品绕组最热点温升不大于70K，绕组平均温升不大于55K。对于大型空心电抗器产品来说，由于绕组匝数较多、绕组高度和外径都较大，温升设计与理论的偏差往往也比较大。而温升是关系到电抗器安全运行的最核心因素。通过仿真软件对设计方案的温度场进行模拟分析，再通过分析软件对实际绕制绕组测试的温升进行分析，结合两种分析结果，在设计阶段规避温升拐点，使整个产品的温度场趋于平稳分布。

3. 金属件发热控制

由于特高压系统用110kV并联电抗器容量很大，绕组周围的磁场较强，在铝合金吊架、支座法兰、绝缘子金属端帽及玻璃钢支腿上端法兰中都会产生较大的涡流和热量。为了解决这个问题，采用了四个主要措施：

（1）干式空心电抗器两端必须带有辐射形的金属端架，用于各层绕组导线的电气汇接，以及起吊（上端架）和支撑体系的安装（下端架）。以往的空心电抗器，电气与机械方面的功能由同一个端架来实现，因而一般采用厚度较大的铝合金导电排制作，各铝排焊接于中心的圆筒形轮毂上。下端架各铝排下侧焊接同样是由铝合金制作的支座法兰板，用于支柱绝缘子或他支撑件连接。根据电抗器磁场强度的计算和

20000kvar/66kV 电抗器的温升试验结果，上述经典结构的金属端架不能直接应用在 110kV 并联电抗器上，否则端架温度过高，尤其是端架中心的铝轮毂。为了避免铝端架中心圆筒形轮毂带来的过热问题，铝端架中心取消了圆筒，改为米字形轮毂，导电吊臂十字交叉直接焊接，大大减小了轴向磁场线垂直穿过的金属截面积，因而端架中心铝吊臂汇接处的涡流损耗大大下降。所以以简单的十字交叉代替过去的筒形轮毂。

（2）金属附件及绝缘子端帽等一律采用高电阻率的低磁不锈钢材料。

（3）在绕组和绝缘子之间增加不锈钢升高座，加大间隙，降低端帽等处的磁场强度。

（4）电抗器基础自身没有且不应通过接地线构成闭合回路。支架的环形水平接地线有明显断开点，不构成闭合回路；如使用金属围栏则应留有防止产生感应电流的间隙。

4. 绕制工艺控制

为了确保特高压工程用 110kV 并联电抗器的导线绝缘、绕组温升和均流、金属件发热在允许范围之内，对并联电抗器的绕制工艺进行如下控制：①加强对换位导线的核实检查；②严格控制绕制工艺、过程和尺寸；③绕制完成后对绕组进行检查和试验；④绕组定位固化后要对其相关参数进行复测；⑤对绕组进行整形处理；⑥加强焊接工艺的控制，提高焊接水平；⑦进行必要的试验验证；⑧通过出厂试验对产品质量进行出厂前的最后一道把关。

5. 防雨防污技术

干式空心并联电抗器不带铁芯等接地体，电场分布简单、均匀，因为没有铁芯而导致尺寸较大，工作场强非常低，因此虽然一般意义上的潮湿空气可以在一定程度上降低绕组内部的绝缘电阻，但不至于直接导致因绝缘电阻过低而出现热击穿。试验表明，潮湿空气在降低绝缘电阻的同时，反而在一定程度上提高了空气间隙的局部放电电压，只有当导电性污染液（如酸雨或带有粉尘的雨水）进入绕组内部时，才可能在端电压较高的电抗器内部诱发局部放电现象，最终导致匝间和层间绝缘的电化学击穿，缩短产品的使用寿命。为此，只要阻止雨水进入绕组内部，保证内部没有大面积水膜的存在，就可以防止与潮湿有关的内绝缘事故。为了阻止雨水进入绕组内部，采取了以下几种措施：

（1）增大绕组上、下端子之间的表面爬电距离，适当控制表面电位梯度。并联电抗器局部表面的漏电起痕原因除表面积污和潮湿外，另一个重要的原因是表面爬电距离过小，电位梯度度过大。线路阻波器、并联电容器组用串联电抗器及额定电压较低的滤波电抗器虽然不喷涂 RTV，但从未发现表面漏电起痕现象，就是因为表面电位梯度一般不超过 22V/mm。对于特高压系统使用的低压侧并联电抗器，控制绕组表面的纵向爬电距离是有必要的，可以避免早期并联电抗器出现局部表面放电和漏电起痕现象。在特高压系统用 110kV 并联电抗器的设计过程中，考虑到我国环境条件，将 110kV 并联电抗器表面最大工作电压下的电位梯度控制到 14V/mm 以下。为了保证足够的表面爬距，又便于公路运输，最终将每相电抗器设计成两台绕组串联运行，分别安装运输。

（2）喷涂 RTV 涂料。理论分析和实验研究证明，并联电抗器局部表面出现树枝状放电痕迹，一般并不是由于静电场强过高引起的树枝状放电，而是表面电场与雨水联合作用下形成的漏电发热烧蚀的痕迹，属于有机绝缘材料特有的漏电起痕现象。根源在于表面出现导电性水膜时，表面漏电流过分集中在几个表面电场较强的区域，或漏电流过大，其发热引发了小型局部干区，导致电场分布严重畸变，最后形成微小的干区放电并留下黑色痕迹。为此，可以在电抗器表面喷涂 RTV 涂料。在特高压交流试验示范工程中采用了专为电抗器研制的 RTV，其特点是附着力较强、憎水性较好、使用运行寿命长。进口的 RTV 价格昂贵，且仅对陶瓷绝缘子性能改善较好，试验结果和运行经验表明其并不适于电抗器环氧玻璃钢表面的性能改善。

（3）在电抗器上加装均流电极。为了疏散表面漏电流，降低表面电流密度，在电抗器表面加装均流电极，均匀疏导表面漏电流，避免了表面漏电流集中，从而达到防止局部漏电流过大损伤绝缘的目的。

（4）加装防雨帽和防雨格栅。特高压工程用低压侧并联电抗器配备了大直径的防雨帽，并且还采取了在防雨帽中部的通风孔处加装防雨格栅的措施，从而可有效防止雨水从通风孔落到各层绕组上。这一设计严格地执行了 GB 4208《外壳防护等级（IP 代码）》IP03 级的技术要求，即与水平呈 30°的雨水不能达到设备的有害部位。对于 110kV 干式空心电抗器来说，与水平呈 30°的雨水不能从通风孔和帽檐下斜溅到绕组上端，雨滴也无法飘进层间风道内，从而保证了电抗器的绕组内部基本不会受到外部雨水和污秽的影响而导致绝缘性能下降。

（5）加装防雨空层。防雨空层又称假层，是用环氧玻璃纤维缠绕而成，与绕组层之间留有风道的玻璃钢圆筒。因为高度、外观与电抗器绕组的一个并联绕组层完全一样，而内部其实并不含绕组，故称空层或假层。并联电抗器产品在绕组层内外两侧分别缠绕这样的空层，为真绕组层提供了一道遮风挡雨的屏障，保持绕组层表面的干燥。加装这种防雨空层可以带来三大好处：

1）不发热的假层避免发热的绕组在运行时承受日光辐射给予的额外热量，限制了绕组温度因日照而上升，在一定程度上减小了绕组绝缘性能受环境条件引起的不良影响，提高了绕组的使用寿命。

2）假层的绝缘厚度及假层与真层之间的通风道（空气间隙），将降雨天气时的表面水膜与内部绕组之间的横向距离加大了若干倍，从而大大减小了内部绕组与外表水膜之间的横向电容，对降低湿污条件下表面泄漏电流有一定作用。

3）一旦若干年后防止表面放电的一切措施全部失效，外表面再次出现漏电痕迹，在没有这样的假层时，表面漏电痕迹距内部绕组仅仅几毫米距离，漏电痕迹很容易深及内部绕组，国内已经有多台并联电抗器因表面漏电痕迹而引起内绝缘事故。而假层的存在使得假层与绕组之间存在一定厚度的干燥风道，干燥风道将对假层外表的漏电痕迹起到阻断作用，从而大大降低了漏电痕迹将端部电位引到中部线匝进而引发内绝缘事故的风险。

（6）特高压工程用 110kV 干式并联电抗器可采用湿法缠绕和干法缠绕两种工艺。湿法缠绕工艺即导线在缠绕到线圈上之前，吸附适量的环氧胶；干法缠绕工艺即每缠绕一层绕组后，在绕组表面涂覆一层以环氧为主的化合物。这两种工艺都增加了绕组的整体性和防潮性能。

（7）加强导线端部的封堵，避免湿气沿导线侵入绕组内部，从而有效保证了电抗器绕组的绝缘性能，达到提高运行可靠性的目的。

6. 引线防潮技术

由于采用扁线绕制工艺，扁线尺寸远大于单丝尺寸，因此导线端部引出位置的封堵、防潮就成为一个严重的问题。经过研究，采用了分级密封、弓形引线造型、防止雨水沿导线侵入等技术措施。经过试验验证证明，这些技术措施是十分有效的，对提高运行可靠性十分有帮助。

7. 抗震技术

（1）支撑体系选择。

110kV 电抗器质量大、抗震要求高，并联电抗器采取高位布置，用 12 柱或 16 柱高强度绝缘子，6 支或 8 支 2500mm 高玻璃钢支腿安装在绕组直径所允许的尽可能大的圆周上。安装节径之所以取尽可能大的数值，主要是基于两点考虑：

1）电抗器下端离绕组中心轴线越近，磁场越强；离绕组中心轴线越远，磁场越弱，在绝缘子金属端帽及电抗器支座板（下法兰板）内产生的涡流越小，引起的温升越低。在众多已投产电抗器上进行的支座板温升试验表明，同一尺寸的铝合金支座板放在绕组内径处比放在外径处温升会有很大提高。因此，在绕组直径允许的范围内，绝缘子安装节径应尽可能大，躲开强磁场区域。本设计将绝缘子尽可能向外摆放，避开磁场较强的地方。同时，绝缘子上端帽采用具有高电阻率、低导磁率的不锈钢，控制其涡流损耗，有效降低其发热。

2）对于电抗器支撑体系来说，支腿安装节径越大，整个支撑体系的稳定性越高，反过来说，支腿的安装节径越小，耐受横向地震力的强度越小。各绝缘子之间的距离对提高抗震性能有很明显的贡献。

（2）抗震防震与验证。

我国是地震多发国家，特高压设备抗震能力直接关系到电网运行的安全稳定。由于本电抗器质量较大，重心较高，对支撑体系的设计提出了比较严格的要求，通过动态法地震载荷分析计算软件可计算电抗器支撑体系中各零部件的应力分布及整个体系的自振频率。针对特高压交流试验示范工程提出的电抗器方案，依据 GB 50260《电力设施抗震设计规范》选择反应谱曲线，采用水平地震加速度为 0.3g、峰值加速度为 0.75g

的反应谱进行抗震计算。支撑体系各受力部件均满足标准中安全系数大于 1.67 的要求。

2014 年，锡盟—山东特高压交流工程北京东变电站提出主设备能够耐受水平加速度 0.4g 的抗震要求，并要求在正式批量生产前完成抗震原型试验。2015 年，榆横—潍坊特高压交流工程潍坊变电站提出 0.5g 的抗震要求。经仿真计算，特高压交流试验示范工程原有高位支撑结构方案不满足高抗震要求，通过对原有支撑结构进行优化、调整不同高度的支撑方案，并进行仿真计算确定适用于 0.4g 和 0.5g 抗震要求的支撑体系。经过 1:1 的电抗器抗震原型试验，样机分别通过了 0.4g 和 0.5g 的试验验证。

四、关键组部件

1. 绝缘铝导线

绕组导线是线圈类电力产品最核心的部件，它承载电抗器的通流能力，是电抗器最主要的热源，其性能的优劣直接决定着电抗器的性能指标。绝缘铝导线的质量直接影响干式空心电抗器的可靠性，绝缘薄膜的优劣直接决定导线的绝缘水平和耐热等级，因短期试验无法得出绝缘的耐热性能，因而聚酰亚胺薄膜（H 级）的材质成分是重中之重的关键指标。其次换位导线的股间绝缘、匝间绝缘对产品的绝缘水平和品质有重要影响，换位导线主要技术参数有股间绝缘电阻、电阻平衡、直流电阻偏差、击穿电压。工频耐压换位导线主要管控措施为：

（1）提供质量证书：线材制造商除应提供每轴换位导线的试验报告外，还应提供导线所用铝杆和绝缘膜的检测报告。

（2）绝缘薄膜抽检试验：直接在换位导线上抽取聚酰亚胺薄膜试样，进行熔点、阻燃检测，再进行红外光谱分析检测。

（3）换位导线验收试验：对每批入厂换位导线，逐轴检测股间绝缘电阻、股间电阻互差、直流电阻偏差等指标。

换位导线制造工艺流程如图 11-4 所示。

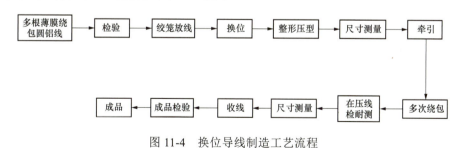

图 11-4　换位导线制造工艺流程

2. 环氧树脂

酸酐固化的环氧树脂固化物具有优良的耐热性能和耐热化学稳定性，高温固化反应慢、收缩率小；与胺类固化剂相比，挥发性小、毒性低，对皮肤的刺激性小；黏度小，适用期长，广泛用于电气绝缘材料，国内电抗器厂家多采用环氧—酸酐体系，但酸酐同时存在易吸湿形成游离酸，影响固化速度和固化物电性能的缺点，国内电抗器部分厂家采用不吸湿的环氧—咪唑体系。

在环氧—酸酐体系中，酸酐的吸湿性最高，因此，如何减少酸酐吸潮是解决问题的关键。通过改进现有配方，模拟夏季高湿热环境（温度为 30～35℃，湿度为 85%～95%）进行验证，得到一种耐湿热树脂配方，该配方的拉伸强度提高 6%，伸长率提高 21%，在高湿热环境下放置 3 天的耐热性提高 30℃，在高湿热环境下放置 7 天的固化度提高 15%，能够避免因酸酐吸湿而引起的一系列问题，具体性能见表 11-2。

表 11-2　　　　　　　　　　　　环氧性能参数

配方	拉伸强度（MPa）	伸长率（%）	耐热性（℃）（高湿热条件下放置 3 天）	固化度（%）（高湿热条件下放置 7 天）
原配方	58.21	4.20	130	75
新配方	61.72	5.08	160	90

环氧树脂在入厂时会对其进行环氧值测量，当该值在 0.51～0.55 范围内时，认定产品合格。

3. 玻璃纤维

玻璃纤维是干式空心电抗器的关键原料之一，其与环氧树脂形成电抗器的包封绝缘结构，起到绝缘与结构支撑的作用。玻璃纤维种类繁多，按碱含量分为无碱玻纤、中碱玻纤、高碱玻纤；按使用用途分为缠绕纱、拉挤纱、短切纱、膨体纱等。干式空心电抗器选用无碱缠绕或拉挤粗纱。玻璃纤维的关键指标有碱含量、线密度、可燃物含量、含水率和断裂强度。每次入厂的玻璃纤维抽检线密度、含水率指标；不定期抽检测试断裂强度指标。

4. 固化剂

固化剂主要与干式电抗器的环氧树脂、玻璃纤维等材料发生化学反应，使之从液态或混合物转化为固态，以增强电抗器的结构强度、耐热性和电气性能。目前国内干式空心电抗器有 2 种固化体系，分别为环氧—咪唑体系和环氧—酸酐体系，环氧—酸酐体系因吸潮水解大大提高了电抗器生产控制难度，产品的批次稳定性不佳；而环氧—咪唑固化体系更易于控制生产。咪唑固化剂的关键指标为纯度、黏度和活性试验（凝胶试验）。

5. 涂料

干式空心电抗器表面涂覆有机涂层，不仅美观，而且保护电抗器免受大气环境的影响。通常分为树脂涂层+RTV 涂层和直接喷涂 RTV 涂层 2 种，前者要先涂抹树脂涂层，待其干燥后再喷涂 RTV 涂层，施工过程相对复杂，具有更高的防污性能和耐久性。树脂涂料的关键指标为固化时间、固含量、附着力和击穿电压。RTV 的关键指标为表干时间、附着力、憎水性、阻燃性和击穿电压。每次入厂的涂料抽检固化时间、附着力指标；RTV 抽检表干时间、附着力指标。

6. 支柱绝缘子

支柱绝缘子目前分为复合绝缘子和瓷绝缘子两类。绝缘子产品质量控制方面从源头抓起，监管厂家从原材料进厂、加工过程、试验检验等环节，保证绝缘子各项性能指标，主要检测内容见表 11-3。

表 11-3　　　　　　　　　　不同绝缘子性能试验项目表

复合绝缘子	外观质量及尺寸检查
	法兰材质检查
	电气性能
	机械性能
	伞套材料试验
	芯棒材料试验
	端部部件和绝缘子伞套界面试验
瓷绝缘子	外观质量及尺寸检查
	法兰材质检查
	电气性能
	机械性能
	孔隙性试验
	温度循环试验
	超声波探伤试验

第二节　110kV 并联电容器

特高压变电站主变压器低压侧的并联电容器组与超高压相比，电压更高、容量更大，参数选择有其特殊性。按照无功补偿就地平衡的原则，特高压变电站低压侧并联电容器组无功补偿的主要作用是补偿主变压器的无功损耗，其次是补偿大负荷情况下负荷侧的无功缺额，以及补偿事故时特高压电网的无功缺额。

一、概况

1000kV 变压器第三绕组额定电压选定为 110kV 电压等级，最高运行电压为 126kV。与超高压及以下电压等级的电容器装置相比有几个突出特点：①电压等级高，电容器单元的串联数多；②电容器装置容量大，电容器单元并联数多；③电容器回路电流大；

④投切电容器组引起的电压波动范围大。

110kV 电压等级的大容量电容器装置在国内是首次研发应用，电容器装置在参数选择、结构、配置、配套件选择上都将与超高压及以下电压等级使用的补偿装置有着很大的不同，也具有许多不同的特点。由于电容塔高的增加、占地面积的制约，对电容器装置的抗震性能和装置紧凑化也提出了新的要求。

二、技术条件

1. 电压等级

为了限制三次侧系统短路时的短路电流，特高压变压器的高压与低压侧短路阻抗采用高阻抗结构，这就使 1000kV 系统用并联电容器装置在投切过程中易造成较大范围的电压波动，根据计算，4 组电容器投切可使第三绕组电压在 110～126kV 之间变化。在充分考虑设备安全性和经济性的基础上，电容器装置以 120kV 为基准，结合不同的串抗率来选择相应的电容器组和单台电容器的额定电压，使电容器装置满足在 126kV 电压下连续运行的要求。

2. 单组容量

1000kV 系统的 110kV 电容器单组容量选为 210Mvar，电容器装置容量越大则装置的设计布置越困难。一方面，因为并联电容器装置中必须是很多台电容器并联，容量受限于开关的容性电流开断能力；另一方面，并联容量受爆破能量的限制，电容器组并联的极限容量仅为 3900kvar。这个极限容量与电容器组单相容量相比不足 6%，对电容器装置防爆结构设计要求极高。因此，1000kV 系统的 110kV 电容器组在接线方式、保护可靠性和绝缘平台设计等方面采取了许多技术措施。

3. 结构类型

110kV 电容器组初期采用双塔、双桥差结构。为了节省占地面积，在电容器制造技术进步的基础上，又研发了单塔设计。110kV 并联电容器结构如图 11-5 所示。

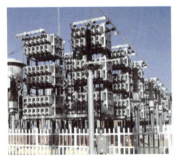  

双塔框架结构　　　　　　　单塔框架结构　　　　　　　集合式结构

图 11-5　110kV 并联电容器结构

4. 串抗率

1000kV 系统用并联电容器装置串联电抗率的选择沿用了超高压系统用并联电容

器补偿装置电抗率的配置原则，四套装置中有两套电抗率为 5%，两套电抗率为 12%。选取原则参照本章第一节。

5. 抗震性能

110kV 电容器装置抗震性能逐步提升，由 0.3g 逐步提升为 0.5g。电容器装置参数如表 11-4 所示。

表 11-4　　　　　　　　　　　　电容器装置参数

序号	项　目	单位	标准参数值 5%	标准参数值 12%
一			电容器装置参数	
1	额定电压	kV	110	110
2	额定容量（母线电压 120kV）	Mvar	240	240
3	额定电抗率	%	5	12
4	额定相电容	μF	47.93	41.09
5	电容器组额定电压（相）	kV	$126.3/\sqrt{3}$	$136.4/\sqrt{3}$
6	电容器组电容与额定电容偏差	%	0～+3	0～+3
7	接线方式		单星形双桥差	单星形双桥差
8	每相电容器串并联数		（6+6）并 12 串	（6+6）并 12 串
9	保护方式		双桥差不平衡电流保护	双桥差不平衡电流保护
10	故障条件下爆破能量	kW·s	≤15	≤15
二			单台电容器参数	
1	额定电压（U_N）	kV	6.08	6.57
2	额定容量	kvar	556	556
3	设计场强（K=1）	kV/mm	<57	<57
4	电容器耐受爆破能量	kW·s	≥15	≥15
5	单台电容器保护方式		内熔丝	内熔丝
6	内熔丝试验		下限电压≤$0.8\sqrt{2}\,U_N$ 上限电压≥$2.2\sqrt{2}\,U_N$	下限电压≤$0.8\sqrt{2}\,U_N$ 上限电压≥$2.2\sqrt{2}\,U_N$
7	内熔丝结构电容器的完好元件允许过电压倍数		不大于 1.3 倍元件额定电压	不大于 1.3 倍元件额定电压
8	浸渍剂		法拉多尔（苄基甲苯）	法拉多尔（苄基甲苯）
9	放电电阻放电要求		断电后，电容器电压在 10min 内由 U_N 降至不大于 50V	断电后，电容器电压在 10min 内由 U_N 降至不大于 50V
10	端子对外壳绝缘水平	kV/s	42/60	42/60

三、关键技术

1. 电容器单元参数（见表 11-5）

表 11-5　　　　　　　电抗率为 5%电容器装置用的电容器单元参数

序号	项目	单位	参数
1	额定电压（U_N）	kV	6.08
2	额定容量	kvar	556
3	额定电流	A	91.45
4	额定频率	Hz	50
5	额定电容	μF	47.88
6	单台电容器保护方式		内熔丝
7	内熔丝安装位置		元件之间
8	内熔丝试验		下限电压≤$0.8\sqrt{2}\,U_N$ 上限电压≥$2.2\sqrt{2}\,U_N$
9	放电电阻放电要求		断电后，电容器电压在 10min 内由 $\sqrt{2}\,U_N$ 降至不大于 50V

（1）电容器单元额定电压计算公式如下

$$电容器单元额定电压 = \frac{基准相电压}{每相电容器串联数 \times (1-K)}$$

其中，K 为电抗率。

以 5%电抗率为例，电容器单元额定电压为

$$电容器单元额定电压 = \frac{120}{\sqrt{3} \times 12(1-5\%)} = 6.08(kV)$$

（2）电容器单元额定容量计算公式如下

$$电容器单元额定容量 = \frac{电容器组额定容量}{相数 \times 每相电容器串联数 \times 每相电容器并联数}$$

以 5%电抗率为例，电容器单元额定容量为

$$电容器单元额定容量 = \frac{240 \times 10^3}{3 \times 12 \times 12} = 556(kvar)$$

（3）电容器单元额定电流计算公式如下

$$电容器单元额定电流 = \frac{电容器单元额定容量}{电容器单元额定电压}$$

以 5%电抗率为例，电容器单元额定电流为

$$电容器单元额定电流 = \frac{556}{6.08} = 91.45(A)$$

（4）电容器单元额定电容计算公式如下

$$电容器单元额定电容=\frac{电容器单元额定容量}{2\times\pi\times额定频率\times电容器单元额定电压}$$

以 5%电抗率为例，电容器单元额定电容为

$$电容器单元额定电容=\frac{556\times10^{3}}{2\times\pi\times50\times(6.08\times10^{3})^{2}}=47.88\times10^{-6}\text{F}=47.88(\mu\text{F})$$

2. 电容器元件

高压并联电容器中的元件通常由 2～5 张薄层介质与 2 张铝箔相互重叠配置后绕卷、压扁而成。极板引出有铝箔凸出结构和铝箔凸出/折边结构两种结构。铝箔凸出结构仅少数电容器生产厂使用，铝箔凸出/折边结构对改善端部电场有重要作用，被多数生产厂采用。

电容器所采用的铝箔厚度多为 4.5～7μm。元件间固体介质采用三层或两层厚度为 4.5～19μm 的薄膜构成。

为了确保产品运行可靠性，降低电容器年损坏率，产品的场强设计需小于 57kV/mm。目前生产厂所生产的并联电容器极间介质多选 3 层膜结构。

3. 内熔丝

当某一个元件因故障击穿时，与之并联的其他元件将向其放电，放电电流使内熔丝熔断。采用内熔丝结构的电容器内部一般元件数量众多，当一个元件因故障击穿时，电容量损失很小，电容器组其他电容器单元不受影响，只需将电容器组的一个极小部分切除，所以无功功率输出损失可以忽略不计。电容器元件的故障通常在接近电压峰值处发生，即工频电流趋于零时，由于并联元件中的能量释放时间极短，熔丝熔断使元件隔离。

特高压变电站 110kV 电容器组通常由电容器单元经串、并联连接组成，电容器单元内部由元件并联和串联连接。电容器极间的场强选取较高，比所有其他电力设备高一个数量级。由于设计场强高，绝缘介质在运行中存在击穿的危险，因此尽管有严格的例行试验，仍须采取适当的保护措施。

电容器单元每个电容元件串联 1 根内熔丝，接线图如图 11-6 所示。

根据 GB/T 11024《标称电压 1000V 以上交流电力系统用并联电容器》对内熔丝的性能

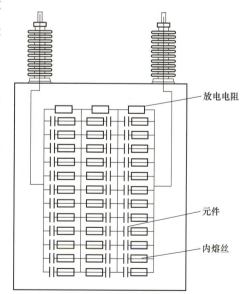

图 11-6　内熔丝电容器

要求，在选择内熔丝时要考虑短路放电试验电压、下限隔离试验电压、上限隔离试验

电压、断口残压 4 个主要参数。熔丝的选取原则为：

（1）短路放电试验电压：$2.5U_N$ 直流电压下短路放电时不熔断。

（2）隔离试验电压：元件在 $0.9\sqrt{2}\,U_{Ne}$ 的下限电压至 $2.5\sqrt{2}\,U_{Ne}$ 的上限电压范围内发生击穿故障时，熔丝应能有效隔离故障元件，即熔丝在 $0.9\sqrt{2}\,U_{Ne}$ 的下限电压下必须能够熔断，但在 $2.5\sqrt{2}\,U_{Ne}$ 的上限电压下，当与故障元件串联的熔丝动作时，与完好元件串联的内熔丝不能熔断。

（3）断口残压：熔丝断口残压应大于 70%，熔断的熔丝两端施加 $2.15U_{Ne}$ 交流试验电压或 $3.5U_{Ne}$ 直流试验电压，历时 10s，断口应无击穿。

内熔丝由铜丝做成，其熔点为 1084.4℃。将内熔丝从 25℃ 加热到熔点所需的能量即为内熔丝的最小熔断能量 A_0，按下式计算

$$A_0 = 5.43Sl$$

式中，A_0 为内熔丝的最小熔断能量，J；S 为熔丝横截面积，mm^2；l 为熔丝长度，mm。

根据熔丝的选取原则（1），在 $2.5U_N$ 直流电压下短路放电时不熔断，即短路放电时内熔丝需要承受的能量 A_1 为

$$A_1 = 1/2 \times C_{Ne} \times (2.5\,U_{Ne}) \times 2$$

式中，A_1 为 $2.5U_N$ 短路放电时内熔丝需要承受的能量，J；C_{Ne} 为元件额定电容，μF；U_{Ne} 为元件额定电压，kV。

以特高压交流工程 BAM6.56-556-1W 型并联电容器 3 串 21 并的内部结构为例，即 $C_{Ne}=5.876$μF，$U_{Ne}=2.19$kV，计算得 $A_1=88.1$J。

根据熔丝的选取原则（2），元件在 $0.9\sqrt{2}\,U_{Ne}$ 的下限电压下发生击穿时完好元件储存的能量 A_2 为

$$A_2 = 1/2 \times C_{Ne} \times (m-1) \times (0.9\sqrt{2}\,U_{Ne}) \times 2$$

式中，m 为一个串段的元件并联数。当 $m=21$ 时，计算得 $A_2=456.5$J。内熔丝的熔断能量必须满足

$$A_1 < A_0 < A_2$$

即 88.1J＜$5.43Sl$＜456.5J。选取内熔丝规格为 □0.39×130，计算得到 $A_0=156.6$J。内熔丝结构见图 11-7，其中 $l=130$。

图 11-7　内熔丝结构

4. 放电电阻

电容器从电网中开断时，其端子间将残存较大的直流电压，由于电容器元件在直流下电阻很大，可近似看作开路，很难释放这部分电荷，因此需在电容器单元内部安装放电电阻，用于释放电容器残余电荷，放电电阻与电容器元件的接线示意图如图 11-8 所示。

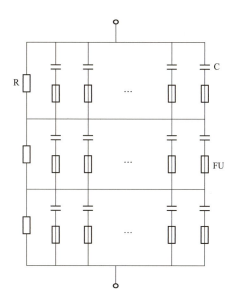

图 11-8　放电电阻与电容器元件的接线示意图

R—放电电阻；C—电容器元件；FU—内熔丝

放电电阻放电要求为：断电后，电容器电压在 10min 内由 $\sqrt{2}\,U_N$ 降至不大于 50V，电容器单元放电电阻阻值选取的计算公式如下

$$R \leqslant \frac{t}{C\ln\dfrac{\sqrt{2}U_N}{U_R}}$$

式中：R 为放电电阻阻值，$M\Omega$；t 为由 $\sqrt{2}\,U_N$ 放电至 U_R 的时间，s；C 为电容器单元电容，μF；U_N 为电容器单元额定电压，kV；U_R 为电容器单元允许的最高剩余电压，kV。

以 BAM6.08-556-1W 电容器单元为例，考虑其 3% 的电容正偏差，放电电阻阻值的计算结果为

$$R \leqslant \frac{600}{1.03\times47.88\times\ln\dfrac{\sqrt{2}\times6.08}{50\div10^3}} = 2.36(M\Omega)$$

因此，电容器单元的放电电阻总阻值不超过 2.36MΩ。

5. 电容器组爆破能量控制

电容器耐爆能量是电容器组安全运行的重要指标之一。当电容器在运行过程中发生极间贯穿性击穿短路时，与之并联的电容器同时会向故障单元放电，故障电流通过故障通道极有可能导致故障电容器外壳爆裂、起火，使故障进一步扩大，也可能引起严重的安全事故。

电容器组爆破能量的控制，主要从以下两个方面加以控制：

（1）电容器单元的耐爆能量。对电容器单元而言，耐爆能量越大，电容器故障爆裂的可能性越小。根据 GB/T 11024.1《标称电压 1000V 以上交流电力系统用并联电容器　第 1 部分：总则》的要求，全膜介质电容器的耐爆能量应不小于 15kW·s。

（2）故障状态下故障位置电容器单元的爆破能量。电容器组爆破能量的控制，应充分考虑电容器单元最大并联数向故障点注入能量来进行电容器组爆破能量控制。

如图 11-9 所示故障状态下，假设故障位置有 5 台电容器单元向故障点输入能量。

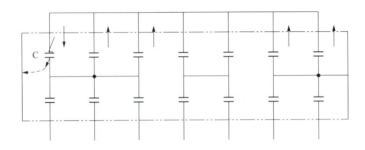

图 11-9　故障状态故障点电流的流向

结合 GB/T 11024.1 对电容器单元耐爆能量的要求，故障点电容器单元的最大爆破能量应小于故障电容器单元的最大耐爆能量。

电容器组的爆破能量按照以下公式计算

$$W = \frac{1}{2} \times N \times C \times U^2$$

式中，N 为注入故障单元能量的单元最大并联数（含故障单元）；C 为电容器单元额定电容值；U 为电容器单元额定电压。

在工程中，如果确定了电容器单元及电容器组的接线方式，即可确定电容器组的最大爆破能量。

6. 渗漏油控制

电容器渗漏油位置主要是电容器本体油箱焊缝和套管根部，渗漏油的控制主要也是从这两个部件的生产工艺和选材进行控制。

（1）电容器箱体渗漏油控制。电容器本体是由钢板折弯并焊接而成，材质选取延展性好的钢板能避免折弯处出现裂缝渗漏油。焊缝是本体油箱渗漏油的主要位置，焊接工艺通过多年摸索和验证，电容器行业普遍认可的是钨极氩弧焊接。电容器箱壳一般采用厚度为 1.5mm 左右的不锈钢板，钨极氩弧焊接是将钨作为电极氩气作为保护气体进行焊接，选取适当电流和速度，6mm 以下厚度的相同钢板间的焊接都能有效避免出现焊渣、砂眼、漏焊等一系列渗漏油问题。

（2）电容器套管渗漏油控制。滚装一体化套管生产的关键工艺是滚压，而在生产过程中为保证均匀性及平稳性，主要控制措施是对瓷套进行分类分级，然后再分别组装，确保密封性能。滚装一体化套管主要密封件为密封胶圈，密封胶圈必须与绝缘油有良好的相容性，良好的拉伸机械性能，温变回弹等。出厂时使用套管试漏机对逐支套管进行密封性试验，气压为 0.4MPa，观察有无渗漏现象。套管密封性试验如图 11-10 所示。

渗漏油出厂检验。在容易渗漏油的位置（如箱壳焊缝和套管根部）刷白土和酒精的混合物，酒精会很快挥发，剩余干燥的白土。将电容器放在密检箱内加热至 75～80℃（正常电容器允许芯子最高温度 80℃，温度过高会导致膜收缩），保持 8h，使得箱壳内油体积膨胀，当有漏点时油会渗出与白土混合，形成一片明显的痕迹而被发现。

图 11-10　套管密封性试验

特殊试验验证。为了确保套管和箱壳能更好地适应环境条件，进行以下特殊试验：将电容器单元放置于烘箱内，环境温度加热到 60℃保持 6h，再将环境温度降低为 –40℃保持 6h，重复 6 次，在此期间检查套管和箱壳是否有异常或漏油现象。

电容器薄弱点是电容器套管，当电容器出厂后因为不当的运输、吊装、用套管进行搬运或者安装时踩踏套管、安装时端部力矩过大都有可能造成电容器渗漏油，因此在这些方面都应进行严格的控制。

7. 并联电容器保护

（1）不平衡保护。

特高压变电站并联电容器组每相电容器单元的个数较多（432 个），电容器元件近 3 万个。对于采用内熔丝作为单个电容器单元内部元件故障主保护的电容器组，保护装置要在每相最多达 1 万个元件中分辨出哪几个元件故障，并且保护灵敏度要满足保护可靠性的要求，若没有一定的技术措施，难度是巨大的，而这又是决定电容器组能否建立起防止事故蔓延安全防线的关键。若采用常规单桥差保护，单相桥臂之间的偏差需要控制在 1.0005 之内，才能使初始不平衡电流值/报警不平衡电流值满足小于 1/4 的要求，显然实际操作有很大困难，容易引起保护误动。

我国采用世界首创的每相双电流互感器构成的双桥差电流保护，即把电容器组的一相从上到下一分为二，由原来的一个桥形接线改成两个桥，通过有效减少一个桥形接线中元件总串联数使保护整定值成倍提高，使不平衡保护整定值通过初始不平衡值校验。单相桥臂之间的偏差可以降低一半（1.001），使初始不平衡电流值/报警不平衡电流值满足小于 1/4 的要求，极大地提高了装置运行的可靠性，防止保护误动作。

110kV 并联电容器装置为三相单星形接线，每相电容器组内部接线为 12 串 12 并结构，采用串联双桥差保护，每相配置两台带有保护间隙的油浸式电流互感器，具体原理见图 11-11。图中 L11、L12、L13、L14、L21、L22、L23、L24 分别代表装置的八个桥臂。

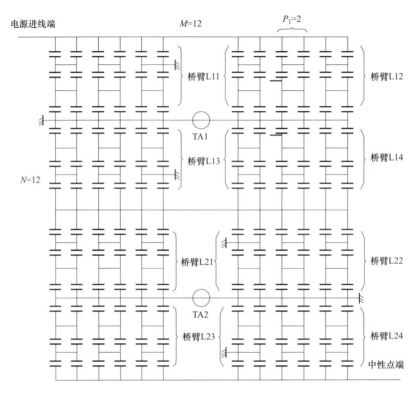

图 11-11　单星形电容器组双桥差不平衡电流保护接线图（单相）

（2）对称故障保护。

按现有国内标准要求，电容器组不平衡保护只需设置出口跳闸。理论上，不平衡保护无法对电容器组中对称位置上的故障发出不平衡信号，也就是说，不平衡保护存在对称位置故障拒动的"漏洞"。

对于特大容量内熔丝电容器组，电容器单元数很多，在对称位置出现故障的概率不可忽略。通过加大电容量检查频次的措施不但费时费力、消极被动，而且与特高压特大容量电容器组的安全要求不相适应。按照 IEEE C37.99《IEEE 并联电容器组保护导则》的理念，两段式保护的要求就是在出口跳闸之前设置报警，一旦确定有熔丝动作，则动作于报警，以便安排计划检修。两段式保护不仅堵住了不平衡保护天生的"漏洞"，而且使安全防范措施变消极被动为积极主动。"报警+跳闸"两段式不平衡保护目前在超特高压交直流工程的大型电容器组中被普遍采用。

四、关键组部件

本小节包括制作电容元件的聚丙烯薄膜、铝箔、苄基甲苯绝缘油和电容单元使用的套管四类组部件的技术要点。

1. 聚丙烯薄膜

在电力电容器技术发展过程中，固体电介质沿着亚麻纸浆纸→改良亚麻纸浆纸→电容器纸→高温低损耗电容器纸→电工薄膜的路线逐步发展。电容器中的固体电介质主要起储存电荷、在极板间建立电场的作用，除了满足电容器介质材料的通用要求外，还基于电容器的生产制造工艺因素需要，要达到厚度薄且均匀、偏差小、张力均匀、卷绕性好、薄弱点少、浸渍性好、与液体介质相容性好的要求。

电力电容器中常用的塑料薄膜有聚丙烯薄膜、聚酯薄膜、聚碳酸酯薄膜等，均由高分子聚合物构成。薄膜具有耐电强度高、机械强度和体积电阻率高、介质损耗低等特点。现有的制膜方法有吹塑成型法（俗称管膜法）和挤塑成型法（俗称平膜法）两种。聚丙烯薄膜具有一系列优良性能，因此成为目前电力电容器使用最广泛的固体介质材料。其最重要的特征就是电气强度比纸高很多，这可以使电容器介质的厚度降低，工作场强提高，比特性得到改善，具有更长的使用寿命。聚酯薄膜及聚碳酸酯薄膜的介电系数和体积电阻系数都较大，用于脉冲和直流电容器可以得到较大的绝缘电阻或自持放电时间常数，提高工作温度，并可改进产品比特性。但它们在工频下和 $80\sim100℃$ 温度范围内介质损耗（$\tan\delta$）较大，耐局部放电性能比较差。

2. 铝箔

铝箔是电力电容器电极的主要材料，其性能直接影响电力电容器的体积、容量和安全性。如何实现小体积、大容量的电容器，主要取决于电极材料——铝箔。在相同的体积内，要提高电容器的容量，唯一方法是将电极材料减薄，以达到增大表面积提高容量的目的。以 $6\mu m$ 和 $4.5\mu m$ 铝箔为例，同样体积的铝箔，$4.5\mu m$ 铝箔比 $6\mu m$ 铝箔表面积增大约 33%，其容量增加约 33%。

铝箔的分类。按厚度分类（铝箔厚度一般小于 0.2mm），包括厚箔（厚度为 $0.1\sim0.2mm$）、单零箔（厚度为 $0.01\sim0.1mm$）、双零箔（厚度小于 0.01mm）；按表面状态分类，包括单面光铝箔（双合轧制）、两面光铝箔（单张轧制）；按状态分类，包括硬质箔（轧制后未经退火处理）、半硬箔（硬度在硬质箔和软质箔两者之间）、软质箔（轧制后充分退火，表面没有残油）；按形状分类，包括卷状铝箔、片状铝箔。

随着铝箔减薄带来的电力电容器容量增加，同样为铝箔生产带来困难，主要在以下几个方面：①厚差影响电容器元件组之间的一致性；②针孔边缘不光滑，易产生电荷积聚，产生击穿，影响电容器安全性；③板形直接影响电力电容器元件的生产效率和成品率，板形差时，电力电容器元件卷绕起皱，增加报废比例，同时，起皱的元件在铝箔起皱处产生电荷积聚，同样有安全隐患。

3. 苄基甲苯绝缘油

（1）电力电容器及其绝缘介质的演变过程。

随着电容器、金属极板、绝缘介质的技术工艺、加工能力的不断进步、变革，电容器结构经历了从隐箔式到露箔式的发展；固体介质从全纸、纸膜复合，发展到现在以全聚丙烯薄膜为主；液体介质从矿物油、氯化联苯（PCB）、烷基苯、苯甲基硅油，发展到可生物降解和对人体健康、环境无害的新型液体介质（包括 BNC、PXE、PEPE、DIPN、MIPB、M/DBT、SAS 等）。最终，苄基甲苯（M/DBT）由于其优良的性价比而被国内电容器行业厂家广为采用。

（2）电力电容器行业用液体介质的性能要求及特点。

电容器元件结构和绝缘介质性能是决定电容器电气性能的重要基础和保证，因此持续地对绝缘介质开展研究以提高其性能对行业提高电容器性能和质量具有重要意义。液体介质主要被用于填充电容器内部固体介质的所有气隙，提高和改善局部放电性能和散热，以提高电容器绝缘结构的综合电气性能。

目前电容器行业对液体介质主要有这些方面的要求：①优良的安全、环保性能，要求低毒或无毒、无害、可降解、无人体蓄积、低或无生物残留；②耐候性、稳定性、安全性好，要求能持续稳定地耐受冷、热、电的老化作用，长期工作、使用而不发生劣化；③具有良好的生产、使用方面的安全性（如高燃点、高闪点），不易燃易爆；④基本理化性能参数满足绝缘结构优化设计的要求（如电气绝缘强度较高、介质损耗因数低、相对介电常数较大、芳香度高、析气性好等）；⑤与固体介质和其他电容器内部的材料，在各种工况条件下具有良好的相容性；⑥易于获得，便于储运，并具有良好的性价比。

（3）当前常用的几种浸渍剂性能要求。

液体浸渍剂各项性能指标的意义及与电气性能的关系如下：

1）在相同测试温度下的密度反映了液体电解质的组份与纯度，掌握密度与温度的关系对去除油中杂质的净化处理工艺有较大影响。

2）折光率能反映出不同结构的烃类，芳香烃折光率最大，依次为环烷烃、烯烃、烷烃，液体介质的折光率、比色散越大则芳香度相对越高，其析气性能也越好，而析气性相对更能全面、直观反映相同芳香烃含量下相同或不同系列液体介质的吸氢能力，对电容器局放性能影响非常大。同种液体介质的凝点越低其纯度就越高，有利于油的净化处理和电容器的真空浸渍。高的闪点能降低液体介质着火爆炸的危险，同时闪点的高低也与液体介质的黏度有关。黏度小有利于散热、油处理和真空浸渍时气泡的消除，其对固体电介质的浸透性也会更好，对改善和提高电容器局部放电性能有较大帮助。中和值反映了液体介质氧化后酸化的情况，值越低则液体介质的体积电阻率就越高，电气绝缘性能越好，体积电阻率随温度的升高而降低。相对介电常数随温度的升高而降低，降低的幅度与该液体介质的属性和品质有关，介电常数越大，则电容量越大。介电强度对电容器耐电压和局部放电水平有直接影响。微量水分对液体介质的电气和老化性能的影响非常大，芳香度高的液体介质也更容易吸潮。氯含量表征了液体介质的安全和环保性，M/DBT 和 SAS 分子的结构中是不含氯的，有机氯是由原料和生产工艺过程产生的，未经处理时会大于 GB/T 21221《绝缘液体　以合成芳烃为基的未使用过的绝缘液体》和 IEC 60867《绝缘液体—以合成芳烃为基的未使用的绝缘液体规范》规定的 30mg/kg 的要求。添加适量的环氧稳定剂，可捕捉介质在电场作用下产生的 H+，对抑制和减缓液体介质、薄膜的老化均有良好的作用，可有效抑制液体介质在局部放电作用下分解，减缓分子氧化物及 H_2、C_2H_2 等气体对电容器寿命的影响。

3）优质的液体浸渍剂应满足电容器对材料性能的基本要求，具有良好的耐老化、芳香烃含量高、黏度和凝点低、与电容器固体电介质相容性好等特点，同时还应满足安全和环保的要求。

（4）浸渍剂性能、质量的保证。

从电容器行业看，电容器生产制造、检测设备及流水线得到重视，经过多年发展完善已比较成熟，但对涉及电容器性能和寿命的原材料性能指标的检测把关能力的建设相对滞后。原材料厂家的检测能力参差不齐，因此电容器制造企业不能依赖于浸渍剂生产厂家，须按液体介质技术条件、标准等要求，建立和健全自身对浸渍剂各项性能指标的检测能力。目前，部分电容器厂家已建立了全性能试验能力的原材料试验室，可以对特高压工程产品使用的浸渍剂进行全性能的进厂检验。

4．套管

电容器用套管是指装配在电容器箱体上用于导体的绝缘和支撑的器件，由瓷套管、导体、密封胶圈、金属结构件等构成。

常规电容器用瓷套管可分为压嵌式绝缘瓷套管和钎焊式绝缘瓷套管。压嵌式绝缘瓷套管是指通过滚压设备将上端法兰套及下端法兰套与瓷套管压嵌成一体的绝缘瓷套。钎焊式绝缘瓷套管是指通过金属配件与瓷焊接的方式将上法兰套及下法兰套与瓷套焊接成一体的绝缘瓷套，见图 11-12 和图 11-13。

图 11-12　钎焊式绝缘瓷套管

图 11-13　压嵌式绝缘瓷套管

钎焊式套管在电容器端子过热时，存在焊锡熔化的风险，造成电容器端子漏油、喷油，目前常规电容器使用的套管均为压嵌式绝缘瓷套管。

附录　主要设备制造厂

1000kV 变压器：

特变电工沈阳变压器集团有限公司

保定天威保变电气股份有限公司

西安西电变压器有限责任公司

山东电力设备有限公司

特变电工衡阳变压器有限公司

重庆 ABB 变压器有限公司

1000kV 升压变压器：

特变电工衡阳变压器有限公司

特变电工沈阳变压器集团有限公司

西安西电变压器有限责任公司

保定天威保变电气股份有限公司

山东电力设备有限公司

常州东芝变压器有限公司

1000kV 电抗器：

西安西电变压器有限责任公司

特变电工衡阳变压器有限公司

保定天威保变电气股份有限公司

山东电力设备有限公司

特变电工沈阳变压器集团有限公司

1000kV 可控式并联电抗器：

中电普瑞科技有限公司/西安西电变压器有限责任公司

1000kV 开关设备：

平高电气股份有限公司（GIS、GIL）

西安西开高压电气股份有限公司（GIS、HGIS）

新东北电气高压开关有限公司（GIS、HGIS、GIL）

山东电工电气日立高压开关有限公司（GIS、GIL）

AZZ 公司（GIL）

厦门 ABB 公司（GIL）

湖南长高高压开关集团股份公司（接地开关）

西安西电高压开关有限责任公司（接地开关）

1000kV 避雷器：

西安西电避雷器有限责任公司

平高东芝（廊坊）避雷器有限责任公司

抚顺电瓷制造有限公司

南阳金冠电气股份有限公司

1000kV 电容式电压互感器：

西安西电电力电容器有限责任公司

桂林电力电容器有限责任公司

上海 MWB 互感器有限公司

日新电机（无锡）有限公司

江苏思源赫兹互感器有限公司

1000kV 支柱绝缘子：

抚顺电瓷制造有限公司

西安西电高压电瓷有限公司

唐山高压电瓷有限公司

中材高新材料股份有限公司

1000kV 串联补偿装置：

中电普瑞科技有限公司

1000kV 继电保护装置：

南京南瑞继保电气有限公司

北京四方继保自动化股份有限公司

许继电气有限公司

国电南京自动化股份有限公司

长园深瑞继保自动化有限公司

国电南瑞科技股份有限公司

110kV 无功补偿装置：

北京宏达日新电机有限公司（专用开关）

北京 ABB 高压开关设备有限公司（专用开关）

西安西电高压开关有限责任公司（专用开关）

北京电力设备总厂（电抗器）

上海 MWB 互感器有限公司（电抗器）

西安中扬电气股份有限公司（电抗器）

山东泰开电力电子有限公司（电抗器）

天津经纬正能电气设备有限公司（电抗器）

桂林电力电容器有限责任公司（电容器）

西安西电电力电容器有限责任公司（电容器）

新东北电气（锦州）电力电容器有限公司（电容器）

西安 ABB 电力电容器有限公司（电容器）

上海思源电力电容器有限公司（电容器）

日新电机（无锡）有限公司（电容器）

合容电气股份有限公司（电抗器、电容器）